数字化摄影技术

穆　强　关　青　田信之
谭成章　李　炯　任永华　编著

机械工业出版社

由于科技的发展，数字摄影技术的出现为古老的摄影技术注入了新的活力。本书通过摄影简史、数字摄影的基础知识、数字相机、人眼特性与色度图、数字化摄影的后期制作平台、准确曝光、影像的清晰度、色彩控制等19章，较全面深入地介绍了数字化摄影，为数字摄影专业的学生、摄影爱好者和初学者，搭建了一个学习的平台。使他们通过本书的学习，真正了解数字摄影技术，掌握数字摄影技术。本书配有免费教学课件，欢迎选用本书作为教材的老师索取，索取邮箱：llm7785@ sina. com。

图书在版编目（CIP）数据

数字化摄影技术/穆强等编著．—北京：机械工业出版社，2008. 6
(2019.1 重印)
ISBN 978-7-111-24309-0

Ⅰ. 数…　Ⅱ. 穆…　Ⅲ. 数字照相机—摄影技术　Ⅳ. TB86

中国版本图书馆 CIP 数据核字（2008）第 087756 号

机械工业出版社（北京市百万庄大街 22 号　邮政编码 100037）
责任编辑：刘丽敏　版式设计：霍永明　责任校对：刘志文
封面设计：王伟光　责任印制：洪汉军
三河市国英印务有限公司印刷
2019 年 1 月第 1 版第 5 次印刷
184mm×260mm · 22. 75 印张 · 521 千字
标准书号：ISBN 978-7-111-24309-0
定价：35. 00 元

凡购本书，如有缺页、倒页、脱页，由本社发行部调换

电话服务
社服务中心：(010) 88361066
销售一部：(010) 68326294
销售二部：(010) 88379649
读者购书热线：(010) 88379203

网络服务
门户网：http：//www. cmpbook. com
教材网：http：//www. cmpedu. com
封面无防伪标均为盗版

前　言

摄影是集技术与艺术为一体的集合体，它具有160多年“古老”的历史，可以说它是电影、电视艺术的先驱。然而，由于现代科学技术的发展，引领这门古老的艺术形式走进了数字化的大潮中，踏上了信息高速公路，并迅速发展，成为新兴的数字摄影技术。数字摄影技术的出现，为人们打开了一扇崭新的窗口，使人们领略了一个更为精彩的世界。

数字相机刚刚出现的时候，由于价格昂贵，只有专业人士才有机会接触。但是在短短的几年里，它的价格从高不可及，成为我们能够承受、也愿意承受的价位。于是数字相机走进了我们普通老百姓的生活当中，成为我们生活中不可缺少的一部分。人们可以随时使用数字相机记录精彩的瞬间。

当然，数字摄影不是单纯靠数字相机来完成的，而是需要一系列相关设备结合起来，共同合作完成一幅照片的拍摄工作，比如电脑、打印机等。于是问题出现了：一些人对电脑知之甚少，更不会使用图片处理软件，所以这一部分人在此停下了他们的脚步，在数字摄影的门外徘徊。其实，这个问题并不是一些人想象的那么严重，只要肯学，掌握起来并不困难，只不过是多了个学习的过程。

还有一部分人因为“傻瓜相机”的出现，对我们一百多年来发展的摄影技术和理论不屑一顾，认为它们已经过时了、落伍了。其实不然，正是由于科技的发展，数字摄影技术的出现为我们古老的摄影技术注入了新的活力，使它更加丰满了。所以在强调素质教育的今天，通过本书19个章节的文字和图片，为数字摄影的爱好者和初学者，搭建了一个学习的平台。使他们通过本书的学习，真正了解数字摄影技术，掌握数字摄影技术。

本书第2~3、5~9、17、19章由穆强编写，第1、10~13、15章由关青编写，第14、16、18章由田信之、李炯、任永华编写、第4章由谭成章编写。最后由谭成章教授审校全稿。

本书讲稿在南开大学滨海学院多次讲授并作为该院的指定教材，获得了南开大学信息学院朱耀庭教授主持的国家“十一五”课题“我国高等院校应用型人才培养模式研究”子项目的支持，本书的编写还得到了一些专家和同行的大力支持。在此，我们表示衷心地感谢！由于水平有限，在编写过程中可能会出现这样或那样的不足，恳请专家和读者提出宝贵的意见。

编　者

目　录

第一章 摄影简史

摄影作为一项人类的重要发明，它把人类记录历史事件的方式拓宽了，从单一的绘画和文字，到把自然的影像以拷贝的形式真实地记录下来。这种真实性是任何文字和绘画都无法比拟的，因此我们称之为“阳光画”或“自然的手印”。

如果你掌握了这样一门技术技巧，你将会用一种不同寻常的眼光去环视周围的一切，你会用一双慧眼去观察我们生存的环境，你会用自己的双手捕捉到许许多多精彩的瞬间，记录下人类伟大的创举，抑或是与文明相左的影像，它不仅能够给予你心灵的享受，你的灵与肉会在这一张张摄影作品中得到升华，而且它能够提供你生活的“面包”。

在绚烂多彩的社会生活中，无论是一名摄影家还是一名摄影爱好者，我们有义务有能力有责任把看到的自然界和人类社会中的精美的瞬间记录下来，展示给人们，让人们去讴歌去赞美它们；我们也有责任有能力和义务去曝光社会当中一切丑陋的现象，拨开它们黑暗的外衣，现出它们的原形，让人们看出它们的本质，去批判和鞭挞它们。

翻看摄影的发展历史，我们不难发现，它的诞生发展实际上是摄影技术与艺术发展的过程。在此我们来做一下深入的探讨。

第一节 摄影技术的发展

追溯摄影技术的发展历史，我们不得不从光学上最重要、最基本的原理之一的针孔成像说起。

一、暗箱

如果从明亮景物上反射来的光线，通过一个小孔进入一个暗室，便可在对面墙壁上，形成一个暗淡的景物影像，图中的影像上下左右都是颠倒的。这是因为光线是直线行进的，从物体上部来的光线，只能照射到墙壁的下部，从下部来的光线，只能照射到墙壁的上部，从物体左边来的光线只能投射到墙的右部，从物体右边来的光线只能投射到墙的左部。针孔成像的发现，不但证明了光的直线前进的性质，而且使光学进入了一个广阔发展的崭新天地。针孔成像如图 1-1 所示。

从原则上讲，只要在暗箱内的墙面位置上放上底片，就可以照相。在针孔的地方改装上光学透镜，加上其他器具，就可以制造出照相机。早期的针孔成像原理应用于绘画。

1558 年，G. 波儿塔（Giovanni Porta）就曾对暗室成像加以清楚的叙述。也是在这个时候，人们发现，将墙壁上的小孔挖大，装上一个望远镜的镜头，便可以形成一个更明亮、更清楚的影像。这些作为暗室用的房子，主要是设在公共建筑里或公园里，以供人们观赏，有些至今仍然留存着。

1646 年奇尔克教授编写的《光与幽默的大艺术》一书里介绍了一个由轻型而又坚固的材料制作而成的，可以由两个人搬动的轻便的暗箱，在这个暗箱的各个箱壁的中央嵌有镜头的外壳，画家从箱子上方的盖板部分进入箱内，在箱体内做画。如图 1-2 所示。

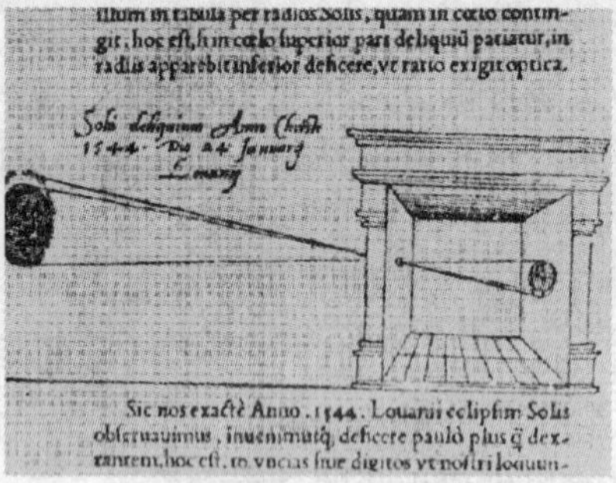

图 1-1　针孔成像

图　1-2

1657 年出版的《光学魔术》一书里，记载了一位从西班牙旅游归来的旅行家，他有一架用一只手能够提动的暗箱。之后彪尔次堡大学教授萧特制作了一种暗箱，它是由大小两个箱子组成，把小箱子套进大箱子来调整焦点。而其镜头的套筒内装有两块凸透镜，只要调节镜头就可以获取正像。这就是照相机的最原始的雏形了。

1685 年彪尔次堡修士查恩所著的《远隔光线曲折学的人工眼》一书里图解了几种旅行用的小型暗箱。弯曲型暗箱（如图 1-3 所示）的高和宽都是 9in，长 2ft。使用乳白色玻璃的焦点板，为了避免反射，箱子的内部和镜头的内侧都涂成黑色。它成为 19 世纪照相机的原型。

暗箱技术的成熟，为照相机的发明奠定了基础。

图　1-3

二、光化学

1727 年，原纽伦堡附近的阿道夫大学解剖学教授舒尔采（Schulze）为了制造磷，就把粉笔用硝酸使其饱和，结果无意中发现硝酸里含有若干银。他是在窗户附近做的实验，由于混合物的一边受到阳光的照射，变成紫色，而没有阳光照射的一边仍为原来的白色。他非常惊讶，原来一直认为银受热变黑，于是他把这个实验搬到火炉旁进行，结果证实了银受热后并没有什么变化。进一步实验的结果表明，银的含量越高，变色越快。最后他把纸挖出一个字形，让光从字形的孔里射入，很明显在白色的混合物上显示出字的形状来。但这些字形转眼即逝。后来才发现混合物中剔除磷后才会变黑。但此时，舒尔采并没有把银盐与照相技术联系起来。

在此之后，瑞典化学家雪乐（Scheele）进一步研究表明，光谱中最短的紫光在把盐化银变黑时，比其他任何波长的光线都快。但是紫光对于天然彩色的景物用单一色彩表现的画面效果极为不佳，因而对于摄影来说紫色光线不是我们需要的。

瑞士日内瓦图书馆馆员塞内比（Senebier）研究表明，光谱中不同波长的光线把盐化银变黑需要的时间是不一样的。紫光最短，用 15s，红光最长，用 20min。另外，他还研究了光对于树脂的影响，实验结果是：树脂曝光后，就会变成固体，丧失了其在松节油里的可溶性。这项发现为以后的摄影实验奠定了基础。

N. J. 尼普斯（N. J. Niepce）是最早实验把摄入暗箱的影像固定的人。他没有使用塞内比的研究成果，而是采用了一种硬化的物质——沥青。1822 年用沥青涂版，拍摄首张照片，用 12h 来曝光。然后在玻璃板上重制铜板。

而世界上公认的第一张照片应该是在 1825 年 N. J. 尼普斯用阳光摄影法拍摄了世界上第一张照片《牵马少年》，如图 1-4 所示，画面翻拍 17 世纪的一幅荷兰版画。在 1826 年他又在白蜡版上摄制世界上第一幅景物照片。这张照片是从尼普斯工作室的窗口向外拍摄的，他使用的是巴黎光学机械商休瓦利提供的专家制作的摄影机。照片拍摄的内容是左边是一座鸽笼，中间是仓库的屋顶，右侧是另一个建筑物的一角，如图1-5 所示。

图 1-4 《牵马少年》

图 1-5 世界上第一幅景物照片

从 1829 开始，尼普斯和发明透视画的达盖尔采用碘薰镀银板，拍出了清晰的照片。使曝光时间从 8h 减少到二三十分钟。采用了现在仍然使用的曝光——显影——定影流程。

1839 年 1 月 7 日，巴黎科学院阿拉果（D. F. J. Arago）在法国下议院大肆宣传此项发明——“银版摄影术”。

在 1839 年 8 月 19 日法国学术院举行的科学院和美术院的联席会议上，阿拉果（D. F. J. Arago）正式把摄影术公诸社会，于是这一天被定为摄影技术诞生日。绝大多数人们认为摄影技术是一种神奇的发明，它可以使不会绘画的人们很容易完成一幅非常优美的绘画，因而摄影术风行起来。

联席会议之后不久，一本名为《银版摄影术与透视画的演进实录》的书中是这样记载摄影操作程序的：在市面上所卖的镀银铜版上，用碘蒸汽制造碘化银，使这块铜版产生感光性。当铜版在摄影机中曝光之后，再用水银蒸汽使潜像出现（这种蒸汽必须使用酒精灯避光加热），于是水银就附着在已经曝光的碘化银上。接下来就用次亚硫酸钠固定影像，然后再用蒸馏水把药剂洗清干净。但是由于相片表面怕碰，而且时间长了会变色，因而必须在外面加一层玻璃加以保护，使之密封。

三、成像介质的改进

早期的摄影技术要求把影像直接洗在铜版上，而且只有一张。于是随着银版摄影术的不断推广，许多人对此项技术十分感兴趣，由此展开了大量的研究。

（一）白纸

1939 年 2 月法国公务员贝亚德（Bayard）在一种白纸上涂上具有感光性的盐化银，利用这张白纸洗出了不太完整的底片。这可以说是最早的“纸印画法”。1839 年 3 月 20 日贝亚德在摄影机里面装上了一张感光纸，第一次完成了一张质量较好的相片，不过他使用了近一个小时的曝光时间。在此之后的日子里，贝亚德完成了许多幅这种照片，内容包括静物、建筑物、雕刻作品等。但是由于种种原因，贝亚德没有公开他的发明。

真正提出纸印画法的是塔尔波特，时间是 1841 年 2 月 8 日。此时他命名这种技术为“卡罗摄影术”，后人称之为“塔尔波特式摄影术”。它的机理是在质量好的写字纸上涂上硝酸银溶液，接着再涂上碘化钾溶液，两者经过化学反应后，产生碘化银。碘化银具有感光性，当这种纸曝光后，用没食子硝酸溶液涂抹，在纸上就可以出现影像来，这就是显影，然后经过镍化钾（后改用次亚硫酸钠）定影之后，影像就被固定在纸上了。塔尔波特的发明打破了得盖尔的银版摄影术的局限，他可以使一个底片一连洗出许多张相片。这种底片和相片的制法，奠定了现代摄影的基础。

（二）玻璃

最早实验在玻璃上洗像的人，是尼普斯（N. J. Niepce）的堂兄弟维克托（Victor）。他发明的方法是先做好一块涂上蛋青的玻璃，然后再涂上碘化银使其产生感光性，经过 5～15min曝光后，用硝酸银溶液清洗，最后再用没食子酸显影，一张照片就完成了。这种方法由于曝光时间长，拍摄对象也只是风景、建筑物或者做绘画作品的复制品。这种方法由于使用蛋青，可以放置两个星期后再显影。

（三）火棉胶的使用

以往的摄影技术由于曝光时间长，不适宜人像的摄影。在世界摄影史上 1851 可以说是划时代的一年，阿查（Archer）在《密斯特杂志》上发表了“火棉胶摄影法”，它的制作程序是这样的：把含有碘化钾的火棉胶泼到倾斜的玻璃上，使之比较均匀地覆盖在玻璃表面。之后把玻璃浸泡在硝酸银溶液当中，保证其具有感光性。使用火棉胶玻璃感光，必须在它湿的时候完成，否则其感光性能会降低，火棉胶越是干燥，感光性就越低。曝光之后，立即用焦性没食子酸或硫化亚铁显影，最后用次亚硫酸苏打或氰化钾定影。

使用这种摄影方法，在使用普通尺寸的玻璃板拍摄风景或者建筑物的时候，只需要 10～90s 的曝光时间，小型的人物肖像只要 2～20s 即可完成。因此，这种火棉胶的湿版技术一直延续使用了 20 年。

由于这种湿版技术要求曝光、显影、定影必须迅速完成，所以这种技术还有待进一步的改进。

1871 年英国医生马德古斯（Maddox）采用了以动物胶为材料的溴化银乳剂成功代替了火棉胶。当时这种干版技术，使曝光时间比湿版长 180 倍。后来，肯奈特（Kennett）和贝奈特（Bennett）经过一系列实验，把曝光时间大大缩短了，曝光时间仅为一秒的几分之一。改良后的干版投入到工厂进行批量生产，由此揭开了现代摄影技术的序幕。

（四）软片

使用玻璃片携带起来比较笨重，而且容易打碎。于是人们期待着一种轻便软片的诞生。

早在 1861 年帕克发明了一种名叫赛璐璐的物质。1888 年，从英国移居到美国的卡巴特（Carbutt）说服了一位赛璐珞制造商，为其制造极为理想的薄膜赛璐璐版，在赛璐璐上涂上胶质乳剂，并把它们分割成小块。这就是最早的摄影软底片。

1887 年天主教修士古德温（Goodwin）发明了质地更薄的硝化纤维素软片（胶卷），并取得了专利权。

1889 年以生产柯达照相机而知名的伊士曼公司开始生产这种硝化纤维素软片（胶卷），1902 年伊士曼公司生产的这种胶卷占世界生产量的 80% ~90%，1900 年古德温去世，他的事业继承人对伊士曼公司提起诉讼，历经 12 年，终于获胜，由伊士曼公司赔偿 500 万美元。

由于这种硝化纤维素软片十分易燃，人们在不断探究新的材质来代替它。到了 20 世纪 30 年代，人们采用了没有燃烧性的醋酸纤维素软片。从此以后，又屡次改进乳剂，使其感光性能不断增加。

1912 年后，电影机厂商大量生产 35mm 胶卷，照相机制造厂家把这种电影底片应用于照相机。

（五）彩色软片的诞生

早期的摄影是黑白摄影，现实生活中迷人的色彩无法通过摄影作品来展现，特别是人像摄影爱好者十分希望能够拥有自己的彩色肖像。

在 19 世纪对于彩色摄影贡献最大要数欧伦，在他所著的一本名为《彩色摄影及其问题的解决法》里首次提出了“减色法”。他说：“色素吸收从光线反射色以外的所有色彩。”欧伦通过绿、橘、紫等色的滤光器，完成 3 张分解底片，然后再在这三种补色红、青、黄含有碳色素乳剂的感光版上完成相片。之后把红青黄碳素相片重合在一起，就形成了天然彩色的相片。世界上最早的一幅彩色照片是欧伦在 1877 年拍摄的“安古伦风景”。当然由于当时的感光乳剂对绿黄橘色的感光相对较弱，所以第一张彩色照片的效果并不理想。

在后来近三十年的时间里经过不断探讨研究，感光乳剂不断添加一些新的彩色感色染料，终于在 1906 年正式大量销售彩色原版。

1935 年美国的杜哥斯基和曼纳斯研制出“柯达克彩色胶卷”，在胶卷上涂抹了三层乳剂，其硬度高，上一层只感受青色光，中层只感受绿光，下层只感受红光。显影以后，各层所含有的溴化银就再度曝光。当溴化银变为银时相应层上的色素就会沉积下来。一旦银的影像溶解后，就只剩下由减色而残存的黄、粉红、青绿等色的彩色照片了。

1936 年发表了阿格发彩色底版，它与柯达克彩色胶卷的机理相似。但它们最大的不同是，相连两层的三种色彩要素同时混合，添加在3层内，在显影并把银的部分漂白后，只要用一种发色显影液把不要的色彩减色，就完成了一张反像底片。

（六）影像传感器与多媒体存储卡

普通的照相机使用胶片来记录影像。而数字相机已经脱离了这种传统的记录介质，采用影像传感器（见图1-6）记录图像，使用多媒体存储卡（见图1-7）来存储图像信息。

图1-6　影像传感器

图1-7　多媒体存储卡

目前，数字相机的存储卡主要为闪存类及微硬盘类。闪存类存储卡采用的是可擦写的只读内存，具有写入的数据在断电后不会丢失的特点，所以广泛应用于数字相机类设备上。如今，闪存卡的容量在不断地提高，价格则大幅度下降，这也给微硬盘类存储介质的发展带来了极大的冲击。

除了高容量外，高读写速度也是闪存卡的发展趋势。高写入速率的闪存卡可以缩短照片拍摄的时间间隔，也可以缩短连拍的间隔。

目前来看，数字相机用的存储介质主要分为4大类：CF卡（包括微型硬盘）、MS记忆棒、MMC卡及SD卡。

四、照片修整技术的发展

（一）早期黑白照片的修整技术

对黑白照片的修整包括对底版也就是负片进行修整和对照片即对正片进行修整两种形式，具体来说是做加厚、减薄、调色处理等暗室工艺。下面分别简单地叙述。

1. 底版的修整

底版因为涂药有砂孔而出现白点时，可用细尖毛笔点墨修盖白点；如果有显影银颗粒沉淀出现黑点时，则用尖刀刮去黑点；如若局部过浅或者整个底片反差过大时，则可以用淡红透明油色涂抹降低反差。当底版过薄或过厚时，则可以用药液加厚或减薄。

2. 照片的修整

印放成黑白照片后，仍然可以用淡墨点修或刀刮来修整照片上的白黑点；对于过淡或过黑的照片也可以进行加厚或减薄的处理；对于调成棕、蓝、绿或其他的单色照片，则用相同的透明油色来点修；如果想要把黑白照片手工着色成“彩色照片”时，也需先将其调为浅棕色后，再手工涂透明色彩。

3. 放大照片

如果底片反差较大，在放大照片时，则需要使用低号（1号、2号）放大纸；底片过厚、过薄或反差小时，则应该采用高号（4 号、5 号、6 号、7 号）放大纸。底版局部过淡，可用细钢丝夹棉花团晃动遮挡，以减少正片的曝光量。如果负片局部过浓或想要放出虚光照片，则可以用仿形孔晃动遮挡。当拍摄高大建筑物时，底片可能呈现梯形，为矫正形变，可以垫高梯形底片的长边，放大像纸压板也垫高梯形的长边，就可以在正片放大时，使建筑物的变形得到矫正。

（二）彩色照片的修整技术

彩色照片较黑白照片多一个色彩还原问题，色还原与拍照时光源、镜头透谱特性和彩色胶片三者的配合密切相关。而且彩色底片是补色，一般由底片很难看出色彩是否能正常还原，因此在印放时，即使有经验的印放人员也要经过多次试验，适当选配三种补色片（其中黄、品红、青各 20 级，每级相差 0.05)，才能改善。平时扩印的彩色照片，由于彩显药液的新旧、药温等多种因素的影响，绝大多数照片均未达到自然色还原，只是人们没有看出来而已。

（三）数字照片的修整技术

数字照片可由数字相机拍摄得到，也可以由扫描仪对原图文扫描得到。其最后输出照片方式，如果用彩色打印机打出，则为纯物理照片；如果用彩色相纸扩印，也仅有扩印工艺用的是化学方法，其他过程是物理的，即光电子技术和计算机技术的。

对于数字照片的修整，现在已有多种应用软件，其中功能最强的是 Photoshop。“Shop” 一词意为“工场” 或 “修理厂”，它有很多修理工具可用，达到早期的修版效果很容易。前面叙述的各种早期照片的修整需要专业人员才能完成，而 Photoshop 的使用，只要会一般计算机软件操作的人员就可以掌握。

五、照相机硬件的发展

世界上第一次发布照相机的广告是在 1839 年 6 月，广告发布人是伦敦光学机械商威斯特（West）。

这种使用银版法摄影技术的照相机机身由两个木箱构成。带有焦点调节用的后箱，可以推进安放镜头的前箱里面，如图 1-8 所示。

它的全套用具包括：金属箱、药剂容器、酒精灯、药瓶以及一些其他用具。这种照相机价格十分昂贵，售价高达 400 法郎，如图 1-9 所示。

图 1-8 银版法摄影机

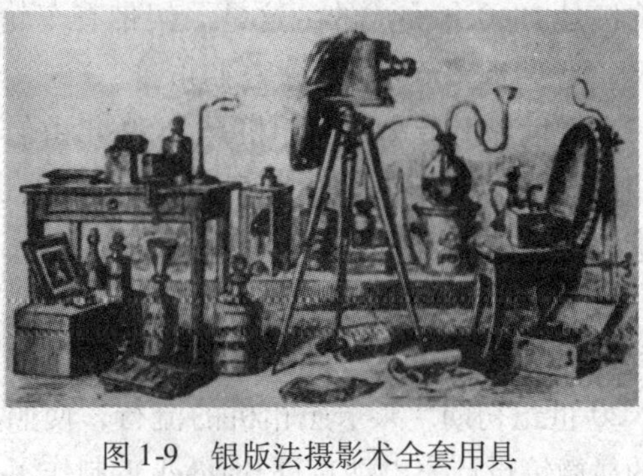

图 1-9 银版法摄影术全套用具

在此期间又制造了几种不同的照相机，如“蛇腹式”照相机、“三套”照相机 、微型照相机等。

这个时期的照相机镜头性能较差，比如获取图像的光圈只有 F14 或 F16 两档。为了克服这个缺点，美国的瓦尔考特（Walcott）在 1840 年设计出一种“镜式”照相机，如图 1-10所示。

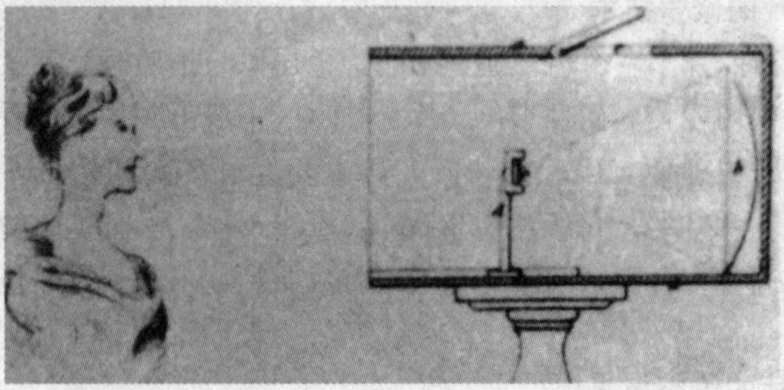

图 1-10　瓦尔考特（Walcott）的镜式照相机

箱体为木制结构，在箱子的正面留有开口，把入射的影像通过一块大的凹面镜，反射到 2in × 2in 的银版法的感光底片上，由此保证底片能在短时间内受到充足的曝光。

1841 年，维也纳光学师瓦伦特（Voigtlander）委托数学教授培兹瓦尔（Petzval）设计了一种能够拍出清晰肖像的镜头，配合自己独创的圆锥型金属箱，制作成一架十分别致新颖的新型照相机。使用它可以拍摄 3. 5in 的圆形照片，在强烈的日光下，曝光时间使用 1. 5 ~ 2min 即可。这种二重镜头，如果把光圈全部开启，即用 F3. 5 时曝光速度比平时快 30 倍。特别是在人像摄影时快速曝光是很重要的，如图 1-11 所示。

图 1-11　造型新颖的圆锥型照相机

这种照相机于 1841 年元旦开始发售。在 1842 年仅维也纳市就销售（F3. 7，f = 143mm）600 台。

19 世纪是照相机快速发展的时代。在此期间由格拉斯哥业余摄影家齐伯尔制造的最大照像机是 1860 年完成的，这是一架带有车轮，并且必须用马拉的庞然大物，玻璃感光板的尺寸是 44in × 36in，重量为 44lb。

当时世界上最小的照相机是 1859 年由伯明罕的 T 摩里斯（Morris）设计完成的。这种照相机的体积只有 1. 5in × 1. 5in × 3in，画面也就只有 1/3in^2。它平时可以放在衣服口袋里携带，适合拍摄人像。

最早发明彩色照相机的人是美国费城的艾布斯，他的彩色照相机带有三色分解底片，并且有绿、青、紫等色的滤光器，使用连续式的背景，可以快速连续地拍照。

20 世纪初期，莱卡照相机的流行，使照相机迅速向小型化、轻型化发展。1913 年德国的显微镜设计家巴纳克（Barnack）制作了一款外型为 5in × 6in × 1. 5in 的“小胶版机”，它采用了35mm胶卷，一卷可拍摄50张。外部采用了铝合金外壳，焦平面布帘快门。它是莱卡照相机的原型，如图1-12所示。

1925年，采用铝合金机身的莱卡I型相机面世，该机具有5片Elmar50毫米F1：3.5镜头、旁轴取景器、焦平面快门、上弦卷片联动。

第一次世界大战的爆发，使照相机的发展暂时处于停滞状态。

在1954～1977年期间，照相机在自动聚焦、自动曝光、胶片感光度的设定等方面都有了长足的发展。

图1-12　莱卡U形相机

1978年以后世界上各大公司大量研发自动聚焦照相机，主流产品大致分为以下4类：

1）双像对称式光电自动对焦照相机，如日本小西六厂生产的Konica—C35AF，美国Honeywell公司生产的Visitronic AF等。

2）美国生产的波拉（Polaroid）SX—70 Sonar AF一次成像照相机，采用超声波自动对焦，功耗很大。

3）日本生产的Canon AF—35M，使用红外线自动对焦，功耗相对较大。

4）单反相机大都采用裂像对焦。

1978年～1988年期间，以日本Nikon公司开发的“陷阱调焦”、“包围连拍”、“高光/阴影控制卡”、“APS系统”等功能，使用方便，可靠性高。日本SONY公司开发出磁录像，为数字照相打下了基础，CCD的采用，开始了纯物理照相的新阶段。

1981年，美国开始研制可视相机，也就是第一代数字相机，1984年完成样机的研制，数字相机与普通的胶卷相机不同，它不使用胶片作为记录媒介，而是采用固定的或者是可拆卸的半导体存储器来保存捕获的图像。1988年实现了数字相机的商品化。日本从1985年开始加入到数字相机的研制队伍中，1992年实现了商品化。虽然日本研发数字相机晚于美国，但到目前为止，全世界数字相机的著名品牌多数来自日本，如图1-13所示。

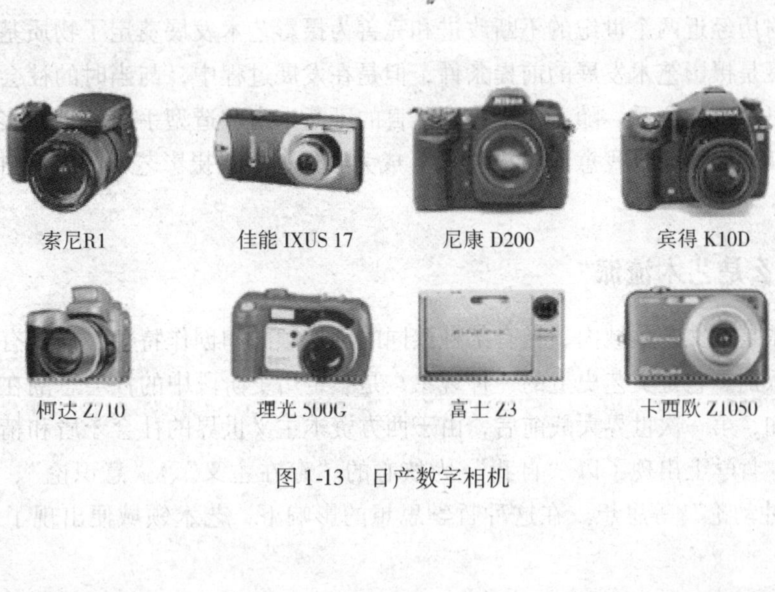

图1-13　日产数字相机

六、照相机配件——闪光灯的发展

在19世纪80年代采用镁粉和氯酸钾粉以2:1的比例混合作为闪光灯的燃料，在使用时，需要点燃该燃料，伴随一声较大的声响，出现一片强光，同时有烟雾产生。这种闪光灯安全性能较差。随后闪光灯发展为使用一次性镁光泡，安全性能有所提高。

到了20世纪30年代，电子闪光灯诞生了，当时称之为万次闪光灯。采用直流电瓶做为电源，为闪光灯供电。这种闪光灯使用起来有些笨重，即使如此，这种闪光灯的普及也是在20世纪50年代。

进入20世纪60年代，出现了一种使用干电池的小型电子闪光灯，它可以通过一根连线与照相机相连，在充足电以后，由快门来控制闪光灯的开启，后来连线被热靴代替。图1-14所示是几种独立于相机的闪光灯。

图1-14 几种独立于相机的闪光灯

到了20世纪70年代末全自动相机的出现，使闪光灯与相机融为一体，闪光灯从此可不再以独立的形式存在了。

第二节 摄影艺术的发展

摄影器材历经近两个世纪的不断改进和完善为摄影艺术发展奠定了物质基础。摄影技术的发展无疑是摄影艺术发展的前提条件，但是在发展过程中，与当时的社会思潮和艺术思潮有着不可分割的联系。随着摄影艺术语言的不断丰富和造型手段的日益多样化，使摄影艺术家不断地成熟，自我意识的“物化”成为必然，于是摄影艺术的流派自然而然地产生了。

一、什么是艺术流派？

艺术流派是指文艺领域内，具有某种共同的创作倾向和创作特色，并具有一定社会影响的集团和派别。它是文艺史上的一种现象，是一定历史阶段中的社会思潮在文艺领域中的反映。例如，第一次世界大战前后，由于西方资本主义世界的社会矛盾和精神危机日益尖锐和深化，哲学上出现了以“自我”为核心的“存在主义”、“意识论”、“扩张自我论”、“生命冲动论”等思想。在这种哲学思想的影响下，艺术领域便出现了以“自我表现”为旗帜的现代主义文艺流派。摄影艺术作为造型艺术的组成部分，不可避免地受到这股思潮的影响，相应地出现了这一时期的达达派、超现实主义、抽象派和主观摄影等现代流派。

下面着重探讨世界摄影艺术的流派。

二、世界摄影艺术的流派

1. 绘画主义摄影

绘画主义摄影是盛行于20世纪初摄影领域的一种艺术流派，它产生于19世纪中叶的英国。该派摄影家在创作上追求绘画的效果，或“诗情画意”的境界。

绘画主义摄影大致经历了这样3个阶段：仿画阶段、崇尚曲雅阶段、画意阶段。绘画主义摄影家提出，“应该产生摄影的拉斐尔和摄影的提茨安”。

1851年～1853年是绘画主义摄影的成长时期。绘画主义摄影经历了较长的发展时期，第一个绘画主义摄影家是英国画家希路（1802—1870），他擅长人像摄影，作品结构严谨，造型优雅。

1857年，O. G. 雷兰德（1813—1875）创作了一幅由30余张底片拼放而成的、具有文艺复兴风格的作品：《两种生活方式》，标志着绘画主义摄影艺术上的成熟，如图1-15所示。

图1-15 《两种生活方式》O. G. 雷兰德

这一时期的作品，其题材大都富有宗教色彩，含有一定的隐喻性。拍摄时，预先打好草图，然后利用模特儿、道具，组织和安排场面，并通过暗房加工而成。追求照片画面的绘画效果。

随后，绘画主义摄影的内容有所扩大，但风格仍崇尚古典主义，造型和构图仍具学院派的法则，因而显得含蓄、沉静、典雅。

当该流派发展到画意阶段时，追求作品的情感、意境和形式的美依旧是它的特点。由于绘画主义摄影家强调艺术修养：“如果想要使摄影在艺术上有地位，摄影家就必须首先培养起审美的能力和扎实的艺术修养”。所以其历史功绩是把摄影从初期机械地摹写对象引导到造型艺术的领域中去，促进了摄影艺术的发展。

这一流派的主要摄影家和作品有：普莱期（？—1896）的《男爵之宴》、《鲁宾逊漂流记》、《宝塔情景》；罗宾森的《当一天工作完了的时候》、《秋天》、《两个小姑娘》、《弥留》、《拿着毒药瓶的朱丽叶》、《黎明和落日》；雷兰德的《伊菲吉尼亚》、《优迪特与荷罗佛尼斯》；J. M. 卡梅隆夫人的《无题》等。

图 1-16 ~ 图 1-19 所示照片是绘画主义流派的摄影代表作品。

图 1-16 《弥留》H. P. 罗宾森

图 1-17 《古罗马的没落》T. 库蒂尔

图 1-18 《唐吉柯德在他的书房中》W. L. 布拉斯

图 1-19 《无题》J. M. 卡梅隆

由于绘画主义的创作大都脱离现实生活，加上摄影器材的日益改善，人们审美趣味的不断改变，为“自然主义”所冲击。尽管这样，在今天的摄影艺术殿堂中，仍有它的席位。

2. 印象派摄影

1889 年英国举办了法国印象派绘画的首次展览。绘画主义流派摄影家罗宾森在其影响下，提出“软调摄影比尖锐摄影更优美”的审美标准，提倡“软调”摄影。该流派是绘画印象派在摄影艺术领域中的反映。

开始，他们运用软焦点镜头进行拍摄，布纹纸洗印，追求一种模糊朦胧的艺术表现效果。随着“溴化银洗相法”和在颜料中混入重铬酸胶洗相纸法的出现，印象派作品从对镜头成像的控制发展到暗房加工。他们提出“要使作品看起来完全不像照片”，并且认为“假如没有绘画，也就没有真正的摄影”。

在这种理论指导下，印象派摄影家还用画笔、铅笔、橡皮在照片画面上加工，特意改变其原有的明暗变化，追求“绘画”的效果，如拉克罗亚在1900年创作的《扫公园的人》，就像是一幅画在画布上的炭笔画。印象派摄影家使自己的作品完全丧失了摄影艺术自身的特点，所以有人又把它称之为“仿画派”。可以说它是绘画主义摄影的一个分支。

这一流派的艺术特色是调子沉郁，影纹粗糙，富有装饰性，但缺乏空间感。其著名摄影家有杜马希（？—1937）、普约（1857—1933）、邱恩（1866—1944）、瓦采克（1848—1903）、霍夫梅斯特兄弟（1868—1943；1871—1937）、杜尔柯夫（1848—1918）、埃夫尔特（1874—1948）、米尊内（1870—1943）、辛吞（1863—1908）、奇里（1861—1947）等。

图1-20和图1-21所示照片是印象派摄影流派的摄影代表作品。

图1-20 《扫公园的人》拉克罗亚

图1-21 《利物浦印象》J. 戴德利耶

3. 写实摄影

写实摄影是一种源远流长的摄影流派，延绵至今，仍是摄影艺术中基本的、主要的流派。它是现实主义创作方法在摄影艺术领域中的反映。

该流派的摄影艺术家在创作中恪守摄影的纪实性，在他们看来，摄影应该具有“与自然本身相等同”的忠实性，画面中的每一个细节，只有具有“数学般的准确性”，作品才能发挥其他艺术媒介所不具有的感染力和说服力。

另一方面，他们又反对像镜子那样冷漠地、纯客观地反映对象，主张创作应该有所选择，对所反映的事物应该有艺术家自己的审美判断。著名写实摄影大师路易斯·海因就说过这样的名言：“我要揭露那些应加纠正的东西；同时，要反映那些应予表扬的东西”。可见他们崇尚艺术应该“反映人生”的观点。他们敢于正视现实，创作题材大都取于社会生活。艺术风格质朴无华，但具有强烈的见证性和提示力量。

由于写实摄影作品所具有的巨大的认识作用和非凡的感染力，逐渐在新闻领域中占据了自己的地位。19世纪90年代美国摄影家雅谷布·里斯关于纽约贫民窟生活的那些作品，就是写实摄影的奠基作品。

最早的写实摄影作品当推英国摄影家菲利普·德拉莫特于1853年拍摄的那些火棉胶纪录片。稍后，则是罗斯·芬顿的战地摄影和19世纪60年代末的威廉·杰克逊的黄石奇观。1870年以后，写实摄影渐趋成熟，开始把镜头转向社会，转向生活。如当时的摄影家巴纳多博士就拍摄了流浪儿童的悲惨境遇，而震动了人们。

随后，写实摄影家人才辈出，作品都以强烈的现实性和深刻性而著称于摄影史。例如，英国勃兰德的《拾煤者》；美国罗伯特·卡帕的《通敌的法国女人被剃光头游街》；法国韦丝的《女孩》等，不胜枚举。

图1-22～图1-24所示照片是写实摄影流派的摄影代表作品。

图1-22 《纺织女童工》路易斯·海因

图1-23 《通敌的法国女人被剃光头游街》罗伯特·卡帕

4. 自然主义摄影

1889年，摄影家彼得·埃默森鉴于绘画主义创作的弱点，发表了一篇题为《自然主义的摄影》的论文，抨击绘画主义摄影是支离破碎的摄影，提倡摄影家回到自然中去寻找创作灵感。他认为，自然是艺术的开始和终结，只有最接近自然、酷似自然的艺术，才是最高的艺术。他说，没有一种艺术比摄影更精确、细致、忠实地反映自然，“从感情上和心理上来说，摄影作品的效果就在于感光材料所记录下来的，没有经过修饰的镜头景像。”该派另一位大师A·L·帕邱说得更明确：“美术应该交给美术家去做，就我们摄影来说，并没有什么可借鉴美术的，应该从事独立性的创作”。这种艺术主张是对绘画主义的反叛，它促使人们把摄影从学院派的桎梏中解脱出来，对充分发挥摄影自身特点有着促进作用。这一流派的创作内容，大都是自然风光和社会生活。

图1-24 《自由战士的倒下》罗伯特·卡帕

由于自然主义摄影满足于描写现实的表面现象和细节的“绝对”真实，而忽视对现实本质的挖掘和对表面现象的提炼，一句话，不注意艺术创作的典型化和艺术形象的典型性，因而，它实质上是对现实主义的庸俗化。有时会导致对现实的歪曲。

这一派著名的摄影家有德威森（1856—1930）、威尔钦逊（1857—1921）、葛尔（？—1906）、搔耶（1856—？）、萨特克利夫（1859—1940）等。

图 1-25 ~ 图 1-27 所示照片是自然主义摄影流派的摄影代表作品。

图 1-25 《采睡莲》彼得·埃默森

图 1-26 《船上》

图 1-27 《沙丘》

5. 纯粹派摄影

纯粹派摄影是成熟于 20 世纪初的一种摄影艺术流派。其创导者为美国摄影家斯蒂格里兹（1864—1946）。他们主张摄影艺术应该发挥摄影自身的特质和性能，把它从绘画的影响中解脱出来，用纯净的摄影技术去追求摄影所特具的美感效果——高度的清晰、丰富的影调层次、微妙的光影变化、纯净的黑白影调、细致的纹理表现、精确的形象刻画。总之，该派摄影家刻意追求所谓的"摄影素质"：准确、直接、精微和自然地去表现被摄对象的光、色、线、形、纹、质诸方面，而不借助任何其他造型艺术的媒介。

科班 1913 年送展的俯瞰纽约，就是纯粹派中的佳作。摄影家从高处俯瞰纽约某个广场，虽没有任何加工、修饰，但新颖的构图，独特的造型，使人耳目一新，再如爱德华·史泰钦的《桑德伯格》，则是用多次曝光的手法，突破了独幅作品空间、时间的限制，在一个画面中细腻地刻画了诗人情绪的转换、影调的组合和构图的变化，极有韵律感。

从某个角度说，纯粹派的某些主张和创作是形式主义和自然主义的"混血儿"，后来则衍变成"新即物主义"。但该流派在一定程度上促进了人们对摄影特性和表现技巧的探索和研究。

这一流派的著名摄影家有斯特兰德（1890—?）、施莱（1883—?）和 Group f62 摄影组织中的青年摄影家，如亚丹斯、根令翰等。

纯粹派后期的作品则向线条、图案和歪曲形象的抽象方面发展，其有影响的摄影家是亚博、史丁纳、史脱特文和伊凡思等。

图 1-28 ~ 图 1-30 所示照片是纯粹派摄影流派的摄影代表作品。

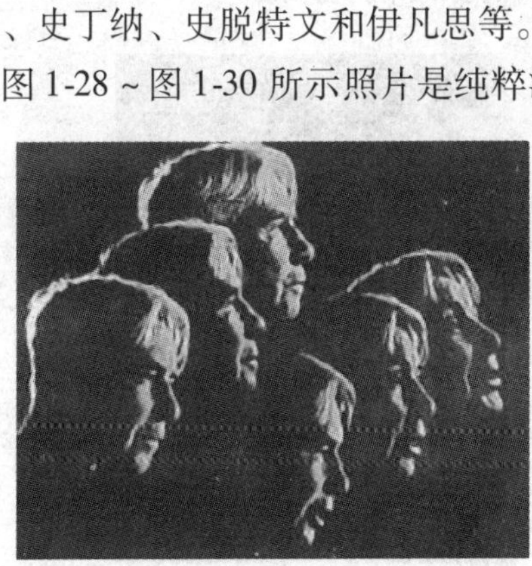

图 1-28 《桑德伯格》爱德华·史泰钦

图 1-29 《白色栏杆》P. 斯特兰德

6. 新即物主义摄影

图 1-30

新即物主义摄影又称“支配摄影”、“新现实主义摄影”。是20世纪20年代出现的一种摄影艺术流派。

该流派的艺术特点是在常见的事物中寻求“美”。用近摄、特写等手法，把被摄对象从整体中“分离”出来，突出地表现对象的某一细部，精确如实地刻画它的表面结构，从而达到眩人耳目的视觉效果。它不考虑艺术的本质在于提示对象的本质，因而其美学思想是属于自然主义范畴的。

新即物主义的理论先驱是斯特兰德，他对即物主义艺术特征作了如下规定：“新即物主义乃是摄影的本质，并且也是摄影的产物和界限”。他认为，摄影“对生命的表现极强，而且需要观察正确事物的眼睛。为此，并非根据敷衍的过程和操作方法，而是必须运用纯净的摄影术才行。”新即物主义摄影的创作先驱则是阿杰和史泰钦，而实际上创始者为帕邱。

帕邱反对摄影依赖于绘画，他强调摄影艺术必须依靠摄影的自身特性，认为摄影的审美价值隐藏在自身的特性里，只有充分发挥摄影的自身特性才能创造出美，他说：“绘画应该随便由画家去画，只有根据固有的特质，才能创造出可以自立的摄影，没有任何东西是从绘画所借用的”。

新即物主义摄影家的功绩是促使人们对摄影自身特性的研究和探索，把摄影从审美性的虚幻世界中拉回到现实生活中来。但是，由于过分强调了细部物质表面结构的描写，为后来的抽象主义摄影提供了萌发的土壤。

1925年前后，由于出现了大口径的小型照相机，新即物主义的表现领域有了新的发展，产生了不少人像作品及反映社会生活和自然风光的作品。

新即物主义的著名摄影家有桑德（1876—1964）、勒斯基（1871—1956）、黑葛（1893—1955）、希尔夏（1881—1948）、休利曼·霍培（1878—?）、埃夫特（1874—1948）、威斯吞·亚当斯（？—1902）等。

图1-31和图1-32所示照片是新即物主义摄影流派的摄影代表作品。

图1-31　穿着夏季男和服的B．杰斯丹玛

图1-32　起重机上的轴

7. 超现实主义摄影

这一流派有着较为严谨的艺术纲领和艺术理论。他们认为，用现实主义创作方法去表现现实世界是古典艺术家早已完成的任务，而现代艺术家的使命是挖掘新的、未被探讨过的那部分人类的“心灵世界”。因而，人类的下意识活动、偶然的灵感、心理变态和梦幻便成了超现实主义摄影艺术家们刻意表现的对象。

摄影中的超现实主义者也像达达派摄影家一样，利用剪刀、浆糊、暗房技术作为自己主要的造型手段，在作品画面上将景象加以堆砌、拼凑、改组，把具体的细部表现和任意的夸张、变形、省略和象征的手法结合在一起，创造一种现实和臆想、具体和抽象之间的超现实的“艺术境界”。所以其效果是奇特、荒诞而又神秘的。

该流派的创始人是英国摄影家丝顿和美国的布留奎尔（1880—1945）。真正完成者为英国舞台摄影家马可宾（1905—?），他在自己的创作中，把超现实的虚和现实中的实揉合在一起，创造了一种既虚幻又实在的境界。例如，他在1946年创作的《马可宾的自画像》就是一幅很典型的超现实作品，它是运用4次曝光的手法拍摄出来的：一次正面、两次侧面和一次一只眼睛。

这一流派的著名摄影家有从事超现实主义集锦照片的画家帕尔汗；变形人体摄影家布兰特；肖像兼宣传摄影家卡逊以及布鲁门塔尔、洛林、哈尔斯曼、赖依等。

图1-33和图1-34所示两幅照片是超现实主义摄影流派的摄影作品。

图 1-33

图 1-34

8. 抽象摄影

抽象摄影为第一次世界大战后出现的一种摄影艺术流派。该流派的摄影家否定造型艺术是以可审视的艺术形象来反映生活、表现艺术家审美感受的这一基本特性，宣称要把摄影“从摄影里解放出来”。

初期，用无底放大法省略去“被摄体”的细部纹理和丰富影调，制作成仅表现其形状的“光图画”。后来发展到或运用光线、或剪辑集锦、或中途曝光、或拍摄时震动照相机使被摄体形象在底片中的结像模糊，或多次曝光使之重影，直到改变画面的表面结构，改变被摄物体的原有形态和空间结构，力图使用所谓形式、影调（色彩）和素材的“绝对抽象的语言”，使被摄物体转变成某种不能辨认为何物的线条、斑点和形状的结合体。以表现该派艺术家作为准则的所谓人类最真实、最有本质力量的潜意识世界。在作品中，被摄物体只不过是被艺术家借来随心所欲地产生表现自身想像和个性“旋律”的音符。

抽象摄影的发起者为泰尔博（1800—1877）。开始时，作品画面仍保持一定程度的可辨认性。至1917年摄影家科班（1882—?）用木片和透明玻璃碎片拍摄的《波尔多画报》就已完全不可辨认了。1922年，匈牙利抽象画家莫荷利纳基（1895—?）在曼瑞（1890—?）等人的基础上加以发展，并从理论上予以确立。随后，抽象画家康丁斯基、克勒等引进了显微摄影和X光摄影，从而大大地扩大了抽象派摄影的表现范围，丰富了摄影艺术的语言，建立了自己的艺术体系，并风行于欧美等国。

该流派的代表人物，除文中已提及的外，还有史格特、芬宁格、安真兰特、佛莱泰、温隙斯特、格连巴晤、夏德和布留奎尔等。

图1-35～图1-38所示几幅照片是抽象摄影流派的摄影作品。

图1-35　海上滑板

图1-36　飞翔的鸟

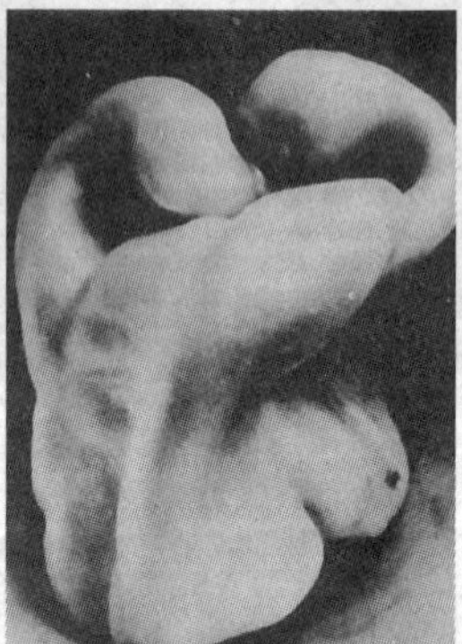

图1-37　青椒

图1-38　水中的气泡

9. 堪的派摄影

堪的派摄影是第一次世界大战后兴起的、反对绘画主义摄影的一大摄影流派。这一流派的摄影家主张尊重摄影自身特性，强调真实、自然，主张拍摄时不摆布、不干涉对象，提倡抓取自然状态下被摄对象的瞬间情态。法国著名的“堪的”派摄影家卡蒂·布列松说过：“对我来说，摄影就是在一瞬间里及时地把某一事件的意义和能够确切地表达这一事件的精确的组织形式纪录下来”。因而这一流派的艺术特色是客观、真实、自然、亲切、随便、不事雕琢、形象生动而富有生活气息。

“堪的”派中的摄影家，就其美学思想和创作倾向而言，情况是比较复杂的，虽然他们都崇尚人性世态的表现，而且大部分都从事于新闻摄影工作，但有的为自然主义者，有的为写实主义者。

该流派的催生作品是1893年摄影家阿尔弗雷德·斯迪格的《纽约第五街之冬》，而真正完成者则是德国的摄影家埃利克·沙乐门博士。他用小型相机在一次德法总理举行的夜间会议结束时拍摄的《罗马政治会议》，由于它的生动、真实、朴实、自然，而成为该流派名垂摄影史的经典作品。

在摄影美学上，他们认为“以摄影的基本特点为基础的照片，是画家或雕刻家所无法模仿的，它具有它自己的不可分割的我，具有自己特殊的表现力，甚至是用其他媒介不可能表现出来的特性”。其次，对客观事物的表现，他们重视和强调独创性，用他们的话说：“（摄影家要用）自己的眼光来看世界，不要通过别人的眼光来看世界，而这正是区分照片是平庸还是高明，有价值还是没有价值的标准。”

该派著名的摄影家有美国的托马斯·道韦尔·麦阿沃依；英国的茜莉特·摩戴尔；法国的维克托·哈夫门；以及路易斯·达尔·沃尔夫、彼得·斯塔克彼尔·布鲁维奇等。

《罗马政治会议》（见图1-39）是堪的派的摄影代表作品。

图1-39 《罗马政治会议》

10. “达达派”摄影

“达达派”是第一次世界大战期间出现于欧洲的一种文艺思想。“达达”原为法国儿童语言中“小马”或“玩具马”的不连贯语汇。因为达达主义艺术家在创作中否定理性和传统文化，宣称艺术和美学无缘，主张“弃绘画和所有审美要求”，崇尚虚无，使创作近乎戏谑，因而人们把该艺术流派称之为“达达派”。

在这种艺术思潮影响下，摄影艺术领域中也产生了“达达派”。

达达派摄影艺术家的创作，大都是利用暗房技术进行剪辑加工，创造某种虚幻的景象来表达自己的意念。例如，《丽达和天鹅》把一个美丽的希腊神话故事，处理成某种晦涩怪诞、不可捉摸的图像与线条的组合。在画面中，可视形象已不再以其自身的意义存在，而只是某种意念的构成元素。还有人用剪辑的手段，使尼亚加拉大瀑布涌向纽约，制造了一个荒谬的世界末日的凄凉景象。

由于达达派摄影艺术作品不符合人们一般的审美趣味和审美要求，1924年以后就逐渐受到有较明确、完整的艺术理论和纲领的超现实主义艺术流派的冲击。但其影响仍可在以后出现的现代派摄影艺术中窥见。

著名摄影家哈尔斯曼创作过一幅蒙娜丽莎，她那双丰满的手在这里不仅变成了青筋暴突、汗毛丛生，而且还塞满了钞票。真可谓荒诞无稽、不伦不类。

图1-40～图1-42所示是“达达派”的摄影作品。

图 1-40 《蒙娜丽莎》
哈尔斯曼

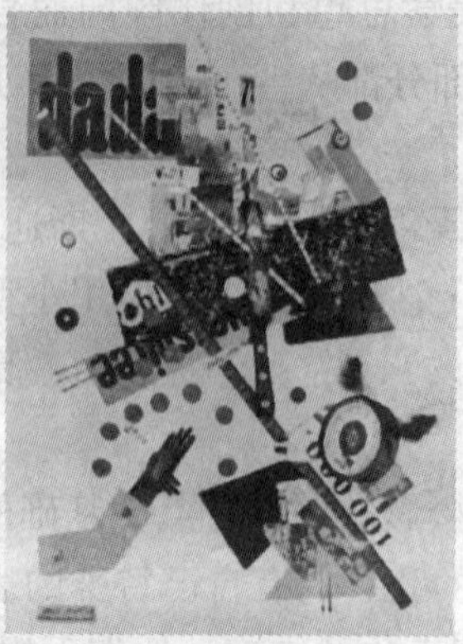

图 1-41 Dada-merika

图 1-42 《丽达和天鹅》
A. 斯瓦尔克

11. 主观主义摄影

主观主义摄影是一种在第二次世界大战后形成的比抽象派摄影更为“抽象”的摄影艺术流派，又称作“战后派”。

它是存在主义哲学思潮在摄影艺术领域中的反映。其创始人是德国摄影家奥特·斯坦内特。他认为，“摄影是本来具有发挥自己能力的宽阔领域，也具有高度的主观能动作用。但目前却成了一种机械的写实主义”。于是提出了摄影艺术主观化的艺术主张。极力主张摄影艺术的终极应该是提示摄影家自身的某些朦胧意念和表现不可言传的内心状态和下意识活动。“主观摄影就是人格化、个性化的摄影”，这便是该流派的艺术纲领。主观摄影的艺术家们极度强调自己的创造个性，蔑视一切已有艺术法则和审美标准。该派理论家公开表示：“主观摄影不仅仅是一种试验性的图像艺术，而是一种自由的不受限制的创造性艺术”，“我们可以任意使用技术手段去创造照片”。

其特点是：

1）画面有“具象”和“抽象”两种，不论何种造型形式，自我意念的表现是其最终目的。画面中的一切只不过是摄影家表现自我的“载体”而已。

2）充分利用镜头的透视特性，把被摄体从现实中“剥离”出来，“移”到画面上去，——使用镜头的某些光学性能，把客观的物体加以改造，使之成为意念的“物化体”，从而在画面中组合成创造出自己的“世界”。而这世界往往是荒诞、神秘的，或者是令人百思而不得其解的。

3）利用近摄手段清晰而又强烈地强化和突出表现物体的某一细部形态。

4）运用暗房技法，把被摄对象原有的丰富影调简化，将自然、平凡的关系转换成强烈的视觉关系。

5）利用曝光手段（如多次曝光、连续闪光），使被摄体从时间概念中分离出来，能动地把时间概念和空间位置加以调换。

该流派著名的摄影家除奥特·斯坦内特以外，还有杰·施莫尔、肖·范欧坎、兰·佩恩、莫·弗克尔特、本章光郎和崛内初太郎等。

图 1-43 和图 1-44 所示两幅照片是主观主义的摄影作品。

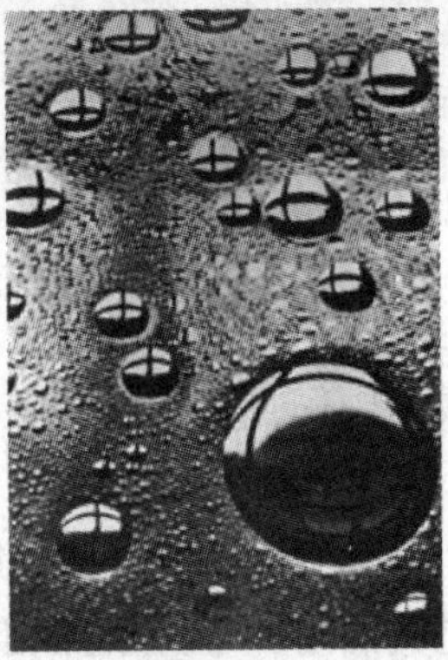

图 1-43 油滴［1956］凯特曼

图 1-44 浩劫之后的 2958 年［1957］莫·弗克尔特

第三节 中国摄影简史

纵观我国的摄影艺术发展过程，可以分为早期摄影、近代摄影、现代摄影和当代摄影 4 个阶段。

一、早期摄影：（1840 年—1889 年）

清朝时期，由于我国与西方国家的外交活动频繁增加，许多先进的技术被引进，其中包括摄影技术。

1844 年广东学者邹伯奇撰写了我国最早的研究摄影光学的著作《格术补》、《摄影之器记》。

我国最早一本摄影术专著《脱影奇观》1873 年在北平（北京）出版。作者贞德，全书分为上、中、下三卷，元、亨、利、贞四册，书的内容涉及理学、艺术、法则等。

同年，清朝外交官容闳奔赴秘鲁，实地拍摄了 24 幅当地迫害华工的照片，这些照片用于外交交涉并取得胜利，成为我国将摄影作品作为斗争工具的首例。

梁时泰先生在上海开办了一家照相馆，在 1876 年 5 月 29 日上海《申报》上，他刊登了一则广告：“本馆向设香港，已历多年，得西人秘授，尽斯业之精微，巧照石片、牙片、绢片，情景逼真”。这则广告成为我国摄影广告之首则。

二、近代摄影：（1890 年—1917 年）

1903 年周学熙在天津开办我国第一家设有摄影课程的学校——工艺学堂。从此我们有了专门学习摄影的学校了。

1904 年我国第一家采用彩色照片的刊物是《东方杂志》。

1907 年由李汉桢作序的《实用映相学》出版，该书论述了摄影审美价值及艺术特征问题，是我国从艺术学角度谈摄影的第一本书。

1910 年在南京举办了第一届“南洋劝业会”展出照片并评出相关奖项，这是我国摄影界第一次评奖，开了历史先河。

1913 年我国第一个摄影民间团体精武体育会成立“精武体育会摄学部”。

三、现代摄影：(1918 年—1959 年)

1919 年据文字记载，北京大学“光社”成员刘半农、黄坚、吴辑熙三人于这一年尝试拍摄人体摄影作品，模特儿是一位人力车夫的妻子，她成为中国人拍摄人体摄影作品的“第一模特”。

1920 年我国最早的新闻图片社——北大学生褚保衡等建立的“中央写真通讯社”成立。

1923 年北京平民大学新闻系开设“照相制版课”，这是我国第一个开设照相制版专业的大学。

1926 年摄影家吴中行处女作《牧归》入选英国伦敦摄影沙龙获金奖，后收入《英国国际年刊》，吴中行加入英国皇家摄影学会，成为我国参加外国影展和摄影组织第一人。

1927 年我国第一部具有完整的艺术学形态的摄影艺术理论专著《半农谈影》出版。

1932 年钱景华设计制造的“环像照相机”问世。

1950 年新中国中央人民政府新闻总局组建新闻摄影局，下设新闻摄影处、摄影研究室、图片经理部 …… 等部门。使摄影成为党的宣传喉舌的一个重要部分。

1956 年中国摄影学会成立，这是新中国第一个也是唯一的全国性的摄影群众团体。

1958 年我国第一部百科式的暗房工艺知识专著《暗室技术》由上海人民美术出版社出版，该书作者达军（魏南昌），计 34000 字，538 页。

新中国成立后，第一套普及型摄影小丛书《实用摄影知识丛书》由上海人民美术出版社出版。截止 1990 年，该丛书先后出版了 26 种，每种印数均高达 10 万册以上，其中陈勃的《简明摄影知识》15 次印刷，累计 200 余万册。

我国著名跟踪摄影记者徐永辉第一篇跟踪摄影报道《一户人家十年间》于 1959 年 9 月 23 日第四版的《浙江日报》刊出，成为我国这一摄影体裁创作的第一人。

巨型摄影画册《中国》出版发行，是我国迄今为止规模最大、规格最高的一本画册。画册为 6 开本，545 页。厚 6. 3cm，重量达 8kg，封面为毛泽东手书“中国”两烫金书签。

四、当代摄影：(1960 年—现在)

1961 年我国第一部由吴印咸编写的阐述摄影艺术造型理论的专著《摄影艺术表现方法》一书由电影出版社出版，分为上、下两册。

1979 年《“自然、社会、人”影展》（第一回）在京揭幕。这是新中国第一个完全由摄影青年自发举办的摄影艺术展，在该展览的前言中，他们大声呐喊要尊重摄影艺术自身规律！这是我国新时期摄影界发出第一声“本体和现实主义创作方法”回归的响亮呼唤。同年我国第一本摄影词典《英汉摄影技术词汇》由科学出版社出版，这本辞典的问世使我国摄影技术的发展走上了一个新的台阶。

1980 年中国摄影史上第一家摄影专业出版社——“中国摄影出版社”成立。社长徐肖冰，总编刘超。

1985 年新中国第一家摄影学院——“中国摄影函授学院”正式建立。

1987 年 2 月，中国摄影家协会、中央电视台和中国摄影函授学院联合摄制电视系列摄影节目《学摄影》26 集开始在中央电视台播出，开我国电视传播摄影知识之先河。

1996 年 2 月 14 日，我国首家摄影高等学府北京电影学院摄影学院在京成立。

2001 年我国摄影史上首次的人体摄影展——《中国人体摄影艺术大展》，于 2001 年 1 月 11 日在广东省广州市中华广场揭幕。该大展 1999 年 11 月向全国征稿，历时一年余，收到应征作品 5000 多幅，计作者 600 余人，展出作品 107 幅。

2001 年我国首家专业数码摄影垂直网站——迪派网正式开通。

2003 年 12 月 12 日在广州市广东美术馆举行的《中国人本——纪实在当代》大型摄影展的揭幕。策展人安哥用半年多的时间，对中国大陆的纪实摄影人进行的拉网似的征稿，此次展览的主办方广东美术馆将对所有的展品进行收藏，开创了中国大陆美术馆规模性收藏摄影作品的先例。

北京时间 2007 年 2 月 9 日 18：00（荷兰当地时间 2 月 9 日 11：00），第 50 届世界新闻摄影比赛（WPP）——“荷赛奖”获奖作品在荷兰阿姆斯特丹揭晓。中国摄影师获得 3 项大奖，其中《东方早报》副总编常河的“中国动物园”获自然组照二等奖，如图 1-45 所示。广州王刚的作品“彝族牧羊人”获人物单幅二等奖，如图 1-46 所示。《新京报》记者张涛的作品“盲人舞蹈队”获艺术单幅三等奖，如图 1-47 所示。这是荷赛历史上中国摄影师获奖最多的一届。

图 1-45　中国动物园

图 1-46　彝族牧羊人

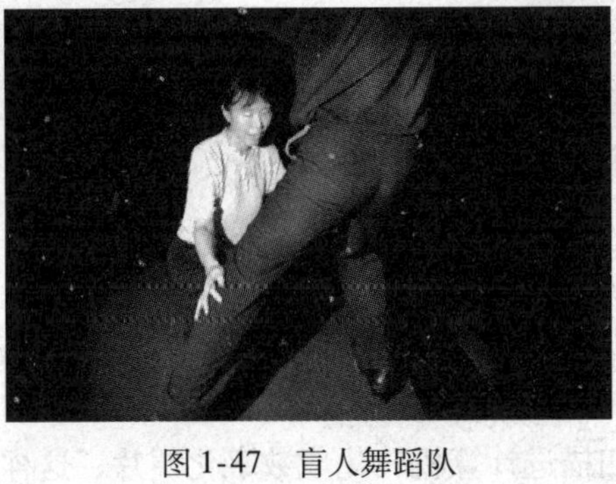

图 1-47　盲人舞蹈队

第二章 数字化摄影的基础知识

数字化摄影与传统摄影有很大区别，对于摄影者来说，了解它们的差别，对掌握、运用数字化摄影技术会有很大好处。

传统照片是通过涂布卤化银感光材料，使经过照相机镜头形成的影像感光获得潜影，然后通过显影、定影等化学手段获得影像，再用化学手段印放照片。

数字化摄影是利用光电效应，使照相机镜头成像在（纱窗格型）面阵光电器件 CCD 或 CMOS 上，每个“电荷耦合器件”（Charge Coupled Device，CCD）或“互补金属氧化物半导体”（Complementary Metal-Oxide Semicontuctor，CMOS）的尺寸约为 10μm 见方，其上所生电荷（称“电荷包”）与接收光强成正比，整个图像就形成电荷包阵列。然后将电荷包阵列各点依次移出，寄存于存储卡中就形成了电子图像。图像的显示、打印、传送都可以依靠数字化技术，整个过程完全是光电子技术的纯物理过程。当然仍可以用化学方法在彩色相纸上扩印成传统式照片。

传统的照片通过数字化手段也可以生成“数字照片”。可以用数字相机翻拍、扫描仪扫描，将负片、反转片、照片或印刷品等其他介质的图像转换为数字图像。

直接用数字相机拍摄的数码图像，有两种输出方式：一种是保存在硬盘、软盘或光盘中的图像数据；另一种是通过打印、扩印或激光输出，成为和传统照片一样的纸质照片。

数字化摄影与传统摄影相比具有很大的优势，在摄影技术方面有许多的不同点，下面介绍一些学习数字摄影技术必备的基础知识。

第一节 数字化摄影的优点

数字化摄影的优势主要是拍摄时可以即时看到所拍摄的影像，有问题可以及时补救。拍摄后可以即刻经过网络传到世界各地，也可以输入到计算机里，进行后期制作后再使用。它的主要优点体现在下面几个方面：

1. 可以立刻得到照片

数字相机可以通过 LCD 取景器直接看到拍摄的照片，马上确定照片的好坏，如果不符合要求，可以删除重拍。

2. 利用计算机可以将纸质照片数字化

纸质照片经过扫描仪扫描进计算机转化成数字化照片，这样就可以在网络上传输或在其他方面使用。

3. 方便地进行后期处理和创作

数字化照片以计算机文件的方式储存，便于使用软件进行调整、修改、合成，还可以进行艺术创作。

4. 方便的传递和保存

数字化照片可以方便地通过网络传输到世界各地，通过电子邮件还可以同时向多人传输。另外，数字化照片还可以刻到光盘上长期保存。

第二节　数字化摄影系统

数字化摄影不是单纯由数字相机一种设备所能完成的，它是用数字相机拍摄，然后利用计算机对拍摄结果进行加工处理，再根据需要进行输出的过程。所以说数字化摄影是由一系列相关设备结合起来才能完成全过程。而这一系列相关设备（包括硬件和软件）的总称就叫数字化摄影系统。

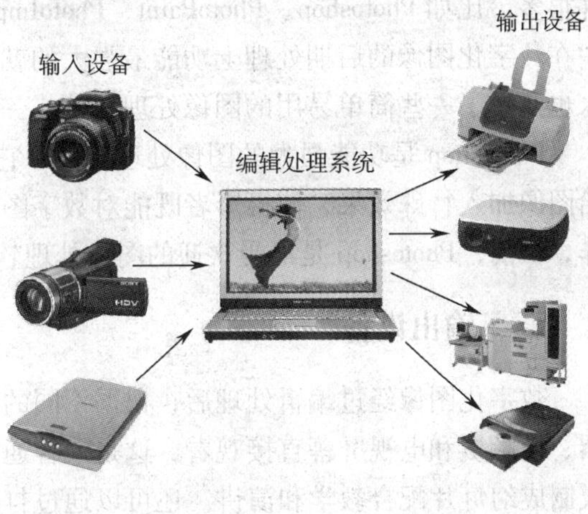

图 2-1　数字摄影系统的设备构成示意图

完整的数字化摄影系统包括输入设备、后期处理系统和输出设备 3 个部分，如图 2-1 所示。输入设备通常有数字相机、扫描仪等；编辑处理系统包括适合图像处理的计算机以及相应的图像编辑软件，如 Photoshop 等；输出系统包括彩色打印机、投影机、数码彩色扩印机、光盘刻录机等。

一、输入设备

数字化图像的获取方式有两种：一种是用数字相机直接拍摄数字照片，然后，通过将数字相机或读卡器连接到计算机上就可以将数字照片直接传输到计算机中，以数据文件存储。另一种是通过扫描仪将传统照片或图片扫描进计算机而得到数字化图像。

数字相机是目前经常使用的数字化输入设备，它种类繁多，质量水平不一，可以根据需要选择适合的数字相机来使用。

扫描仪也是常用的数字化图像输入设备，它通过对原稿的逐点扫描，将其转换为数字信号输入到计算机中。另外还有胶片扫描仪可以通过其较高的分辨率识别负片或正片中的模拟信号，从而得到更高清晰度的数字图像。

除了数字相机和扫描仪以外，数字图像的输入还可以通过图像采集卡、网络、光盘等介质获得。

二、后期处理系统

数字化图像的后期处理系统是数字化摄影系统的一个重要部分。它的作用是运用计算机和图像处理软件对数字化图像进行加工、修饰、调整或者对数字化图像进行再创作的一个重要手段。

数字化图像的后期处理设备利用计算机技术对影像修饰加工和处理，操作上方便、灵活、简单，能够根据想像创造出多种多样的视觉效果，它可以对数字化图像进行修描、放大、缩小和剪裁；改变影像的色彩、色调、亮度和对比度；将影像重叠、衔接、柔化和重新聚焦，还能完成闪光、透明、叠字、变形、局部更换等特技效果。这些功能和效果，比传统的暗房技术要快捷和简便。

数字化图像的后期处理系统除了计算机以外，主要的工具就是图像处理软件，这类软件很多，比如 Photoshop、PhotoPaint、PhotoImpact、Freehand、Illustrator、CorelDraw 等，其中在数字化图像的后期处理上功能最强大的就是 Photoshop。另外，一些数字相机的生产厂家也开发了一些简单易用的图像处理软件，一般都包含在购买相机所带的光盘中。

Photoshop 是功能强大的图像处理软件，它具有直观的界面和丰富的处理图像功能。能给图像加入特殊效果，使摄影者既能对数字图像进行处理，也可以随心所欲地进行艺术创作，目前，Photoshop 是最受欢迎的图像处理软件，是名副其实的“电子暗房”。

三、输出设备

数字化图像经过编辑处理后，根据不同的使用目的有多种的输出方式。可以通过显示器、投影机和电视屏幕直接观看，这是最普通、最常见的方式。也可以制成胶片用于印刷或制成幻灯片配合教学和演讲。还可以通过打印机打印成照片或者刻在光盘上保存。将存在计算机中的数字化图像在网络上传输也是当今比较流行的作法。

打印机是数字化摄影常用的输出设备。它的种类有彩色喷墨打印机、热升华打印机、彩色激光打印机等。彩色喷墨打印机的使用费用较低，适合于一般爱好者使用，现在的彩色喷墨打印机有的甚至有智能化识别、处理等功能。

用户可以将拍摄的数字化图像文件送到彩扩服务店去扩印照片，彩扩服务店使用数字彩扩机输出照片，数字彩扩机输出照片色彩绚丽，质量也比喷墨打印机输出的照片要高。世界主要影像设备厂商近年来研制出了一系列的数字彩色扩印机和数字激光放大机，数字文件通过这些设备输出的照片和胶片扩印的照片，质量上相差无几。

刻录机可以将数字化图像文件刻录成光盘供长期保存或交流。刻录机目前的价格不高，差不多已经成为计算机的标准配置，它使用起来非常方便，并且刻录光盘的价格也非常便宜。

数字化图像通过互联网实现远距离传送，它可以将数字化图像及时地发送到世界各地。尤其是给新闻工作者提供了一个方便、快捷的图像传送方式。

数字相机是数字化摄影必须掌握的设备。要想使你的摄影水平达到一定的高度，除了了解一些艺术创作的基本规律外，对于数字化摄影系统中的其他设备，也必须掌握一些基本的使用技巧，尤其是计算机操作的基本知识和图像处理软件的熟练运用。只有这样，才能充分发挥自身的技术和艺术潜质，创作出高水平的摄影作品，真正体验到数字摄影的魅力。

第三节　数字化摄影基本概念

一、计算机对数字化图像的处理方式

计算机对数字化图像的处理方式主要有矢量图和位图两种方式。

1. 矢量图

对矢量图来说，计算机的记录方式是数学方程式。如记录一个圆形，矢量图记录的是圆形的圆心位置、半径及填充的颜色等。矢量图可任意编辑图形，修改非常方便，而且可以做任意次修改。修改后的图像质量不会改变，而位图每做一次修改，就会降低质量。矢量图还可以任意放大、缩小图形，因为它只在计算机中改变了一些参数，对它的清晰度没有丝毫影响。如果是位图，放大就会降低图像的精度（见图2-2）。矢量图还有一大特点就是图形文件小，用CorelDraw软件制作的图形，文件很小，即使画很复杂的图形，这些图形文件都会以千字节的形式存储。而位图方式，则会占用非常大的存储空间。矢量图通常用来制作Logo（标志）、绘制工程设计图等专业领域中，经常用来绘制矢量图的软件有CorelDraw、Freehand和Illustrator等。

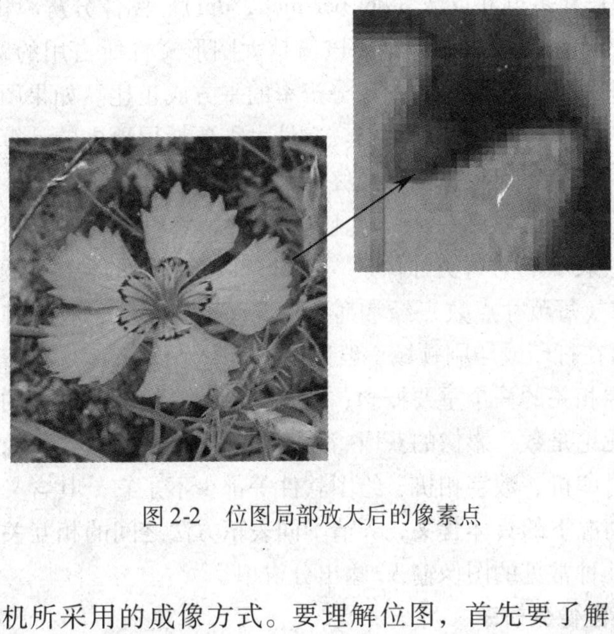

图2-2　位图局部放大后的像素点

2. 位图

位图是数字相机所采用的成像方式。要理解位图，首先要了解构成位图的基本元素——像素（Pixel）。像素是构成位图的最小单位。一幅位图图像经局部放大后，可以看到一个个的方格图形，这一个个构成图形的方格子就是像素（见图2-3）。

位图是计算机记录图像的一种图像形式，而一幅位图是由一个个像素组成的，像素是位图的最小基本图像元素。与矢量图不同，位图的基本图像元素是独立的，即改变其中一个像素，不影响其他像素点。计算机对像素的描述语言也不是像矢量图一样的数学方程式，所以这些像素点不能像矢量图一样随意放大，像素点的位置是固定的，单独的像素点是不能随意移动的，如果移动了像素点会影响整幅图像的完整性。

图 2-3　放大后的位图

一幅位图是由一个个最小的图像单元像素组成，相同大小面积的位图，像素值越多，则图像越清晰；像素值越少，则图像越模糊。描述同样面积下像素多少的标准叫 DPI 个像素点，若每英寸距离上有 400 个像素点，则称这幅图像是 400dpi；若每英寸有 100 个像素点，则称这幅图像是 100dpi。像素的多少还会直接影响到位图图像在计算机中存储文件的大小。如一幅长、宽均为 10cm，分辨率为 300dpi 的位图图像，它在计算机中存储文件的大小约为 4000KB 左右，而同样的长、宽，分辨率为 50dpi 的位图图像，它在计算机中存储文件大小就只有 100KB 了，两者的文件大小相差为 40 倍。因为计算机每记录一个像素点，都会用同样多的字节空间，这使得相同面积大小的图像，分辨率大的，像素点就更多，所需存储空间就会更大。

二、图像分辨率

图像分辨率（Image Resolution）是指图像中存储的信息量。使用的单位为每英寸像素（pixel per inch，ppi）和每英寸点数（dot per inch，dpi）。图像分辨率和图像尺寸（高宽）的值一起决定文件的大小及输出的质量，该值越大图形文件所占用的磁盘空间也就越多，也能表现更丰富的细节。文件大小与图像分辨率的平方成正比。如果图像尺寸不变，将图像分辨率提高一倍，其文件大小增大 4 倍。文件大需要耗用更多的计算机资源、更多的内存、更大的硬盘空间等。可以根据图像最终的用途决定选择分辨率。

通常“分辨率”被表示成每一个方向上的像素数量，比如 640×480 等。而在某些情况下，它也可以同时表示成“每英寸像素”（ppi）以及图形的长度和宽度。比如 72ppi 和 8in×6in。ppi 和 dpi（每英寸点数）经常都会出现混用现象。一般来讲计算机显示图像使用“像素”（p），而在打印或印刷领域一般使用“点”（d）。

分辨率是和图像相关的一个重要概念，它是衡量图像细节表现力的技术参数。但分辨率的种类有很多，无论是数字影像的获取、处理、输出，还是数字影像的相关设备，比如显示器、扫描仪、打印机、数字相机、绘图软件等都少不了它。其含义也各不相同。正确理解分辨率在各种情况下的具体含义，弄清不同表示方法之间的相互关系是至关重要的一步。下面简单介绍几种常见的图像输入/输出分辨率。

（一）数字相机图像分辨率

数字相机的图像分辨率是表示数字相机成像大小及尺寸的单位。比如，一个数字相机拍摄的最高分辨率的图像为 2560×1920，其中，2560 是指水平方向上的像素，1920 是指垂直方向上的像素，而该图像的分辨率是指水平方向和垂直方向像素数的乘积，是这幅图像的像素总数，即491.52万像素。

分辨率以像素为单位表示，分辨率可以反映数字图像的大小和清晰度。比如，一幅相同尺寸的图像，分辨率低，组成图像的像素较少。其特点是清晰度较低，影像边缘有“锯齿”感。高分辨率时组成图像像素较多，其特点是清晰度较高，影像边缘平滑，细节丰富，而且色调饱满，有很好的过渡层次，因而允许放得更大。

数字相机分辨率的高低决定了所拍摄影像最终所能打印出画面的大小，或在计算机显示器上所能显示画面的大小。数字相机分辨率的高低，取决于相机中影像传感器上像素的多少，像素越多，分辨率越高。数字相机的分辨率也是由其生产工艺决定的，在出厂时就固定了的，用户只能选择不同分辨率的数字相机，却不能调整一台数码相机的最高分辨率。就同类数字相机而言，分辨率越高，相机档次越高，但高分辨率的相机生成的数据文件很大，对加工、处理所用计算机的速度、内存和硬盘的容量以及相应软件都有较高的要求。

数字相机的成像原理是使被摄物体通过镜头会聚光线，使光线折射到影像传感器上结成光学影像，所以通过影像传感器反映出来的分辨率，又称光学分辨率、物理分辨率。

数字相机的影像传感器有总像素（Maximum Pixels）和有效像素（Effective Pixels）之分（见图2-4），总像素的数值是感光器件的真实像素，这个数据通常是感光器件的全部像素。因为影像传感器有一部分并不参与成像，所以真正参与感光成像的像素值被称为有效像素。

图2-4　总像素和有效像素的关系

1. 总像素

总像素（Maximum Pixels）的数值是感光器件面积上的全部像素数，如某个数字相机标称的像素总数为524万，这是这个相机的总像素的数值，而它实际拍摄所能得到的最高分辨率图像为491.52万，再有的标称像素总数为334万，最高分辨率图像却只有258万（1856×1392），几乎所有的数字相机都有这个问题。这是因为在拍摄时，由于边缘光的影响，CCD边缘的像素点一般会出现一定的偏色和模糊，在拍摄时，数码相机会自动切除边缘像素，从而去除眩晕和偏色，并且边缘切除越多越好。所以，其图像分辨率总是小于光学分辨率。

2. 有效像素数

与总像素不同，有效像素数（Effective Pixels）是指真正参与感光成像的像素值。总像素的数值是感光器件的真实像素，这个数据通常包含了感光器件的非成像部分，而有效像素是在镜头变焦倍率下所换算出来的值。一般数字相机能拍摄的最大图像分辨率就是这个相机的有效像素。有效像素的数值才是决定图片质量的关键。

3. 插值像素

有些数字相机标有“经硬件插值最高像素可达×××像素”，所谓的最高像素是经过插值运算后获得的。插值运算是通过设在数字相机内部的 DSP 芯片，在需要放大图像时用最邻近法插值、线性插值等运算方法，在图像内添加图像放大后所需要增加的像素。插值运算后获得的图像质量不能与真正感光成像的图像相比。它以最高像素拍摄的图片清晰度比不上以有效像素拍摄的。

通过数字相机内部运算而得出的值，在打印图片的时候，其画质的减损会十分明显。插值像素（interpolation Pixels）就是根据最终输出图片的大小来计算的。打个比方原本 CCD 只能拍摄 640×480 也就是 30 万像素的画面，通过软件放大插值使得输出画面成为了 1024×768 也就是对应的 80 万像素。那我们就说这款相机的插值像素为 80 万，而实际像素却只有 30 万。

插值就是通过数码相机内部的软件部分通过对图像相邻的像素进行运算取得一个新的像素从而提升分辨率的过程。就是图像实际没有那么大，通过软件把图像放大了。这一过程在计算机图像处理上非常容易模拟。插值虽然提升了分辨率，但毕竟是软件的运算结果，与现实的色彩有一定的差异而且会产生边缘锯齿、模糊等情况。

如果将低分辨率的图像强行打印成大幅面，就需要对图像进行插值处理，但清晰度会明显降低，细节表现将非常低劣。

（二）扫描分辨率

扫描分辨率(DPI)是指在扫描一幅图像之前所设定的分辨率，它分光学分辨率和插值分辨率。光学分辨率是扫描仪的光学部件在每英寸内所能捕捉到的实际的光点数，是指扫描仪 CCD 的物理分辨率，也是扫描仪的真实分辨率；插值分辨率是通过计算机对图像进行分析，对空白部分进行像素填充得出的分辨率数值。有的扫描仪上标有 9600×9600dpi，指的就是通过软件“插值”得到的最大分辨率，并不是扫描仪真正的光学分辨率。在扫描图像时，扫描分辨率设得越高，生成的图像效果就越精细，生成的图像文件也就越大。

扫描分辨率直接影响所生成的图像文件的质量和大小，它决定图像将以何种方式显示或打印。如果扫描图像用于 640×480 像素的屏幕显示，则扫描分辨率不必大于一般显示器屏幕的设备分辨率，即一般不超过 120dpi。但大多数情况下，扫描图像是为了在高分辨率的设备中输出。如果图像扫描分辨率过低，会导致输出的效果非常粗糙。反之，如果扫描分辨率过高，则数字图像中会产生超过打印所需要的信息，不但减慢打印速度，而且在打印输出时会使图像色调的细微过渡丢失。一般情况下，图像分辨率应该是网屏分辨率的 2 倍，这是目前中国大多数输出中心和印刷厂都采用的标准。

（三）网屏分辨率

网屏分辨率（Screen Resolution）又称网幕频率（是印刷术语），指的是印刷图像所用的网屏的每英寸的网线数（即挂网网线数），以（LPI）来表示。例如，150LPI 是指每英寸加有 150 条网线。

（四）图像的位分辨率

图像的位分辨率（Bit Resolution）又称位深，是用来衡量每个像素储存信息的位数。这种分辨率决定可以标记为多少种色彩等级的可能性。一般常见的有 8 位、16 位、24 位或 32 位色彩。有时也将位分辨率称为颜色深度。所谓"位"，实际上是指"2"的次方数，8 位即是 2 的 8 次方，也就是 8 个 2 相乘，等于 256。所以，一幅 8 位色彩深度的图像，所能表现的色彩等级是 256 级。

（五）其他设备分辨率

设备分辨率（Device Resolution）又称输出分辨率，指的是各类输出设备每英寸上可产生的点数，如显示器、喷墨打印机、激光打印机、绘图仪的分辨率。这种分辨率用 dpi 来衡量，目前，PC 显示器的设备分辨率在 60～120dpi 之间。而打印设备的分辨率则在 360～1440dpi 之间。

如果一台打印机的分辨率为 360dpi，这台打印机可以在每英寸打印纸上打印出 360 个图像输出效果的色点。打印机分辨率的这个数越大，表明图像输出的色点就越小，输出的图像效果就越精细。打印机色点的大小只同打印机的硬件工艺有关，而与要输出图像的分辨率无关。

如果一台显示器的分辨率为 80dpi，是指在显示器的有效显示范围内，显示器的显像设备可以在每英寸荧光屏上产生 80 个光点。举个例子来说，一台 14in 的显示器（荧光屏对角线长度为 14in），其点距为 0.28mm，那么

显示器分辨率 = 25.3995mm/inch ÷ 0.28mm/Dot ≈ 90DPI（1inch = 25.3995mm）

显示器出厂时一般并不标出表征显示器分辨率的 dpi 值，只给出点距，根据上述公式即可算出显示器的分辨率。根据算出的 dpi 值，可以推算出显示器可支持的最高显示模式。假设该 14in 显示器荧光屏有效显示范围的对角线长度为 11.5in，因显示器的水平方向和垂直方向的显示比例为 4∶3，故可设有效显示范围水平宽度为 4x in，垂直高度为 3x in，根据数学上的勾股定理，可得 x = 11.5 ÷ 5 = 2.3in。所以有效显示范围宽度为 2.3 × 4 = 9.2in，垂直高度为 2.3 × 3 = 6.8in。最高显示模式约为：800（9.2 × 90）× 600（6.8 × 90），这时是用一个点（dot）表示一个像素（pixel）。

设备分辨率是由硬件设备的生产工艺决定的，尽管可以通过软件的方法调整有些设备的分辨率，但它们都有一个局限的最高分辨率。对于扫描仪、打印机处理的图像，其分辨率以每英寸上的像素数即 ppi（pixels per inch）来衡量。用于计算机视频处理的图像，以水平和垂直方向上所能显示的像素数来表示分辨率，比如 800 × 600、640 × 480 等。

而图像的分辨率则是描述图像本身精细程度的一个量度。图像本身是否精细只与图像自身的分辨率有关，而与处理它的硬件设备的分辨率无关，但图像的处理结果是否精细却与处理它的设备的分辨率直接相关。举例来说，一幅 90ppi 的图像是比较精细的了，如果将它放在分辨率为 40dpi 的打印机上打印，打印效果是相当糟糕的。对扫描仪来讲，其分辨率的高低与生成图像的精细程度成正比，但其分辨率只能为图像分辨率给出一个初始值（这个 ppi 值与扫描仪的分辨率的 dpi 的设定值是相等的），并不对图像的分辨率产生限制，可以用软件任意调整扫描生成的图像的分辨率。

三、色彩深度

色彩深度（Color Depth）也称为色彩位数、彩色深度。色彩深度指标表示图像分辨色

彩的能力有多高，色彩深度的值越高，就越能真实地还原影像亮部及暗部的细节，图像的色彩就越真实。

颜色深度用来度量图像中有多少颜色信息可用于显示或打印像素，所以颜色深度有时也称为位深度。常用的颜色深度是 1 位、8 位、24 位和 32 位。1 位有两个可能的数值：0 或 1。所以 1 位的图像最多可由两种颜色组成。在 1 位图像中，每个像素的颜色只能是黑或白（见表 2-1）；一个 8 位的图像包含 2^8 种颜色，或 256 级灰阶，每个像素可能是 256 种颜色中的任意一种；一个 24 位的图像包含 1670 万（2^{24}）种颜色；一个 32 位的图像包含 2^{32} 种颜色，但很少这样讲，这是因为 32 位的图像可能是一个具有 Alpha 通道的 24 位图像，也可能是 CMYK 色彩模式的图像，这两种情况下的图像都包含有 4 个 8 位的通道。图像色彩模式和色彩深度是相关联的（一个 RGB 图像和一个 CMYK 图像都可以是 32 位，但不总是这种情况）。Photoshop 也支持 16 位/通道，可产生 16 位的灰度模式的图像、48 位的 RGB 模式的图像、64 位的 CMYK 模式的图像。表 2-1 列出了常见的色彩深度、颜色数量和色彩模式的关系。

表 2-1　色彩深度、颜色数量和色彩模式的关系

色彩深度	颜色数量	色彩模式
1 位	2（黑和白）	位图
8 位	256	索引颜色
16 位	65536	灰度，16 位通道
24 位	1670 万	RGB
32 位		CNYK，RGB
48 位		RGB，16 位通道

四、数字相机图像存储格式

数字图像对照相机和电脑来说都是计算机的数据，不同的数据就会采用不同的文件名和文件格式。数字相机可根据摄影者预定的要求，将图像分别用不同的文件格式来存储，以便将来在电脑中检索和修改。

数字相机中常见的数字图像文件格式有 RAW、JPEG（JPG）、TIFF 等，这些不同的存储格式都有各自的作用和意义。它们在数字相机中的产生的过程如图 2-5 所示。

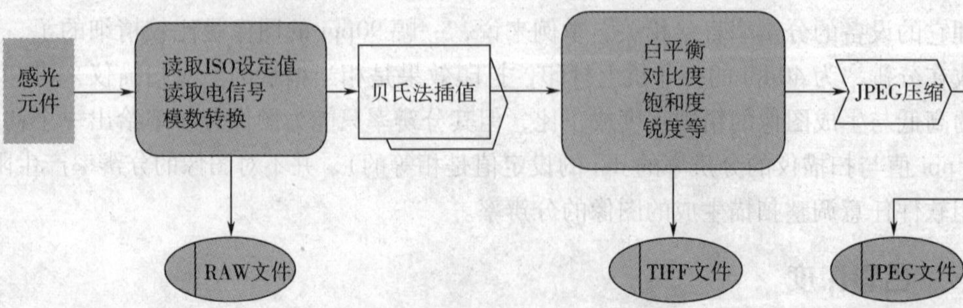

图 2-5　数字处理单元工作和产生图像文件流程

1. JPEG 格式

JPEG 格式是压缩的标准文件格式，占用磁盘空间小，存储和读写速度快，适合抓拍，方便迅速发送，适合新闻、报纸等高时效性处理需要，它还可以解压缩后另存为各种不同格式的文件，可以说是数码图像最常用的格式。

2. RAW 文件格式

RAW 文件格式（REW Image Format）是在拍摄时，从影像传感器得到电信号在模数转换器转换后，不经过其他处理而直接存储的影像文件格式，属于精细无损压缩文件。而且很多参数可以进行后期调整，并且不损坏画质。可以用于图像的精细再处理和输出高解析度照片，是高档专业数字相机的常用格式，所占的容量在 TIFF 和 JEPG 格式之间，不过需要专用的软件来处理。杂志、商业广告使用的高质量图片常常使用这种格式保存。也可以通过专用软件另存为 TIFF 格式。

3. TIFF 文件格式

TIFF 文件格式也是数字相机常用的高质量未经压缩的格式，适合于反复修改，文件质量不会受损，但拍摄时存储时间长。一般在广告输出、印刷业中大都流行该格式。在后期制作中也可以通过软件转化为 JPEG 格式。TIFF 文件格式是标记图像文件格式，可以用于应用程序与计算机系统平台之间交换文件。

不同文件格式所占的存储介质的内存不同，有的所占内存大些，有的所占内存小些（见表 2-2），采用 JPEG（JPG）格式来存储图像，是比较节约储存空间的做法（见表 2-3）。对于一般摄影者来说，JPEG 格式的照片就够用了，如果对照片的品质要求较高可以使用压缩比在 1:2 或 1:4 的 JPEG 格式。对于专业摄影师可以考虑使用 RAW 或 TIFF 格式。因为 JPEG 格式是一种压缩格式，后期处理过程会有损照片的质量，而且反复打开反复修改后损失将更大。

表 2-2 设置 800 万像素时，不同图像格式的文件大小和一张 512MB 存储卡的存储数量

影像文件格式	RAW	TIFF	JEPG			
压缩比	未经压缩	未经压缩	最好（压缩比 1:2）	好（压缩比 1:4）	一般（压缩比 1:8）	基本（压缩比 1:16）
文件存储大小	12MB	23MB	7.6MB	3.8MB	1.9MB	1MB
文件存储数量	40 幅	20 幅	60 幅	120 幅	250 幅	480 幅

表 2-3 不同容量的存储卡用同一相机，用 JPEG 格式最佳画质存储数码照片的张数的近似数据

	32MB	64MB	96MB	128MB	192MB	256MB	512MB	1GB	2GB
100 万像素相机	91	182	273	365	548	731	1462	2925	5850
200 万像素相机	35	71	106	142	213	284	568	1137	2274
300 万像素相机	26	53	79	106	160	213	426	853	1706
400 万像素相机	16	32	48	64	96	128	256	512	1024
500 万像素相机	12	25	37	51	76	102	204	409	818
600 万像素相机	10	20	30	40	60	80	160	320	640
700 万像素相机	9	19	??	??	??	81	163	312	625
800 万像素相机	8	17	25	36	54	72	144	300	602
1100 万像素相机	1	2	3	4	6	8	16	32	64

第三章　数字相机

数字相机是“静态式数字照相机”（Digital Still Camera）的简称，也称为数码相机。它是将光学、精密机械、电子、计算机技术结合于一体的产品，它的内部采用数字控制芯片，使用数字技术储存影像数据，能直接使用计算机来处理所拍摄下来的影像。

数字相机的发展已有二十多年的历史，SONY 公司最早于 1981 年推出 Mavica 相机。当时由于影像压缩及半导体储存技术均尚未成熟，且为了能够直接透过彩色电视机显像，影像是以模拟的 NTSC 格式储存于 2in 的软盘（Video Floppy）中，而且由于只能提供接近 VHS 的影像品质，并不能满足一般照相的需求。20 世纪 80 年代后期，数字信号处理 IC 化及记忆卡（Memory Card）技术逐渐成熟，Fuji 公司首先在 1988 年推出全数字式的静态照相机，接着 Olympus、Ricoh、Canon、Konica 及 Minolta 等公司陆续推出产品。这些早期的数字相机，虽然影像品质比模拟式的数字相机改进很多，不过仍采用 NTSC 的视频输出，在分辨率上并没有多大改善。直到 1990 年 Kodak 以 Nikon 单反相机的机身为基础，使用 130 万像素的 CCD（Charge Coupled Device）为影像感光器件，推出 DCS 系列相机，影像不再受限于 NTSC 的输出格式，数字相机的画质才大幅提升。

20 世纪 90 年代初期，CCD 除了应用在消费及信息产品外，Kodak、EG&G 等公司致力于发展大面积、超高分辨率的 CCD 影像传感器，以满足天文及基础科学研究上电子取像的需求，由于技术的成熟，这些高分辨率的 CCD 被用来制成专业用相机的数字后背，将数字影像带入专业摄影的领域。近年来光电、半导体及数字处理技术的进步以及信息环境的逐渐成熟，才使得数字照相机大踏步地进入市场，几乎取代了传统的胶片相机，开启了数字相机的新时代。

第一节　数字相机的优势

数字相机与传统相机相比在制作工艺、拍摄效果、拍摄速度、存储介质、输入输出方式上有很多不同点。它的优势体现在以下几个方面：

一、不用考虑拍摄费用

用传统相机拍摄，会考虑到胶卷和冲印的费用。但用数码相机就可以不考虑这些因素，拍摄后的影像可储存到计算机硬盘，然后将存储卡文件删除后继续拍照。

二、随时看到拍摄结果

数字相机都有液晶显示器（LCD），它可以立即看到刚拍下的影像，如果拍得不好，可以把影像删除，再重新拍摄。

三、方便地进行编辑和传送

数字影像可以通过软件方便地进行调整和修改。还可以通过 E-mail 传送到世界各地，目前在新闻、电子商务等领域中大量应用。

四、长期保持影像品质

数字相机拍摄的图像不像用底片或照片记录影像，时间久了，会褪色，无法保持原有的质量。数码图像只记录“0”和“1”的数据，可以被储存在计算机硬盘及其他储存媒体中，无论被复制多少次，都可以保持品质一致，长期保存也不会改变质量。

五、节省储存空间

由于数字影像只存储了一些数据，可以用一些小的储存装置，如硬盘、光盘、记忆卡等，便可存放大量的影像，比用传统相机要用大量的空间来放底片及照片节省得多。

第二节 数字相机的结构原理

数字相机与传统胶片相机的最大区别是图像的感光和存储介质不同，因此单从外观上看，数字相机与传统胶片相机并没有大的区别。然而数字相机与传统胶片相机的结构原理是截然不同的。

通过数字相机的结构原理图（见图3-1），可以看到数字相机的系统工作过程。就是把

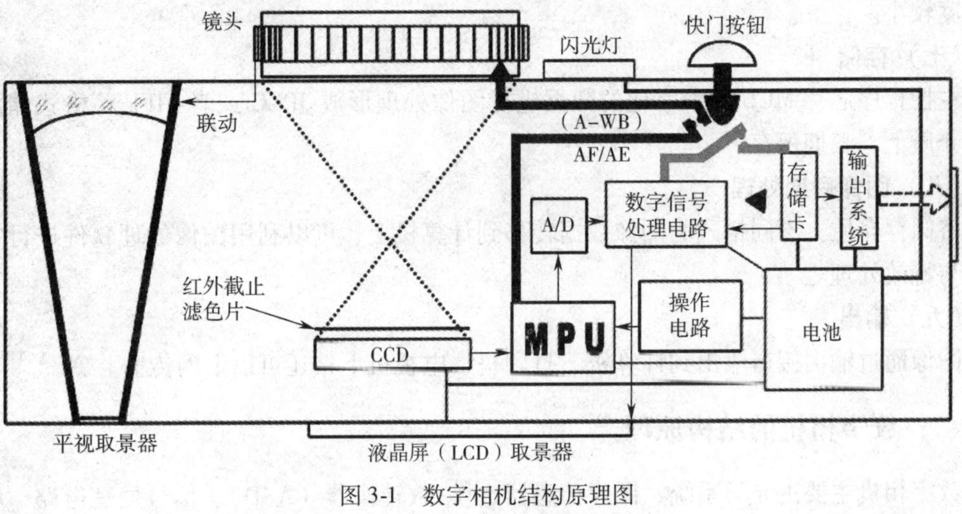

图 3-1 数字相机结构原理图

光信号转化为数字信号的过程。数字相机使用图像传感器代替胶卷感光成像。光线通过透镜系统和滤色器（滤光器）投射到图像传感器上，图像传感器将其光强和色彩转换为电信号记录到数字相机的存储器中，形成计算机可以处理的数字信号。

一、数字相机的工作过程

数字相机的工作过程按操作顺序大致包括以下几个环节：

（一）开机准备

当打开相机的电源开关时，MPU 中主控程序就开始检查相机的各个部件是否处于可工作状态，如果有一个部分出现故障，那么 LCD 屏上就会给出一个错误信息，相机停止工作。如果一切正常，那么相机就处于准备好状态了。

（二）聚焦及测光

数字相机一般都有自动聚焦（AF）和自动测光（AE）功能，当对准被摄物体并把快门按下一半时，系统控制电路就开始工作，它通过计算确定对焦距离、快门的速度及光圈的大小。

（三）图像处理

图像处理就是把像素光信号一束一束地从 CCD 以串行方式送到相机内部的缓冲存储区，这中间要经过数字相机的很多部件的处理，如进行 A/D 变换、进行白平衡及色彩的校正等，并在 LCD 屏显示。

（四）拍照

按下快门，摄取被摄景物上反射的光线，并以红、绿、蓝像素存储。

（五）图像合成

一束一束的光信号到达缓冲存储区后，再合成在一起形成一幅完整的数字图像。

（六）图像压缩

图像的处理过程并没有结束，当它离开缓冲区时图像还要被压缩，压缩的程度根据拍摄前你选定的拍摄模式而定，对于标准模式，一般压缩幅度较大，而对于高质量模式，压缩幅度较小。

（七）存储

主控程序芯片 MCU 对数字化的数据进行图像处理形成 JPEG 或者 TIFF 等格式储放在存储介质上，长期保存。

（八）图像后期处理

将储存介质上不同格式的图像数据转移到计算机上，可以利用图像处理软件进行常规调整与特效处理。

（九）输出

图像通过输出接口输出到计算机、打印机、电视机上，还可以上网传输。

二、数字相机的结构原理

数字相机主要由光学系统、图像传感器、模/数转换器（A/D）、信号处理电路、MPU

(微处理器)、系统控制电路、存储器（可移动存储器)、电子取景器（LCD 和 EVF）和输出接口（计算机接口、电视机接口）等部分组成，下面分别对它们的结构原理加以介绍：

(一) 光学系统

数字相机的光学系统有镜头和光学取景器。

1. 镜头

在摄影中镜头具有重要的作用。它的一个主要作用是聚焦成像，照片的主体一般情况下必须在焦点上，这可以通过镜头来控制。视角是镜头的另一个主要作用，拍摄到景物的多少由镜头的视角决定。镜头的焦距越短，视角越大，镜头的焦距越长，视角越小。

(1) 光学镜头系统的基本结构

镜头的作用是将景物的图像聚焦在数字相机的图像传感器上，是摄取景物图像信息的第一步。

光学镜头系统是光学部分中的核心组件（见图 3-2)。其结构主要包括透镜部分、快门、光圈、聚焦电动机、变焦驱动、光圈驱动以及红外线截止滤光器和 CCD 保护玻璃等。

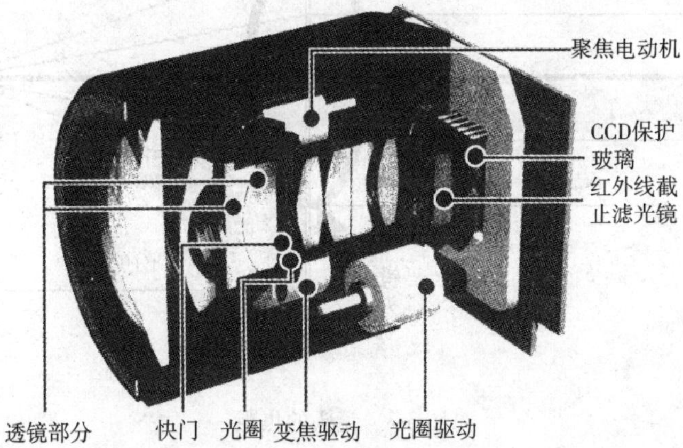

图 3-2 数字相机镜头的结构

(2) 镜头的种类和特点

数字照相机镜头根据焦距值能否调节，分为定焦距镜头和变焦距镜头两类。定焦镜头指镜头是死的，只有一个焦距；变焦镜头指可以来回伸缩，焦距是可以变化的。目前，大部分数字照相机使用变焦距镜头。

常用的定焦镜头的种类 3 种：标准镜头、广角镜头和望远镜头。通常低档相机和中档相机的镜头与机芯制成一体化的结构，不能随便更换。对于专业用相机，其镜头部分是可更换的，在相机上具有机械接口，便于在不同的场合更换相应的镜头。

1）标准镜头，习惯上指普通胶卷相机（35mm 胶卷）所用的焦距为 50mm 左右的镜头。其视角与人眼的视角基本相同，所拍摄的景物和人看到的景物非常相似，适合于拍摄一般的纪念照片。

2）广角镜头比标准镜头的焦距短，其特点是对近景的范围有扩展功能，它所拍摄的景物范围较宽，适合于拍摄风景照片。

3）望远镜头比标准镜头的焦距长，其特点是像望远镜一样能将远处的景物放大，可以将远处的景物推近，拍摄特写照片。

另外还有超广角镜头、鱼眼镜头和超望远镜头等。

（3）镜头的焦距

1）焦距。镜头是由一组透镜组成的，透镜的聚焦功能将景物的图像聚焦到图像传感器的成像面上。平行的入射光经过透镜在透镜后面聚焦于一点，这个点被称为聚焦点 F′，由聚焦点到镜头组的像方主平面的距离就是焦距，通常用 f′，表示，单位使用毫米（见图 3-3）。数字相机在拍摄景物图像时，通过聚焦控制系统使镜头的聚焦点落到图像传感器的感光面上。如果聚焦不准会使拍摄照片的图像模糊不清。

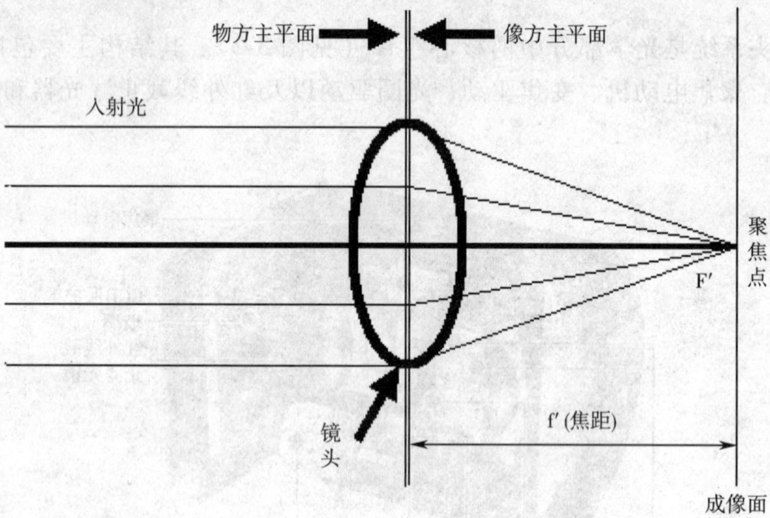

图 3-3　镜头的焦距

数字照相机的镜头相当于一块凸透镜，它的主要作用是把光线汇聚起来，在影像传感器中形成一个清晰的“影像”。在照相机镜头上一般都标有“7.1～41.3mm”或“8.9～89mm”的字样，它指的是镜头的焦距，就是指数字照相机对准无限远的位置时镜头中心到图像传感器的距离。

照相机镜头的焦距决定被摄景物在图像传感器上成像的大小。如图 3-4 和图 3-5 所示，两幅数字照片是在同一拍摄距离分别采用焦距为 8.9mm、89mm 的镜头拍摄的。从图中可以看出：用不同焦距的镜头对同一距离位置的景物拍摄时，焦距长的，成像大；焦距短的，成像小。焦距还决定被摄景物在影像传感器上成像的景深范围。焦距越长，景深越小；焦距越短，景深越大。

数字相机图像传感器的尺寸一般都比传统相机胶片的尺寸小，有的相机使用 1/2in，有的使用 2/3in，还有的使用 3/4in。镜头焦距也就相应较短。如 1/2in CCD 的数字相机标识为 f＝6mm 焦距的镜头大约相当于传统相机的 50mm 镜头。

图 3-4 在同一拍摄距离用 8. 9mm 焦距拍摄的照片

图 3-5 为 89mm 镜头拍摄的照片

我们习惯上称之为标准镜头、广角镜头、长焦镜头以及鱼眼镜头都是针对 35mm 胶片传统相机而言的。各种镜头的焦距不同使得拍摄的视角不同（见图 3-6），而视角不同产生的拍摄效果也不相同。但是焦距决定视角的一个条件是成像的尺寸，35mm 胶片普通相机成像尺寸是 36mm × 24mm（胶卷），而数字相机中影像传感器的成像尺寸除全画幅的图像传感器以外，一般的都小于这个值两倍甚至 10 倍，在成像尺寸变小焦距也变小的情况下，就有可能得到相同的视角的画幅（见图 3-7）。所以数字相机在表述变焦比及镜头参数时，用相当于标准 35mm 胶片相机的镜头参数做参照，而实际的镜头是多少毫米则没有绝对意义，而只要参考换算到 35mm 相机镜头的焦距就可以了。数字相机不管使用多大尺寸的图像传感器，最后输出的图像都是根据所设置的分辨率而定的。

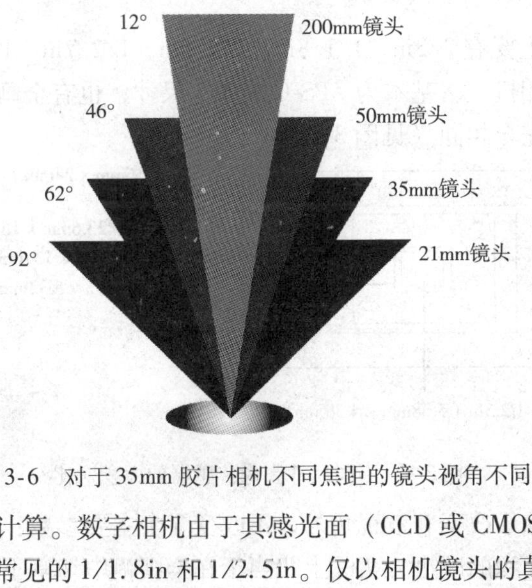

图 3-6 对于 35mm 胶片相机不同焦距的镜头视角不同

2）“等效焦距”的计算。数字相机由于其感光面（CCD 或 CMOS）的尺寸是随相机机型不同而不同的，比如常见的 1/1. 8in 和 1/2. 5in。仅以相机镜头的真实焦距是难以比较不同相机的拍摄范围的，所以要换算到等价的 135 相机的镜头焦距，然后才能进行比较。这种换算后的焦距称为“等效焦距”。

在了解“等效焦距”前需要了解一个很重要的概念“等效倍率”。

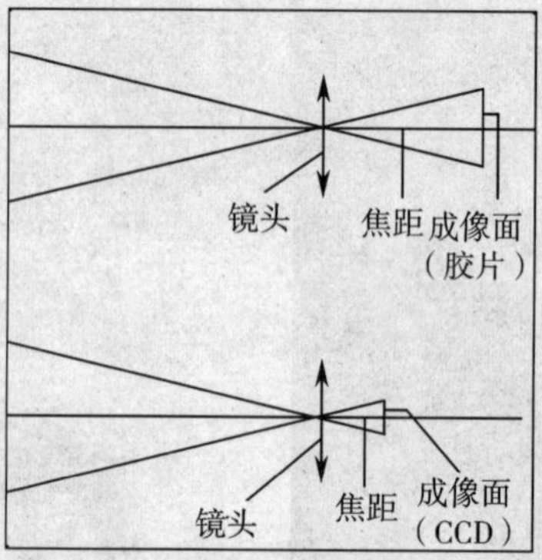

图 3-7　胶片和 CCD 成像面的比较

由于数字单反相机的 CCD 比传统 135 相机的画幅要小，所以就出现了相对 135 画幅的倍率一词，它的换算可以按照以下公式来估算：

等效倍率 = 135 画幅对角线长度/感光器件对角线长度

等效焦距是数字相机相当于 135 全幅相机的焦距值，它的计算公式是

等效焦距 = 真实焦距 × 等效倍率

135 传统相机的标准镜头计算也就 135 全画幅胶片对角线的长度（是个约数），大约 43mm 左右，一般取 50mm 为标准镜头（简称标头）。相机片幅越大则标准镜头的焦距越大。按照这个理论。以尼康 D70 数字单反相机为例，它的 CCD 大小是 23. 0mm × 15. 5mm，可以得出它的对角线长度是 35mm，而等效倍率是 1. 5X。如果一只标有 50mm 焦距的镜头，安在尼康 D70 数字单反相机上，它的等效焦距是：50 × 1. 5 = 75mm。也就说它相当于一只 75mm 的镜头。

民用级数字相机主要有 2/3in、1/1. 8in、1/2. 5in、1/2. 7in、1/3. 2in 几种规格的影像传感器。在单反数字相机上，基本为 APS-C 或 4/3 尺寸，也有全画幅尺寸的感光元件，指面积与普通 135 胶卷完全相同（见图 3-8）。

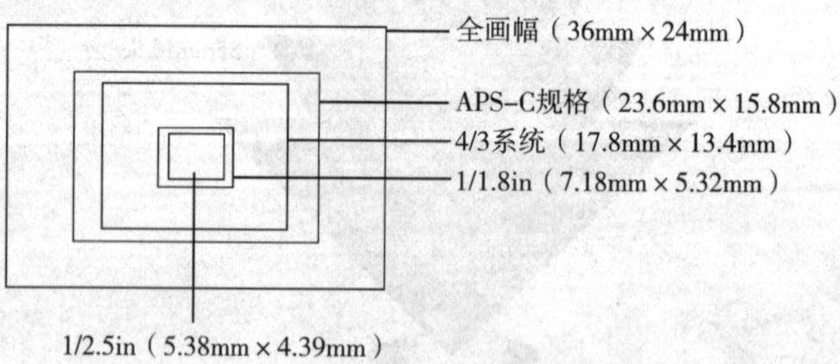

图 3-8　不同尺寸影像传感器的面积对比

等效倍率的出现除了改变有效视角外，不改变 3 个主要参数：最大光圈、景深和透视关系。因为感光器件面积的减小，实际上相当于在全画幅中切割下中央部分，对于所使用镜头的光圈没有影响，也就是说，使用镜头的实际最大光圈不受该等效倍率的影响。

表 3-1 是常见的数字单反相机的影像传感器情况统计，可以看出相机镜头的真实焦距和等效焦距之间的关系。

表 3-1 常见数字单反相机的影像传感器情况

相机型号	EOS400D	D80	α200	E510	EOS1DS MARKⅢ	D3
相机厂商	佳能	尼康	索尼	奥林巴斯	佳能	尼康
感光元件类型	CMOS	CCD	CCD	LiveMOS	CMOS	CMOS
规格/尺寸	22.2mm×14.8mm	APS-C 画幅/23.6mm×15.8mm	APS-C 画幅/23.6mm×15.8mm	4/3 型/17.8×13.4mm	135 全画幅	135 全画幅
宽/高比例	3:2	3:2	3:2	4:3	3:2	3:2
镜头焦距转换率	1.6 倍×	1.5×	1.5×	2.0×	1×	1×
有效像素	1010 万	1020 万	1080 万	1000 万	2110 万	1210 万

（4）镜头的光圈

通常镜头的口径（直径）越大，入射的光通量就越大，但一般并不用最大口径照相，而是用光圈调节适当的孔径。图像的亮度与所调光圈的视角有关，视角越大亮度就越高。

镜头的光圈是由许多活动的金属叶片组成的，装在镜头的透镜中间。在数字相机的菜单或设置中设定光圈系数大小能使其均匀地开合，调整成大小不同的光孔，控制进入镜头到达影像传感器的光线，以适应不同的拍摄需要。如果把镜头比成数字相机的眼睛，那么光圈就起着瞳孔的作用。光圈的作用与瞳孔一样，通过调节光圈的大小，控制进入镜头光线的多少，以获得正确曝光。

数字相机的光圈大小是用光圈系数表示的，如 f/2.8、f/4、f/8 等。如图 3-9 所示，光圈系数越小，光圈越大，进入镜头到达图像传感器的光线就越多。光圈系数越大，光圈越小，进入镜头到达图像传感器的光线越少。光圈变化一级（档），影像传感器接受的曝光量也变化一级（档）。

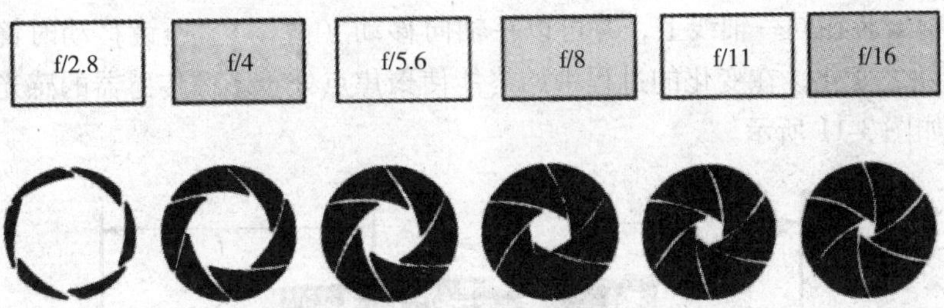

图 3-9 光圈与光圈系数

在数字相机的镜头上刻有最大光圈。数字相机使用变焦距镜头，变焦距镜头分为两种：

1）恒定孔位的变焦距镜头，如 35～105mm 的变焦距镜头，1:4.8 的恒定光圈就是无论是在 35mm 端，还是在 105mm 端，其最大光圈都是 f/4.8。

2）可变光圈孔径的镜头，如 35～105mm 的变焦距镜头刻有“f/4.8～4.9”，就说明在 35mm 端时，其最大光圈是 f/4.8 而在 105mm 端时，其最大光圈只有 f/4.9。

（5）景深和焦点范围

我们所处的环境是一个立体三维空间，某一景物的前后还有其他的景物，我们所拍摄的照片除了希望主体景物图像清晰之外，还希望前后的景物也能比较清晰。由于透镜的特性，不可能使所有的景物都清晰，但在一定范围内的景物可以得到清晰的图像。这种聚焦面相对清晰的范围被称为焦点深度，即焦点范围。与此相对应，在一定范围内的景物的聚焦点能处于相对清晰范围内，被称为景物深度，简称景深。如图 3-10 所示，所拍摄的景物若在景深的范围内，则都能得到良好的聚焦。景深的范围还与焦距有关，焦距越短景深的范围越大，焦距越长景深的范围越小。景深范围大，被摄景物和背景图像都会比较清楚。景深范围小，背景会不清楚，主体景物则会有突出的效果。光圈也会影响景深，光圈越小，景深范围越大。

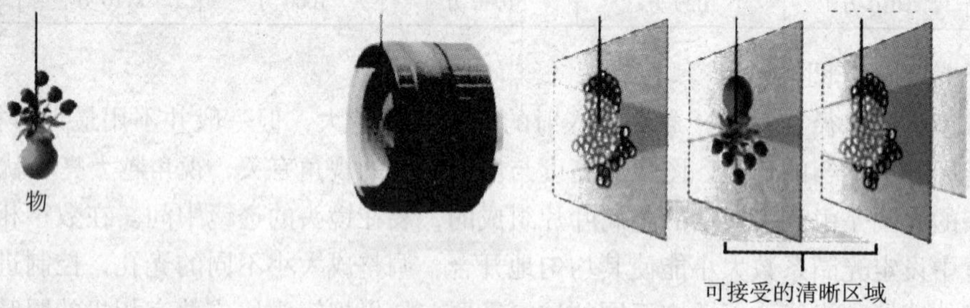

图 3-10　镜头成像的景深范围

（6）镜头的变焦

镜头是由多组透镜组成的，通过不同透镜组的轴向移动可以进行聚焦。镜头的焦点距离不同，所拍摄的景物范围也不同。

在广角、标准和望远状态，焦距连续可变的镜头被称为变焦镜头。它是由多个镜片组成的，由聚焦透镜、可变焦距的透镜（变焦透镜）、辅助聚焦透镜和成像透镜等部分构成。所有的透镜都安装在同一轴线上，并可以在轴向移动（微调）。透镜移动时镜头的焦距 f′ 和 F′值都会随之变化，在变化的过程中始终能使聚焦点处于影像传感器的感光面上。变焦镜头的结构如图 3-11 所示。

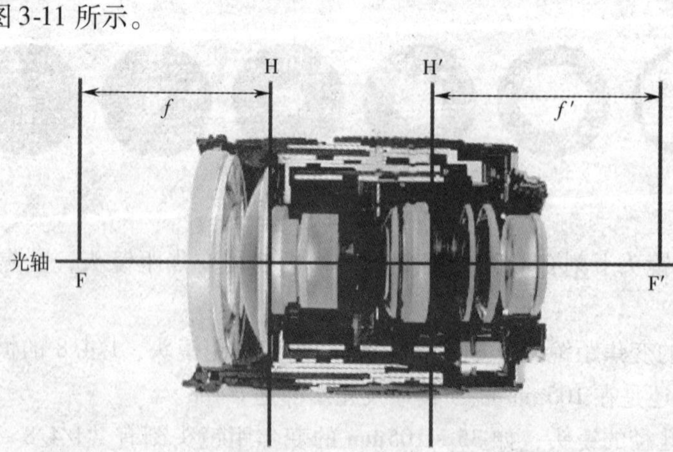

图 3-11　变焦镜头的结构

民用数字相机的变焦调整一般是由电动机驱动自动平滑变焦，专业相机可以是自动变焦，也可以手动变焦。一般在数字相机上都标有镜头的光学变焦比，它是镜头的最短焦距和最长焦距之比。例如，镜头最短的焦距为17mm，最长的焦距为102mm，则变焦比为102÷17=6，即为6倍的变焦镜头。

数字相机除标有光学倍率以外，还标有“数字X倍变焦”，这是指可以将拍摄的图像经图像处理后再扩大X倍。这主要是指望远性能的扩展，例如光学变焦最大为105mm，在此基础上采用数字变焦2倍，其效果相当于210mm镜头。数字变焦是在镜头变焦的基础上，对图像信号进行数字处理而实现的变焦效果。由于光学镜头的变焦范围受到机械结构的限制，因此不可能将镜头制作得很长，数字变焦则不受机械和镜头的限制，它将CCD上的局部像素进行数字处理，可以将局部的图像放大数10倍，这是由数字信号处理电路实现的。其实质是在已由光学变焦至最大焦距拍得的图像中，截取出中间一小块，再放大成全图，当然使用的像素就相应减少，分辨率也就相应降低。

(7) 传统相机镜头与数字镜头

有些专业摄影师或摄影发烧友以前使用胶片单反相机，有成套的相机镜头，这些镜头一般来说，用在数字单反机上效果还不错。但还是有一些问题会影响到最终的图像品质，需要注意的问题如下：

1) 图像暗角。因为胶片的表面是一个平面，而影像传感器的每个像素都是凹面结构，当光线以锐角照射到影像传感器上时像素的四周就可能在其底部投下阴影，成像时便会看到图像存在暗角。如果一部数字单反相机采用的是全画幅传感器，暗角就有可能更严重，这是由于最终生成的图像中涵盖了更广的画面区域。要将传统镜头用到数字单反相机上时，要仔细查看暗角的情况，如果不能接受，就只能购买数字相机的专用镜头了，因为数字镜头在设计中考虑到了这种情况，调整了光线离开镜头最后一层镜片时的角度，继而改变其射到传感器边缘时的角度，使入射角的角度尽量大一些。进而消除了暗角的缺陷。

2) 镜头分辨率。由于影像传感器的分辨率不断提高。使用传统镜头的锐度不如数字镜头。传统镜头的分辨率大约是0.01mm，而在最新研发的传感器上，像素高度集成，尺寸一般在5~8μm之间，因此，很多胶片相机镜头的分辨率无法与传感器的分辨率相匹配。

3) 色差。镜头的色差会产生一定数量的色带。色带宽度必须小于一个像素，才能避免附近像素的误记录，在图像上不留下痕迹。但是，色带往往都有两个像素宽，在电脑上100%放大时，将会清晰可见。使用喷墨打印机输出时，色差问题可能还不足为患，但却不能满足高品质印刷的要求。

4) 其他形式的镜头像差。新一代数字镜头的确可以解决上述的暗角、分辨率和色差等问题，但是由于镜头生产商热衷于生产焦距段更宽的变焦镜头，图像畸变——可能会变得更加突出。使用广角镜头可能会产生桶状变形，本该平行的线条会向外凸起，而长焦镜头容易导致枕状变形，平行线向内里弯曲。如果变焦镜头一端是超广角，另一端是中长焦，镜头设计者可以调节修正一端的像差，但对另一端却无能为力。于是有人说选择镜头时，应选择变焦范围有限（变焦比不超过3:1）和那些质量最好的镜头。

2. 光学取景器

(1) 平视旁轴取景器

在数字相机机身的顶部有一个光学取景器，取景器的光轴与镜头的光轴是平行的，但不同轴，所以称为旁轴。平视旁轴取景器的缺点是由于取景和成像不在一个轴线上（见图3-12），所以拍摄时会产生视差，使拍摄的图像和取景时看到的图像范围有一些偏差，拍摄的物体越近，视差就越大。

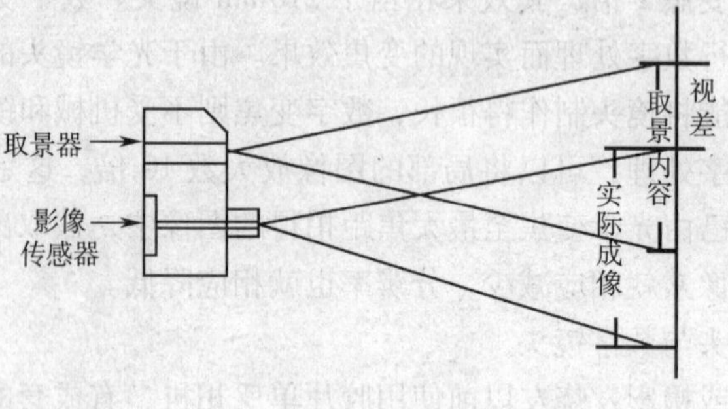

图 3-12 平视旁轴取景器的视觉误差

(2) 单镜头反光取景器

135 单镜头反光取景式相机的取景和拍摄使用同一镜头，如图 3-13 所示。这种照相机在摄影镜头与影像传感器之间有一个与光学主轴成 45°角的反光镜，取景影像通过反光镜显示在机身上方的调焦屏上而成实像。然后，通过屋脊式五棱镜反射后至取景器，这时可以观察到与影像传感器平面上同样清晰的正立影像。当按“快门”按钮时，反光镜先行抬起，然后打开快门，使光线通过镜头直接射向图像传感器而进行曝光。曝光结束后，快门关闭，反光镜复位。

(二) 影像传感器

数字相机使用影像传感器来代替胶卷摄取图像。影像传感器常用的有 CCD 和 CMOS 两种。

1. CCD 与 CMOS

数字相机上通常使用两种类型的影像传感器——电荷耦合器件（Charge Coupled Device，CCD）或互补金属氧化物半导体（Complementary Metal-Oxide Semiconductor，CMOS），它们代替了传统相机的胶卷起到了摄取图像的作用，CCD 与 CMOS 唯一的区别就是 CCD 是集成在半导体单晶材料上，而 CMOS 是集成在砷化镓之类半导体材料上，工作原理没有本质的区别，两者都由微小的感光图像元件阵列组成，并且两者实际上以同样的方式工作。电荷耦合器件是一种相对简单的设计，在这种设计中，像素记录的信息是由相机一次一行迅速读出（见图 3-14）。使用互补金属氧化物半导体阵列，每个像素有自己的电路图，因此

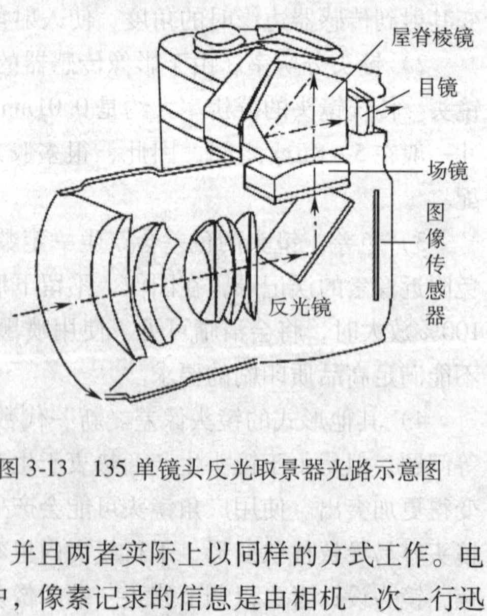

图 3-13 135 单镜头反光取景器光路示意图

相机可以单独读出每个元件记录的光值（见图 3-15）。后者主要优点是像素可以被读出，以便帮助其他相机系统。例如，像测量曝光和自动对焦。使用较老式的电荷耦合器件和互补金属氧化物半导体，单个的像素仅测量光的三原色中的一种（红、绿或蓝）。但是，比较新的芯片设计使用 X3（或三元组）技术的三层组合传感器，每个像素都可以测量光的所有 3 种颜色，具有感红光、感绿光和感蓝光的感光层。（见图 3-16）。

图 3-14 电荷耦合器件阵列

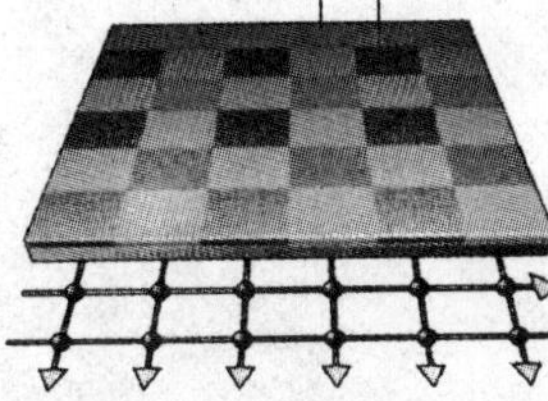

图 3-15 互补金属氧化物半导体阵列

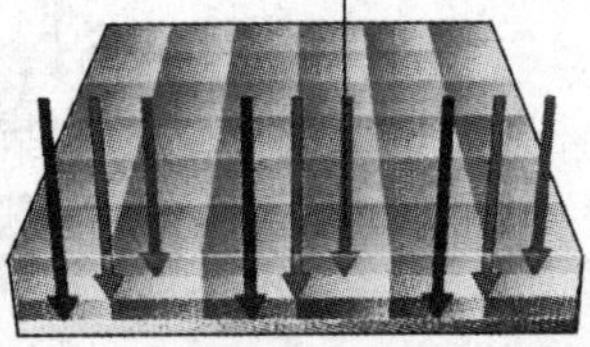

图 3-16 Foveon X3 影像传感器结构

2. CCD 的种类

（1）CCD

CCD 于 1969 年在贝尔试验室研制成功，其发展历程已经有 30 多年，从初期的 10 多万像素已经发展至目前的 1000 多万像素。

数字相机使用 CCD 代替传统相机的胶卷，因此 CCD 技术成为数字相机的关键技术。光电荷耦合器件 CCD 是利用微电子技术制成的表面光电器件，可以实现光电转换功能。在摄像机、数字相机和扫描仪中被广泛使用。摄像机中使用的是点阵 CCD，扫描仪中使用的是线阵 CCD，而数字相机中既有使用点阵 CCD 的又有使用线阵 CCD 的，而一般数字相机都使用点阵 CCD，专门拍摄静态物体的扫描式数字相机使用线阵 CCD，它牺牲了时间换取可与传统胶卷相媲美的极高分辨率（可高达 8400×6000）。

（2）Super CCD

Super CCD（超级 CCD）是日本富士公司 1999 年发明的一种 CCD 感光器，Super CCD 在排列上和 CCD（见图 3-17）矩阵式排列稍有不同，它采用蜂窝状的八边二极管，创造性地将方形的 CCD 点做成八角形的 CCD 点（见图 3-18），并在传统的排列方式上做了改进，使每一个单独的 CCD 点都能和另一个 CCD 点相呼应，解决了 CCD 点在边缘感光不良的问题，Super CCD 的感光二极管对光线的吸收程度也比较高，使感光度、信噪比和动态范围都有所提高，使整个 CCD 感光板的成像质量大为提高。这种结构的 CCD 感光板在像素值的算法上，可以多出一般 CCD 数量的一倍。2001 年富士修正了第一代 Super CCD 的电噪声等缺点，并提升有效像素到 310 万、最大像素 602 万的更高分辨率。

富士公司于 2002 年正式推出了第三代 Super CCD，其信噪比更高并且感光度也可以达到 ISO 800/1600。新一代 Super CCD III 传感器结合以上优势又加入了像素加算信号处理能力，这项技术的创意在于利用相机内建的信号处理计算器整合拍摄所得到的照片，在

ISO1600 高感光度时，有很好的表现能力。运用计算原理可提高并修正图像在低光亮下应有的色彩，有效避免了电子干扰所带来的电噪声。富士的这项 Super CCD 技术只应用在富士自己品牌的数字相机上，这也成为了富士数字相机独有的特色。

目前富士公司已经将 Super CCD 发展到了第六代，电气性能得到了很大的提升，减小了电子干扰，从而得到更优质的画面品质。

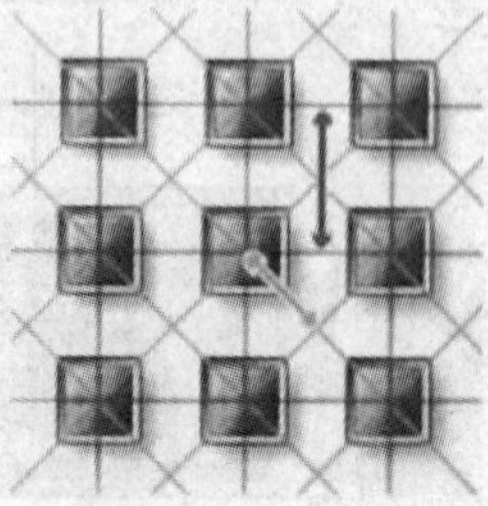

图 3-17　CCD 像素点的排列

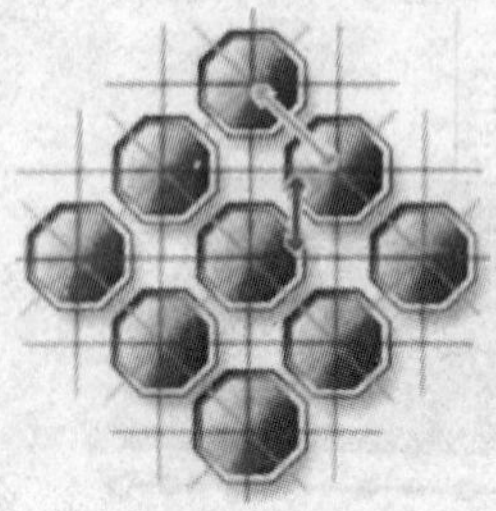

图 3-18　SuperCCD 像素点的排列

（3）Foveon X3 技术

数字图像技术开发公司 Foveon 于 2001 年 2 月发布了 Foveon X3 影像传感器。使用 Foveon X3 技术的影像传感器可以在传感器的每个像素点上同时捕捉红、绿和蓝光信号（见图 3-16）。因此获得的图片更清晰，颜色更真实，同时不会出现普遍存在的颜色噪点。

一般的影像传感器每个像素点只能记录一种颜色的信息，在图像还原时必须通过复杂的插值处理运算来生成全色的图像。而 Foveon X3 技术的影像传感器则可以在传感器的每个像素点上同时捕捉红，绿和蓝光信号，因此可以获得细节更清晰，其拍摄的样片已非常接近胶片的感觉。

Foveon X3 影像传感器使用硅元素的自然色彩分离属性拍摄彩色照片的影像传感器。硅元素具有一个非常好的特性，就是不同色彩的光线被硅元素的不同深度所吸收。蓝色被表面区域所吸收，绿色深一些，而红光则更深一些。Foveon X3 各像素集合 3 个光电探测器，它们位于传感器的不同深度，用来探测渗入硅中的红光、绿光和蓝光吸收情况。3 个光电探测器将吸收的光线转化成 3 种信号，然后转化成数据并在 Foveon 的图片处理软件中进行处理。使用了 Foveon X3 技术的传感器，由于可以同时捕捉全色信息，因此就无需后期靠插值处理运算来填充所丢失的颜色。色彩更加真实饱和，细节更加细腻逼真，另一方面对系统硬件的要求也相应降低了。另外，由于可以没有插值处理运算的过程，数字相机的拍摄帧速度也可以变得更快。

由于 Foveon X3 影像传感器的每个像素点都能进行全色信号捕捉，因此可应用一种将影像传感器上数个像素点组合起来构成个更大的“超级像素点”的技术，这种技术被称为大小可变的像素点（Variable Pixel Sizing，VPS）技术。使用 VPS 技术，数个像素点的信号可以被加合起来，而加合起来的信号就如同由传感器上数个像素点组合成的一个大的像素点获得的信号。对于 2300×1500 的图像感应器，含有 3450000 个像素点。如果 VPS 将像素点组合成 4×4 的小块，则这个图像传感器就好似有 574×374 个像素点，但每个像素点的大小是原来的16倍。应用了VPS技术，通过整合在Foveon X3图像感应器中集成电路进行控制，图像感应器上像素点的大小和结构都是可以灵活变化的，最终像素点大小可以采用2×2、4×4或3×5的格式。将小的像素点组合成大的像素点，增加了信噪比，可以让数字相机在低照度光线条件下摄制出全色的噪点较少的图片。

使用VPS还可以让传感器有更高的拍摄帧速度。另外，VPS技术还可能将高质的静态摄影应用到动态的数字影像拍摄中，开发出具有两种拍摄模式的高性能拍摄器材。目前，对于那些同时具有静态图片和动态影像拍摄功能的器材，为了让一种拍摄模式有好的效果，常常必须牺牲另外一种模式的摄制性能。而Foveon X3图像传感器通过传感器上像素点大小的变化，可以同时很好地完成两种不同的摄制任务。进行动态影像拍摄时，可以将传感器上的像素点变大，降低传感器的分辨率。拍摄静态图片时，则可以将传感器上的像素点变小，提高传感器的分辨率。

目前Foveon X3技术还有很多缺点，如硅晶体本身的滤色特性非常复杂，在不同的光照条件下，色彩有时会发生意想不到的偏色、X3在算法上还有待成熟等等。由此可见Foveon X3图像传感器还有很大的发展空间。

CCD还有专业CCD和民用CCD的区别。CCD感光板的面积越大，它的工艺和成本会大大提高，价格也就会提高。在整个数字相机的成本中，CCD感光板的成本占了主要部分。所以都是标称500万像素的数字相机，专业级的会比民用级的在价格上贵好几倍。目前的民用级数字相机的成像素质已经和传统负片的成像素质不相上下，已完全能满足一般摄影爱好者对相片素质的要求，所以要根据自己的经济能力和需要去选择数字相机，不必为了不需要的那一部分成像素质花很多的钱。

3. CCD结构与原理

CCD就像传统相机的底片一样，是感应光线的电路装置。可以将它想像成一颗颗微小的感应粒子，铺满在光学镜头后方，当从镜头透过的光线投射到CCD表面时，CCD就会产生电信号，将感应到的内容转换成数字资料存储起来。CCD上像素数目越多、收集的图像信息越多，图像就会越清晰。因此，CCD的像素的多少是判定数字相机质量的重要标准之一。

CCD上感光组件的表面具有储存电荷的能力，并以矩阵的方式排列。CCD有三层结构，第一层是“微型镜头”、第二层是“分色滤色片”、第三层是“感光层”（见图3-19）。当其表面感受到光线时，会将电荷反应在组件上，整个CCD上的所有感光组件所产生的信号，就构成了一个完整的画面。

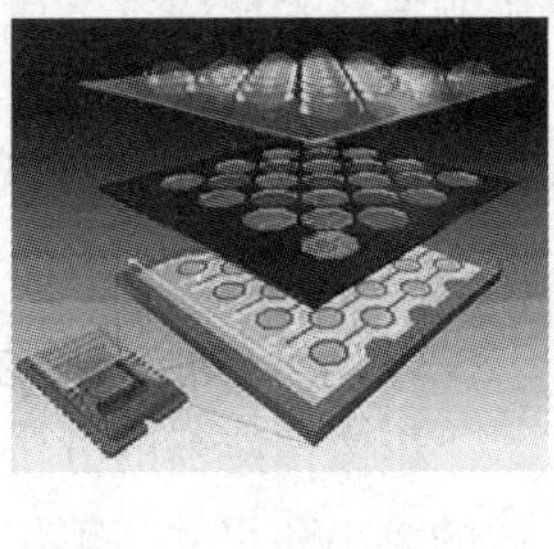

图3-19 CCD的结构

CCD的第一层是“微型镜头”，它是数字相机成像的关键，为了扩展CCD的采光率，必须扩展单一像素的受光面积。但是提高采光率的办法也容易使画质下降。这一层“微型镜头”可将照射在每个CCD绝缘外围的光聚到感光部位上。因此感光面积不再由传感器的单元面积而决定，而改由微型镜片的表面积来决定。

第二层是“分色滤色片”，它有两种分色方式，一是RGB原色分色法，另一个则是

CMYK 补色分色法。RGB 原色分色法即三原色分色法，可见光都可以通过红、绿和蓝 3 种色光来组成，而 RGB 三个字母分别就是 Red、Green 和 Blue，这说明 RGB 分色法是通过这 3 个通道的颜色调节而成。CMYK 补色分色法是由 4 个通道的颜色配合而成，它们分别是青（C）、洋红（M）、黄（Y）、黑（K）。原色 CCD 的优势在于画质锐利，色彩真实，但缺点则是噪声问题。因此，一般采用原色 CCD 的数字相机，在 ISO 感光度上多半不会超过 400。相对的，补色 CCD 多了一个 Y 黄色滤色器，在色彩的分辨上比较仔细，但却牺牲了部分影像的分辨率，而在 ISO 值上，补色 CCD 可以容忍较高的感光度，一般都可设定在 800 以上。

CCD 的第三层是"感光层"，这层主要是负责将穿过滤色层的光源转换成电子信号，并将信号传送到影像处理芯片，将影像还原。

4. 影像传感器的尺寸、分辨率与色彩深度

（1）影像传感器的尺寸

影像传感器的尺寸，一般也就是 CCD 和 CMOS 的面积大小。影像传感器面积越大，捕获的光子越多，感光性能越好，信噪比越低。传统的照相机胶卷尺寸为 35mm，35mm 胶卷的感光面积为 36mm×24mm。数字相机中对角长度越接近 35mm 的影像传感器成像质量越好。在单反数字相机中，很多都拥有接近 35mm 的影像传感器尺寸，例如尼康的 D100，影像传感器尺寸面积达到 23.7mm×15.6mm，比起消费级数字相机要大很多，而佳能的 EOS—1Ds、EOS—5D、尼康 D3 等，采用了与 135 胶卷画面尺寸相同的 CMOS，也称为全画幅 CMOS，尺寸为 36mm×24mm，达到了 35mm 胶片的面积，所以成像质量也相对较好。

一般民用级数字相机主要有 2/3in、1/1.8in、1/2.7in、1/3.2in 四种。影像传感器尺寸越大，感光面积越大，成像效果越好。1/1.8in 的 300 万像素相机效果通常好于 1/2.7in 的 400 万像素相机（后者的感光面积只有前者的 55%）。相同尺寸的影像传感器像素增加是件好事，但如果在很小尺寸的影像传感器上增加像素会导致单个像素的感光面积缩小，导致曝光不足。但如果在增加影像传感器像素的同时想维持现有的图像质量，就必须在至少维持单个像素面积不减小的基础上增大影像传感器的总面积。目前大尺寸影像传感器加工制造技术比较难，成本也就非常高。因此，影像传感器尺寸较大的数字相机，价格也较高。影像传感器的大小直接影响数字相机的体积重量。超薄、超轻的数字相机一般影像传感器尺寸也小，而越专业的数字相机，影像传感器尺寸也越大，数字相机常采用的影像传感器尺寸见表 3-2。

（2）影像传感器的分辨率

影像传感器的分辨率被作为评价数字相机档次的重要依据，它决定了数字相机拍摄图像的大小和尺寸，单位为 dpi 。影像传感器上像素越多，分辨率越高，分辨率的高低也就用像素量的多少间接地加以表示。一般像素量和分辨率成正比，像素量越大，分辨率也越高。比如 1024×768 ；1600×1200；2048×1536，在数字当中，前者为图片长度，后者为图片的宽度，两者的乘积大约等于影像传感器上的像素总和。长宽比一般为 3:2 或 4:3。分辨率越大，图片的面积越大。

表 3-2 数字相机常用 CCD 或 CMOS 的尺寸

影像传感器	规　格	尺　寸	机　型
	全画幅	36mm×24mm	柯达 pro14 n 佳能 EOS—1Ds Mark II 佳能 EOS—5D Mark II 尼康 D3 尼康 D700
	APS—C	23.7mm×15.6mm (22.5mm×15.0mm)	尼康 D300 D90 D5000 佳能 50D 500D 柯美 a—7D a—5D 宾得 K—7 索尼 a—350
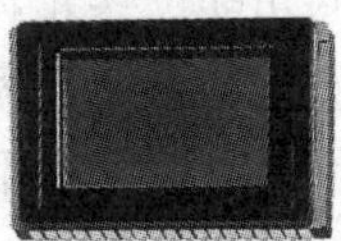	Foveon X3	20.7mm×13.8mm 21.5mm×14.4mm	适马 SD9 SD10 索尼 DSC—R1
	4/3in 系统	17.8mm×13.4mm	奥林巴斯 E—1 E300 奥林巴斯 E—510
	2/3in	8.8mm×6.6mm	柯美 A2 尼康 8800 佳能 Pro1 索尼 F828
	1/1.8in	7.178mm×5.319mm	索尼 T—200 尼康 7900 佳能 G9 A95 柯美 500Z

影像传感器的像素数值直接影响到画质的高与低。像素数值越高，即表示构成画面的微粒就越小，解像度就越高。表示像素数值的单位有“总像素”与“有效像素”之分（见图 3-20）。“总像素”可以显示防抖功能的准确度，则“总像素”越高，防抖功能就越准确；而“有效像素”可显示解像度的高与低，则“有效像素”越高，解像度就越高。

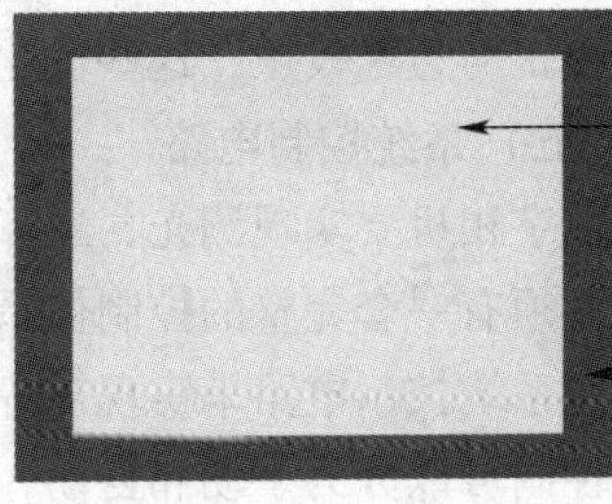

图 3-20 影像传感器的“总像素”与“有效像素”

影像传感器的最高分辨率是由其有效像素决定的，

它们的分辨率也就决定了数字相机的分辨率，所以，只能选择不同分辨率的数字相机，却不能调整一台数字相机的最高分辨率。就同类数字相机而言，有效像素越多，分辨率越高，相机档次越高，但高分辨率的相机生成的数据文件很大，对加工、处理的计算机的速度、内存和硬盘的容量以及相应软件都有较高的要求。

(3) 影像传感器的色彩深度

影像传感器除了面积之外，还有一个重要指标，就是色彩深度，也就是色彩位数，就是用多少位的二进制数字来记录3种原色。非专业型数字相机的感光元件一般是24位的，高档点的采样时是30位，而记录时仍然是24位，专业型数字相机的图像传感器至少是36位的，还有48位的影像传感器。对于24位的传感器而言，感光单元能记录的光亮度值最多有$2^8=256$级，每一种原色用一个8位的二进制数字来表示，最多能记录的色彩是$256\times256\times256$约1677万种。对于36位的传感器而言，感光单元能记录的光亮度值最多有$2^{12}=4096$级，每一种原色用一个12位的二进制数字来表示，最多能记录的色彩是$4096\times4096\times4096$约687亿种。举例来说，如果某一被摄体，最亮部位的亮度是最暗部位亮度的400倍，用使用24位影像传感器的数字相机来拍摄的话，如果按低光部位曝光，则凡是亮度高于256倍的部位，均曝光过度，层次损失，形成亮斑，如果按高光部位来曝光，则某一亮度以下的部位全部曝光不足，如果用使用了36位影像传感器的专业数字相机，就不会有这样的问题。

(三) 模/数转换器

A/D转换器又叫作（Analog Digital Converter，ADC）模拟数字转换器。它是将影像传感器产生的模拟电信号转换为数字电信号的部件。A/D转换器的主要指标是转换速度和量化精度。转换速度是指将模拟信号转换为数字信号所用的时间，由于高分辨率图像的像素数量庞大，因此对转换速度要求很高，当然高速芯片的价格也相应较高。量化精度是指可以将模拟信号分成多少个等级。如果说影像传感器是将实际景物在X和Y的方向上量化为若干像素，那么A/D转换器则是将每一个像素的亮度或色彩值量化为若干个等级。这个等级在数字相机中叫做色彩深度。色彩深度值越高，就越能真实地还原色彩。

(四) 数字信号处理电路

数字信号处理电路（Digital Signal Processor，DSP）是数字相机的系统核心部件之一。它的处理电路通过参数调整最终决定图像质量。数字信号处理电路的主要功能是通过一系列复杂的数学算法，对数字图像信号进行优化处理。优化处理包括：白平衡、彩色平衡、伽玛校正与边缘校正，这些优化处理的效果将直接影响数字照片的品质。

(五) 系统控制电路

数字相机要实现测光、运算、曝光、闪光控制、拍摄逻辑控制以及图像的压缩处理等操作必须有一套完整的控制体系。数字相机通过微处理器（Microprocessor Unit，MPU）为核心的系统控制电路来实现对各个操作的统一协调和控制。和传统相机一样，数字相机的曝光控制可以分为手动和自动，手动曝光就是由摄影者调节光圈大小、快门速度。自动曝光方式又可以分为程序式自动曝光、光圈优先式曝光和快门优先式曝光。MPU通过对CCD感光强弱程度的分析，调节光圈和快门，又通过机械或电子控制调节曝光。数字相机中都设置了菜单用来和用户对话，通过菜单的选项和设置使数字相机在不同的摄影环境下达到最佳的拍摄效果。

（六）存储器

数字相机中存储器的作用是保存数字图像数据，这如同胶卷记录光信号一样，不同的是存储器中的图像数据可以反复记录和删除，而胶卷只能记录一次。存储器可以分为内置存储器和可移动存储器，内置存储器为半导体存储器，安装在相机内部，用于临时存储图像，当向计算机传送图像时必须通过串行接口等接口。它的缺点是装满之后要及时向计算机转移图像文件，否则就无法再往里面存入图像数据。早期数字相机多采用内置存储器，而新近开发的数字相机更多地使用可移动存储器。这些可移动存储器一般是 CF 卡、SM 卡、SD 卡、微硬盘等。这些存储器使用方便，拍摄完毕后可以取出更换，这样可以降低数字相机的制造成本，增加应用的灵活性，并提高连续拍摄的性能。图像的质量越高，图像文件就越大，需要的存储空间就越多。

（七）电子取景器

LCD（Liquid Crystal Display）取景器称为液晶显示屏（见图 3-21），数字相机使用的 LCD 与笔记本电脑的液晶显示屏工作原理相同，只是尺寸较小。LCD 取景器有 3 个作用：取景、显示图像和显示功能菜单。它显示的影像与镜头投射在 CCD 上的影像是相同的，没有视差。所以，LCD 取景器能实时准确地观察到想拍摄的影像。这种取景方式称光学取景也叫做“TTL”（Through-The-Lens）通过镜头取景。

LCD 取景器的缺点是耗电量大，而且在阳光强烈的时候，很难看清 LCD 上的画面。另外，多数数字单反相机上的 LCD 不能取景，只能观看拍摄后的照片和显示功能菜单，目前，有些数字单反相机上已经具有了 LCD 取景功能。

EVF（Electronic View Finder）取景器称为电子取景器，也叫作单眼 LCD 取景器（Eye-level LCD Viewfinder）（见图 3-22），它的功能是取景。一般数字相机上的 LCD 取景器上的显示内容都可以用 EVF 显示。EVF 是在镜头上方装有一块小的 LCD，其直径大约为 0.25 ~ 0.5in 左右，像素大约为 235000（面积约 36 ~ 169mm^2），有黑白和彩色之分。电子取景器取景的视野率比光学取景器就大得多，如有的 EVF 取景器的视野率可以达到 99%。EVF 价格较便宜，也比 LCD 省电，而且能在任何环境光线下采用。还可以显示光圈、快门速度等拍摄信息和相机菜单。它的缺点是：仍和 LCD 显示屏近似地耗电量较大；还容易反光，从而影响取景的准确度；与光学取景器相比显得比较粗糙，影响细节的显示。

图 3-21　LCD 取景器

图 3-22　EVF 取景器

（八）输出控制单元

数字相机的输出控制单元主要有计算机通信接口、连接电视机的视频接口和连接打印机的接口。常用的计算机通信接口有串行接口、并行接口、USB 接口和 SCSI 接口。若使用红外线接口，则要为计算机安装相应的红外接收器及其驱动程序。如果数码相机带有 PCMCIA 存储卡，那么可以将存储卡直接插入笔记本电脑的 PC 卡插槽中。

第三节　数字相机的分类

数字相机从诞生到现在虽然只有二十几年的历史，但其发展势头相当迅猛，相机的性能和成像质量随着数码科技的发展而大幅提升，同时数字相机的价格逐年大幅下降。使数字相机在各个领域广泛地得以应用。随着数字相机技术的不断完善和发展，不同技术特点、不同功能需求的数字相机不断涌现。这些数字相机不仅形态各异，技术标准和应用领域也各有不同。因此，对种类繁多的数字相机进行分类，可以使用户对数字相机有一个总体的认识，有助于进一步了解数字相机的特点。下面介绍两种分类方法：

一、按感光器件的特点分类

数字相机按 CCD 图像传感器的结构特点分为面阵 CCD 数字相机、线阵 CCD 数字相机和 CMOS 数字相机。这种分类方式十分有助于人们理解数字相机的构造和工作原理。

（一）面阵 CCD 数字相机

面阵 CCD 数字相机是采取面阵 CCD 作为影像传感器的一种数字相机。面阵 CCD 是一块集成电路。拍摄影像时大量传感器在瞬间同时捕捉影像，且一次曝光完成。因此，这类数字相机拍摄速度快，对所拍摄景物及光照条件无特殊要求。面阵 CCD 数字相机所拍摄的景物范围很广，不论移动的还是静止的，都能拍摄。目前，绝大多数数码相机都属于面阵 CCD 数字相机。如图 3-23 所示为面阵 CCD 外形图。

（二）线阵 CCD 数码相机

线阵 CCD 数字相机也被称作扫描式数字相机。与面阵 CCD 数字相机不同，这种相机采用线阵 CCD 作为影像传感器（见图 3-24）。

图 3-23　面阵 CCD 外形图

图 3-24　线阵 CCD

线阵 CCD 在拍摄景物时要对所拍摄影像进行一行一行的扫描，3 条平行的线状 CCD 分别对应拾取红、绿、蓝 3 色信息。在每一条线状 CCD 上都嵌有滤光器，由每一个滤光器分离出相应的原色，然后再由 CCD 同时捕获所有 3 色信息，最后将逐行像素进行组合，从而生成最终拍摄的影像。拍摄时，它需要的曝光时间非常长，一般都要在十几分钟左右。这类相机所拍摄的图像质量是相当高的，通常只在专业领域中使用。由于其曝光时间过长，线阵 CCD 数码相机无法用来拍摄运动的景物，并且对光源的要求也十分苛刻。一般只能用来拍摄静止物体。

（三）CMOS 数字相机

CMOS 数字相机采用 CMOS 作为影像传感器（见图 3-25），是近些年发展起来的新型集成电路。其结构简单、成本低廉、能耗低并且集成度高，甚至可以把数字相机的其他功能集成进来。这些优点使得 CMOS 的使用越来越广泛，很多单反相机都使用 CMOS 作为影像传感器，佳能 EOS—5D 相机就是采用 CMOS 作图像传感器的数字相机，其像素数可以达到一千多万。

图 3-25　CMOS 图像传感器

二、按使用的层次分类

数字相机的种类很多，根据使用的层次不同，可以将数字相机分为低档相机、中档相机和高档相机三类，另外，还有一些具有数字照片拍摄功能的设备。

（一）低档数字相机

低档数字相机也叫家用数字相机（见图 3-26）。它的价格比较低廉，普遍在 2000 元左右。这类数字相机的感光器件尺寸较小一般在 1/2. 5in 左右，其像素数通常在 300 ~ 1000 万左右，色彩深度大都在 24 位，通常结构紧凑，镜头与机芯制成一体化结构，不能更换镜头。它的功能简单，主要是供家庭使用的，对一般的家庭拍摄来讲，可以获得足够清晰的照片。

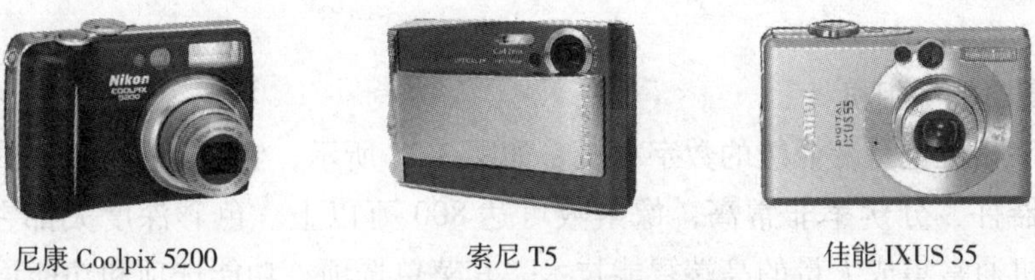

尼康 Coolpix 5200　　索尼 T5　　佳能 IXUS 55

图 3-26　低档数字相机

大多数数字相机厂家都生产低档数字相机，其像素在 300 万到 1000 万之间，国外主要品牌有佳能、索尼、奥林巴斯、卡西欧、富士、尼康、莱卡、柯尼卡/美能达、柯达、适马、宾得、京瓷、东芝、理光、松下、三星等。中外合资或国产的品牌也有很多，如凤凰、海鸥、联想、爱国者、明基、拍得丽等，而且每个厂家都有众多不同规格和型号。像佳能、索尼、奥林巴斯、尼康和美能达等厂家各自都已经开发了十多种甚至数十种型号，已经形成了许多不同系列，可以说是数不胜数。尽管是普及型相机，但厂家对它们的配件等都没有忽视，不少相机都配有广角或长焦附加镜等，有的相机还配备了潜水摄影的外壳等附件，实用价值也很高。

（二）中档级数字相机

中档数字相机也被称为准专业数字相机（见图 3-27）。它主要面向计算机图像设计人员和商业用户。这类相机从性能方面高于低档相机。其使用的感光器件尺寸一般为 2/3in 或 4/3in 系统，像素数多在 500 万 ~ 1000 万之间，色彩深度大都在 36 位以上。价格从 2000 元 ~ 7000 元不等。

在功能方面，它不仅提供了各种条件下的预定义设置，而且还提供了全范围的手工控制，丰富模式选择，还设有高倍率变焦镜头和外部闪光灯等附件。

松下 FZ18GK　奥林巴斯 SP-560UZ　富士S8000fd　索尼 DSC-H9

图 3-27　中档数字相机

中档数字相机中的高端产品被称为“类单反数字相机”，它不仅提供高品质的数字影像，而且还提供相对比较自由、方便且弹性的操作环境。所谓类单反数字相机是指具有较高级配置和功能，类似于单镜头反光相机成像质量的相机，目前这类相机的共同特点是使用 4/3in、2/3in CCD，有 800 万左右的像素，配备名厂高级镜头。

与数字单反相机不同的是类单反数字相机的光路并不是通过镜头再经过反光镜反射到取景器，而是通过镜头把光信号直接传达给影像传感器、由影像传感器再传达给彩色 LCD 显示屏或者电子取景器。另外类单反数字相机一般带有光学变焦镜头，相机所配备的镜头的变焦范围也较大，一般在 5 ~ 18 倍左右，但它的镜头是不能更换的。这类相机有各种适合专业摄影所需要的测光和曝光模式，可确保相机完全按照摄影者意愿获得高质量的图像。

（三）高档数字相机

高档数字相机也是专业级的数字相机。如图 3-28 所示，它通常采用 APS—C 或全画幅尺寸的感光器件，分辨率非常高，像素数可达 800 万以上。色彩深度大都在 36 位或 48 位。该类相机通常集成大量的高端智能技术，其菜单选项、功能选项和功能设置十分详细丰富，同时又会提供灵活的手工设置方式。这类相机的价格非常昂贵。它主要是专业摄影师使用。基于此种设计目的，在这类相机上都提供多种输出接口，以便与其他专业设备配

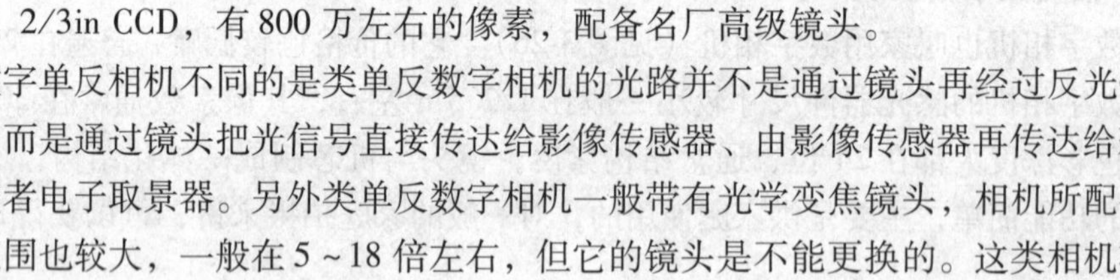

柯达DCS Pro SLR/n　佳能 EOS—5D　尼康 D3

图 3-28　高档数字相机

合使用。它具有可交换的高级专业镜头，适合于各种场合下使用。

高档数字相机中，使用比较广泛的是单镜头反光数字相机（数字 SLR 相机）。数字 SLR 相机提供了范围广泛的各种自动特性，也允许用户手动控制几乎每一种调节装置，同时允许摄影师创造性地对设置进行调整。它还可以通过更换不同焦距的镜头拍摄效果最好的照片。

单镜头反光数字相机主要是为专业摄影领域设计的数字相机，它代表着数字相机的顶尖水平，各厂家生产的单镜头反光数字相机在图像分辨率和相机功能等方面目前已经达到和传统单镜头反光相机不相上下的地步，有些功能已经远远地超过了传统单镜头反光相机。如柯达 DCS Pro SLR/n 单镜头反光数字相机已经达到 1400 万像素，具有 ISO64 ~ ISO1600 超宽感光度范围，影像传感器件尺寸为 24mm × 36mm，达到了传统 135 相机同样的画幅，且其成像质量已可和传统 120 相机的成像品质媲美。

适马 SD—10 相机采用新型的 Foveon X3 影像传感器，影像传感器上每一像素中都拥有三层 RGB 影像色彩感测元件，它能生成更加锐利、分辨率更高、色彩层次更加丰富的真彩数字影像。其影像传感器有效尺寸为 13. 8mm × 20. 7mm，每层感光晶片上总像素达到 340 万，总有效像素为 1029 万，其色彩还原相当好。

佳能的 EOS—1D Mark Ⅲ相机为 1070 万像素专业级数字相机，它是世界上自动对焦连拍速度最快的数码单镜头反光相机之一，CMOS 影像传感器尺寸为 28. 1mm × 18. 7mm，焦距转换倍率只有 1. 3 倍，比较有利于使用传统单镜头反光相机的配套镜头。

尼康 D300 数字相机也是当前很有特色的专业相机之一，传感器为 CMOS，尺寸为 36. 0mm × 23. 9mm，有效像素 1210 万，启动迅速，适合抢拍新闻。

日本富士数字单反相机 FinePix S3 Pro，搭载了第四代超级 CCDSR 传感器（有效像素 6l7 万）可以达到相当于 1230 万像素的成像质量，其影像传感器规格为 23mm × 15. 5mm。

上述单镜头反光数字相机的价格都不低，对于业余摄影者而言，可另选择性价比较高的单镜头反光数字相机，如尼康 D90 和佳能 EOS—50D。这两款在售价上比较接近的相机，特别适合原来就有该品牌传统单镜头反光相机的摄影者，因为原来的交换镜头可以和现在的数字机身配合使用，只不过焦距有所延长而已。这两款相机都有 1200 万有效像素，由于采用了较大尺寸的影像传感器，因此有效地改善了信噪比和扩大了相机捕捉信号的动态范围。

其中尼康 D90 的 CCD 面积为 23. 6mm × 15. 8mm（焦距增加倍率为 1. 5X）；采用机械电子混合快门，最高快门速度为 1/4000s，闪光同步速度为 1/500s；AF Nikkor 镜头都能适应 D90 机身；其快门时滞在同类相机中堪称最短；用 JPEG 格式可以连续拍摄 144 幅图像，相当于 4 卷 36 张胶卷的张数。

佳能 EOS—50D 是价格比较适中的单镜头反光数字相机，影像传感器采用 CMOS 技术，面积为 22. 3mm × 14. 9mm（焦距增加倍率为 1. 6X），这是佳能自行研发的新一代单层芯片结构高素质 CMOS 影像传感器，其感光度范围为 ISO100 ~ ISO3200，快门速度为 1/4000 ~ 60s（全自动模式），具有多种曝光控制模式，是性价比很高的相机之一。

另外一种专业数字相机是带有数字后背的 120 相机和大型座机，主要是用来进行广告摄影、婚纱摄影和一些高端的摄影工作。这种相机是在可换后背胶卷盒的120相机和大型座机上提供一个数字后背，使专业摄影师可以利用120相机或座机来进行数字摄影，数字后背在近几年发展也非常迅速。如“仙娜”数字后背是专为120相机和座机设计的，其图像大小为4080×5040，达到2200万像素。用36.7mm×49.0mm的CCD影像传感器，尺寸比传统135胶片画幅还大，具有极高的成像质量。不过它的价格也相当不菲，24.5mm×36.8mm CCD影像传感器后背的销售价就要8.5万元，而36.7mm×49.0mm的CCD价格将可想而知。此外，高像素数字后背还有一些其他品牌，如以色列的“飞思”、国产的“超意”等。这类高价格、高像素的数字后背（见图3-29）主要供应对象是需要拍摄大规格数字图像的婚纱影楼或广告公司等，因价格（一般都在5~14万元之间）和使用便捷性（需要电源连接电脑）等因素的制约，目前在我国还不十分普及。但是它具有非常高的成像质量，也便于后期处理，预计未来几年内将在广告公司和大型婚纱影楼逐渐普及。

Mamiya 645AF

仙娜 p3 View

玛米亚ProDigital Ⅱ

图3-29　装有数字后背的120相机

全球专业相机霸主利图和玛米亚自联盟后，发布了第二款中画幅单反相机ProDigital Ⅱ，说是数字单反，其实也只是给传统的中画幅单反相机加上一个数字后背，实现数字单反的功能，这个数字后背就是利图的Aptus 22，而玛米亚则提供了相机机身645AFDII，这样就组合像素达到了2200万。

最新推出的Aptus 75是目前利图品牌像素最高的产品，具有超过3300万的像素，充分满足各类需要大幅面输出的摄影需要。这款顶级数字后背可接玛米亚646AFD、玛米亚RB/RZ系列、哈苏6×6系列相机、哈苏645 H1、仙娜所有机型、康泰克斯645等多种中大画幅相机。

（四）具有数字照片拍摄功能的设备

除了上述的数字照相机种类外，还有一些具有数字照片拍摄功能的设备。比如，数字摄像机、带摄像头的手机、带摄像头PDA、手表数字照相机等。

1. 数字摄像机

数字摄像机可以在存储卡上记录数字静态影像。由于使用的图像传感器大都比较小，所以，照片质量一般不如数字照相机好。

2. 水下数字相机

潜泳爱好者和潜水员根据需要，可以购置数字相机使用的防水罩（见图3-30），防水罩的密封程度与它们可以下潜的深度有关。

图3-30　数字相机使用的防水罩

3. 手表式数字相机

有一种手腕上佩戴的数字相机（见图3-31），它有32MB的内存，可以存储360张照片，或者录制32段10s的视频。它使用一节三号电池作为能源，尺寸为2.5×1.25×3.25（in），重量12OZ（1OZ=28.3495g）。从存储照片数量上来推测，它显然不是一款高像素相机，但是它防震防水，能在30ft的水下拍摄，另外它还加入了自拍功能。因为这些特性，它在冲浪、滑雪、滑翔的时候都能使用，虽然像素不高，但是良好的便携性，还是一款不错的选择。

图3-31　手表式数字相机

日本卡西欧公司推出手表式数字相机是一种可进行拍照并将彩色照片输入到电脑中的腕表。它带有LCD液晶显示屏，能够通过彩色影像传感器拍摄数字照片。腕表设有“前进”和“后退”按键，可用来查找储存的数字文本信息，并在显示屏上显示出来。腕表还具有报警及计时等功能。

4. 望远镜数字相机

望远镜数字相机一般是望远镜和数字相机的结合体（见图3-32），如果要拍摄野生动物，必需使用这种望远镜数字相机。如TC 245望远镜数字相机。是一台300万像素的数字相机，具有600mm、45倍变焦镜头。2.5in LCD显示屏、使用SD卡存储。使用时必需有三脚架或遥控触发器缆绳，才能使照相机震动减到最小，拍出清晰的数字照片。

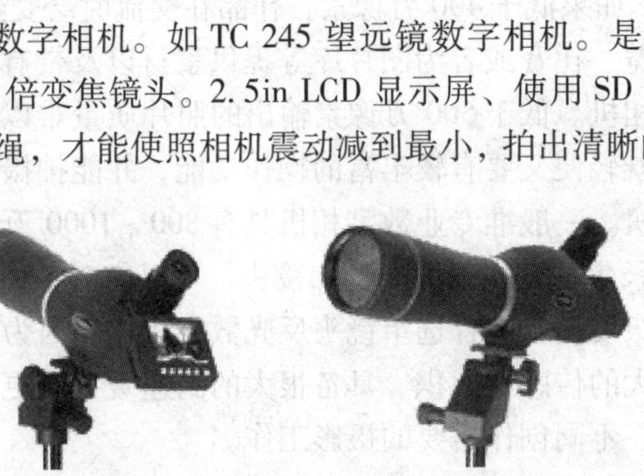

图3-32　望远镜数字相机

5. 带摄像头的手机

许多手机带有内置相机（见图3-33），或者带有拍照功能。目前手机相机拍摄照片的像素水平逐步提高，已经出现了500万像素的拍照手机，它们的主要目的是能够让使用者把简单的快照作为多媒体信息发送给其他的使用者。这些影像也可以下载到计算机，使用电子邮件、数据引线或者使用红外或蓝牙无线连接在互联网上传送这些信息。拍照手机由于其传感器大小的限制，照片质量与一般的数字相机相比普遍较差，机器本身也没有几种创造性摄影控制功能。不适合一般摄影爱好者使用。

图 3-33　带有内置相机的手机

由于数字相机技术的不断提高，数字相机可以安放在越来越多的设备中，使许多设备带有数字照片的拍摄功能，例如，带摄像头 PDA（见图 3-34）、具有拍摄功能的打火机（见图 3-35）、可以拍照录像的 MP4（见图 3-36）等，使拍摄数字照片越来越快捷方便。

图 3-34　带摄像头 PDA

图 3-35　可照相的打火机

图 3-36　可照相的 MP4

三、数字相机的选择

数字相机的种类繁多，在购置数字相机时，应主要以拍摄图片的用途来选择数字相机，拍摄的图片主要用于个人娱乐或制作网页等用途的使用者，一般可选择 400 万像素左右的相机，这样的相机价格比较低。用这类相机进行旅游留影、用来拍摄制作网页的照片或拍摄后期制成 5 ~ 10in 的照片等基本上没有问题。

一般摄影发烧友最好不要选择像素低于 400 万的相机，因为拍摄的照片常常需要放大到 7in 以上进行交流，如果低于 400 万像素，作品在交流时会受到一定限制。

如果经常参加展览、比赛或者为图片库等提供素材以及带有商业性质的拍摄，最好选择 500 万像素以上的相机。低于 500 万像素输出的照片质量难以得到专业人士认可。要是摄影者要求数字相机既轻便又要有较丰富的操作功能，并能拍摄比较高质量的图像，可考虑购买准专业数字相机。一般准专业数字相机具有 800 ~ 1000 万像素的影像传感器加上从 28mm 广角到 500mm 长焦的变焦范围的变焦镜头，可以应对各种题材的拍摄。

专业摄影师和高级发烧友应首选单镜头反光数字相机。因为数字单反相机可以交换不同规格的镜头、有较大的传感器面积、具备很大的高速缓存、更加丰富的附件。可以适应不同场合、不同质量、不同创作需要的摄影工作。

第四节　数字相机的性能

一、分辨率与压缩格式

使用数字相机首先应该了解数字相机的分辨率和压缩格式的设置，因为这两项设置已经成为数字相机使用的基本操作。

1. 数字相机的分辨率

数字相机的成像分辨率就是图像的像素总数。用数字图片的水平方向和垂直方向的像素值来表示，这样可以让使用者更好地了解图像的信息，而且可以更直接的换算出这幅图像的输出尺寸。

一台数字相机拍摄出的数字图像只有一个最大的像素总数值。例如，一台相机的最大分辨率为3264×2448（=800万），我们称这部相机为800万像素的数字相机，其最大图像解析度为3264×2448。实际上当前的数字相机除了允许用户以最高分辨率进行拍摄外，还提供其他几档更低的分辨率，以便用户根据实际需要选择；以尼康COOPIX8800数字相机为例，它一共提供了8种分辨率选择模式，分别为8MB（3264×2448）、5MB（2592×1944）、3MB（2048×1536）、2MB（1600×1200）、1MB（1280×960）、PC（1024×768）、TV（640×480）和3:2（3264×2176）。数字相机分辨率的设置格式目前也有不同的方式，适马的SD10是以高、中、低模式来表示，而一些专业级的数字相机，其分辨率调整方式则是直接以水平方向和垂直方向的像素值表示。

2. 数字相机的压缩格式设置

数字相机上相对于每档分辨率，还提供几组不同的压缩格式设置，以供拍摄者选择，这就是画质选择功能。还以尼康COOPIX8800数字相机为例，它提供了（见表3-3）RAW、TIFF、JEPG［超精细（EXTRA）、精细（FINE）、一般（NORM）和基本品质（BASIC）］等几种压缩格式。总之都是为了让使用者能够灵活使用数字相机上有限的存储空间。因此我们不难看出图像的分辨率和压缩比同时决定数字相机的拍摄质量，设置好数字相机分辨率及压缩格式，对于数字相机的成像质量有很大的影响。

表3-3 尼康COOPIX8800数字相机提供的压缩格式

文件格式	格式	压缩率	说明
RAW	NET	未经压缩	从CCD得到的原始数据不经过任何处理或压缩，直接以尼康电子文件图像格式（Nikon Electronic Image Format）格式被保存，该方式可以保存高度细节且其文件尺寸比TIFF格式图像稍小
HI	TIFF		大多数图像应用程序所支持的高图像品质格式
EXTRA（超精细）	JEPG	1:2	产生最佳品质的JEPG图像；文件尺寸小于NEF或TIFF格式
FINE（精细）		1:4	精细图像品质，适用于放大或高品质打印
NORM（一般）		1:8	一般图像品质，适用于大多数应用
BASIC（基本）		1:16	基本图像品质，适用于通过电子邮件或网页发送照片

二、变焦功能

1. 变焦

数字相机镜头的变焦（Zoom）能力是衡量数字相机性能的一个重要指标。所谓的变焦能力一般包括光学变焦与数字变焦两种，它们都可以放大拍摄远方的物体。

2. 光学变焦

光学变焦（Optical Zoom）是依靠光学镜头结构来实现变焦，变焦方式与 35mm 相机差不多，就是通过镜头的镜片机械移动来放大与缩小需要拍摄的景物，光学变焦拍摄的图像不但将图像放大，而且也清晰。光学变焦的分辨率及画质取决于镜头的焦距。通常变焦倍数越大越适合用于望远拍摄。目前数字相机普遍都有 3～5 倍左右的光学变焦镜头，也有一些数字相机拥有十几倍的光学变焦镜头。

3. 数字变焦

数字变焦（Digital Zoom）实际上是画面的中间部分电子放大，若变焦 N 倍，就是把原来 CCD 影像感应器上的 $1/N^2$ 部分像素使用“插值”处理手段作放大，将影像传感器上的像素用插值算法将画面放大到整个画面。通过数字变焦，拍摄的景物放大了，但它的清晰度会有一定程度的下降，有点像 VCD 或 DVD 中的 Zoom 功能，所以数字变焦并没有太大的实际意义。目前数字相机的数字变焦一般在 6 倍左右，一般不建议使用数字变焦。如果觉得变焦倍数不够，可以在镜头前加一增倍镜；如果觉得拍摄的视角小，可以相应的加一广角镜。这样的效果比数字变焦要好。在购买数字相机时可以只注意光学变焦的倍数。

4. 智能变焦

sony 公司开发的一种电子变焦方式称为智能变焦（Smart Zoom），可放大变焦拍摄，而不会将微粒放大，令放大的影像也能保持原有的清晰度。智能变焦因不同影像尺寸的选择，提供不同程度的强化变焦功能。有别于数字变焦，智能变焦能保持画质与原本影像相同。

三、防抖功能

（一）光学防抖

目前，大多数数字相机都有光学防抖功能，防抖功能主要的作用是防止拍摄时相机抖动而使拍摄的照片产生模糊，光学防抖功能的效果是相当明显的。光学防抖主要有镜头光学防抖和影像传感器光学防抖两大类。从工作原理上来讲，这两类防抖技术都是通过光线做文章，对成像品质没有损害。

1. 镜头光学防抖

镜头光学防抖的工作原理类似于眼镜，人的近视或远视眼的问题就是外部光线不能正确地在视网膜上成像，所以需要眼镜的镜片对入射的光线进行修正，在视网膜上形成清晰的图像。数字相机的光学防抖功能是一旦镜头中的光线发生偏移，其中的浮动镜片就会发挥作用对光线进行矫正，来保证光线准确地在感光器件上成像。

具有镜头光学防抖功能的数字相机，镜头中都有一枚或数枚可移动的镜片。一般情况下，这些镜片依靠磁力包裹悬浮于镜头中。在拍摄的时候，一旦镜头内的陀螺仪侦测到有微小的抖动发生，就会立刻将信号传至相机内的微处理器，处理器会立即计算需要补偿的位移量，然后根据镜头的抖动方向及位移量，通过移动镜片的浮动来加以补偿，从而有效克服因相机抖动而产生的影像模糊。

2. 影像传感器光学防抖

影像传感器光学防抖的数字相机是将影像传感器安置在可以上下左右移动的支架上，拍摄时，如果传感器检测出抖动的方向、速度、抖动幅度大小等参数，相机立即计算出抵消抖动的感光器件移动量，然后驱动感光器件往相机抖动的反方向移动，实现防抖拍摄效果。

镜头光学防抖和影像传感器光学防抖的效果都很显著。镜头光学防抖技术对镜头设计和制造比较复杂，相机的价格也相对高一些。再有镜头中镜片的移动还可能导致成像出现畸变。

影像传感器光学防抖技术与镜头结构无关，能有效避免镜头光学防抖可能带来的像差问题。不过，影像传感器光学防抖要求相机内部机构有着相当高的精密设计。相机机身的价格会较高一些。

另外，使用具有光学防抖功能的数字相机时，只要启用了防抖功能，相机的耗电量就很大，所以，在外出拍摄或长时间拍摄时，注意要携带足够的电池。

（二）电子防抖技术

数字相机还有一种防抖技术叫电子防抖技术，它与光学防抖技术的工作原理和拍摄效果是截然不同的。光学防抖技术是通过光学方式来实现，对画质不会造成伤害；而电子防抖是针对影像传感器采集到的图像信号进行分析，然后利用边缘图像进行补偿。由于只是对采集到的数据进行后期处理，所以防抖效果肯定不如光学防抖，而且会对画质造成一定程度的破坏。

（三）高感光度防抖

最近提出了自然防抖的概念。所谓自然防抖即高感光度防抖，是通过增加 ISO 感光度来提升快门速度，进而在一定程度上抵消图像模糊，实现自然防抖拍摄效果。至于 ISO 升高可能带来的图片噪点增加的问题，则主要依靠影像处理器的内部处理来加以克服，现在很多相机的最高 ISO 感光度都已经超过了 800。因此，可以说自然防抖功能已经基本普及了。不过把提高 ISO 值也归纳为防抖，专家们还有不同的看法。

使用普通级数字相机的高感光度进行拍摄时，画面上会出现十分致命的噪点，这是增益电路带来的负面影响。现在，高端的数字相机都自带先进的降噪滤波器，能够自动将增益电路带来的噪声去除，因此不少高端单反数字相机在 ISO 3200 下拍摄的数字照片上基本找不到噪点。但这种降噪滤波器的功能也并不是绝对的，因此，需要在拍摄时将感光度逐级提高并查看效果，而不是一下子将感光度调到最高进行拍摄。此外，在条件允许的情况下，采用三脚架、降低感光度进行拍摄仍然是比较理想的选择。

四、对焦方式

对焦的功能是通过对镜头内的透镜组进行微小的调节以使景物在影像传感器上形成清晰的倒像。早期的低端数字相机都采用固定焦点的方式，就像现在的传统型傻瓜相机一样，镜头的焦距和对焦点都是固定的，相机只是采取了小光圈和广角镜头来保证一定距离之外的足够景深。现在的低档数字相机已经基本上不再采用这种固定焦点的设计，而是提供了自动和手动两种对焦方式，其中，自动对焦又有全自动对焦、区域自动对焦等划分。

（一）自动对焦

全自动对焦（Auto Focus，AF）有主动式和被动式两种。

1）主动式自动对焦是从相机内发射出不可见的红外光至被摄物，相机会根据测定的距离自动进行对焦。这种对焦方式的优点是速度比较快，但有一定的误差，有时（如被摄体前有玻璃）会发生对焦不准的现象。

2）被动式自动对焦通过被摄物体发射的光强度进行对焦，其速度慢，但精确度比较高。目前，主动式自动对焦方式比较常用。

区域自动对焦是自动对焦的一种，其对焦方式是将相机的最短聚焦距离至无限远处分为多个聚焦段，使用者可以对被摄物所处的聚焦段进行目测并在相机上进行选择，相机会使用相应的聚焦段进行自动对焦。

（二）手动对焦

手动对焦是传统手动相机所使用的对焦方式，现在的数字相机自动化程度很高，但大多数厂家仍然保留了手动对焦方式以提供十分精细的对焦操作。使用者在进行手动对焦时，需要仔细观察相机的液晶显示屏，直到景物完全清晰时为止。

五、白平衡模式

数字相机白平衡的调整通常有 3 种模式：自动白平衡、手动设定白平衡和预置白平衡模式。详见第八章第三节。

六、曝光模式

曝光模式（Exposure Mode）是数字相机确定曝光量的方式。照片的好坏与曝光量有关，每一种拍摄环境下只有一种曝光量才能使影像传感器得到曝光适度的图像。曝光量与通光时间和光圈有关。目前数字相机的曝光模式一般有全自动曝光（Auto Exposure，AE）、程序优先（Programmed AE）、快门优先（Shutter Priority AE）、光圈优先（Aperture Priority AE）、手动曝光、预置摄影模式等几种。

七、包围式曝光

包围式曝光（Bracketing）是相机的一种高级功能。包围式曝光就是按下快门时，数字相机以不同的曝光组合连续拍摄多张，这样可以保证总有一张能够符合摄影者的曝光意图。使用包围式曝光需要先设定为包围曝光模式，拍摄时像平常一样拍摄就行了。包围式曝光一般使用于静止或慢速移动的拍摄对象，因为要连续拍摄多张，很难捕捉动体的最佳拍摄时机。

八、曝光补偿

当使用数字相机的全自动曝光和程序式自动曝光模式进行拍摄时，遇到复杂的光线数字相机未必能完全准确地测定曝光值，遇到这种情况，可以采用手动设定曝光补偿

（E-compensation）的方法来调节曝光量。一般数字相机的曝光补偿范围在±2EV内，以0.3EV为级差调整，EV值每增加或减少1.0，曝光量就增加或减少一倍。

九、曝光锁定

当使用数字相机的点测光功能时，测光点都是处于取景框（液晶显示屏）的中心位置，如果在构图时不准备把被测光物体放在画面的正中央，就需要使用曝光锁定（AE-Lock）功能。把物体放在点测光区进行测光后，可以用曝光锁定功能锁定对主体测光的数据，重新构图之后，相机仍然会按刚才测得的数据进行拍摄。如果数字相机没有提供这一功能，可以用手按半档快门（固定AF/AE）偏移取景框至合适方位再按下后半档位拍摄，也可以用大脑或笔记下测光的数据，重新构图后手动设定曝光值。

十、闪光灯功能

数字相机一般都具有闪光灯。闪光灯模式常见的有以下几种：即自动闪光、消除红眼与关闭闪光灯（Auto/Red-Eye Reduction/Off）、“强制闪光（Fill in或On）”、甚至“慢速闪光（Slow）”等功能。

数字相机的闪光灯模式一般都预设在“自动闪光”模式下，它是通过相机内部的测光系统判断现场光线是否充足，若光线较暗，就可以自动开启闪光灯进行补光。在大部分拍摄情况下，“自动闪光”模式都足以应付。

如果在近距离或环境较暗的情况下拍摄人像，可以利用数码相机的“消除红眼”闪光灯模式，消除红眼功能是指先让闪光灯快速闪烁一次或数次，使人的瞳孔适应之后，再进行主要的闪光与拍摄。其去红眼效果依不同被摄者对预闪的反应而不同。

关闭闪光就是强迫数字相机关闭闪光灯。不管拍摄环境的光线条件如何，都不允许闪光。

强制闪光是不管在明亮或弱光的环境中，都开启闪光灯进行闪光。

慢速同步闪光是使用较长的快门时间，以闪光灯照亮主体，然后配合慢快门保证背景也能够表现。在光线昏暗的环境下拍照时，特别是夜晚，如果使用闪光灯加较高的快门速度进行拍摄，很容易造成前景主体太亮，甚至是白晃晃的一片，而背景却依旧灰暗，无法辨别细节。此时可以使用慢速闪光模式。

十一、微距功能

微距功能又称近摄功能。一般用一朵小花表示，它是普通级数字相机普遍具有的一个功能。数字相机的影像传感器面积小，焦距也短，有利于拍摄比较近的物体。拍摄花卉、昆虫和珠宝等都可在微距模式下充分展示物体的细节。数字相机的微距拍摄能力是用最小拍摄距离表示的。数字相机最小拍摄距离从1～10cm都有。

十二、其他功能

另外，数字相机还具有连拍功能、定时拍摄、摄像功能、录音功能等。

十三、接口

（一）数字接口

数字接口的功能是输出数字相机中的数字图像信号至计算机或打印机。数字接口的种类很多，有串行接口、并行接口、PCI、1394 火线接口等，目前最常见的是 USB 接口。USB 接口（见图 3-37）又称通用串行接口，它的优点很多，现在几乎所有的计算机都配备了这种接口，它支持硬件自动监视和热插拔功能，其 2.0 版本还具有传输速度快等特点。

（二）视频接口

视频接口（AV OUT），如图 3-37 所示，提供了将数字相机与电视机相连接的功能。用户可以在电视机屏幕上观看拍摄的图像，当然电视机也必须调至 AV 模式。这给那些没有计算机的数字相机用户提供了极大的方便。数字相机和电视机的视频接口是通过相机自带的 AV 连接线进行连接的，如果数字相机带有录音功能，那么 AV 线与电视机相连接的一端应有视频和音频两个接口。

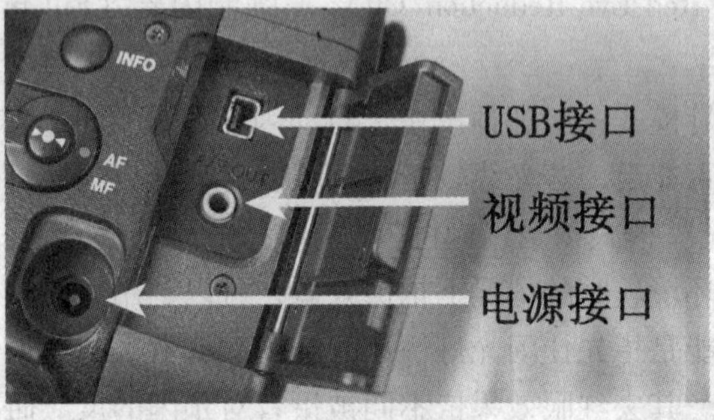

图 3-37　数字相机的接口

（三）电源接口

电源接口（见图 3-37）供数字相机使用外接电源适配器进行供电，一般来说厂家不会在包装盒内随机配备外接电源适配器，需要用户另行购买。

（四）红外接口

红外接口是部分高级数字相机上附带的接口，当把数字相机上的红外接口对准计算机的红外接口时，两者即可相互辨认，使用者可以将数字相机内的图像通过无线红外传输的方式下载到计算机硬盘中。

十四、操作键

数字相机的操作键是数字相机的重要部件，其主要构成有电源开关、变焦杆等。

1. 电源开关

数字相机的电源开关 4 种。

1）限位式：通过直接拨动开启电源。

2）转盘式：把数字相机的模式转盘转动到“Off”上时，相机便停止工作。

3）按钮式：按住按钮数秒后相机开启，再次进行同样操作时相机关闭。

4）镜头盖式：多用于卡片机，相机与镜头盖同时开启与闭合。

2. 变焦杆

变焦杆是带变焦镜头的数字相机上的组成部分，它的作用是进行聚近和聚远操作。当相机处于图像浏览状态时，使用变焦杆可以进行图像的放大与缩小操作。它一般有两种形式：

1）左右拨动式（见图3-38）。

2）按动式（见图3-39）。

图3-38　拨动式变焦杆

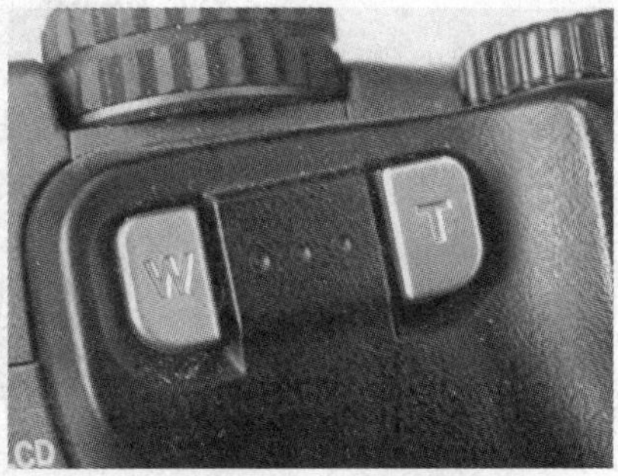

图3-39　按动式变焦杆

3. 四向控制键

四向控制键（见图3-40）具有选择对焦点、移动图像、微距及删除等功能，并可对白平衡和感光度等参数进行选择。

图3-40　数字相机的四向控制键

数字相机的其他操作键根据相机品牌与型号的不同，还有快门键和其他控制键。这些按键的操作结果能在液晶显示屏看到。

十五、尼康 COOPIX 8800 数字相机功能键和显示屏显示实例

不同的数字相机其功能略有不同，它们机身上的功能键也不都相同，但是数字相机的基本功能都差不多，下面以尼康 COOPIX 8800 数字相机为例，机身上的功能键和电子取景器的功能，如图3-41～图3-48所示。

图 3-41　机身上的功能键

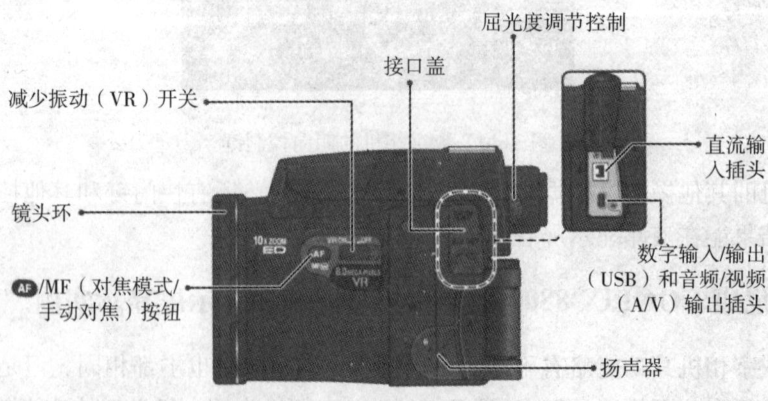

图 3-42　相机侧面的功能键

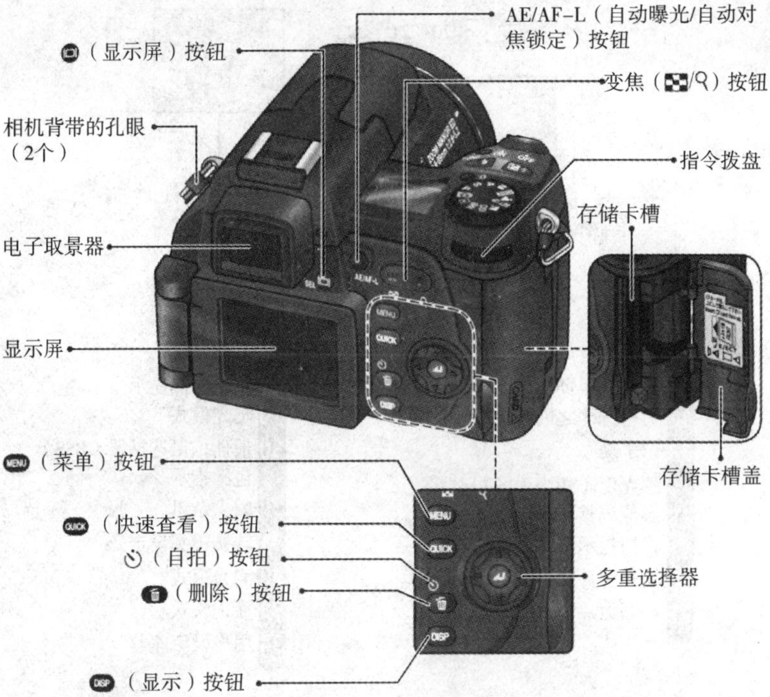

图 3-43 机身后面功能键

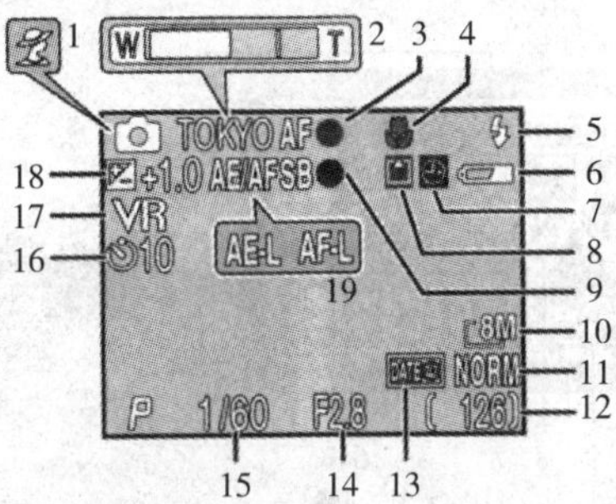

1 自动/情景模式
2 变焦指示
文件夹名称
3 对焦指示
4 对焦模式
5 闪光灯模式
6 电池电量级别指示
7 “日期未设定”图示
8 录制指示
9 闪光灯指示
10 影像尺寸
11 影像品质
12 剩余拍摄次数
13 加印日期指示
14 光圈
15 快门速度
16 自拍指示
17 减少振动（VR）指示
18 曝光补偿
19 曝光/对焦锁定

图 3-44 电子取景器的拍摄显示 1

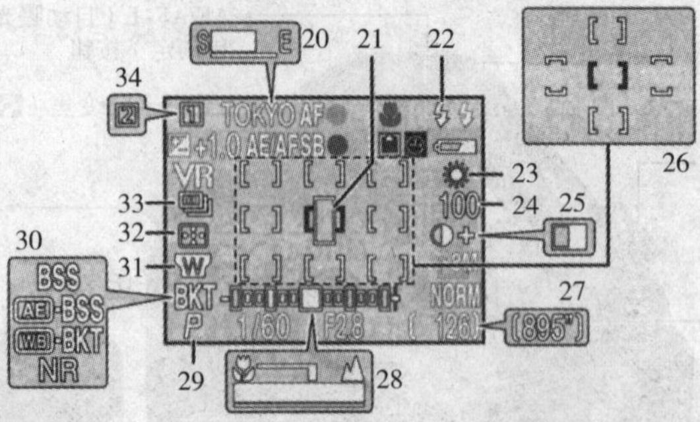

20 超高速录制指示
21 点测光目标
22 另行选购之闪光灯的闪光模式
23 白平衡
24 感光度（相当于ISO）
25 影像调整
黑白指示
26 对焦区域
27 动画短片的长度
28 曝光显示
手动对焦显示
29 曝光模式
30 最佳拍摄选择器（BSS）
包围指示
减少杂讯
31 转换镜头设定
32 测光模式
33 连拍模式
34 用户设定库

图 3-45　电子取景器的拍摄显示 2

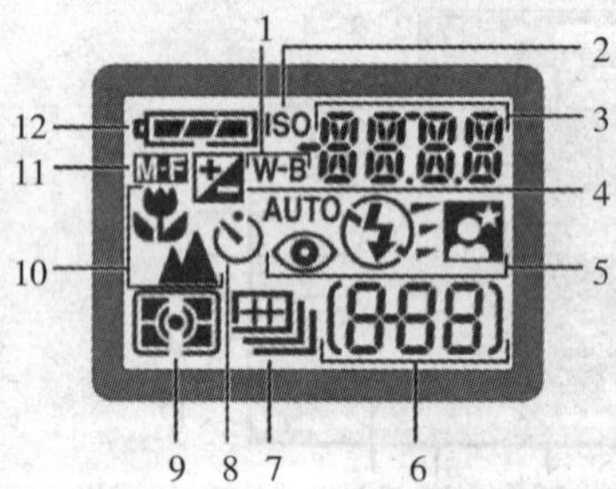

1 白平衡指示
2 感光度（相当于ISO）指示
3 快门速度
光圈
连拍模式
所选择的情景（情景模式）
动画短片模式
白平衡
图像传输状态
曝光补偿
影像模式
感光度（相当于ISO）
用户设定库
4 曝光补偿指示
5 闪光灯模式
6 曝光数显示（剩余曝光次数）
曝光指示
7 连拍模式
8 自拍
9 测光模式
10 对焦模式
11 手动对焦指示
12 电池电量级别指示

图 3-46　电子取景器的拍摄显示 3

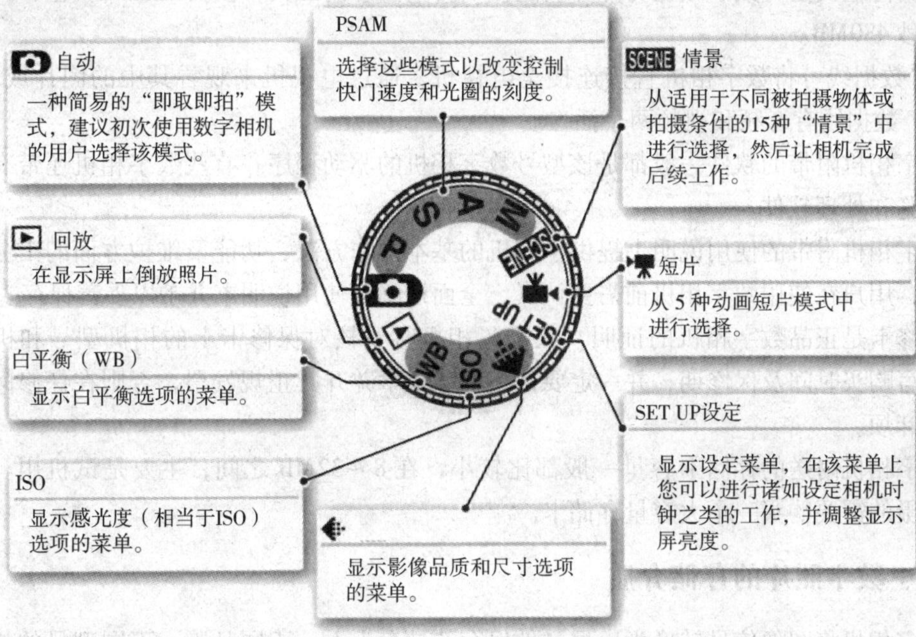

图 3-47 相机的模式转盘

使用多重选择器，可在相机菜单中进行导航。

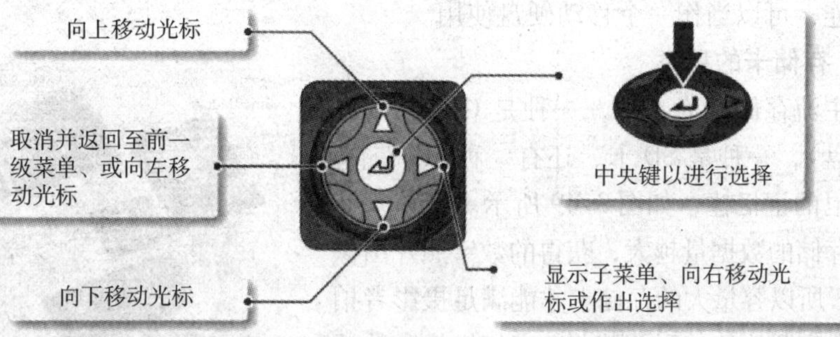

图 3-48 相机的四向控制键

第五节 数字相机的附件

一、数字相机随机附件

购买数字相机时，会随机配备一些必要的附件，常见的有数据传输线、AV 数据线、软件光盘、使用说明书、保修卡、电池和低容量存储卡等。

数据传输线是将数字相机与计算机连接以传输图片的工具，多为 USB 2.0 型，传输速度为每秒 480MB。

AV 数据线可将数字相机直接连接至电视机，通过电视机来观看其中的图片或视频，通常 AV 数据线有音频和视频两个插口。

数字相机附带的软件一般都是该型号数字相机的驱动程序。有些数字相机还带有一些图片浏览和处理软件。

数字相机附带的使用说明书提供了相机的基本操作方法、功能及维护方面的十分详细的知识，用户在使用数字相机前需要认真、全面地阅读使用说明书并予以妥善保存。

保修卡是正品数字相机的证明，在购买相机时要核对保修卡上的相机型号和机身编号，填写购买时间及保修期，并一定要请销售商盖章并开具正规发票，否则在保修问题上会遇到麻烦。

数字相机附送的存储卡容量一般都比较小，在 8 ~ 32MB 之间，主要是试机用。可以根据拍摄的需要购买一个大容量存储卡。

二、数字照片的存储介质

数字相机将图像信号转换为数据文件保存在储存卡上，不同品牌、不同型号的相机会采用不同的储存介质，一般相同品牌的相机采用相同的存储卡，相同存储卡在不同相机同样的卡口上可以通用，只有少数相机使用专用的存储卡，如索尼系列的相机大都使用自己专用的记忆棒。存储卡除了可以存储图像文件外，还可以记载其他类型的文件，通过 USB 和电脑相连，可以当作一个移动硬盘使用。

（一）存储卡的种类

现在主流存储卡为 4 种，一种是 C F 卡（包括微型硬盘），一种是 SD 卡，还有一种 MMS 卡，再就是索尼的记忆棒，如图 3-49 所示。

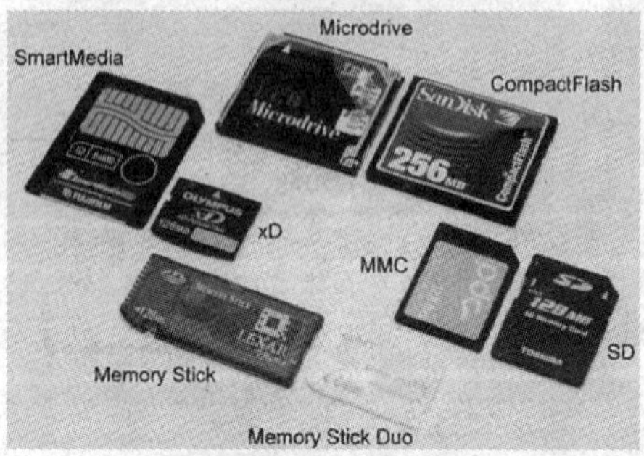

图 3-49 各种存储卡

图像存储的数据量越大，获得的数字照片图像质量越高，所以容量大的存储卡才能满足摄影者拍摄高质量数字照片的需要。随着数字相机像素数的提高，存储卡的容量越做越大，常见的有 512MB、1GB、2GB、4GB、8GB 的存储卡，16GB、32GB 的存储卡市场上也开始销售，价格稍比较高。

1. CF 卡

CF 卡（Compact Flash）（见图 3-50）是 1994 年由最大的 FLASH MEMORY 厂商之一的美国 SANDISK 公司研发成功的。CF 卡的重量为 14g，尺寸大小为（43mm × 36mm × 3.3mm），由于内部没有运动部件，极少出现机械故障，使存储的图像数据更加安全。采用闪存（Flash）技术，性能比较稳定，不需要电池来维持其中存储的数据。CF 卡比传统的磁盘驱动器安全性更高，可靠性高 5 ~ 10 倍，而且用电量仅为小型硬盘的 5%。CF 卡使用 3.3 ~ 5V 之间的电压工作（包括 3.3V 和 5V）。

CF卡可分为两种型号：CFTypeI，其尺寸为42.8mm×36.4mm×3.3mm；CFType II，其尺寸为42.8mm×36.4mm×5mm，CFType II的插槽可向下兼容CFTypeI产品。在高速大容量CF卡领域，常见产品主要有SanDiskUltra II、Lexar40X/80X、Kingstonhighspeed系列等。SanDisk Ultra II CF卡大多为1GB、2GB与4GB的产品，其具有9MB/s的写入速度，10MB/s读取速度。LexarWACF卡采用了加速存写（Write Acceleration）技术，可让数码照片进行快速存储，40X产品写入速度为6MB/s，80X产品写入速度为12MB/s，读取速度均为10MB/s，50X产品的写入速度为7.5MB/s，读取速度10MB/s。

图3-50　CF卡

另外，SanDisk EXTREME系列CF卡，其在读写速度方面与Ultra II系列不相上下，而且该CF卡耐热耐冷性能优异，可在-25°~85°之间正常使用，还具有一定的防震功能，SanDisk Extreme III，容量为1~2GB，由于采用了ESP强化超平行处理技术（Enhanced Super-Parallel Processing），使其读写速度达到了每秒20MB。

CF卡的缺点是体积较大。与其他种类的存储卡相比，CF卡的体积偏大，这限制了使用CF卡的数字相机体积，所以现下流行的超薄数字相机大多放弃了CF卡，而改用体积更为小巧的SD卡。

CF存储卡是一种比较精密的电子元件。它的使用也有一些保养维护方法及注意事项。

（1）操作使用注意事项

1）因为CF卡上有很多很细易折的针脚，这些针脚的作用是把图像信息数据从数字相机传送到CF卡上，如果插拔时过于用力或接口未对好，可能把针脚弄弯或折了针脚。所以使用时要非常小心。

2）由于CF卡在插进数字相机时一定要注意正反之别，在安插时一定要按照技术要求安装。

3）CF卡是精密装置，一旦跌落到地上或受到其他强烈的冲击震动，轻者会丢失记忆在卡上的图像，重者会损坏CF卡的记录功能。加上CF卡都比较轻小，在使用时一定要注意拿稳。

（2）存放使用环境注意事项

1）CF卡的外壳是塑料材料，温度过高会导致受热变形，由于配合空间极其有限，变形后会使安装产生困难，因此CF卡要防止长时间的阳光直射和曝晒，同时也要防止CF卡靠近加热器具。

2）普通的CF卡的工作温度环境是-20°~55°，湿度在65%时依然可以正常工作。而新产品的温度（128MB以上的产品）在温度相同的情况下可以承受85%的湿度环境。

3）因为接触界面上的金属会磨损，接触点在受潮会产生化学反应，容易造成接触不良的问题，因此最好将CF卡存放在干燥的地方。

4）因为CF卡是由一组静态的RAM芯片来提供内存的，这些材料在磁场的作用下会造成丢失所保存数据情况的发生。所以，CF卡的存放和使用还要远离诸如电视、音箱、磁铁等磁场环境。

2. 微型硬盘

微型硬盘（Micrdrive）是美国IBM公司推出的大容量存储介质，如图3-51所示。由于数字相机缺少大容量的存储介质，曾一度阻碍了数字相机的发展，IBM公司看到了这方面的市场空白，结合自己在硬盘制造方面的优势，果断地推出了与CF卡Ⅱ型接口一致的微型硬盘，目前容量已达到8GB，只要支持CF卡Ⅱ型接口的数字相机也支持微型硬盘。

图3-51　微型硬盘

3. SD卡

SD卡（Secure Digital Memory Card）（见图3-52）是一种基于半导体快闪记忆器的新一代记忆设备。SD卡由日本松下、东芝及美国SanDisk公司于1999年8月共同开发研制。SD卡的体积为24mm×32mm×2.1mm，重量只有2g，但却拥有高记忆容量、快速数据传输率、极大的移动灵活性以及很好的安全性。它通过9针的接口界面与专门的驱动器相连接，不需要额外的电源。而且它是一体化固体介质，没有任何移动部分，所以不用担心机械运动的损坏。

在高速SD卡产品中，SanDisk Ultra Ⅱ SD卡速度达到了读取10MB/s，写入9MB/s的水平，其标称读写速度为7.5MB/s，市场上常见有1GB、2GB、4GB、8GB容量的产品。松下公司在2003年推出容量达到1GB，数据传输率为20MB/s的高性能储存卡，2005年容量达到了4GB。除了HighSpeed系列SD卡产品，金士顿还拥有容量为2GB的Ultimate系列120X的SD卡，写入速度高达18MB/s，较之以前的产品，Ultimate系列SD卡能够提供更佳的效能，更适合专业或超级玩家来使用。

4. MMC卡

多媒体存储卡（MultiMediaCard，MMC）（见图3-53）由SanDisk公司和Siemens公司在1997年发起的，与传统的移动存储卡相比，其最明显的外在特征是尺寸更加微缩——只有普通的邮票大小，外形尺寸只有32mm×24mm×1.4mm，而其重量不超过2g。

图3-52　SD卡

图3-53　MMC卡

MMC卡在设计之初是瞄准手机和寻呼机市场，之后因其小尺寸等独特优势而迅速被引进更多的应用领域，如数字相机、PDA、MP3播放器、笔记本电脑、便携式游戏机、数字摄像机乃至手持式 GPS 等。

5. 记忆棒

记忆棒（Memory Stick）（见图 3-54）是索尼公司的专用产品。这种口香糖型的存储设备几乎可以在所有的索尼影音产品上通用。记忆棒外形轻巧，并拥有全面多元化的功能。它的极高兼容性和前所未有的“通用储存媒体”（Universal Media）概念，为未来高科技个人电脑、电视、电话、数字相机、摄像机和便携式个人视听器材提供新一代更高速、更大容量的数字信息储存、交换媒体。

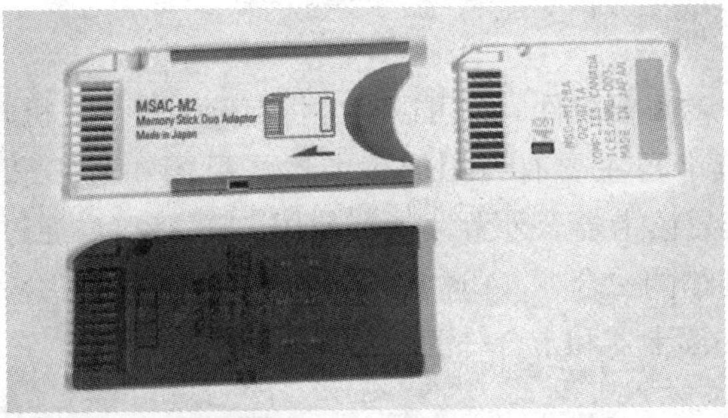

图 3-54 记忆棒

除了外型小巧、具有极高稳定性和版权保护功能以及方便地使用于各种记忆棒系列产品等特点外，记忆棒的优势还在于索尼推出的大量利用该项技术的产品，如 DV 摄像机、数字相机、VAIO 个人电脑、彩色打印机、Walkman、IC 录音机、LCD 电视等，而 PC 卡转换器、3.5in 软盘转换器、并行出口转换器和 USB 读写器等全线附件使得记忆棒可轻松实现与 PC 及苹果机的连接。

记忆棒的缺点之一是只能在索尼数字相机中使用。

（二）存储卡选择的标准

1. 从安全性角度选择

购买存储卡从使用安全性角度来说，使用多张小容量的存储卡远比使用 1 张大容量存储卡来得更科学安全。因为在拍摄或后期传输过程中，一张大容量的卡万一发生问题，就有可能造成无法拍摄或者无法传输的问题，这就造成了 100% 的损失。如果数张小容量卡在拍摄或传输时，万一其中某张卡出现问题，换用其他卡仍可以继续拍摄或传输。所以使用多张卡可将这种风险相对降低。因此，从安全性的角度考虑，应该用多张小容量卡来替代一张大容量的卡。

2. 根据相机分辨率来选择

摄影者可根据所用相机的分辨率来选择存储卡，所用相机的分辨率越高，需要配备的存储卡容量也就越大。对于 400 万或 500 万像素的相机来说，至少要用 512MB 以上的卡，500 万像素以上的相机，要配备 1GB 及以上的卡。拍摄一幅 2560 × 1920 的 JPEG 格式图像的数据要达到 2MB 以上，在 512MB 的存储卡上可存储 204 幅照片；同样是 500 万像素的数字相机，以 TIFF 格式拍摄 2560 × 1920 的图像，在 512MB 的存储卡上大约只能存 28 幅照片，800 万像素以上的相机对卡的容量的要求就更高了。

3. 专业摄影师的选择

对于专业摄影师来说，使用 500 万及以上像素相机，比较合理的做法是以 512MB 的卡为主，准备 4 张 512MB 的卡，可以达到 2GB 容量，即使拍摄量很大，一般也能够对付了，这样能够拍摄并保留 112 张按照 TIFF 格式最高要求存储的图像。去外地搞摄影创作就应该准备一个数字相机伴侣，买一个容量为 40GB 的数字相机伴侣，外出拍摄一个月也足够用了。

三、存储卡读卡器

读卡器是数字相机的重要配件，它可以直接将存储卡与计算机相连而无需经过数字相机。目前使用较多的读卡器主要有专用的读卡器（见图 3-55）和多合一读卡器（见图 3-56）等，这都属于外置读卡器。外置读卡器使用 USB 接口。通过 USB 直接供电。多合一读卡器有配备多个插槽的二合一（CF 卡、SM 卡）读卡器、三合一（CF 卡、SM 卡、记忆棒）读卡器、七合一读卡器和十合一读卡器等。

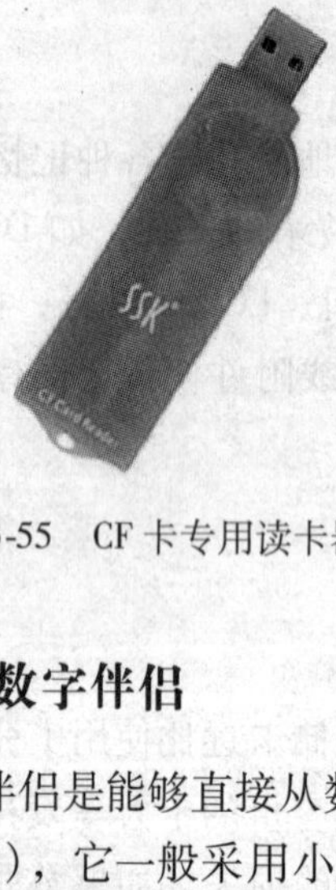

图 3-55　CF 卡专用读卡器

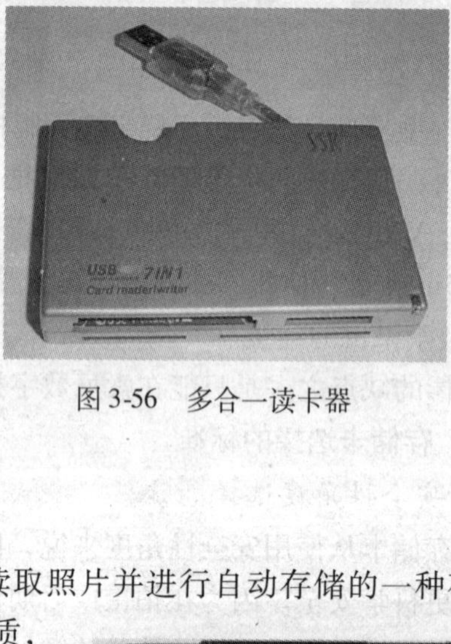

图 3-56　多合一读卡器

四、数字伴侣

数字伴侣是能够直接从数字相机存储卡上读取照片并进行自动存储的一种存储设备（见图 3-57），它一般采用小型硬盘作为存储介质，在结构上，数字伴侣由小型硬盘、存储卡读卡器、供电系统以及控制器组成。它除了能进行图片传输外，还可以作为普通的移动硬盘使用。

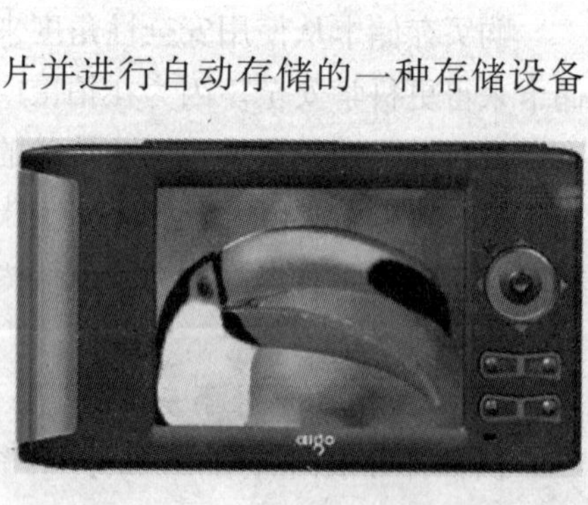

图 3-57　爱国者数字伴侣

虽然存储卡的价格在不断下降，但随着数字相机像素的不断提高，单张存储卡所能存储的图片数量将越来越少。数字伴侣随着市场需求量的增加，其制造成本也在逐步降低，40GB 的数字伴侣产品也就几百元的价格，相当花两张容量为 1GB 的 CF 卡的钱购买一个 40GB 的数字伴侣，一般用户是可以接受的。

在购买数字伴侣时，需要注意数字伴侣的兼容性。兼容性指的是数字伴侣读取多种存储卡数据的能力，能读取的存储卡类型越多，兼容性能越好。数字伴侣使用的电池有 AA 电池、锂电池两种，最好购买内置式锂电池的数字伴侣，它携带方便，连续使用时间长，十分适合野外拍摄时使用。

数字伴侣的主要功能是存储图片和大型数据，单色液晶屏就可以，其产品成本低，性价比高，适合于一般用户购买。另外，一定要选购带有 USB 2.0 接口的数字伴侣。

五、小型电源适配器

如果用户主要是在室内用数字相机进行拍摄，那么可以选购一只小型的交流电源适配器进行供电，这样既延长了电池的使用寿命，又省去了反复充电的麻烦，还能使数字相机的反应敏捷、能量充足，把自身的工作效率发挥到最佳状态。为了确保数字相机的安全，防止强电流的冲击，建议使用者购买原装的产品，虽然价格比较高，但供电稳定，性能优良。当电源适配器开始工作以后，数字相机的电池会自动停止供电，当需要拔下电源适配器时，应先关闭数字相机。

六、三脚架

三脚架是一种非常实用的摄影工具，即使使用的是小型数字相机，在很多情况下也需要用三脚架来增强相机的稳定性，获得超越一般的摄影角度，帮助摄影者创造出超视角的效果。

选购三脚架时，三脚架的稳定性是最重要的，如果有条件携带，应该选择重一些的三脚架。如果不得不使用较轻的三脚架拍摄时。可以在架子上系一些重物来加强三脚架的稳固性。另外，云台也是三脚架的重要组成部分，它可以进行任何角度的旋转，选购时要注意云台的转动是否灵活，既不能太紧，也不能太松，以略紧的流畅感为宜。

七、电池

数字相机有显示屏和储存卡两大部件，对于电量的需求很大。因此，电池的性能决定了数字相机使用时间的长短。在选购数字相机时，电池的性能是一个重要的参考指标。

目前，数字相机所使用的电池主要分为三类：碱性电池、镍氢电池和锂电池。其中，碱性电池和镍氢电池大多采用五号，即国际标准的 AA 电池，可以互相替换使用。而锂电池的大小和外观主要由相机的生产厂家所决定，不同品牌和型号的相机只能使用特定型号的锂电池。

（一）常用电池的种类

1. 镍镉电池

镍镉电池（NiCd）（见图 3-58）比镍氢电池出现得早，它具有可充电性能，电流较大，低温性能好，但缺点是有严重的“记忆效应”，以使电池的使用寿命较短。“记忆效应”是在电池没有完全放电的情况下就进行充电，导致电池容量的降低。

2. 镍氢电池

1985 年，荷兰飞利浦（Philip）公司将镍镉电池的负极的氧化镉材料改为技术成熟的储氢金属，开发出了新的镍氢电池（NiMh）（见图 3-59）。镍氢电池大大减少了传统镍镉电池的“记忆效应”，具有容量更高、寿命长、充电时间更短等优势，目前，使用五号电池作为电源的数字相机大都使用镍氢电池。

图 3-58　镍镉电池

图 3-59　镍氢电池

镍氢电池的缺点是温度适应性比较差，在 45℃以上的高温环境下和 0℃以下的低温环境下无法正常工作，甚至无法起动相机。镍氢电池的自放电率较高，如果有一段时间不用，它的电能明显减少。使用前，应将电放完再重新充满。在记忆效应方面，镍氢电池也存在着一定的“记忆效应”。充电前，最好将残余电量放尽。

3. 锂电池

锂电池（见图 3-60）是 20 世纪 90 年代由日本、美国率先开发出来的新型可充电电池，它的全称为锂离子电池，它采用嵌入锂的化合物作正极，碳素材料作负极，以锂盐非水有机溶剂为电解质，它的优点是重量轻、容量大、能量高和极其耐用。它比镍氢电池轻 1/3 左右，能量却高出 60%，而且几乎没有“记忆效应”。正成为数字相机的首选电源。

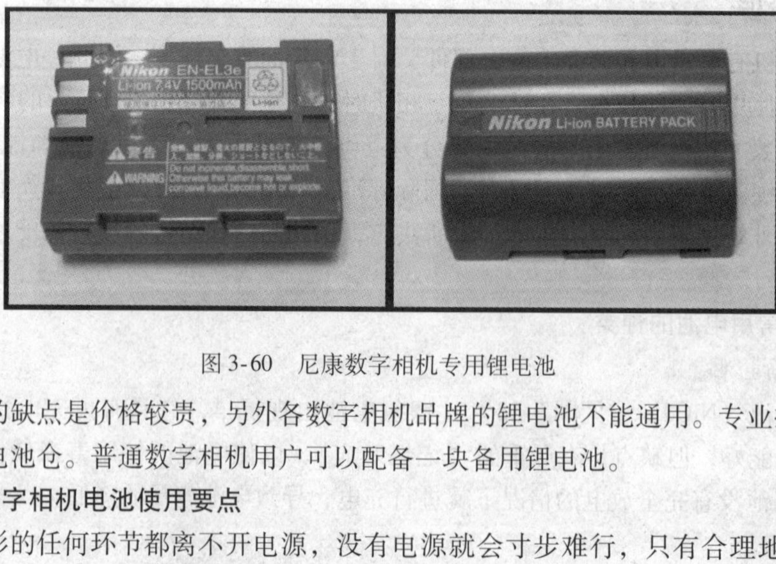

图 3-60　尼康数字相机专用锂电池

锂电池的缺点是价格较贵，另外各数字相机品牌的锂电池不能通用。专业摄影师一般都购置外接电池仓。普通数字相机用户可以配备一块备用锂电池。

（二）数字相机电池使用要点

数字摄影的任何环节都离不开电源，没有电源就会寸步难行，只有合理地使用电源，具备充足的备用电源，才能最大限度地发挥数字相机的作用，拍摄出优秀的照片。在使用电池时要注意以下几个问题：

1. 充电方法

在使用较大电流进行充电时，电池会产生比较严重的发热现象，高热量严重影响电池寿命。为避免高热量的发生，充电时可采用以下方式：

1）尽量采用慢速充电方式，所谓快充和慢充是相对于充电时所使用的电流大小而言的，电流越小，充电越慢，而电流的大小是由充电器决定的，应该根据实际需要选择合适的充电器。

2）尽量选择相对凉爽的环境给电池充电。

3）在充电过程当中，发现电池的外表热量过高时，应立即拔下电池，停止充电。

4）第一次使用的电池，应将其残存的电量全部耗尽，前 3 次一定要充分充电，一般要充 12h 以上。另外，如果使用 AA 充电电池，一定要一起使用，一起充电。

2. 尽量节省电力

镍氢电池和锂电池的使用次数是有一定限制的，频繁地充放电会减少电池的寿命，注意省电，能够增加拍摄的时间和数量。节省电力要注意以下几点：

1）数字相机的连续自动对焦功能消耗的是很大的。不是非常必要最好关闭此功能。

2）LCD 取景器耗电非常大，适当减少 LCD 屏的使用时间。关闭数字相机的液晶显示屏可以使拍摄时间增长两至三倍。有时也可以将其设为黑白模式或降低亮度来使用。

3）数字相机的内置闪光灯也很耗电的，闪光一次差不多要消耗拍摄一张照片的电能。可以根据实际情况选择强制关闭闪光灯。

4）数字相机的连拍功能和动画摄录功能都是利用机身内置的缓存来保存数据，而调用这些缓存所需的电力非常多，因此，减少使用这两种功能对节电会有很大帮助。

3. 充电器材随身携带

数字相机的电池，尤其是锂电池，不同品牌的数字相机使用的规格都不尽相同，一般都不兼容。因此，除了要购买备用电池外，还要将专用的充电器和相机一起携带，以便随时可以为电池充电。

4. 注意温度对电池的影响

温度对电池的影响也是很大的，在低温条件下电池可能难以正常工作，在这样的情况下，可以先将电池放在贴身的衣袋内，以使电池保持适当的温度。在拍摄时再将电池装上相机。另外，有些电池对充电温度也有要求，有的电池最佳充电温度为 10～30℃，温度过高或过低都有可能影响充电容量，温度明显异常时甚至不能正常完成充电。

第六节　数字相机的维护与维修

数字摄影用的所有器材，包括数字相机、移动硬盘、数字相机伴侣、专用电池、各种储存卡等都要严格防水、防磁、防剧烈振动，防跌落等，因为这些器件极易受潮湿、磁场、振动、撞击等而损坏，需要特别注意。数字相机的维护和保养还需注意以下几方面的问题：

一、数字相机的整体维护

数字相机的影像传感器不能受到长时间强光源的照射，那样有可能会被烧上光斑。数字相机也不能直接暴露在高温、高湿和阳光直射的环境下，否则会导致塑料机身的变形。数字相机应远离厨房、卫生间等多烟尘、高湿地点，如果污物沾染镜头或是渗入相机的缝隙内，就有可能使相机产生严重故障。数字相机还不能靠近电视机、电脑等辐射源，因为其影像传感器和影像处理器对电磁辐射都相当敏感。数字相机在不使用时，要用专用机套来保护相机，在高湿环境下则应采用密封性能较好的塑料袋。

二、镜头的维护和保养

镜头是数字相机最重要，也是最为昂贵的组件，需要重点保护，特别是要防碰撞、防尘埃、防摩擦。尤其是灰尘颗粒很容易进入内部，对镜片造成磨损，进入的灰尘还会覆盖在 CCD 的表面影响成像质量。在室外使用数字相机时，不要把相机放在灰尘或草屑较多的地面上。另外，使用完相机后，要盖上镜头盖并放入摄影包。

如果镜头上粘有灰尘、手印等污渍，要使用专用的清洁镜头材料如橡皮吹气球、软刷和软布等。绝对不能用硬纸、纸巾或餐巾纸来清洗镜头，这些产品都包含有刮擦性的木质纸浆，会严重损害相机镜头上的镀膜层。在进行具体的清洁工作时，首先要用吹气球将镜头面上的灰尘轻轻吹走，这样就可以减少软刷或软布与镜片直接接触时对镜片的磨损危险。然后向镜片上哈气，使镜头微微变潮，再以软布或专业镜头纸轻轻擦拭，待擦拭工作完成后，应再次用吹气球吹几下，除去软布或镜头纸上有可能残存下的颗粒或纤维，最后一定要盖上镜头盖。最好的方法是买一只转接环，配上一个天光镜或 UV 镜，就可以起到保护镜头的作用。

三、液晶显示屏的维护和保养

液晶显示屏价格昂贵，又十分娇嫩，表面受到挤压或与硬物发生碰撞时很容易损坏，因此在使用过程中需要特别注意保护。清洁液晶显示屏时不得用有机溶剂或清水清洗。可以用软布等轻轻擦拭，最好贴上液晶显示屏的专用保护膜。在贴保护膜时要注意用力均匀，不能残留气泡，否则会影响观看效果。

如果显示屏上有了划痕可以去维修部修复或者购买一种叫屏幕磨光剂的材料，一般手机、摩托车维修店都可以买到。将屏幕磨光剂涂在显示屏的划伤处，用棉布反复摩擦，其中的细小物体便会对划痕进行填补，这种方式只对有光泽感的显示屏才有效。

有些液晶显示屏的亮度会随着外部温度的下降而降低，这属于正常现象，当温度上升时，亮度会自动恢复正常。

四、存储卡的维护和保养

存储卡不能存放在高温、高湿、阳光直射和腐蚀性物质等环境下，也不能把存储卡放在电视机、音箱等容易产生静电和磁场的环境中。

存储卡上外露触点的直接接触、撞击与摩擦，都有可能对其造成损坏，所以，在单独存放存储卡时，务必将其放入盒内。另外，最好不要把存储卡当作 U 盘使用，因为频繁的读取不仅会损害存储卡的寿命，而且存储卡一旦将计算机内的病毒带进数字相机，就有可能导致相机的瘫痪。

五、电池的维护和保养

如果相机长期不用，最好将电池从相机或充电器里取出，可以防止电池两极因接触金属而漏电。

应该将电池放在用绝缘物体制作的电池盒内，以免电池和各种金属物体接触使电极之间接触造成漏电。另外，电池的两极要经常用柔软的布擦拭，不要使其上面布满灰尘，那会导致其与相机电池仓内的金属板接触不良，影响放电。

六、数字相机的维修

数字相机是精密的电子产品，在使用中很容易出现问题。数字相机的维修费也是很贵的。在维修镜头、液晶屏、主板等零件时，部分特约维修点的报价甚至接近相机的购买价。维修的价格高，其原因是由于数字相机的技术含量高，厂家对先进技术的垄断造成的高额维修费用。还有一个重要原因是一些的所谓的专业维修点没有维修能力，只是起到特约接收点的作用，他们将收到用户的相机送回原厂进行维修，这从中就产生了交接费、路途费等附加费用。

具有数字相机维修业务的机构主要有 3 种：特约维修中心、特约接收点和私营维修，其中特约接收点和特约维修中心的收费比较贵，而私营维修点的价格浮动比较大。但私营维修点的维修能力远远比不上专业维修点，维修技术也是参差不齐，维修的质量不能得到保证。

为了避免维修上的问题，在购买数字相机时，一定要去正规销售点购买并索要发票，这样可以在保修期间内享受正规特约维修中心的免费服务。再有就是在使用数字相机前，仔细阅读说明书，避免因操作上的失误造成数字相机的损坏，注意保养和维护好自己的数字相机，在使用过程中尽量避免摔打和碰撞相机。

第四章　人眼特性和色度图

摄影本来就是人眼对外界的视觉记录，因此影像所反映出来的效果应与人眼视觉一致，所以，学习摄影前了解人眼特性是非常重要的。

第一节　人眼的结构

一、眼球外壳的结构

人眼近球形（竖径约 23mm，横径约 23.5mm，深径约 24mm）。右眼水平截面如图 4-1 所示。

眼球外层由角膜和巩膜包围。

角膜：透明横椭圆膜（12mm × 11mm），厚约 1mm，凹透镜形，占球面约六分之一。

巩膜：由角膜延至后底，仅余一视神经孔，呈瓷白色，占球面约六分之五。

色素膜为眼球的中层，分虹膜、睫状体和脉络膜三部分。

虹膜为圆环膜（内圆即瞳孔），将房水分为前后房，不透光，虹膜有括约肌缩放瞳孔（Φ2 ~ 8），外周连睫状肌。

睫状体（肌、韧带）前连虹膜，后连脉络膜。睫状肌环收缩时，睫状韧带松驰，晶状体收缩（焦距缩短，能看清近物）；睫状肌环张大，睫状韧带拉紧，晶状体被拉扁（焦距变长，能看清远物），从而完成眼的调焦。

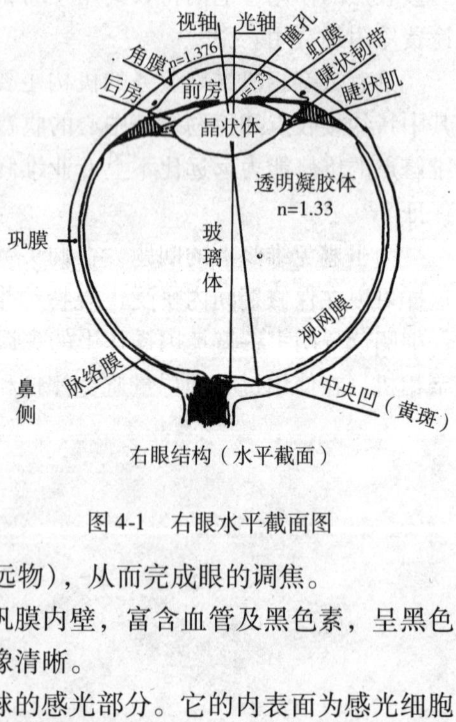

图 4-1　右眼水平截面图

脉络膜充满睫状体环外周至后底视神经孔整个巩膜内壁，富含血管及黑色素，呈黑色暗罩，可吸收外界射入的杂散光，使眼底视网膜成像清晰。

视网膜为内层，透明，在脉络膜的内壁，是眼球的感光部分。它的内表面为感光细胞（锥体细胞和杆体细胞）；中层为双极细胞，与内表层感光细胞连接；外层（接触脉络膜内壁）为含有神经节的细胞和视神经连接，最后由视神经纤维汇合于视神经乳头，穿出脉络膜和巩膜底部孔传给大脑。视网膜内表面如图 4-2 所示。

二、眼的光学系统

角膜是凹透镜，晶体是凸透镜，两者曲率中心的连线是眼的“光轴”。光轴与视网膜的交点在中心凹与盲点之间；中心凹与晶体像方节点的连线是眼的“视轴”。由角膜（凹透镜）、前房（水凸透镜）、瞳孔（光栏，其孔径随光强由扩约肌调节）、晶体（弹性凸透镜，其焦距由睫状韧带调节）和玻璃体（无色透明胶体，99% 为水）组成一个成像光学系统，很像一个能自动调节光圈和自动调焦的照相机。

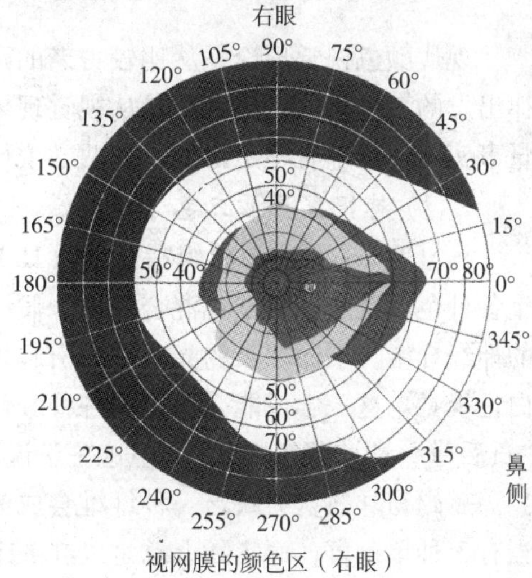

图 4-2　右眼眼底视网膜感色区展开图

眼视点的物体，成像于眼底视网膜的中心凹及其附近，视网膜表面的锥体细胞多集中分布于中心凹附近。以视轴、光轴交点为原点，锥体细胞的角分布如图 4-3 中曲线 1 所示。锥体细胞共约 650 万个，在亮环境下即 $10^1 \sim 10^5$lx（勒克斯）照度下检测亮度和颜色信息。杆体细胞共约 1 亿个，可在 $10^{-3} \sim 10^{-1}$lx 照度的暗环境下检测亮度信息，但不能检测颜色信息。杆体细胞的角分布，如图 4-3 中曲线 2 所示。在半昏暗环境（$10^{-1} \sim 10^1$lx 照度）下，虽然两种细胞均有活动，但因锥体细胞灵敏度很低辨色能力弱，杆体细胞又不能辨色故看到的物体多呈灰色，仅对蓝色略有亮感，故黄昏时看到蓝色变淡灰。根据对多个正常人眼（色盲或色弱者除外）的观测试验 2°～3°视场（锥体细胞）明视觉曲线的灵敏点在 555nm 的绿偏黄；5°以外视场（杆体细胞）的暗视觉曲线，灵敏点则在 507nm 移向了绿偏微蓝，且仅有亮度感，而不能辨识颜色。两种细胞的视觉曲线（相对值），如图 4-4 所示。

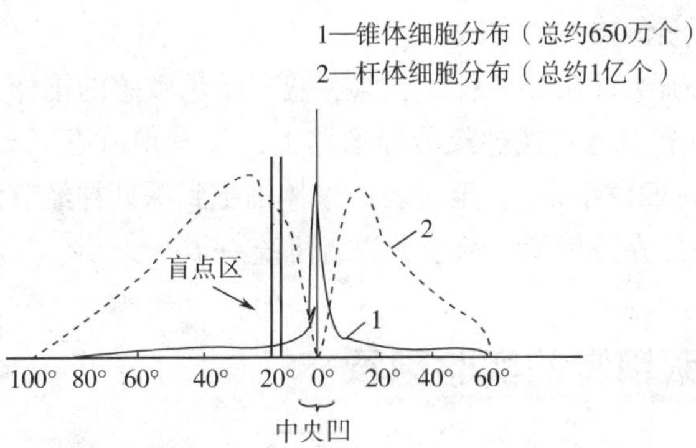

图 4-3　视网膜（水平截面）视觉细胞角分布

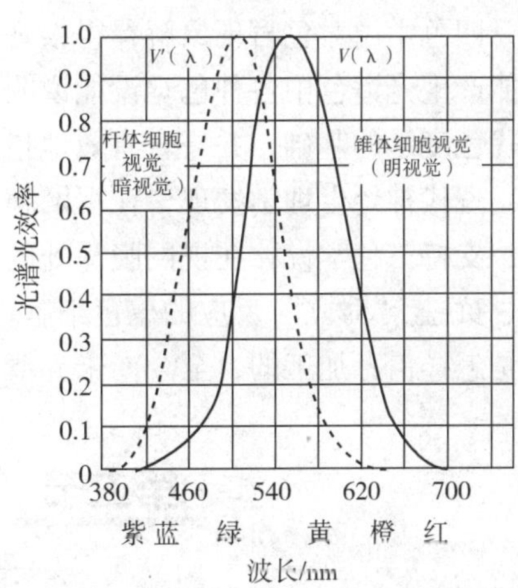

图 4-4　明视觉与暗视觉的光谱光效率

三、人眼颜色视觉理论概述

现代颜色视觉理论是从比较古老的两个学说发展而来，一个是从颜色混合的物理学规律出发的三色学说；另一个是从视觉现象出发的“对立”颜色学说。两个学说都能解释大量事实，但也都有不足之处，此两学说待现代神经生理学发展之后，可望得到统一。

1. 杨-赫姆霍耳兹三色学说

杨（T. Young）和赫姆霍耳兹（H. L. F. on Helmholtz）根据红、绿、蓝三原色可以产生各种色调及灰色的颜色混合规律，假设人眼视网膜上有3种分别对红、绿、蓝引起兴奋的神经纤维，不同波长的光对它们引起兴奋的强烈程度不一，若三者引起等量兴奋则产生白色视觉。这一学说能简明说明各种颜色的混合现象，并能用3种神经纤维的疲劳来说明“负后像”和“颜色对比”，但这一学说不能解释色盲现象。

赫姆霍耳兹认为缺乏一种纤维会成为单色盲，缺乏3种纤维会成为全色盲。那么就应当有3种单色盲，而实际上总是以红-绿色盲（约占人口中1%）、黄-蓝色盲（仅占人口的0.002%）和全色盲（仅占人口的0.003%）存在。按此学说红-绿色盲者不应有黄色视觉，实际上有黄视觉。色盲者也不应有白色和灰色视觉，而实际上色盲者明度视觉是正常的。

2. 赫林的“对立”颜色学说，亦称四色学说

赫林（E. Hering）观察到颜色现象总是以红-绿、黄-蓝、黑-白成对关系发生的，因而假定视网膜中有三对视素：白-黑视素、红-绿视素、黄-蓝视素，这3对视素的代谢作用（包括建设和破坏两种“对立”的过程）引起视觉。光刺激破坏白-黑视素，引起神经冲动产生白色视觉，无光刺激时白-黑视素重新建设所引起的神经冲动产生黑视觉；对红-绿视素，红光起破坏作用，绿光起建设作用；对黄-蓝视素，黄光起破坏作用，蓝光起建设作用。因为各种颜色都有一定的明度（即含有白色成分），所以每一颜色不仅影响本身视素的活动，也会影响白-黑视素的活动。3对视素的对立过程的组合，产生各种颜色感觉和各种颜色混合现象。

四色学说对色盲现象解释得很好，对负后像和颜色对比也解释得顺利，但对三原色组合能产生光谱色中各种色觉没能说明。而这种三原色组合成各种光谱色的物理现象，正是近代色度学的基础，并一直有效地指导着颜色技术的实践。

现代神经生理学发现，在视网膜表面确实存在分别对红、绿、蓝三原色敏感的锥体细胞，支持三色学说；在视网膜深处的神经节细胞到视神经传导通路上，又发现白-黑、红-绿、黄-蓝“对立”反应的感色细胞（支持四色学说）。至于表面锥体细胞到深处神经节细胞是怎样信息加工的，至今尚未弄清，一旦弄清楚了，两个学说就可统一了。

第二节　人眼视觉的实验现象

早在1854年格拉斯曼（H. Grassmann）依据大量试验，将颜色混合现象总结成**颜色混合定律**：

1）人眼视觉只能分辨颜色的 3 种变化：明度、色调和饱和度。

2）在由两个成分组成的混合色中，如果一个成分连续地变化，混合色也连续地变化，由这一现象导出两个定律：

补色律。每一种颜色都具有一种相应的补色，如果某一颜色与其补色以适当比例混合，便产生白色或灰色；如果二者按其他比例混合，便产生近似比重大的颜色成分的非饱和色。

中间色律。任何两个非互补色相混合，便产生中间色，其色调决定于两颜色的相对数量；其饱和度决定于二者在色调顺序上的远近。

3）颜色外貌相同的光，不管它们组成的光谱成分是否一样，在颜色混合中具有相同的效果。即是说，凡是在视觉上相同的颜色都是等效的。由此导出颜色的代替律：

代替律。只要在感觉上颜色相似的，便可以互相代替，其所得的视觉效果是相同的。设色光 A 与色光 B 混合形成色光 C。当没有色光 B 时，而色光 X 与色光 Y 混合后视觉和 B 相似，则色光 A、X、Y 三者混合仍能形成色光 C。

即 $A+B=C$，在 $X+Y=B$ 时，则有 $A+X+Y=C$。

根据代替律，可以利用色光混合方法来产生或代替各种所需要的色光。现代色度学正是建立在这一定律基础上的。

4）混合色的总亮度等于组成混合色的各色光亮度的总和。由此导出亮度相加律：

亮度相加律。由几个色光组成的混合色光的亮度是各色光亮度的总和。

上述的格拉斯曼颜色混合定律是色度学的一般规律，适用于各种色光的相加混合，这些规律不适合于颜料、涂料的混合。颜料、涂料的混合是色光的减光过程。

一、颜色对比和负后像

视场中相邻区域的不同颜色间的相互影响叫做“颜色对比”。在一块红色背景上放一小块（约 Φ10）白纸片，用眼恒视小白纸片中心 2 ~ 3min 后，小纸片呈现青色；如在黄背景上恒视小白纸片中心，则小白纸片呈现蓝色；绿色背景上的小白纸片会呈现品红色。可见一种颜色会在其附近诱导互补色觉，因红-青、黄-兰、绿-品就是3 对互补色。用颜色灯光可演示颜色对比，如图 4-5所示。

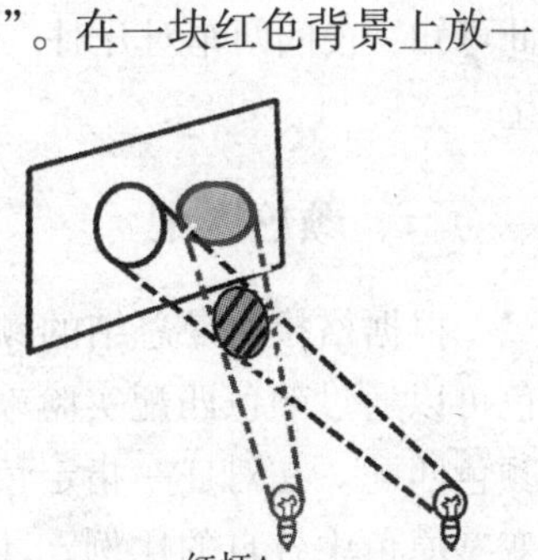

图 4-5 颜色对比演示

在白墙壁前立一小圆板，开红灯时在圆板阴影下应为白墙上的黑影；当打开白小灯后，久视墙上红光的圆板阴影处，会呈现红灯的补色——青色。这一现象非常明显。

在明亮背景下观看某种色块，转眼到稍暗背景上，眼中会显现其补色块，这种现象叫做“负后像”。对于无色的白-灰-黑仅有明度的物体，若在灰背景上放明物，或在明背景上放黑物，取走原物亦会在背景呈现负后像。即在灰背景上看到明物的暗像，在明背景上看到黑物的很亮的像。可见不仅对饱和度，而且对明度都可在视觉上诱出负后像。

还可以利用人眼的视觉颜色对比现象改变画面上彩色的饱和度：因为相邻两色块的相互影响，使得各自的色调向邻色的补色方向变化，若相邻两色是互补色，则彼此加强饱和度，在两颜色块的边界对比现象最为明显。

二、颜色适应和暗适应

人眼在颜色刺激的作用下所造成的颜色视觉变化，叫做颜色适应。对某一颜色光已适应后再观察另一颜色时，后者会发生变化，而带有已适应光的补色成分。例如，在暗背景上放一小黄色纸片，先看此小纸片无疑是黄色的，当用一大块红纸盖于此纸片上，目视5min以上，再拿走红纸则此黄色纸片呈现淡绿色；若用绿纸盖上注视5min后，拿走绿纸，黄纸片呈现淡红色。当然拿走所盖色纸后再久看5~7min，黄纸片仍显黄色，这是因为久看小黄纸片又适应了黄色。前述拿开红纸时对黄纸片的错觉，是在黄纸片上加了已适应的红色的补色（青色），黄加微青自然感觉是淡绿色了；而拿走绿纸后，黄纸片加上绿的补色（微品）自然就感觉是淡红色了。

人眼由光亮处进入暗环境（电影院、暗室）之初要5~7min才能恢复部分视觉；15min后才初步暗适应；约40min后才完全暗适应。前面图4-4中的暗视觉曲线，就是在完全暗适应条件下得到的（此时是没有颜色视觉的）。根据生理检测，视网膜杆体细胞的视紫红素仅不被红色光破坏，人眼在亮环境时视紫红素已被破坏，到暗环境时视紫红素合成较慢，故暗适应需40min，而且合成时需要维生素A（夜盲症患者就因缺维生素A而不能合成视紫红素）。暗室之所以用红灯，就是因为它不破坏视紫红素，而不致降低杆体细胞视觉；重要的信号灯、汽车尾灯、夜航飞机驾驶舱的仪表照明也都采用红灯，就是为了不影响暗适应（既能看清仪表，又能看清夜空其他物体）；X光工作者常进出暗室，在出暗室前则戴上红眼镜，使得在亮环境活动后再回到暗室而仍维持原有暗视觉水平。由此可知，夜间两车对开时，各自都应暂关强光前灯，以免破坏对方的暗适应而导致事故发生。

三、颜色匹配

根据格拉斯曼总结的颜色混合定律，外貌相同的颜色可以互相代替。互相代替的颜色可以通过颜色匹配实验来找到。把两个颜色调节到视觉上相同（或相等）的方法叫做颜色匹配。在对任一指定色进行颜色匹配实验时，根据三原色相加混合理论，必须要改变三原色中各自的比例，才能使调得的匹配色与指定色在明度、色调、饱和度三特性皆一致。

1. 颜色转盘匹配

早在19世纪中叶就使用如图4-6所示的颜色转盘。它由红（R）、绿（G）、蓝（B）三原色纸板和黑色纸板组成。4个圆纸板各沿半径开一小口，且均能绕中心轴挪动而任意旋出扇形面积的大小。将被匹配色（C）放于中心小圆盘上。当两圆盘同步快速旋转至每秒20转以上时，由于视觉暂留效应，外盘的R、G、B在视觉上混合为一种颜色。若调节R、G、B各扇面的大小，即可改变匹配色的色调；而黑扇面D的大小，则可改变匹配色的明度；匹配色的饱和度则决定于三原色纸板既定，而无法调节。

对于有的颜色 C′，外盘的 R、G、B、D 无论怎样调节，也匹配不出 C′的色调，而要在 C′加上某种原色方能使内外盘色调一致（见图 4-7）。因此，被匹配色圆纸也要开一小口，且在其下面也要设置 R、G、B 小的开口圆纸片，以备用。由此亦可见一般三原色无法用相加法完成所有色合成的。图 4-6 适用于 C = R + G + B。

而图 4-7，则为 C′ + B′ = R′ + G′，亦即 C′ = R′ + G′ − B′。

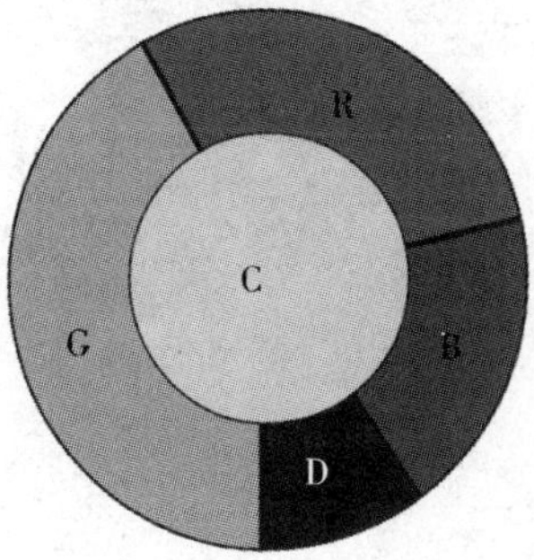

图 4-6　C = R + G + B

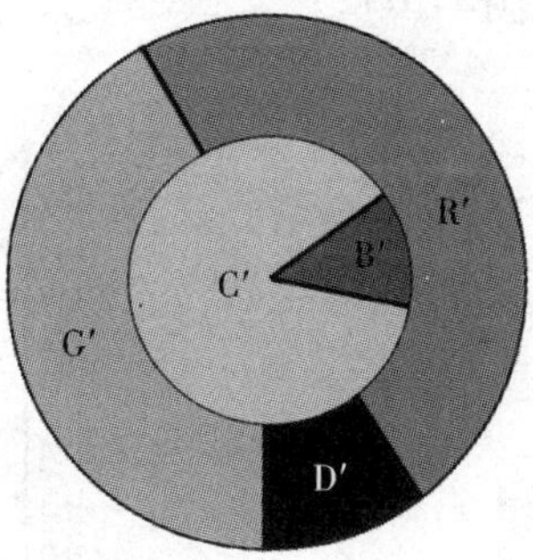

图 4-7　C′ = R′ + G′ − B′

2. 三原色光匹配

颜色转盘极不准确，只能作为演示现象的定性实验。更精密的定量匹配测量，是使用三原色的颜色光。将白色屏幕的一个视场分为两半，一半用被匹配光照明，另一半用三原色光去匹配（见图 4-8）。在 20 世纪 20 年代，由于光学单色仪已发展较好，1928 ~ 1929 年莱特（W. D. Wright）安排多人，用 R（650nm）、G（530nm）B（460nm）3 个单色光，对可见光等能光谱（400nm ~ 700nm 整段，各单色波长辐射功率相等），分波长逐一进行匹配。由于即使是正常人眼，每人视觉亦有差别，所以莱特组最后仅有 10 名各自多次试验基本稳定，再用 10 人各自多次的平均试验结果进行总平均，得到如图 4-9 所示的匹配等能光谱试验结果曲线。

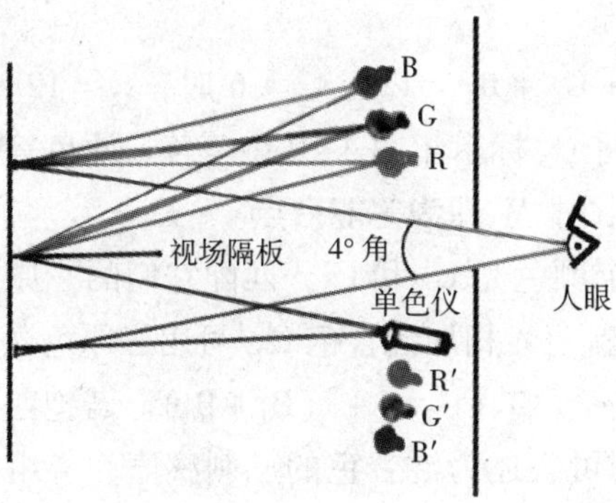

图 4-8　用三原色匹配等能光谱试验布置图

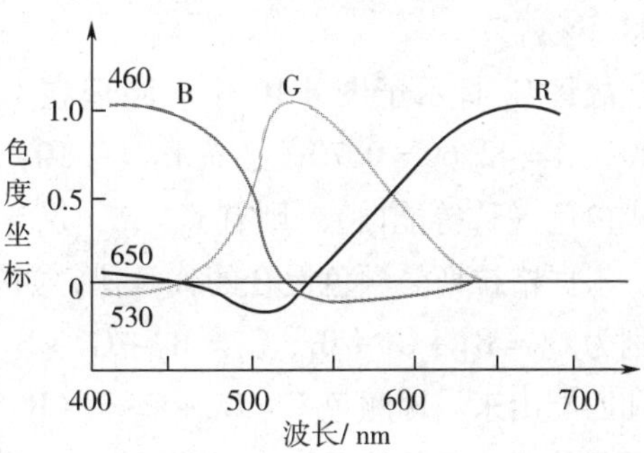

图 4-9　莱特（W. D. Wright，1928 ~ 1929 年，10 名，2°内）匹配等能光谱实验曲线

第三节　色度坐标和颜色相加原理

由前两节已经看出要描述一个颜色很不容易。为了定量描述，麦克斯韦（James Clerk Maxwell）首先提出用一个三角形色度图表示颜色，所以这一色度图叫做麦克斯韦颜色三角形（见图 4-10）。

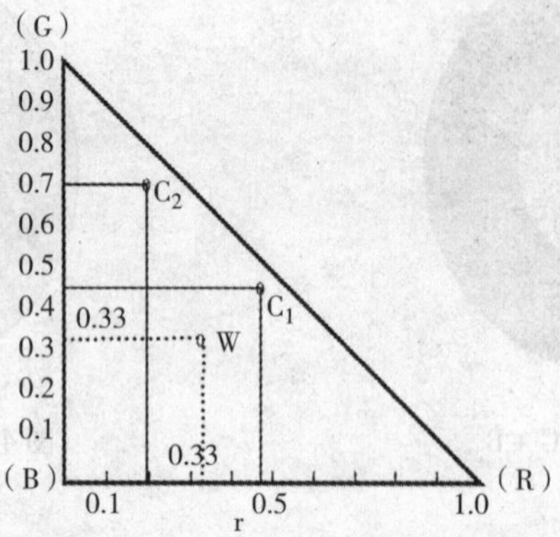

图 4-10　麦克斯韦颜色三角形及色度坐标

麦克斯韦设想所有颜色皆可由 R、G、B 三原色组合而成，若用三原色所占比例来表示，则只有两个独立变量，故可用一个三角形平面上的坐标点来表示。若某一颜色 C_1 由 $R_1+G_1+B_1$ 组成；C_2 由 $R_2+G_2+B_2$ 组成，则可表示为

$$r_1=\frac{R_1}{R_1+G_1+B_1},\ g_1=\frac{G_1}{R_1+G_1+B_1},\ b_1=\frac{B_1}{R_1+G_1+B_1}$$

由于 $r_1+g_1+b_1\equiv1$，故用 r_1、g_1 即可标示 C_1 在颜色三角形上的坐标，称为色度坐标。例如，$C_1=R_1+G_1+B_1=24+22+4$，则 $r_1=24/50=0.48$，$g_1=22/50=0.44$，（必有 $b_1=0.08$ 不独立）

故将 C_1 标示于图 4-10 中。同理在 $C_2=R_2+G_2+B_2=12+42+6$ 时，$r_2=12/60=0.20$，$g_2=42/60=0.70$（必有 $b_2=0.10$），亦可将 C_2 标示于图 4-10 中。若三原色等量组合成白色（称等能白），则有 $r_0=g_0=b_0\approx0.33$，图中 W 即为等能白点。

根据格拉斯曼颜色混合的代替律，如果有两个颜色光 C_1 和 C_2，匹配它们的三原色光分别为 $C_1=R_1+G_1+B_1$，$C_2=R_2+G_2+B_2$。则两颜色光相加混合色 C，可用三原色光各自之和匹配出来。即颜色 $C=C_1+C_2=(R_1+R_2)+(G_1+G_2)+(B_1+B_2)$。若把匹配任一颜色的三原色的值 R、G、B 称为三刺激值，则可表述为混合色的三刺激值为各组成色三刺激值各自之和。此即颜色相加原理，据此原理即可计算出合成色的三刺激值。

一、莱特三原色实验的色度图

麦克斯韦设想的色度标示法极为简明。但经过实验，并非所有颜色均能用三原色光相加完成，而是有的色需要在被匹配色光中加入少许某种原色光降低饱和度后，才能用另两种原色光匹配。莱特组织多人历经一年多，经多次匹配实验淘汰掉不能稳定重复者，最后剩下 10 人，虽然各自有稳定重复性，但 10 人结果仍各有差异。其 10 人总平均结果，如图 4-9 曲线所示。以其数据算得的色坐标（r、g、b）（见图 4-11），除了 R（650nm）、G（530nm）、B（460nm）三原色点自身外，各种光谱色均在麦克斯韦颜色三角形之外。亦即除该三点之外各光谱色多不满足 r + g + b ≡ 1。且其白点偏离三原色三角形中心较远。

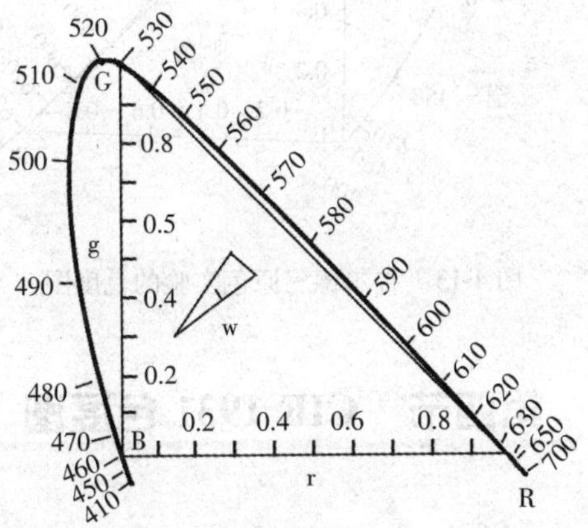

图 4-11　莱特三原色实验的色度图

二、吉尔德三原色实验的色度图

1931 年吉耳德（J · Guild）又组织多人，选用 R（630nm）、G（542nm）、B（460nm）三单色光作为三原色光，仍用如图 4-9 所示的装置进行匹配实验。经淘汰后仅剩下 7 人各自具有稳定重复性，他们所得的平均结果如图 4-12 所示。

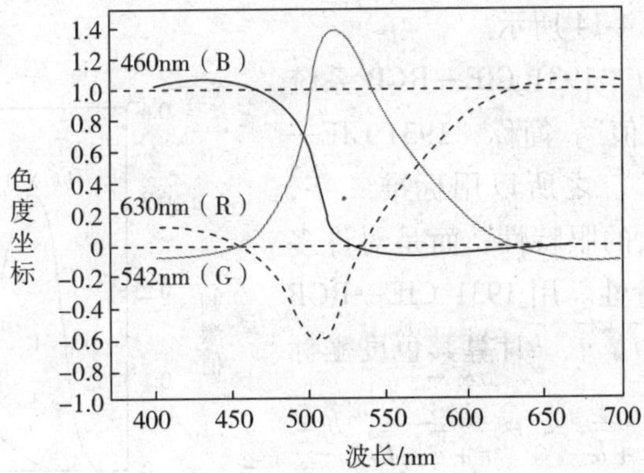

图 4-12　吉耳德（J · Guild，1931，7 名 2°）匹配等能光谱实验曲线

依据图 4-12 匹配曲线算得各光谱色的色坐标更是超出三原色三角形之外（见图 4-13）。可见由图 4-11 或图 4-13 的色度图上，光谱轨迹曲线内的所有非光谱色的色坐标，绝非简单的 r + g + b ≡ 1 关系。但图 4-13 的白点 S_b，接近三原色三角形中心。

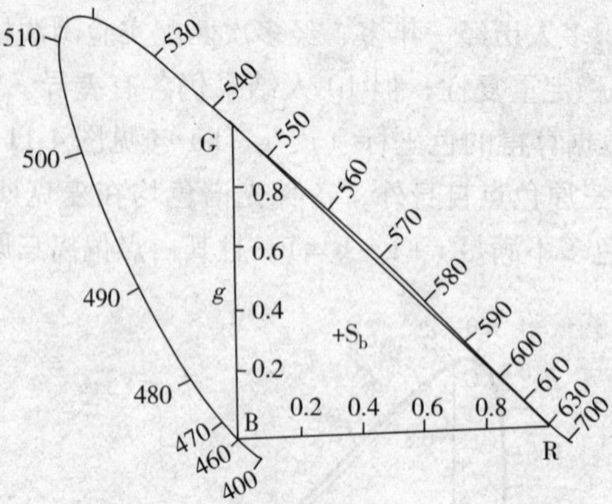

图 4-13　吉尔德三原色实验的色度图

第四节　CIE 1931 色度图

1931 年，国际照明委员会（Commission Internationale de I'Eclairage，CIE）采用汞绿线 546.1nm 为 G 原色光，汞蓝线 435.8nm 为 B 原色光，再寻找到 700nm 作为 R 原色光时，可使 R（700nm）、G（546.1nm）、B（435.8nm）三者等量时，能组合成等能白（E 光源）。用此三原色换算到莱特和吉尔德的结果，发现两者相当接近。

一、1931 CIE—RGB 系统

CIE 采用两者的平均结果（并经明视觉曲线调整后），定出匹配等能光谱色的$\bar{r}$、$\bar{g}$、$\bar{b}$光谱三刺激值曲线如图 4-14 所示。

并将这组曲线称为“1931 CIE—RGB 系统标准观察者光谱三刺激值”，简称“1931 CIE—RGB 系统标准观察者”。之所以用标准二字，是因为这已不是某个人的眼特性，而是对许多人眼观测结果的平均特性。用 1931 CIE—RGB 系统标准观察者三刺激$\bar{r}$、$\bar{g}$、$\bar{b}$计算其色度坐标的关系式为：$r=\frac{\bar{r}}{\bar{r}+\bar{g}+\bar{b}}$，$g=\frac{\bar{g}}{\bar{r}+\bar{g}+\bar{b}}$，$b=\frac{\bar{b}}{\bar{r}+\bar{g}+\bar{b}}$，由计算各光谱色的坐标 r、g、b，作出光谱轨迹的色度图如图 4-15 所示。它在三原色三角形之外的部分更大。由于 400 ~ 435.8nm 在 r 轴之下，g 为负值；435.8 ~ 546.1nm 在 g

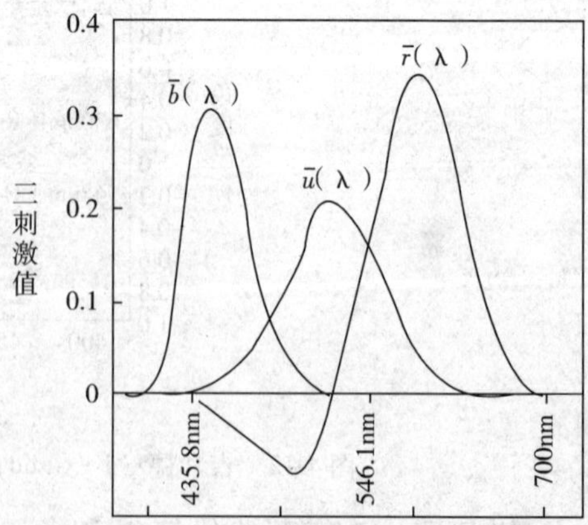

图 4-14

轴之左，r 为负值。因而难于理解，又不便计算。如果假想 3 个（实际并不存在的）原色 X、Y、Z，用 XYZ 作成新的三原色三角形，使整个光谱轨迹皆容于其中，则可使新的色坐标无负值。

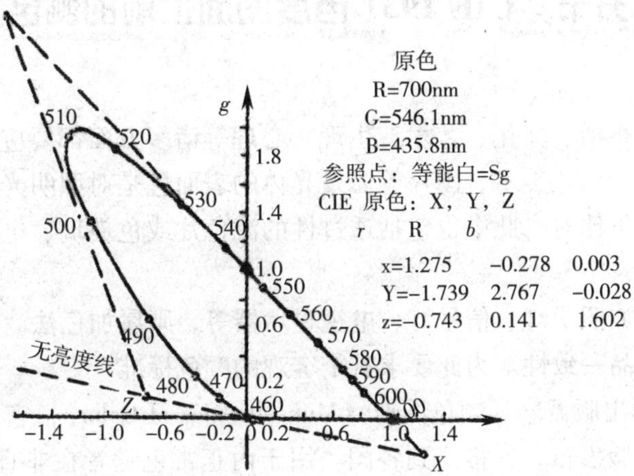

图 4-15　1931 CIE-RGB 系统色度图及（R），（G），（B）向（X），（Y），（Z）的转换

从图 4-15 中，546. 1 ~700nm 直线段延线上找上一点 X，再于图左上方延线上找一点 Y，最后找一点 Z，使 YZ 线尽可能靠近光谱轨迹，而围成三角形后又不致在三角形内留有太多的假想色区。即图中虚线三角形 XYZ。

二、1931 CIE—XYZ 系统

将图 4-15 中 XYZ 三角形经坐标变换，使 XYZ 成为直角三角形，如图 4-16 所示，则成了麦克斯韦直角三角形，此三角形内偏马蹄形光谱轨迹所围面内各点，均为在物理上实际可实现的发光色；在边界上的光谱轨迹为纯光谱色；两端连线为红紫混合的非光谱色；马蹄之外为不能实现的假想色区（大小共 3 片）。图中 W 点为假想三原色的等能白点，色坐

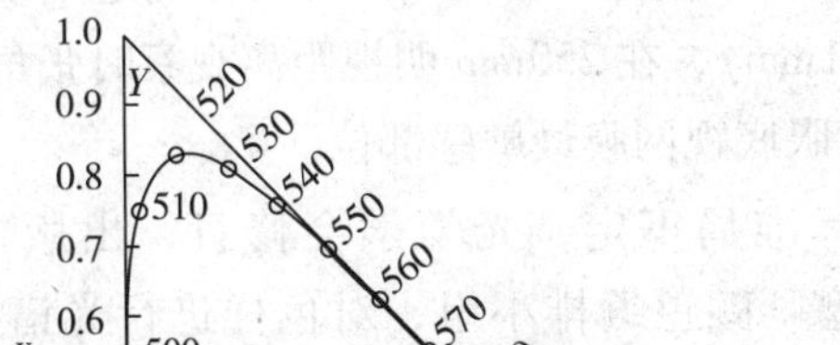

图 4-16　CIE 1931 色度图（颜色三角形）

标为 $x=y=z=0.333$。此 X、Y、Z 假想三原色形成的色度系统称“1931 CIE—XYZ 系统”，此图称“CIE 1931 色度图”。

第五节　CIE 1931 色度图面世前的测色方法

人们在生产、生活、文化、艺术、生理、心理等诸多方面都要应用各种颜色，具体到印染、印刷、绘画、工艺美术、图片等非发光体的表面色是对照明光源的吸收反射，所以要规定在特定光源下比对，此中也包括透过性的滤色片或色玻璃、电影片、幻灯片等皆属减色法。

对于发光体，如照明灯、信号灯、电视显示器等，则属加色法。各厂家生产都必须订立标准以此确保产品一致性。为此要求有个客观的颜色标准。

1915 年在美国出版孟塞耳颜色图册《Munsell Atlas of Color》，它是依据“美国材料和试验协会”推荐出版发行，并推广到各国。用于由正常色觉者在非直射平均日光（或 D_{65} 照明）下，对不透明物体（如塑料、纺织品、油漆等）颜色目视比对。

孟塞耳将颜色三特性（色调、饱和度、明度）定义成三维立体，如图 4-17 所示。竖轴表明度（0～10）无色彩由黑（0）至白（10），实际只用 1～9；水平截面圆周由 10 种色调（红、黄、绿、兰、紫 5 种主色调，和 RY、YG、GB、BP、PR 5 种中间色调）细分为 40 种色样；水平截面半径方向，由中心无色到圆周边，分 12 级彩度（饱和度）。各色片标号用 HV/C，例如 5Y8/12，表示色调 5Y（黄）、明度为 8，彩度为 12。由于各种色明度差别甚大（黄色是明亮色，明度大时彩度也大；紫、兰色是暗色，明度小时彩度大）孟塞耳颜色立体很不对称，如图 4-18a 所示，为该立体剖去 1/4 示意图。

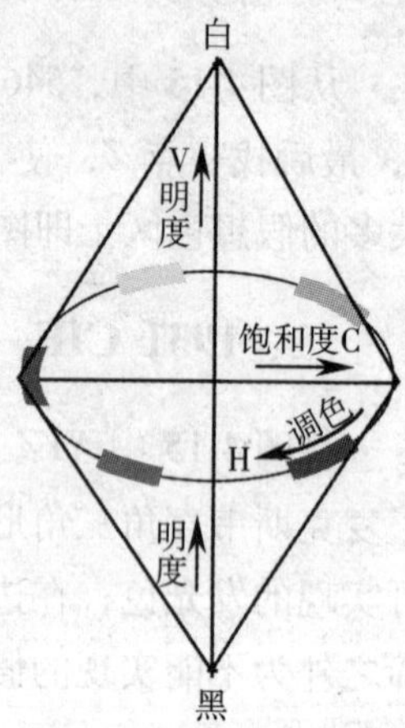

图 4-17　孟塞耳颜色立体

如图 4-18b 所示的 5Y-5PB 截面如图 4-19a 所示，规定一系列的小色纸片（18mm×21mm），在 250mm 明视距离观察时张角约为 5°，正好使用观察者眼底视网膜最敏感部位。

1929 年，美国国家标准局审定，光学学会修订，出版《Munsell Book of Color》；1943 年，美光学学会孟塞耳颜色编排小组，对色样进行光谱测量，重新编排增补，并对每一色样都给出与 1931 色度图对应的色坐标，使两者有了直接对应关系，称新标系统。

1973 年依据新标系统出版了无光泽的孟塞耳颜色图册，形如集邮册，40 页，每页为一种色样如图 4-19b 所示为 5R 色样（41 张小色片），相当于颜色立体纵剖面的一半，将 40 页图册翻开，直立绕装订轴散开呈圆柱形，正好是颜色立体。总共有色样小片 1150 片（另附 32 片中性色样），用于与无光泽表面色比对。1974 年出版有光泽色样图册，色样 1450 片（另附中性色片 37 片），与有光泽表面色比对。

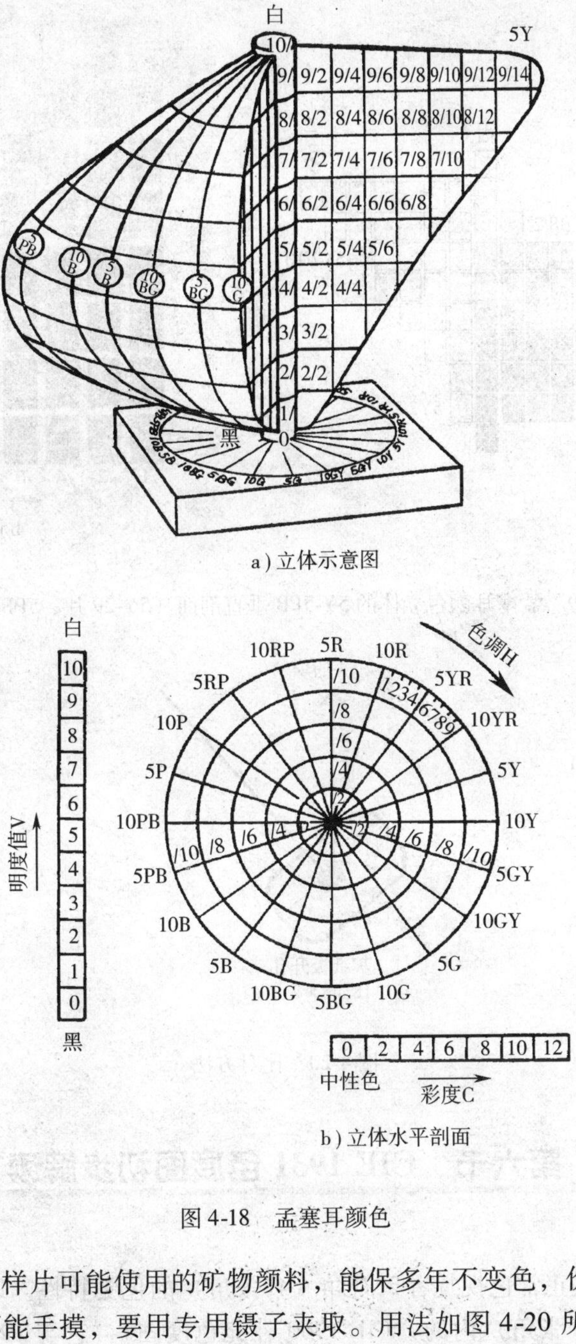

a）立体示意图

b）立体水平剖面

图 4-18　孟塞耳颜色

孟塞耳颜色图册样片可能使用的矿物颜料，能保多年不变色，价格甚贵，不低于每片一美元。使用时不能手摸，要用专用镊子夹取。用法如图 4-20 所示，在面北非直射阳光窗口（北方天空照明），或 D_{65} 灯光照明，将被比对品（色布或印刷色块）放在开有（18mm×21mm）长方口的灰色纸板下方，使露出色块与色样大小一致，用镊子选取不同色样，并排列于开口处目视比对。比对者要头戴黑遮沿帽，以免额头反光，才可正确比对。直到目前对非发光体颜色仍用此种比对法；只对发光体才用色度计测量其色坐标。

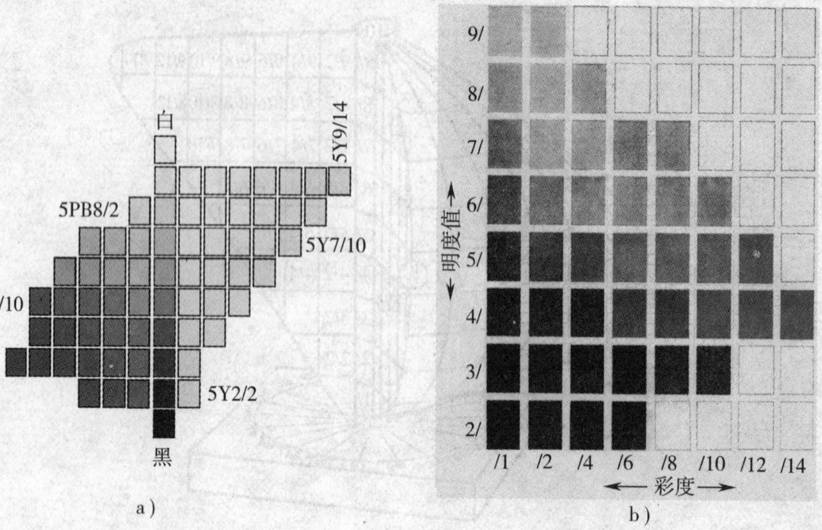

图 4-19 孟塞耳颜色立体的 5Y-5PB 垂直剖面（5Y-29 片，5PB-27 片）

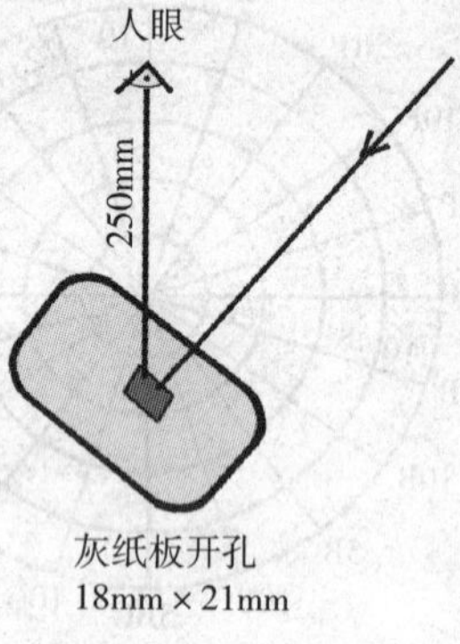

图 4-20 比对方法

第六节 CIE 1931 色度图初步解读

1931 色度图代表正常色视觉者 2°视角（4°张角）的色觉特性。1960 年 CIE 又组织多人做了 10°视角（20°张角）内的“CIE 1960 补充色度图”，它与 1931 色度图虽有差别，但基本近似，本教材不对色度学做深入探讨，故仅介绍前者。还有为了计算色差有所改善的 1960 均匀色度图和 1976 均匀色度图也都未予介绍。

一、色度坐标和颜色称谓区域

我们平时口称颜色总是用形容词，例如：桃红、苹果绿、鸭蛋黄、竹叶青、天蓝等还算有点参考标准；像说大红、淡绿、浅兰等就无标准了。若要设计一个艺术画面，口述颜色就无所适从了。将 CIE 1931 色度图给定一个大致的颜色称谓区域，如图 4-21 所示。图上各区域划分线就是等色调线，赋名是以公称的红、橙、黄、绿、青、蓝、紫为基础的。显然每一色区还是有相当大的一片范围，确定性差。因而国际公认以色度图上的坐标点来表示颜色才更确切，称之谓色度坐标，简称色坐标。因为色坐标同时确定了色调和饱和度，使用形容词写上千字也说不清楚。再例如，设计一版广告，底色要浅绿（$X=0.25$，$Y=0.51$），印刷厂印得太深，就可用色坐标解决争端。

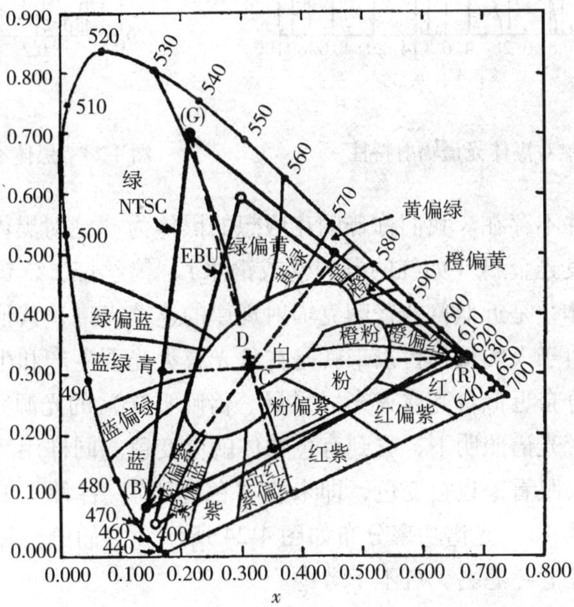

图 4-21　CIE 1931 色度图上的颜色区域

二、黑体曲线及各人工光源光谱特性

1931 色度图上有一条黑体曲线，它是不同温度的黑体辐射光源的光色变化曲线。光源的温度（色温）标在色度图下边，可见黑体辐射光源随色温的升高由红 - 黄 - 白 - 蓝渐变。也就是色温越高的黑体辐射光源，发射的光谱中，短波光越多；色温越低的光源发出的光谱长波越多。所谓“黑体”在物理学中指：“能吸收落于其上所有辐射的物体”，当对其加热时，它又是单位面积发出辐射最强的“完全辐射体”，其发射光谱完全遵从普朗克辐射定律，在不同加热温度所对应的辐射光谱，如图 4-22 所示。其辐射主波长 λm，随加热温度的升高而趋短，也就是随黑体温度的升高发光色由红 - 黄 - 白 - 蓝渐变。图中不同温度 T 的辐射主波长 λm 连接起来是一条直线，且有 $\lambda_m T \approx 2.9\text{mm}\cdot\text{K}$，称维恩（Wien）位移定律。由于黑体发光的色调由其温度决定，就称其温度为“色温”。其发光光谱算出的色坐标点轨迹，如图 4-23 所示。

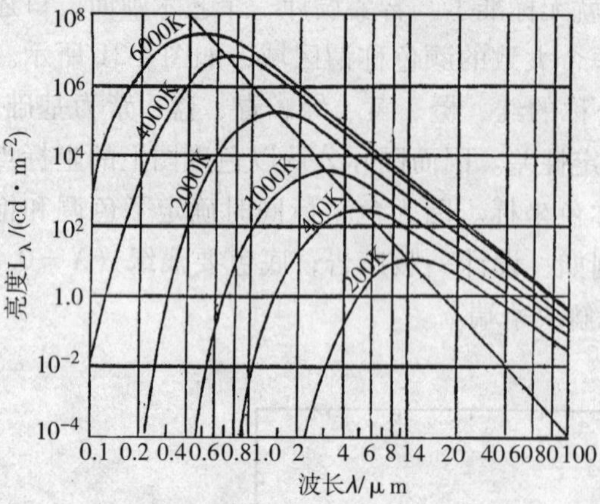

图 4-22　绝对黑体光谱辐射特性

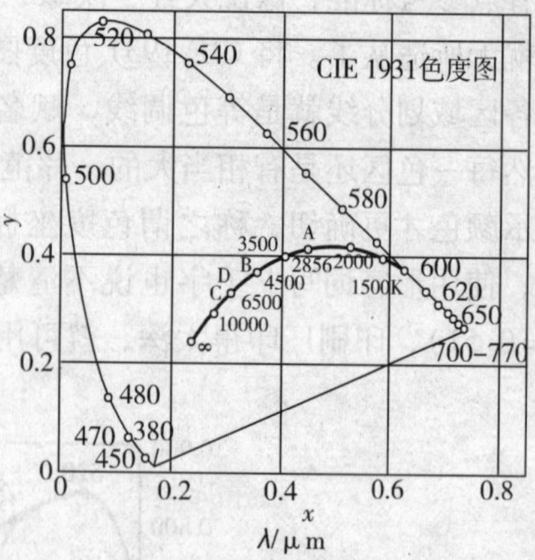

图 4-23　黑体不同温度的色度轨迹

但实际上黑体并不存在。我们称普朗克假想的黑体为“绝对黑体”，实际上只有日光，燃烧的火光、炽热发光金属（如红的电炉丝或钢水）、钨丝灯、碘钨灯、溴钨灯和碳弧灯等有限的几种发光体，是近似符合普朗克辐射规律的连续光谱，其他人工光源多为分离的线光谱或带光谱。由于人类从远古以来就是在日光或火光下生产和生活，人眼适应于可见光波段连续且光谱分布近似日光或火光（早晨、傍晚日光）的光源照明下辨识颜色。在可见光段的线光谱或带光谱照明下，看到有色物体就会变色。同样用后者作为光源拍出的照片、电影、电视，人眼看来也会变色，即未能“色还原”。各种人工光源可见光波段的相对（取自身主波长为10）光谱功率分布如图 4-24 所示。它们的红外波段，多被数字相机的镜头和机内的红外滤片滤去，可不予考虑。

由它们的光谱可见，白炽灯、溴钨灯、碘钨灯具有与早晨和傍晚的日光近似的连续谱，应当有较好的“显色性”（显现颜色不失真的能力）；高压氙灯和闪光灯（虽然它两者皆在红外有较强的带光谱，但不影响数字相机），亦有较好的显色性；镝灯因有黄、蓝谱带，显色性（偏微蓝）又次之；荧光灯（日光灯）虽有荧光连续谱，但因有很强的蓝线（435. 8nm）显色偏蓝紫而更次之。

外镇流的高压汞灯，由于汞双黄线（577nm、579nm），显得各种色发黄、发旧又带紫蓝色，显色性很差；汞-钨组合灯，因加入了钨丝灯的连续谱，而较外镇流高压汞灯稍有改善，但仍不宜用于辨色场所；高压钠灯发出的光是黄橙色，而人眼对 580nm 的色很厌恶，（故称“厌色”），更不宜用于辨色。所以这 3 种灯虽然发光效率高，也只适合于街道、马路、广场等处的交通照明。可见彩色广告切不可挂在高压钠灯旁，它会使广告大为失色。

当前由于发光二极管（LED）的发光效率较常规光源高许多倍，将会逐步进入照明领域。彩色者，几乎是单色光，显色性会很差，仅宜做装饰用；白色者，发光光谱因晶片及所附荧光粉掺杂而异，目前见到的产品多为白中偏蓝紫，显色性亦差。不过人们早已研究出用红（610nm）、绿（540nm）、蓝（450nm）3 种单色光，按适当比例混合成白光有特

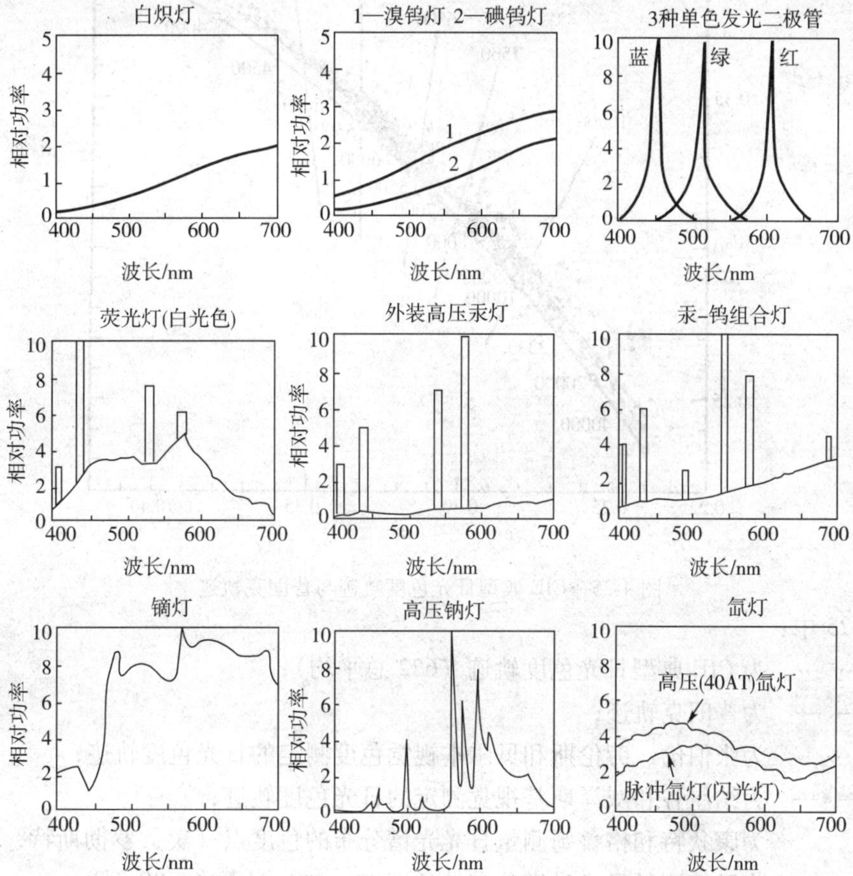

图 4-24 几种人工光源的相对光谱功率分布

别优秀的显色性，因为其中不含 580nm 的厌色，人眼看来特感舒适。因而今后若研究出此 3 种单色组合的发光二极管，将是显色照明的一大进步。

1. 日光是近似黑体辐射的自然光源

据对以上多种人工光源的分析，它们都不近似黑体。太阳本身是约 6000K 的炽热火球，持续地进行着氢核聚变反应，当为典型的普朗克辐射光源。由于我们处在大气层下，看到的日光已夹有空气分子的散射光和大气窗户的吸收。所以经过在中纬度，不同时相，对直射日光和天空的 622 次色度测量，其色度轨迹点均在普朗克黑体曲线（见图 4-22）算出的色度轨迹（见图 4-23）偏上，也就是说实测日光的色度较理论计算的色度偏绿青。实测 622 点所连的曲线与普朗克黑体曲线如图 4-25 所示。由此可见两者很近似，故可把日光看作黑体辐射光源。也许我们到地球同步卫星上去测，其结果会符合得更好。

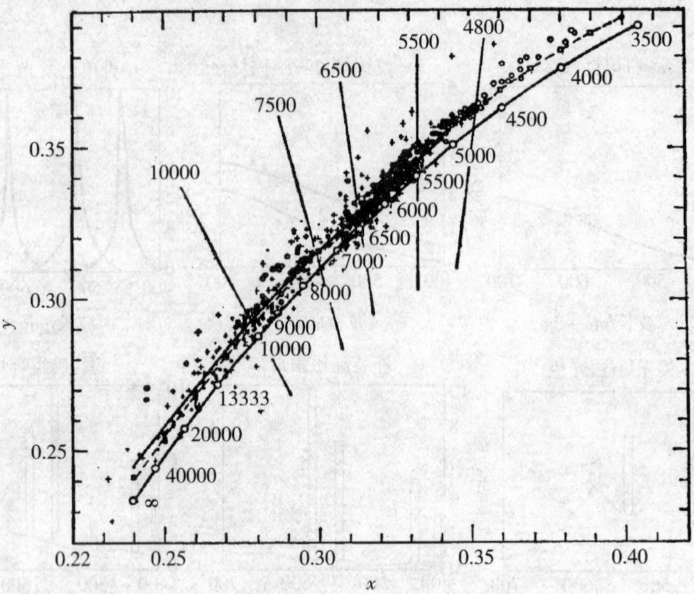

图 4-25　CIE 典型日光色度轨迹与普朗克轨迹

图 4-25 中：

…□…□…　为 CIE 典型日光色度轨迹（622 总平均）；

—○—○—　为普朗克轨迹；

………　为张伯伦、劳伦斯和贝尔本视觉色度测定的日光色度轨迹；

—●—●—　为纳屋谷和威泽斯基视觉测定的日光色度轨迹；

○　为康狄特和格鲁姆测量日光光谱分布的色度点（美，罗彻斯特，249 例）；

●　为巴德测量日光光谱分布的色度点（加，渥太华，99 例）；

+　为汉德逊和霍奇克斯测量日光光谱分布的色度点（英，恩菲尔德，274 例）；

\　为与普朗克轨迹相切的等色温线。

2. 标准光源的色温及其色坐标

图 4-25 的 622 测值都是在北纬 45°附近不同时相测得。典型日光轨迹上各点，就代表一种光源。CIE 规定了 4 种标准光源——就是图 4-23 上 A、B、C、D 4 个点。钨丝白炽灯，一般不会高于 3000K，充惰性气体者也难超过 3200K，故 CIE 规定：

1）标准灯 A 为钨丝灯 2856K，对应日光低于 15°角（即日出、日落）色坐标点（X = 0.4476，Y = 0.4074）。我们用的 150W 的灯泡即是规定的“A 光源”。

2）标准光源 B，约当于春、秋季，中纬度（我国哈尔滨、克拉玛依）地区，上午 9 时前后（或下午 15 时前后）的正常阳光，色温 4874K，色坐标点（X = 0.3485，Y = 0.3517），实际上的灯泡和碳弧灯都难达到此段温度，CIE 就规定用 A 光源加戴维斯-吉伯逊液体滤光器（B_1、B_2），把 A 光源的发射光谱滤成相似于 4874K 分布的光谱，就组成了标准光源 B。

3）标准光源 C，相应色温为 6774K，色坐标点（X = 0.3101，Y = 3163）。约当于夏季正午阳光加上蓝天的散射光。要用 A 光源加戴维斯-吉伯逊液体滤光器 C_1、C_2 才能组成近似6774K辐射的光谱分布。之所以说约当和近似，是因为这种滤光方法所得的光谱分布如图4-26所示，与不同时相对日光的实测结果（见图4-27）并不完全符合，但主波长是符合的。B的主波长约为670nm，C的主波长约为450nm。所以今后就把主波长相近者泛称色温相同。

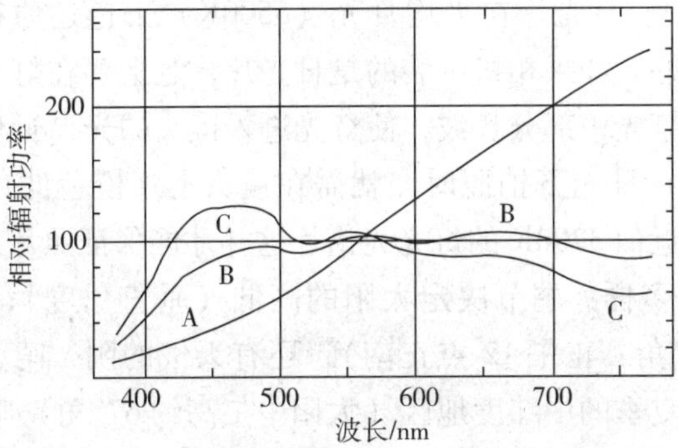

图4-26　CIE标准照明体A，B，C的相对光谱功率分布

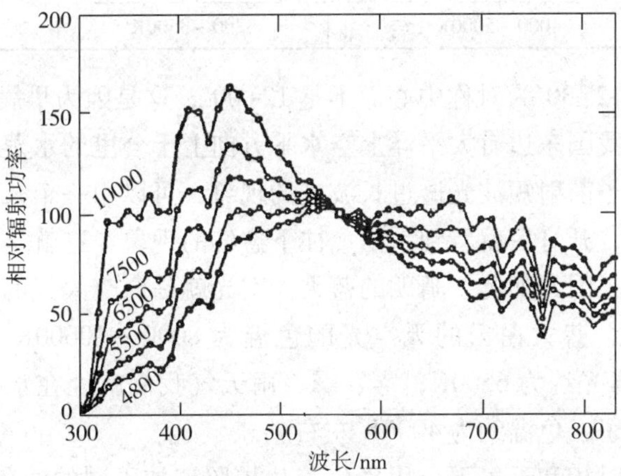

图4-27　色温4800K、5500K、6500K、7500K、10000K日光时相的相对光谱功率分布

4）标准光源D，对应6504K，目前尚未组成。但在色度计算中已在使用D_{65}了。D_{65}的色坐标点为（X＝0.3127，Y＝0.3291）。

5）等能白光源E，虽尚未规定为标准光源，但它是色度测量及数字相机白平衡的参考点。其色坐标点（X＝0.3333，Y＝0.3333）是色度图上的中心点。

3. 应用技术上对色温的泛称

物理学上是把辐射光谱与普朗克辐射相似，才用两者对照以主波长定义色温。在摄影技术、印刷、印染、油漆、涂料等应用技术中，仅根据主波长（即使是单色光）相近就泛称色温相同。这种泛称常让人误以为色温相同就有等同的显色性而导致错误。实际上必须有足够的连续谱才能保证显色性。今后LED（发光二极管）照明，绿色LED主波长为522nm，泛称色温5850K，其照明结果是一片绿光，还不及汞-钨组合灯（它们二者泛称色温相近）的显色性，因为后者有钨丝的连续谱的显色性。所以必须了解光源的光谱特性才能正确使用“色温”概念。

4. 数码相机的“白平衡”调整

以往用彩色胶片照相，为适应不同光源而制造两种胶片，为适应日光者称“日光片”；适应灯光者称“灯光片”。日光片在平均日光（5500K）下色还原很好，灯光片在3200K色温的灯光下色还原很好。如果相机中装的是日光片，赶上要在灯光下拍照，就要在镜头前加浅蓝滤光片，减去灯光中部分长波，使灯光进入镜头的光谱近似平均日光；如果相机中装的是灯光片，而要在日光下拍照时，就需在镜头上加橙色滤色片，减低日光中的短波，使进入相机的光谱近似3200K的灯光光谱，这样才能保证照片的色还原。

实际上日光的时相多样：季节决定太阳的高低（垂直角度）；时间决定太阳的偏移（水平偏角，每小时15°角，正午12点正南）；还有天气的阴、晴、雨、雾、霾。所以日光色温变化非常大。在夏季的中纬度地区（太阳中午高约67°角）晴天日光色温见表4-1。

表4-1 夏季中纬度地区晴天日光色温

10～15点	上午8、9点，下午16、17点	上午7点，下午18点	日出至6点半，18点至日落
5500～5600K	4000～5000K	3200～3500K	2000～3000K

易见表4-1是以12∶30′为对称中心而不是12∶00′，这是因为早晨阳光穿透的大气水蒸气多的缘故。特别是我国东边有太平洋上空水平方向上千公里的水蒸汽，应当较欧洲早晨日光更红。关于水分子散射短波光透过长波光的现象，可以用一个长玻璃筒装满清水，再于筒顶放一个大灯泡，开灯后就看到水筒愈往下愈红的现象。这就是自上而下逐层散射短波透过长波的结果。正因为如此，晴朗的蓝天天空光就是高空大气的散射蓝光，它的色温高到10000～20000K；蓝天白云的天空光的色温为8000～10000K；阴天的天空光约为7000K；薄云透出的日光约为6500K；雾、霾、雨天气我们就处在水分子罩下了，透过雾霾当然是长波光为主了，色温约为4000K左右。

在上述这些日光时相和天气下，用彩色胶片拍照需加不同的滤色镜才能确保色还原。这对于一般摄影爱好者当然不易掌握，即使是专业人员也非易事。

对于人工光源，一般爱好者都用机内闪光灯。相机内附者一般闪光指数（对ISO100而言）在12～14，即使有双闪光管者指数亦不超过16，其色温约为5500K。相机外闪光灯，指数24以上者，色温约为5700K。高压（40大气压）氙灯，色温约为6300K，显色微偏蓝（主波长约为460nm）。家用照明钨丝灯泡，150W者色温约为2800K，200W者色温约为2900K，均近似A光源或日落前的橘红色光源的显色效果。

在专业摄影室有镝灯（约为5900K，但略夹有蓝光），石英碘钨灯（约为3300～3400K），摄影钨丝灯（排丝灯，约为3200K，寿命短）等，能适应彩色胶片不同特性之需。

现在的数字相机将图像传感器上每像素点分解成红、绿、蓝，实际上相当于把一张彩色照片分解成红、绿、蓝3张原色电子照片。当所用光源中红光较强（即色温低）时，则降低红电子照片的放大倍数，提高蓝电子照片的放大倍数；若使用光源偏蓝（即色温高）

时，则提高红电子照片放大倍数，降低蓝电子照片的放大倍数。这样最后得到3张分色照片合成的彩色照片，就能色还原了。也就是说数字相机勿需在镜头上加滤色片来适应不同色温的光源，而是用电子技术改变三分色照片的放大倍数来适应。其表达术语叫做“白平衡”（White Balance）调整。也就是说，如果现场光源不是等能白，就调整分色电子照片的放大倍数，使之与白光照明等效。但是一般爱好者是不善于调整的，所以数字相机出厂时都设定在“WB Auto”，即相机内自动检测光源中的蓝红光比例，随即在半按快门（测光、调焦）的同时，自动决定蓝红两者的放大倍数。只要是连续谱的光源，一般都能得到较好的色还原。现在中等水平的数字相机都有（-3～+3）7档调节范围，每档约可调节1000K色温。例如，用日光（Day Light），在春秋季（时相较夏季相应-500K）下午17:00，色温约为3500K，需要增加2000K色温才达到等能白，WB就需设为+2；若在下午17:30′，则色温仅有2500K，WB就当设为+3。这样就能确保色还原而不致偏红。反之，对于荧光灯，因其连续谱中有较强的435.8nm线而偏蓝，色温约为6600K，则WB应设为-1，方保色还原。要精细调整白平衡，不同厂家设计各异，需仔细参考“说明书”。

返回到1931色度图，所谓“白平衡”，就是把黑体曲线上不同色坐标的光源，调整到接近白光源的显色效果。当然也可用调WB来制造特殊效果：调高WB制造蓝紫色调；调低WB，制造红橙色调。

三、补色及色彩平衡

1. 色度图上以E（等能白点）为点对称的色互为补色

在色度图上选取3点作为三原色，就能组成该3点所围三角形内的各种色，显然此3点取得越远所涵盖的色愈饱和。但是荧光粉的发光效率是随饱和度增高而降低的（即饱和度愈高亮度愈低），所以应当综合考虑两者。如图4-21所示，美国国家电视委员会（National Television System Committee，NTSC）和欧洲广播联盟（European Broadcast Union，EBU）各取了不同的三角形，我国目前试行的PAL制电视和电子枪显示器，就是采用EBU的“现代荧光粉。”显然后者少了饱和的黄绿，多了紫品色，而更适合黄种人的视觉习性。EBU（同PAL）的三原色坐标为R（0.65，0.33）、G（0.30，0.59）、B（0.16，0.50）；液晶显示器（笔记本电脑）显色饱和度稍低，是因各液晶生产厂家的原料和工艺所决定的“三原色三角形”稍小所致。显然三原色所对应的补色在三角形三边的中点附近，即红-青、绿-品、蓝-黄为三对互补色。此外与1931彩图E点互为对称的中间色调也皆互为补色，例如紫-黄绿，粉-绿蓝，橙-蓝绿，也都是互为补色的（见图4-21的区域划分）。

2. 互补色的此长彼消

显示器上显示的图片是加色法，相当于三原色光源亮度相加。如果拍照时使用光源不对或因曝光失准而偏色，可用Photoshop后期处理时加以改进。改进中就要用到此长彼消的补色加法合成原理。因为增加某色重心就往某色偏移，相应的补色就会减弱。例如，照片偏黄，只要增蓝即可改进；偏青只需增红。反之，减蓝既可增黄，减红即可增青，其他各色皆可类推。

3. 色彩平衡

色彩平衡是彩色图片设计构思的重要问题。例如，设计广告、网页、动漫或摆拍的人物照片，都要求色彩平衡，才会使人们的视觉心理更舒适。

一张图片上有各种色块，各有面积大小及色饱和度（彩度），将各自的面积乘自己的饱和度即得各色的“色重”，再将各色重放到色度图上各自的色度点上，最后设想成以白点 E 为支点，各色重能近似达到“静力学平衡”则称此图片“色彩平衡”若偏离则称色彩不平衡。当色彩偏红橙黄侧，称色彩偏热（因火光、高温炉是这些色，红橙光也能使人体吸收发生热感而得名）；当色彩偏蓝紫侧，称色彩偏冷（冰雪反射蓝光，北方冬天天空光也很蓝而得名）。

一张照片的摆拍是有足够时间思考的，例如一个儿童身着红帽、黄衣、绿裤，你可让儿童加抱一个蓝色的彩球或肩负蓝色小伞；对于时装模特，可加色彩平衡的手包或披肩。这些都是色彩设计的用武之地。

对于彩色网页，依色彩平衡原则，在页角上加一束花，或添点色彩花边，均可大为增效。

第五章　数字摄影的后期制作平台

数字化摄影的后期制作平台除了由计算机作为硬件平台以外，还要依靠软件进行工作。计算机软件分为系统软件和应用软件两大类。

系统软件是计算机工作的必备软件，离开它应用软件就无法安装到计算机中去，它给应用程序提供了一个操作平台。系统软件常见的有 Windows、UNIX、Linux、OS 等。目前使用较多的是微软公司的 Windows XP 操作系统，在图形图像专业设计领域常使用苹果公司的 OS/2 操作系统。

应用软件就是我们经常用到的程序，有编辑文字的、绘制图形的、管理的、通信的、图像处理的等各种应用程序。Adobe、微软、柯达、SONY 等公司开发了许多图像处理软件，其中开发最早、功能最强大的是 Adobe 公司 Photoshop。

Photoshop 是一款图像处理软件。它编辑图像的方式多种多样，这就能使我们用想像力和创造力制作出绚丽多彩的图像作品。在众多图像处理软件中，Adobe Photoshop 是功能最强大、应用范围最广泛的数字图像处理软件之一。

由于 Adobe Photoshop 软件功能强大、操作方便，深受国内外平面设计师、摄影师的喜爱，被大多数数字图像处理人员所采用。美国 Adobe 公司于 20 世纪 80 年代末推出的 Adobe Photoshop 图像编辑软件从 1.0、2.0 到现在的 Photoshop CS 经历了一系列的版本升级。目前，仍在不断开发和改进，功能越来越强大。无论是什么版本的 Photoshop 图像处理软件几乎都是由菜单命令、工具箱、调色板等几大块组成，用法上完全相似，只不过版本低的软件功能少一些，版本高的软件功能多一些。可以根据自己的需要和计算机配置等情况选用不同版本。

Adobe Photoshop 软件内容广泛，编辑图像的功能很多，在这里只作简要介绍，使读者了解一些基本概念和掌握软件最基本的处理功能，对软件内容建立起一个初步印象。Photoshop 是在操作系统支持下的一个工具软件，Photoshop 软件的操作方法在许多方面与操作系统是一样的，如：打开文件、关闭窗口、选择菜单和工具命令等，用法完全相似，区别仅在于其内容和功能不同。

Adobe 公司从 Photoshop 8.0 版本已经改称为 Photoshop CS，CS 的意思是 Creative Suit。Photoshop CS 新增了许多强有力的功能，特别是对于摄影师来讲，这次它大大突破了以往 Photoshop 系列产品更注重平面设计的局限性，对数字暗房的支持功能有了极大的加强和突破。

学习 Photoshop 软件首先要了解界面的组成和一些主要的功能；然后再熟练运用这些

功能；最后充分运用艺术手段，发挥艺术想像力，灵活运用 Photoshop 软件所提供的丰富图像处理功能。在不断提高对软件处理功能的认识的基础上，就能随心所欲地创作出预期的图像。

第一节 Photoshop CS 软件的界面

Photoshop CS 的界面是编辑、处理图形图像的操作平台。它由标题栏、菜单栏、选项栏、工具箱、控制面板、图像工作区、状态栏等组成，如图 5-1 所示。

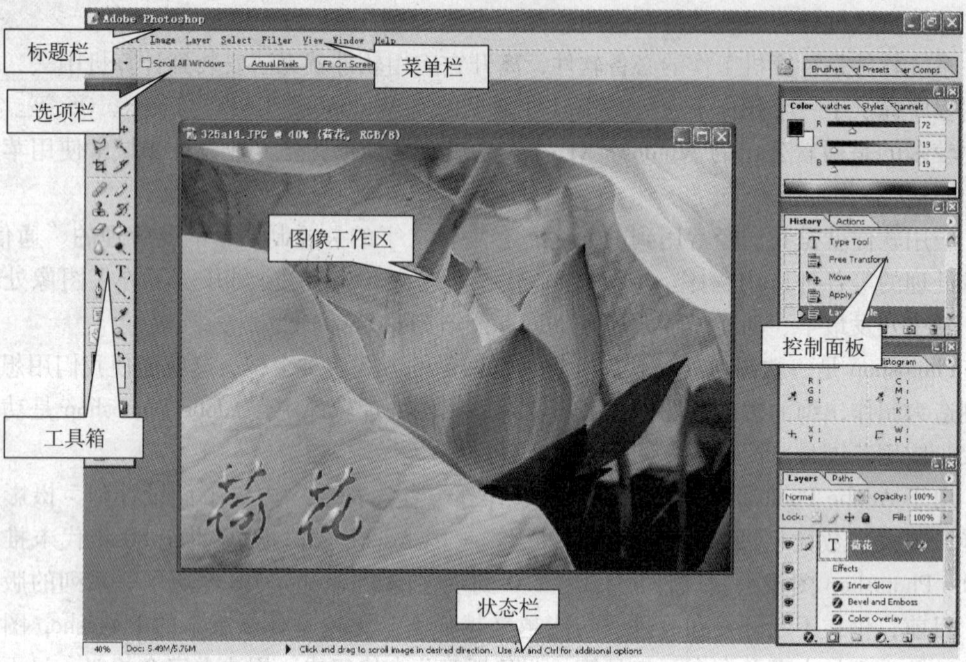

图 5-1 Photoshop CS 工作界面

一、选项栏

【选项（Options）】栏可以被摆放到屏幕的任意位置。

选项栏与所选工具有关，工具箱中大部分工具的属性都可以在选项栏中显示，并且随所选工具的不同而变化。选项栏中的一些设置（如：绘画模式和不透明度）对于大多数工具是通用的，但是有些设置则专门用于某个工具（如：用于铅笔工具的“自动抹掉”设置）。

选项栏中有一个面板窗，可以将一些常用的面板拖放到面板窗内，通过面板窗可以快速访问要使用的面板，在显示器分辨率等于或大于 1024 × 768 像素时才能使用面板窗，如图 5-2 所示的是工具箱中选择移动工具时的选项栏。

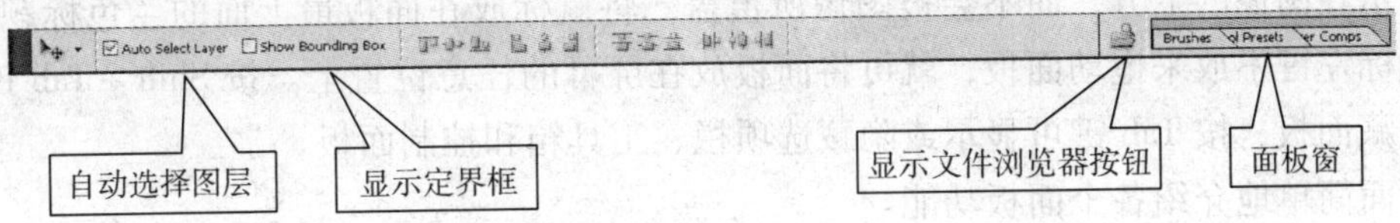

图 5-2　选项栏

可以在菜单栏中执行【窗口（Window）】/【选项（Option）】命令显示/隐藏选项栏，也可以双击工具箱内的工具以显示选项栏。如果双击位于选项栏左侧的标题栏可以折叠选项栏。

用鼠标右击选项栏上的工具图标，可以使一个工具或所有工具恢复默认设置，如图5-3所示，然后从弹出的菜单中选取 Reset（复位工具）或者 Reset All Tools（复位所有工具）。

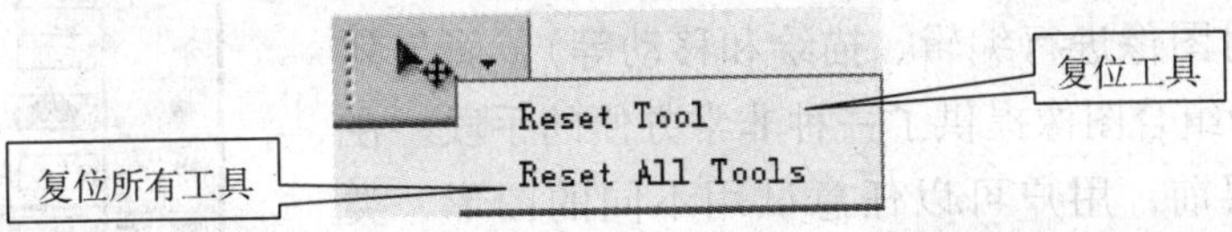

图 5-3　工具图标

可以通过拖动选项栏左侧的标题栏 或 ，将选项栏移动到所需的位置。

二、菜单栏

Photoshop CS 的菜单栏分为：【文件】菜单、【编辑】菜单、【图像】菜单、【图层】菜单、【选择】菜单、【滤镜】菜单、【视图】菜单、【窗口】菜单及【帮助】菜单。

利用菜单命令管理和操作 Photoshop CS 软件的方法有几种：

1）使用鼠标单击菜单名，在打开的菜单中选择所需要的命令。

2）使用菜单命令旁标注的快捷键，例如，要选择【文件】菜单中的【打开】命令，直接按键盘上的【Ctrl + O】键就可以了。

3）按住键盘上的【Alt】键和菜单栏中带括号的字母打开菜单，再按菜单命令中的带括号的字母执行命令，例如，要选择【文件】菜单中的【打开】命令，直接按键盘上的【Alt + F】键打开【文件】菜单，再按键盘上的【O】键就可以了。

4）打开图像，用鼠标右键单击图像区域，将打开一个快捷菜单。可以选择快捷菜单中的命令对图像进行编辑（快捷菜单中的命令是当前图像在控制面板、工具箱和选择命令中可执行的命令）。

5）为了能更方便地使用最常用的命令，Photoshop CS 为用户提供了自定义键盘快捷方式、保存键盘快捷方式的功能。

三、面板

Photoshop CS 有 16 个面板和一个文件浏览器，默认状态下通常面板存放在屏幕的右边并且显示在图像的上方，而不会被图像所覆盖。将鼠标放在面板最上面的兰色标题栏上，按下鼠标左键不放来拖动面板，就可将面板放在屏幕的任意位置上。按 Shift + Tab 键可显示或隐藏面板，按 Tab 键可显示或隐藏选项栏、工具箱和控制面板。

下面简单地介绍各个面板功能。

1. 图层面板

【Layers（图层）】面板在 Photoshop 中具有重要的作用，很多图像的效果都是通过图层来实现的。图层面板给图像的编辑制作带来了很大的便利。【Layers（图层）】面板如图 5-4 所示，它显示当前图像是由多层结构所组成的。

在【Layers（图层）】面板中，因为图像中的每个图层都是相对独立的，可方便地对某一个图层上的图像单独进行处理（如对图像进行编辑、描绘和移动等），而与其他图层无关。为组合图像提供了一种非常方便的手段。在组合或合并图层前，用户可以任意试用不同的图形、类型、不透明度和混合模式等形式。还可创建一个新图层、对原有的图层进行重新排列、删除、合并等操作。可以在菜单栏中执行【Window（窗口）】/【Layers（图层）】命令，来显示或隐藏【Layers（图层）】面板。

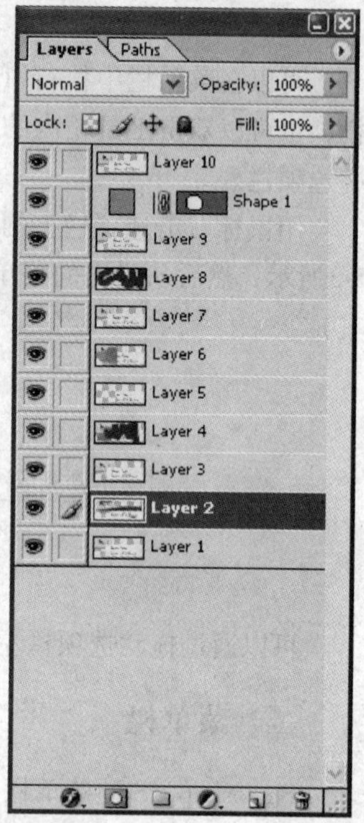

图 5-4 【Layers（图层）】面板

2. 通道面板

【Channels（通道）】面板如图 5-5 所示，通过它来创建和管理通道，监视编辑效果。通道面板首先一个是复合通道（对于 RGB、CMYK 和 Lab 图像），然后是单个颜色通道、专色通道，最后是 Alpha 通道。通道名称的左侧是通道内容的缩览图，在编辑通道时缩览图自动更新。

在菜单栏中执行【Window（窗口）】/【Channels（通道）】命令，显示/隐藏【Channels（通道）】面板。

3. 路径面板

【Paths（路径）】面板如图 5-6 所示，通过它来显示每条存储的路径，当前工作路径和当前图层剪贴路径的名称和缩览图像。减小缩览图的尺寸或将其关闭有助于在路径面板中显示更多路径，而关闭缩览图可以提高面板性能。

可在菜单栏中执行【Window（窗口）】/【Paths（路径）】命令来显示/隐藏【Paths（路径）】面板。

所谓路径是指由用户通过使用工具箱中的有关路径工具后所定义的被选区域的一种轮廓线，它有可能是一个点、一条直线或曲线，通常它是由多个锚点连在一起的一些直线段或曲线段组成。路径可被用户修改、保存。

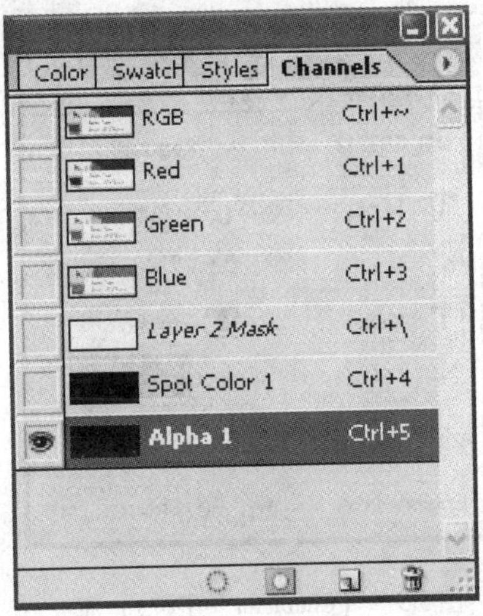

图 5-5　【Channels（通道）】面板

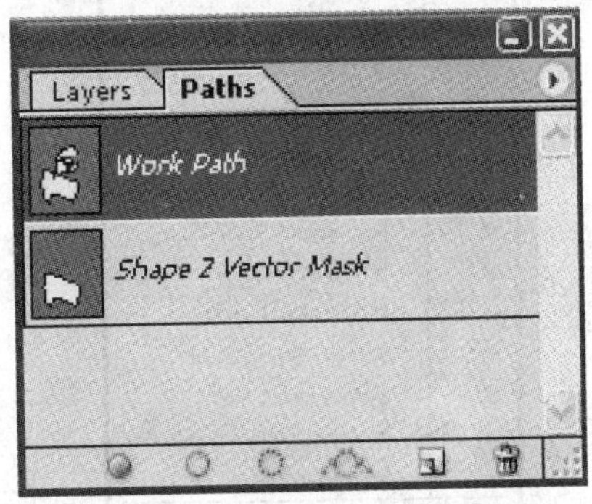

图 5-6　【Paths（路径）】面板

4. 历史记录面板

【History（历史记录）】面板如图 5-7 所示，通过它来记录用户对图像所做编辑，只要用鼠标在历史记录面板上点按某一操作或修改过的动作后，就可将图像还原到先前的状态。

可在菜单栏中执行【Window（窗口）】/【History（历史记录）】命令，来显示/隐藏【History（历史记录）】面板。

5. 动作面板

【Actions（动作）】面板如图 5-8 所示，通过它来记录、播放和删除动作。还可以创建新设置和创建新动作。

在动作面板中可以将一系列命令组合为单个动作，和 DOS 操作系统中的批处理命令差不多，也就是一种对图像需要进行多重步骤的批处理操作，如果有需要相同操作的一批图片，可以通过一个动作来完成。在菜单栏中执行【Window（窗口）】/【Actions（动作）】命令来显示/隐藏动作面板。

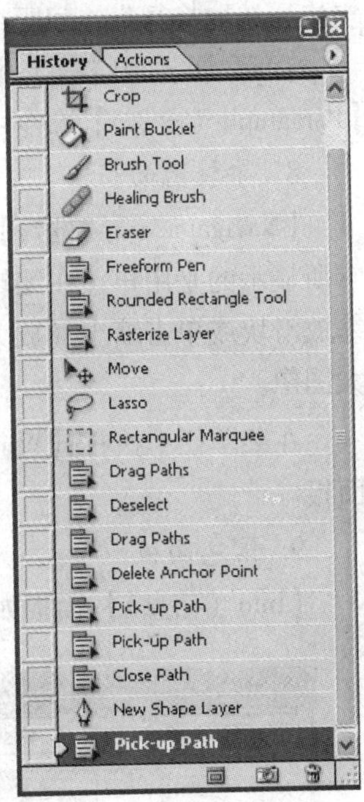

图 5-7　【History（历史记录）】

6. 字符面板

【Character（字符）】面板如图 5-9 所示，通过它可以设置字符的字体、字号、字形、行距、字符缩放、所选字符的比例间距、所选字符的字距、两个字符间的字距微调、基线偏移、上标、下标、删除线、加粗和颜色等。

在菜单栏中执行【Window（窗口）】/【Character（字符）】命令可显示/隐藏字符面板。

图 5-8 【Actions（动作）】面板

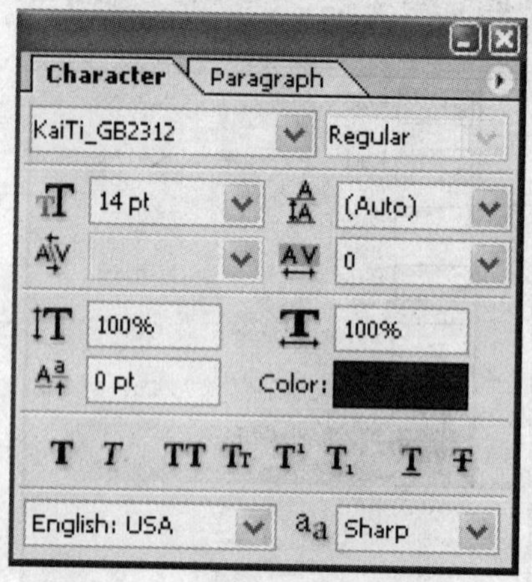

图 5-9 【Character（字符）】面板

7. 段落面板

【Paragraph（段落）】面板如图 5-10 所示，通过它可以设置段落的对齐方式、缩进量，添加空格、选取换行集、间距组合等。

在菜单栏中执行【Window（窗口）】/【Paragraph（段落）】命令可显示/隐藏段落面板。

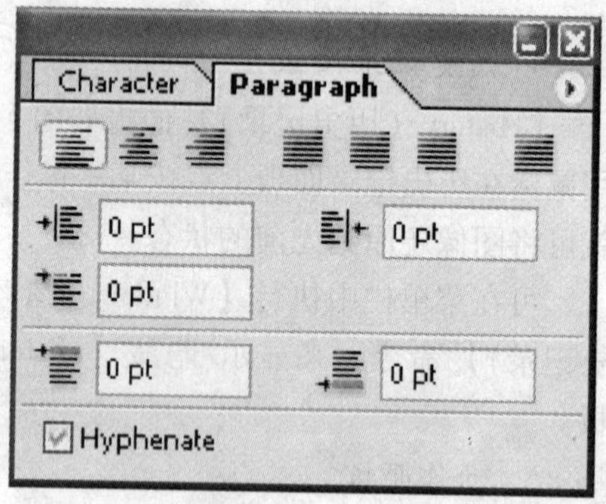

图 5-10 【Paragraph（段落）】面板

8. 导航器面板

【Navigator（导航器）】面板如图 5-11 所示，它所显示的是用户正在编辑的图像，移动下面的缩放滑块或单击缩小（放大）按钮便可缩小、放大图像。

在菜单栏中执行【Window（窗口）】/【Navigator（导航）】命令可显示/隐藏导航器面板。

9. 信息面板

【Info（信息）】面板如图 5-12 所示，它是用来显示当前光标在图像处的相关信息。

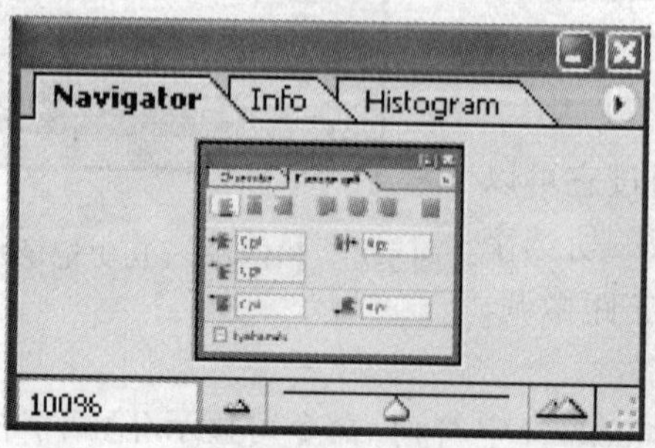

图 5-11 【Navigator（导航器）】面板

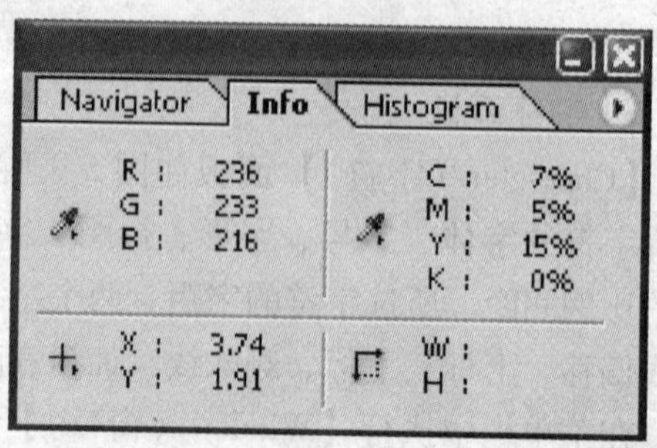

图 5-12 【Info（信息）】面板

在菜单栏中执行【Window（窗口）】/【Info（信息）】命令显示/隐藏信息面板。

10. 颜色面板

【Color（颜色）】面板如图5-13所示。用户可通过在颜色面板上移动如RGB（红色、绿色、蓝色）或CMYK（青色、洋红、黄色、黑色）颜色模式上的滑块来改变前景色与背景色。也可在色条上选取当前的颜色范围，也可以在颜色面板的右边文本框中输入所需的数据来设置前景色，如图5-14所示。

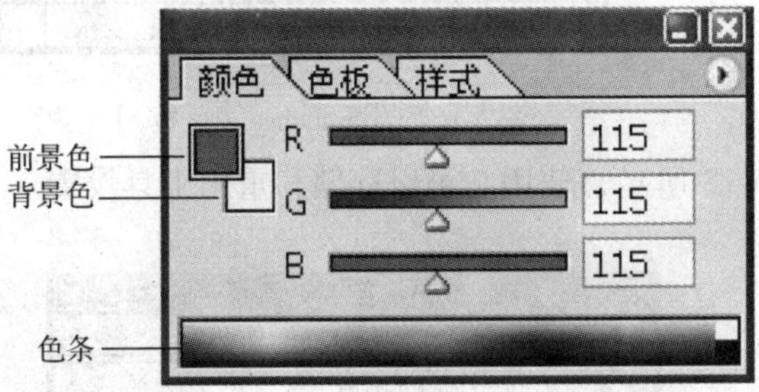

图5-13　【Color（颜色）】面板1

图5-14　【Color（颜色）】面板2

在菜单栏中执行【Window（窗口）】/【Color（颜色）】命令可显示/隐藏颜色面板。

如果要在颜色面板中显示其他颜色模式，可单击按钮，在弹出的菜单中选择所需的颜色模式，如图5-15所示。

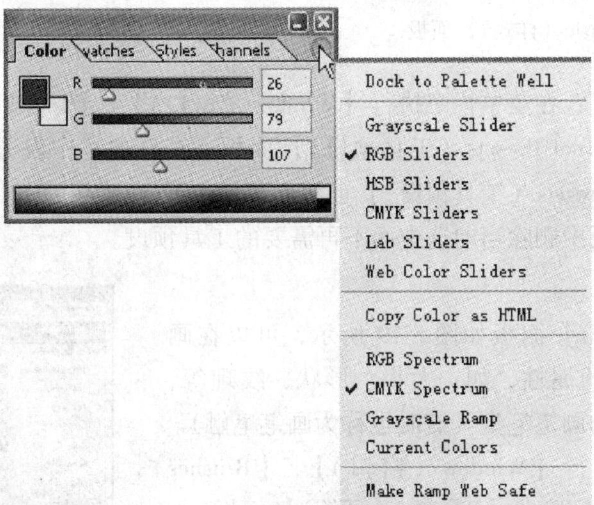

图5-15　选择其他颜色模式菜单

11. 色板面板

【Swatches（色板）】面板如图5-16所示。只要用鼠标单击所需的颜色小方块就可以改变前景色。另外用户也可将一些常用的颜色加入到色板面板中（单击创建前景色的新色板按钮，即可将工具箱中的前景色添加到色板中了）。

在菜单栏中执行【Window（窗口）】/【Swatches（色板）】命令可显示/隐藏色板面板。

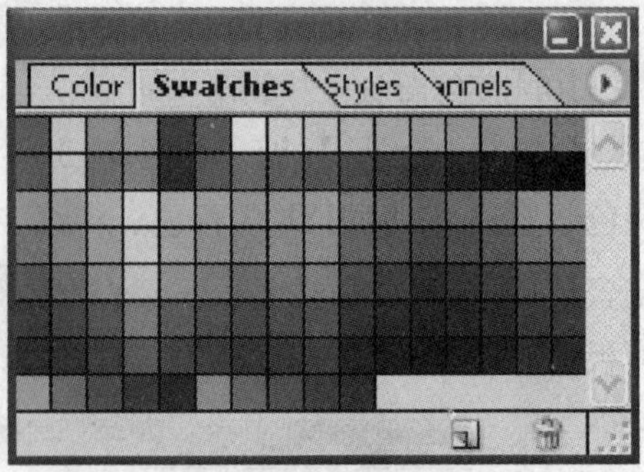

图 5-16 【Swatches（色板）】

12. 样式面板

【Style（样式）】面板如图 5-17 所示，利用它可以使用预设的样式和创建自己的样式，从而为制作些特殊效果节省时间。

在菜单栏中执行【Window（窗口）】/【Style（样式）】命令来显示/隐藏样式面板。

13. 工具预设面板

【Tool Presets（工具预设）】面板如图 5-18 所示，使用它可以存储和重用工具设置。

图 5-17 【Style（样式）】面板

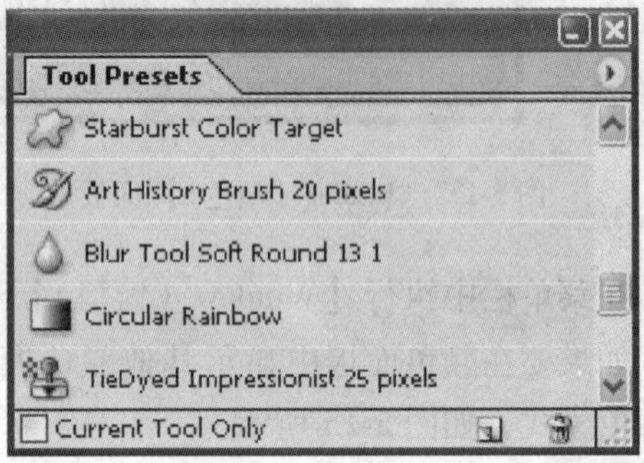

图 5-18 【Tool Presets（工具预设）】面板

具体使用方法是：在菜单栏中执行【Window（窗口）】/【Tool Presets（工具预设）】命令来显示/隐藏【Tool Presets（工具预设）】面板，在选项栏中设置好所需的工具各选项，然后在【Tool Presets（工具预设）】面板底部单击创建新的工具预设按钮即可，也可以在工具预设面板中删除当前选中而不再需要的工具预设。

14. 画笔面板

【Brushes（画笔）】面板如图 5-19 所示，可以在画笔面板中设置画笔的属性，如：大小、形状、纹理等，也可在此选择所需的画笔笔尖（有时也称为画笔笔触）。

在菜单栏中执行【Window（窗口）】/【Brushes（画笔）】命令来显示/隐藏【Brushes（画笔）】面板。

15. 图层复合面板

【Layer Comps（图层复合）】面板如图 5-20 所示，利用它可以在一个文件中保存不同层的合并效果，以便对各种效果进行察看。

在菜单栏中执行【Window（窗口）】/【Layer Comps（图层复合）】命令可显示/隐藏图层复合面板。

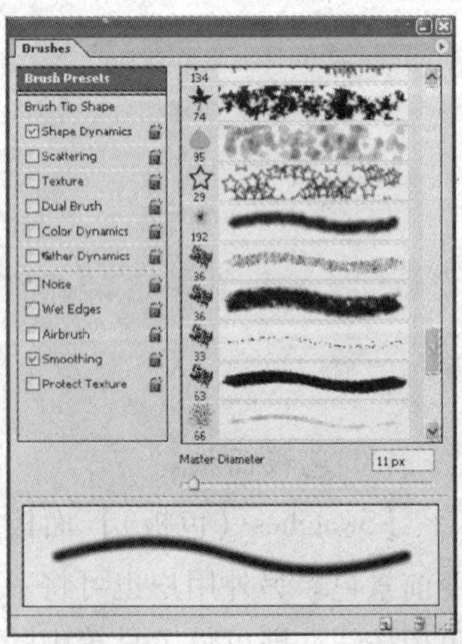

图 5-19 【Brushes（画笔）】面板

16. 直方图面板

【Histogram（直方图）】面板如图 5-21 所示，在其中直观显示图像像素在各个色调区的分布情况。

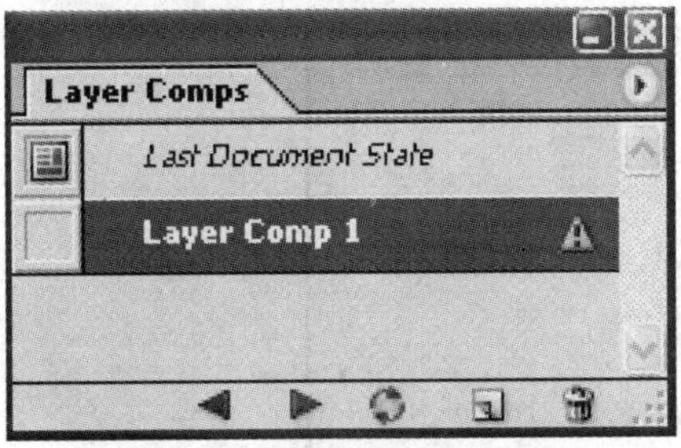

图 5-20　【Layer Comps（图层复合）】

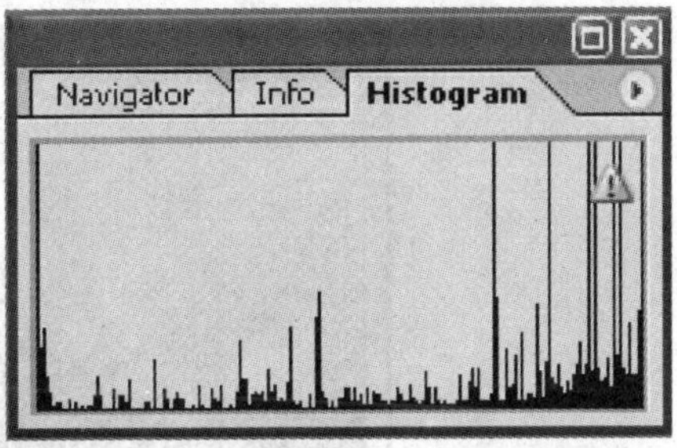

图 5-21　【Histogram（直方图）】面板

在菜单栏中执行【Window（窗口）】/【Histogram（直方图）】命令可显示/隐藏直方图面板。

四、文件浏览器

【File Browser（文件浏览器）】如图 5-22 所示，可以直观地浏览、查找和检索图像文件，还可以自定义文件浏览器的特性。

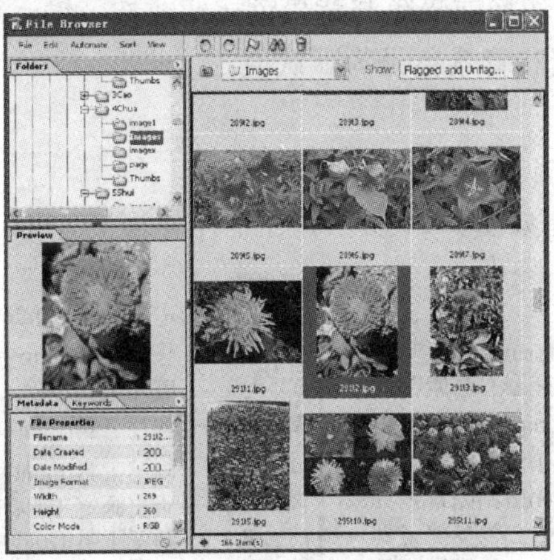

图 5-22　【File Browser（文件浏览器）】面板

在菜单栏中执行【Window（窗口）】/【File Browser（文件浏览器）】命令，或在选项栏中单击按钮来显示/隐藏【File Browser（文件浏览器）】。

在图像浏览区用鼠标单击任何一个图像，可以将其选中，按住 Shift 键可以同时选中多个图像，在浏览器的右上角的弹出菜单中选择“全选”命令可将图像全部选中，若要全部取消选择，可在文件浏览器弹出菜单。

五、颜色拾色器

除了在色板面板和颜色面板中选择所需的颜色外，还可以在工具箱中单击前景色或背景色图标，显示如图 5-23 所示的拾色器，在其中可移动色条上的滑块来选择色区，然后移动光标来选择颜色，也可以在右边的文本框中输入确定数值来设置所需的颜色，设置好后单击 OK 按钮，即可得到所需的前景色或背景色。

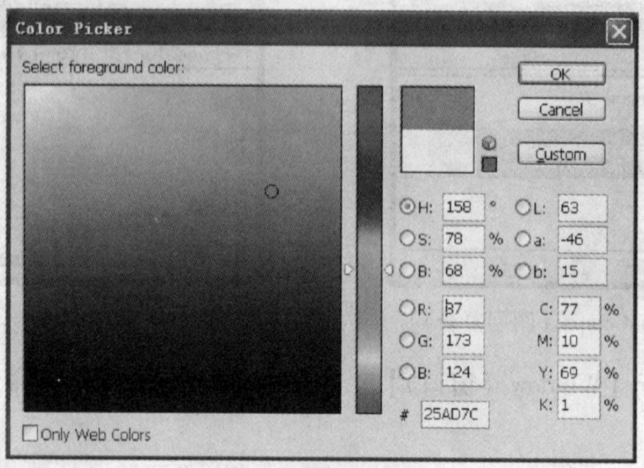

图 5-23　颜色拾色器

1）在色板面板上，用鼠标单击所需颜色小方块，或者直接在颜色面板中输入当前颜色模式的相关数值或移动滑块来设置当前颜色数值，便可改变工具箱上的前景色。

2）单击工具箱中的切换前景色与背景色按钮或按 x 键，可转换前景色和背景色。

3）按 D 键可将前景色和背景色设为默认值。

六、工具箱

在默认状态下，工具箱如图 5-24 所示，在工作界面的左侧。用鼠标单击每个工具时，

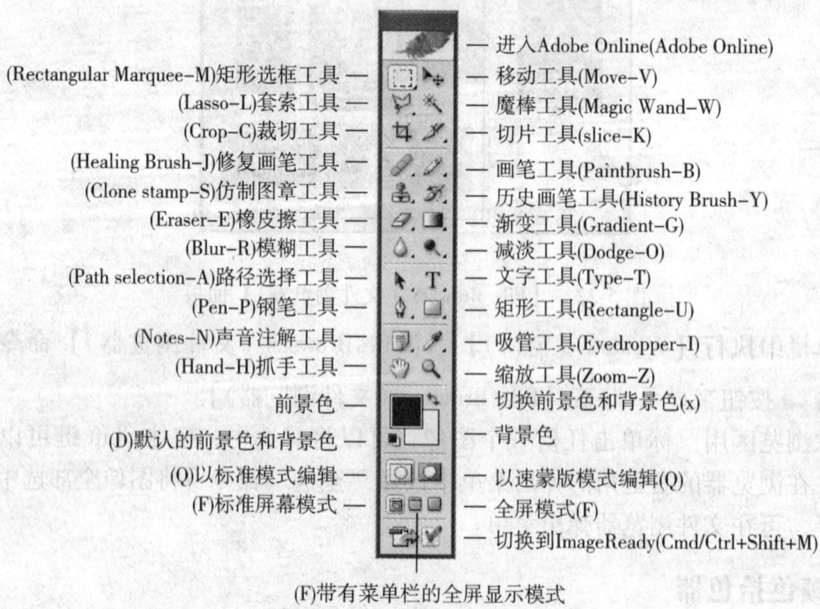

图 5-24　工具箱

工具成白色状态，这说明这个工具处在可用状态，图中选中的是矩形选择工具。在工具箱中有的工具右下角带有小三角形标志，表示有隐含工具，用鼠标单击并按住右下角的小三角形按钮可弹出隐含工具条。如图 5-25 所示，图中展开了工具箱中的所有可用的工具和它们的名称。

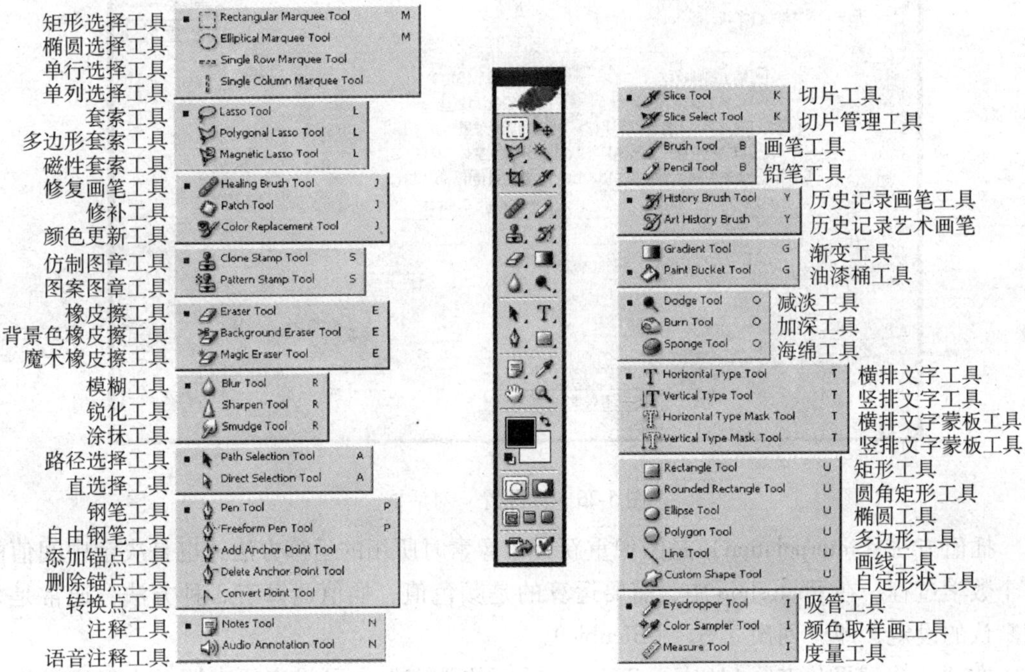

图 5-25　工具箱中的所有工具及名称

注意：括号内英文名称后面的单个大写字母是切换此工具的字母键。

在选项栏中可以改变工具箱中一些工具的属性。这些工具可以用来创建文字、选取像素、设置颜色、绘画、绘图、取样、编辑、移动、注释和查看图像等。

第二节　Photoshop 软件的设置

为了更高效地在 Photoshop 中工作，对 Photoshop 软件进行设置是必须的。

一、Photoshop 的常规预置

在 Windows 操作系统中，执行“编辑 > 预置 > 常规”（Edit > Preferences > General）菜单命令。在 Mac OS x 操作系统中，执行“Photoshop > 预置 > 常规”菜单命令。可弹出如图 5-26 所示的“预置”对话框。

拾色器（Color Picker）有两个下拉选项，可以选择默认拾色器（Adobe）或是系统拾色器（Apple）。

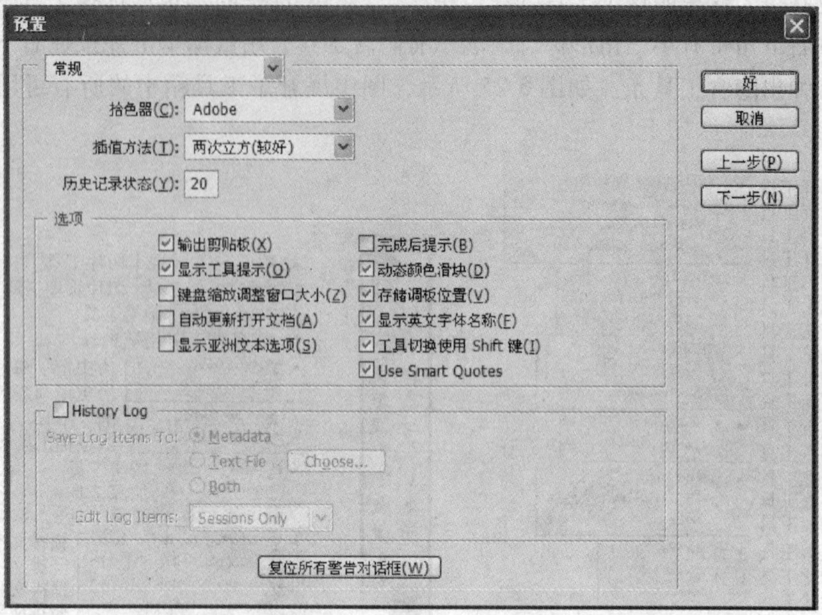

图 5-26 “预置”对话框

插值方法（interpolation）是图像重新分布像素时所用的运算方法，也是决定中间值的一个数学过程。在 Photoshop 中，需要运算的是颜色值。插值运算有 3 种方法，通常是采用默认的设定，即“两次立方”（Bicubic）。

在“历史记录状态”（History States）后面的数字框中可设定历史调板中保留操作步骤的数量。

可通过 Cmd + K（Mac OS）/Ctrl + K（Windows）快捷键选择“预置 > 常规”命令。Cmd 键是 Mac OS 操作系统中 Command 键的字母缩写，也就是键盘上的（∞）键。

输出剪贴板（Export Clipboard）：若选中此选项，在 Photoshop 中复制的内容不会因为 Photoshop 的退出而丢失，会一直保留在剪贴板中，这样就可以供其他软件使用。若将此选项关闭，Photoshop 就无需在退出的时候将剪贴板中的信息转换为其他软件能识别的格式，从而关闭时可节约一些时间。

显示工具提示（Show Tool Tips）：当鼠标移动到工具箱中的任意工具上时，在该工具的右下角会弹出提示框，提示该工具的名称。这个选项用来控制是否显示提示框。

键盘缩放调整窗口大小（Keyboard Zoom Resizes Windows）：在使用快捷键放大或缩小视图时自动调整窗口大小。

自动更新打开文档（Auto-update Open Documents）：选中此选项后在 Photoshop 与 ImageReady 之间切换时可自动更新文件或文档。

显示亚洲字体文本选项（Show Asian Text Options）：此选项是用来查看和设置处理中文、日文和韩文文字的选项，必须选中“显示亚洲字体文本选项”才可以控制字体名称显示的方式，即用英文还是用本国文字。

完成后提示（Beep When Done）：如果所执行的命令有进度条，选中此选项，Photoshop 在完成任务时，将发出蜂鸣。

动态颜色滑块（Dynamic Color Sliders）：在颜色调板中不同的颜色模式会有不同的颜色条。根据默认设置，当拖动滑块时，颜色条会动态地发生颜色变化。如果将此选项关闭，颜色条上的颜色就会固定不变。

存储调板位置（Save Palette Locations）：根据默认情况，Photoshop 重新启动后会记忆所有调板的位置，如果希望所有的调板在每次启动时都能恢复到默认的状态，就将此选项关闭。

显示英文字体名称（Show Font Names in English）：用英文显示 CJK 字体名称。

工具切换使用 Shift 键（Use Shift Key for Tool Switch）：选中此选项后可以使用 Shift 键切换工具组中的工具。

复位所有警告对话框（Reset All Warning Dialogs）：有时显示的信息包含关于特定状态的警告或提示，通过选择信息中的“不再显示（Don't Show Again）”选项，可以停用这些信息的显示。也可以单击“复位所有警告对话框”按钮将所有已停用的信息显示全部恢复。

二、暂存盘

暂存盘（Scratch Disk）和虚拟内存相似，它们之间的主要区别在于：暂存盘完全受 Photoshop 的控制而不是受操作系统的控制，另外，还有非常重要的一点就是暂存盘至少要和可用的内存一样大。在有些情况下，更大的暂存盘是必须的，当 Photoshop 用完内存时，会使用暂存盘作为虚拟内存；当 Photoshop 处于非工作状态时，会将内存中所有的内容复制到暂存盘上。

另外，Photoshop 必须保留许多图像数据，如还原操作、历史信息和剪贴板数据等。因为 Photoshop 是使用暂存盘作为另外的内存，所以正确理解和控制暂存盘是获得最优性能表现的重要所在。

如果得到提示，Photoshop 不能完成某操作，因为“第一个暂存盘已满（The primary scratch disk is full）”，这时需要将硬盘中不需要的文件删除，以腾出更多的硬盘空间。

默认情况下，Photoshop 将启动磁盘作为第一个暂存盘。Photoshp 可以设定 4 个暂存盘，并且对暂存盘可分配的大小没有任何限制，唯一所受限制的就是可用的硬盘空间。

如果有多个硬盘，应采用转速最快的硬盘作为第一个暂存盘，保证此硬盘能定期进行去碎片的优化操作以保证较快的速度。最好将整个硬盘都用来作为 Photoshop 的暂存盘。

在 Windows 操作系统下，执行“编辑 > 预置 > 增效工具与暂存盘（Plug-Ins& Scratch Disks）”命令，（Mac OS x 操作系统下，执行“Photoshop > 预置 > 增效工具与暂存盘”命令），弹出如图 5-27 所示“预置”对话框的“增效工具与暂存盘”选项，在“暂存盘”选项卡中可以进行暂存盘的设定。

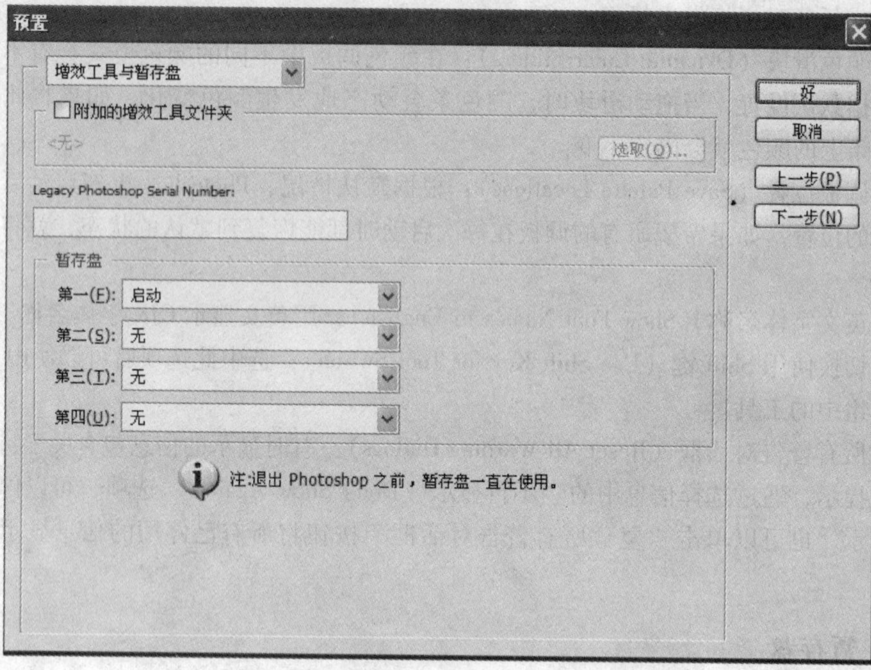

图 5-27 “预置”对话框

三、图像高速缓存

如图 5-28 所示为“预置”对话框中的“内存与图像高速缓存（Image Cache)”选项。可通过“编辑（Windows 操作系统下）或 Photoshop（Mac OS x 操作系统下）> 预置 > 内

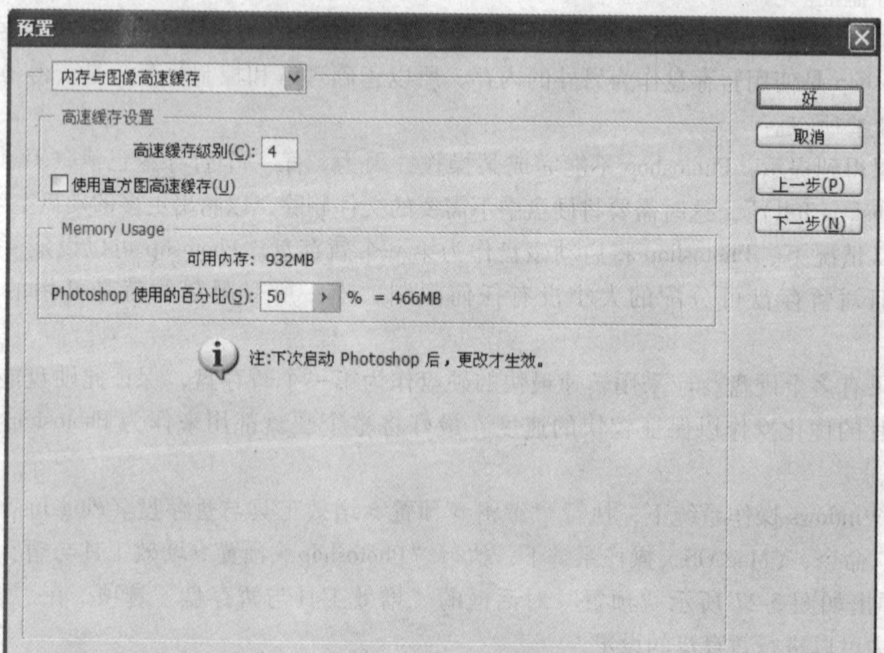

图 5-28 “内存与图像高速缓存（Image Cache)”选项

存和图像高速缓存”命令调出此对话框，或单击“预置”对话框中的“下一个（Next）”按钮切换到此对话框。Photoshop 使用缓存的图像来加快屏幕刷新的速度。缓存的图像是原图像的低分辨率的复制版，它存储在 RAM 中，高速缓存的级别为 1 ~ 8。当设定为 8 时，为最大缓存，提供最快的刷新时间。默认的缓存级别为 5，因为缓存的图像是存在 RAM 中，所以如果运行软件的内存较少，最好设定较小的缓存级别。

如果使用“直方图高速缓存”选项，直方图可显示得更快，但在直方图、色阶和阈值对话框中的准确性稍差。

四、内存

Adobe 建议内存量至少是正在处理图像的 3 ~ 5 倍，另外，最好还要有 5 ~ 10MB 的可用内存。Photoshop 所用的内存的数量可在 Photoshop 预置中（Windows 和 Mac OS x 用户）进行设定。

对于 Windows 和 Mac OS x 用户，默认状态下，Photoshop 使用的自由内存的数量有时是所有内存的 50%，有时是和剩余的暂存盘空间相同的内存量，一般是用这两者中较小的那个。也就是说，即使有 256MB 的内存空间，如果只有 16MB 的自由暂存盘空间，Photoshop 只会使用 16MB 内存，而不会使用其他更多的内存。这里所指的内存量是除去系统所占内存后的内存比例。

五、虚拟内存

虚拟内存（Virtual Memory）是将硬盘空间作为内存使用。虚拟内存的设定因操作系统的不同而不同，因为不同的操作系统是用不同的方式处理虚拟内存，并且它们和 Photoshop 自身的虚拟内存之间的作用方式也是不同的。

对于 Macintosh 的用户，Adobe 建议关闭虚拟内存，因为 Photoshop 作为暂存盘的空间可能被系统占用，这样会降低 Photoshop 的性能表现，然而，对于那些具有足够硬盘空间的 Macintosh 用户来讲，这些都是不需要担心的。

根据默认的情况，Photoshop 有大量的增效工具（Plug-ins），它们在“滤镜”菜单下可产生不同的特殊效果，也为 Photoshop 增加了一些有价值的功能，如可以读写不同的文件格式、输入和输出文件，甚至可以扫描。

增效工具被存放在 Photoshop 文件夹的“增效工具（Plug-Ins）”文件夹中，在增效工具文件夹中还会有子文件夹将不同的增效工具进行分类。当启动 Photoshop 时，它会搜寻增效工具文件夹。如果要指定另外的增效工具文件夹，则可以执行“编辑 > 预置 > 增效工具和暂存盘（Plug-ins&Scratch Disks）”（Windows 用户）或“Photoshop > 预置 > 增效工具和暂存盘”（Mac OS x 用户）命令，弹出如图 5-27 所示对话框，在其中选中“附加的增效工具文件夹”复选项，然后可弹出“浏览文件夹”窗口，可选择新的增效工具文件夹，当再次启动 Photoshop 的时候就会在“滤镜”菜单下看到新的增效工具文件夹中的命令。

六、将预设文件恢复到初始的设置

如图 5-29 所示的是软件内定的桌面显示情况，经过使用后，各种调板和工具的位置会发生变化。通常情况下，软件会将所做的变化存储起来，保证工作的延续性。下面介绍如何将 Adobe Photoshop 的设置恢复到软件默认的状态。

图 5-29　软件内定的桌面显示情况

在刚刚启动 Adobe Photoshop 时（此时软件还在启动过程中），同时按住下列 3 个键：Shift + Alt + Ctrl（Windows）/Shift + Option + Command（Mac OS），可弹出如图 5-30 所示的对话框，在此对话框中单击“是”按钮就可以删除 Adobe Photoshop 的预置文件，软件的所有设置都会恢复到初始的状态（当下次打开 Photoshop 时，Photoshop 会自动创建新的预置文件）。

图 5-30　删除设置文件对话框

第三节　显示器色彩校准

显示器色彩校准是使显示器和图像处理软件之间的色彩及亮度等参数达到一致，以使数字照片真实地显示在计算机屏幕上，这样，在处理过程中才能使色彩还原准确。

任何一台显示器，它屏幕的色彩都有不同程度的偏色、老化的问题。所以，大多数显示器，屏幕色彩都需要适当的色差修正。通过 Adobe Gamma 实用程序来校准显示器的对比度和亮度、灰度系数、色彩平衡和白场，以消除显示器显示时的色偏，使显示器的灰色尽可能成为中性色，以保证屏幕色彩的正确再现。通过这样的调整也使屏幕颜色与输出照片的颜色非常接近。

Adobe Gamma 是 Adobe Systems 公司在 Adobe PhotoShop 中标准配置的一个软件，可以简单、准确、方便地校正显示器的色彩。该软件中包括有显示屏的对比度、亮度、灰度系数、色彩平衡、白色点的测量以及调整等功能，实现了系统级的显示器的校正以及生成控制显示器工作的 ICC Profile，而 ICC Profile 则提供给那些需要它的应用软件。这些需要 ICC Profile 的应用软件包括 Adobe 公司的系列拳头产品，因此校准好其中某一个软件的色彩，也就意味着同时校准了其他相关的产品。下面是使用 Adobe Gamma 调整显示器色彩的过程：

1）首先让显示器接通电源 30min，使屏幕达到稳定工作状态。

2）使用接近标准色温 5500K 的灯光，最好光线稍稍偏暗。观看和处理数字照片的光源也要用同一光源，因为在不同色温的光源下观看同一照片，颜色会有所不同。

3）调整显示器屏幕的位置和高度，尽量避免光线直接照射到显示器屏幕上。

4）从 Windows 操作系统的“控制面板”里找到 Adobe Gamma 程序（见图 5-31），打开 Adobe Gamma 程序，可以通过它来调整的项目有亮度和对比度、RGB 各色的坐标、灰色系数、色温等。

图 5-31　Adobe Gamma 程序

5）在出现如图 5-32 所示的对话框中，选择 Step By Step（向导）方式进行设置。

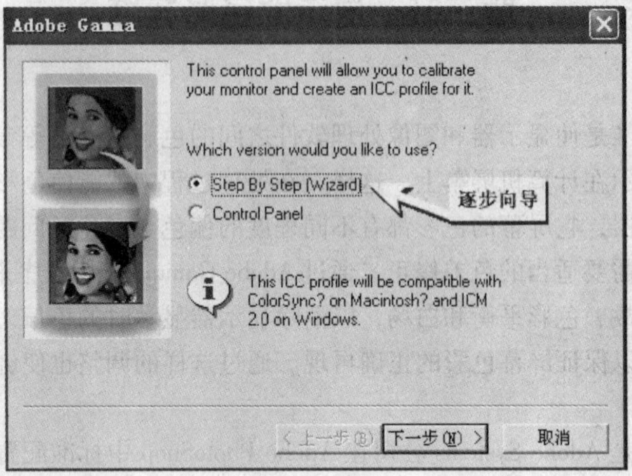

图 5-32　选择 Step By Step（向导）方式

6）如果有最适合自己显示器的 ICC Profile，可以单击 Load（导入）按钮进行选择，如图 5-33 所示。

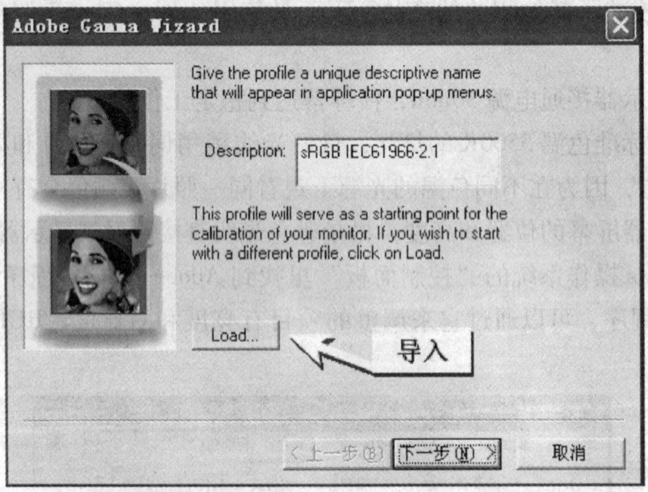

图 5-33　单击 Load（导入）按钮进行选择

7）在弹出的对话框中选择最适合的 ICC Profile（见图 5-34）。

一般来说，厂商配带的 ICC Profile 文件准确度较高，而且支持 ICC Profile 的其他应用软件也可以根据此控制色彩空间管理。但已有用户反映，有的品牌显示器使用配带的 ICC Profile 文件会出现明显偏色的现象，请在实际应用中注意。

8）调整亮度和对比度如图 5-35 所示。第一步，先将显示器的对比度调到最大（100%）；第二步，单击显示器上关于亮度调节的按钮，在对话框右边的黑色方格中间包含有一个灰色的小格子（图中鼠标所指处），调整亮度，使灰色方格尽可能的暗，以黑色方框和灰色刚好可以互相辨认出来为最佳效果。否则，显示器的亮度不是过暗就是过亮。

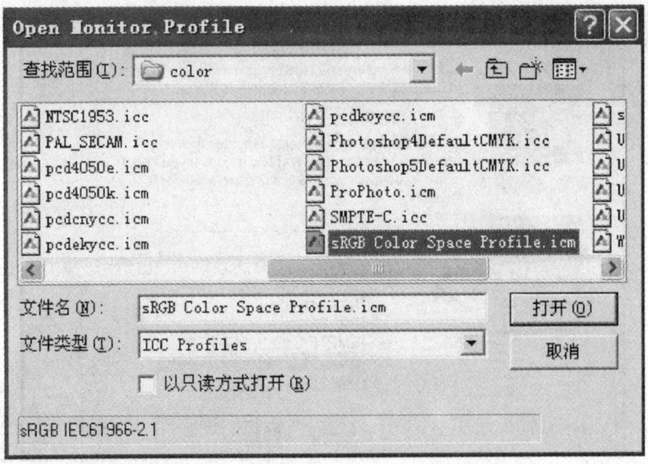

图 5-34 选择最适合自己显示器的 ICC Profile

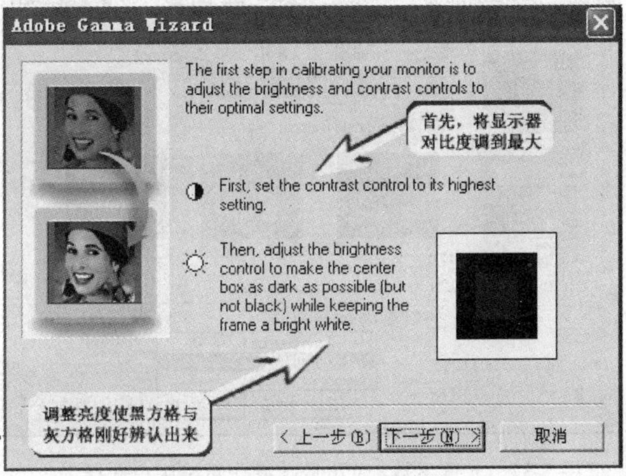

图 5-35 调整亮度，使灰色方格与黑色方框刚好可以互相辨认出来为最佳

9）接下来，在对话框中选择适合于显示器的 Phosphors（磷光粉）类型，如图 5-36 所示。由于不同的显示器制造商可能会选择不同的红、绿、蓝磷光粉，导致屏幕色彩差异。因此，对话框提示如果在此显示的磷光粉类型不正确，可以在下拉列表中选择一个用户自认为合适的。大多数情况下，厂商配带的 ICC Profile 文件都包含了正确的相关信息。

10）选择灰度系数。Windows 操作系统用户选择 2.2，Macintosh 用户选择 1.8，如图 5-37 所示。

11）设定显示器的硬件色温（白场）（见图 5-38）。建议在下拉列表中选择 6500K 的色温。因为这是平常太阳的色温，也与一般的荧光灯的色温值一致。如果用户不愿意使用这一色温值，还可以单击 Measure（测量）按钮进入自选画面。

12）Adobe Gamma 还允许除在显示器的硬件色温（白场）外再定义一个调整的色温值，如图 5-39 所示。

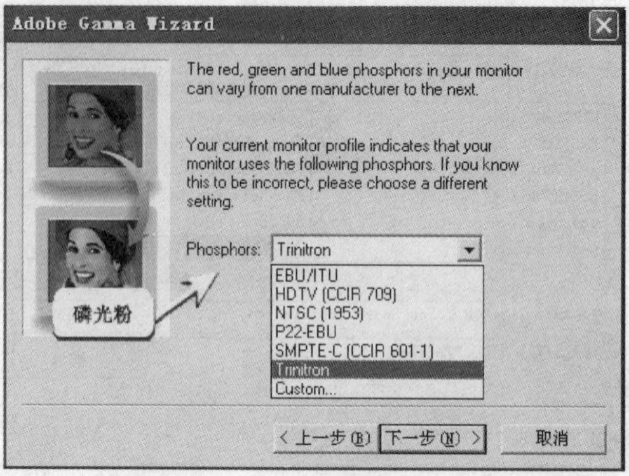

图 5-36　在下拉列表中选择 Phosphors（磷光粉）类型

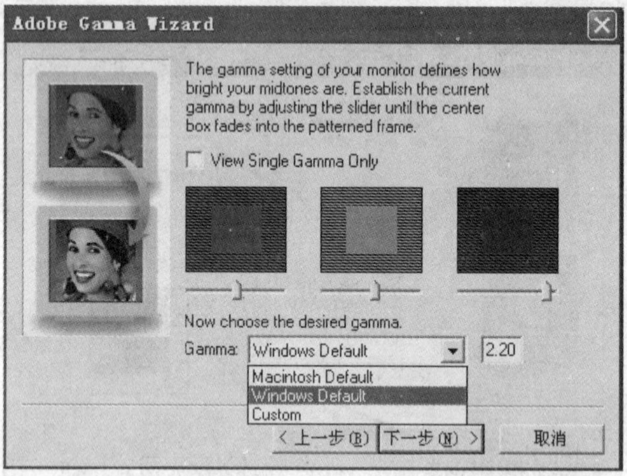

图 5-37　灰度系数，Windows 操作系统用户选择 2. 2

图 5-38　设定显示器的硬件色温，建议选择 6500K 色温

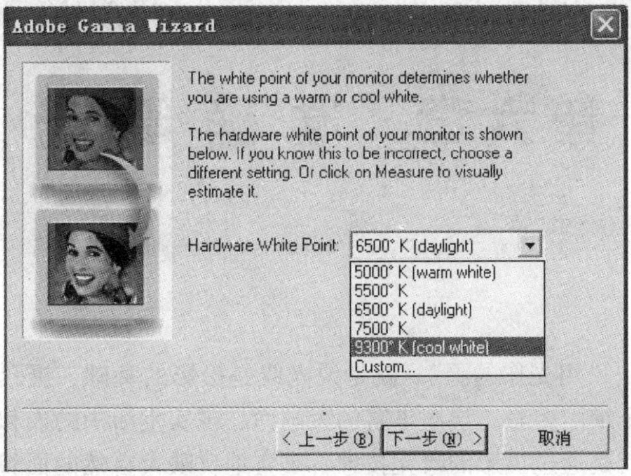

图 5-39　定义调整的色温值

13）在 Adobe Gamma 向导下完成了对屏幕色彩的调整。可以通过选择 Before（校准前）和 After（校准后）选项来查看更改前后的屏幕色彩有什么不同。然后单击“完成”按钮来保存设置，作为自己的 ICC Profile 文件，以供日后使用。

到此为止，完成了使用 Adobe Gamma 向导对屏幕色彩进行校准的全过程。如果没有其他的要求，现在的设置足可以胜任处理数字照片的要求了。另外，显示器的使用寿命、老化程度以及驱动程序的更新对显示的色彩表现都有影响，所以，一定要定期对显示器进行调整。

第六章　准确曝光

人们常说摄影是“用光作的画”。就是说光线是摄影的基础，摄影是依赖于光线而存在的。自然界是一个绚丽多彩、层次丰富的大画面，现实生活中的人和事物也具有丰富的影调。摄影的目的就是通过摄影的曝光技术，真实地反映大自然的面貌和各类事物，另外还可以通过巧妙的控制曝光，创作出新的视觉形象，来展示我们心中的世界。

然而，这些都取决于准确的曝光。曝光不准确的照片不能获得良好的视觉效果和艺术效果。摄影初学者，首先要学习摄影的准确曝光，最基本的要求是要掌握好曝光量。通过正确的曝光获得一幅理想的摄影作品。

第一节　曝　光

一、曝光

摄影时控制照相机的光圈和快门速度，让外界景物所反射的适量光线通过镜头到达图像传感器上形成影像，这个过程就称为曝光（Exposure）。曝光是否准确是由曝光量决定的。

二、曝光量

曝光量的科学定义是光线的强度乘以光线所作用的时间。定义中的“光线的强度”是指影像传感器接受光线照射的强度，即照度（以 I 代表照度，单位是勒克司）。定义中的“光线所作用的时间”是指影像传感器受光线照射的时间，即曝光时间（以 T 代表曝光时间，单位是秒）。曝光量的计算单位是勒克司·秒。以 E 代表曝光量，即可得到曝光公式如下：

$$E(\text{曝光量}) = I(\text{照度}) \times T(\text{曝光时间})$$

依据公式，若要取得一定量的曝光量，则光强度愈大，曝光时间愈短；光强度愈小，曝光时间愈长。如果光的强度增加一倍，曝光时间就需减少一半。假如光强度为 2，曝光时间为 4，曝光量则为 8；如果光强度为 4，曝光时间为 2，曝光量仍为 8。

三、准确曝光

准确曝光就是通过控制曝光量来还原与景物近似的明暗对比关系、色彩等。使拍摄的图像看起来更接近于真实的景物，也可以控制曝光量以达到理想的效果。可见，准确曝光不单单是技术问题，也是一个艺术问题。

准确曝光有两种含义：第一层含义是真实、客观地记录现场的光线、色彩、影调；第二层含义是正确表达作者的创作思想、意图和感情，使画面有较强的艺术感染力。

曝光准确时能得到清晰而真实的影像，曝光不足或曝光过度都会降低影像的质量。

（1）曝光过度

表现在照片上，影像浅淡，景物明亮部分全是白的，分不出层次，色彩亮度较高但饱和度差，像褪了色一样，如图 6-1 所示。

（2）曝光正确

表现在照片上清晰度高，色彩还原好，能够充分记录被摄景物的明暗关系及所有细节，同时被摄景物影调层次表现丰富，如图 6-2 所示。

（3）曝光不足

表现在照片上，影像灰暗，不通透，景物反差较小，暗部无层次，色彩不鲜艳，如图 6-3 所示。

图 6-1 曝光过度

图 6-2 曝光正确

图 6-3 曝光不足

使用数字相机拍摄时，影像的曝光量由影像传感器的感光度来决定。曝光的正确与否取决于拍摄时的照度以及曝光时间，照相机通过光圈和快门分别控制光照度和曝光时间。因此，决定曝光量的因素有光圈系数、快门速度和感光度。

四、曝光的宽容度

从最明亮到最黑暗有一定的范围，人眼所能看到的范围，远比影像传感器所能表现的范围大得多，而影像传感器所能表现的明暗范围就是感光宽容度。在逆光的条件下，人眼能看清背光的建筑物以及耀眼的天空云彩。而一旦拍摄出来，要么就是云彩颜色绚烂而建筑物变成了黑糊糊的剪影，要么就是建筑物色彩细节清楚而原本美丽的云彩却成了白色的一片。也就是说，在拍摄时，如果景物的亮度反差比较大，就有可能失去亮部和暗部的一些细节。

曝光的宽容度对于数字摄影来讲就是记录景物的亮度范围，是景物的最大亮度与景物的最小亮度之间的间距大小。

数字摄影的宽容度值为 1:32，较彩色片的 1:64. 黑白片的 1:128 都要小的多。也就是说它的宽容度比较小。

第二节　决定曝光量的因素

一、光圈

光圈具有控制曝光量、控制景深和影响成像质量等三方面的作用。其中控制曝光量是光圈最主要的作用（见图6-4）。在被摄物亮度一定的条件下，光圈越大（光圈系数越小），通光量越大，影像传感器所得到曝光量就越大；光圈越小（光圈系数越大），通光量越少，影像传感器所得到曝光量就越少。

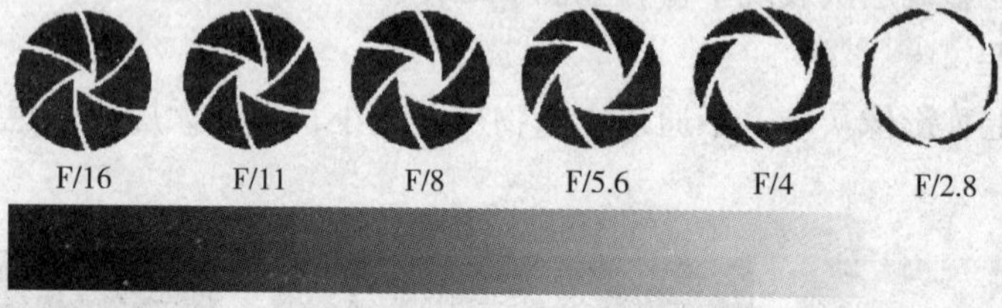

图6-4　光圈系数与光孔直径和进光照度的关系

调节光圈的孔径可以有效地控制曝光量，光圈的调节有两种方式：一种是光圈系数刻在镜头光圈调节环上，拍摄时转动光圈调节环，使需要的光圈系数值与镜头上的基线对齐，而且可以将各光圈挡位之间的任何位置与基线对齐，使光圈有1/2挡、1/3挡的变化；另一种是在相机机身上，在取景器菜单设置后，通过电路手动或自动控制镜头中光圈孔径的大小。

数字单反相机一般是在未按快门释放按钮时，无论光圈系数是哪一挡，光圈孔径都开到最大，这样便于取景、聚焦、测光时有足够的照度，只是在按下快门按钮曝光时，光圈孔径才收缩到所选定光圈系数对应的大小，曝光结束后，光圈孔径又开到最大。这种方式通常称为预置式光圈。

二、快门速度

快门是控制拍摄曝光时间的装置，通常由快门按钮操纵。快门开启，光线就可到达照相机内的影像传感器上。快门启闭的过程，通常就是拍摄曝光的过程。照相机是利用快门开启时间的长短来控制曝光时间，进而控制曝光量。快门愈快，曝光时间愈短；快门愈慢，曝光时间愈长。

1. 快门速度

快门速度是数字相机快门的重要参数，快门的速度值一般为1、2、4、8、16、30、60、126、260、600、1000、2000、4000、8000等，这些快门速度分别表示快门开启时间为1s、1/2s、1/4s、1/8s、…、1/8000s，即所标快门速度表示实际快门开启时间（单位为秒）的倒数，快门速度值越大，快门开启时间越短，部分照相机还有小于 1s 的快门速度档。照相机档次越高，快门速度档位越多，适合拍摄的范围越广。

有的数字相机还有 B 档、T 档快门。它们都是供长时间曝光使用的。处于 B 档时，将快门按钮按到底，快门即开。松开快门按钮，快门则关闭，持续将快门按钮按到底的时间即为曝光时间。在 T 档下，快门按钮按到底，快门即开启，再次按快门按钮，快门则关闭。

B 档、T 档快门功能，可以决定曝光时间的长短，拍摄弹性更高，不过目前大多数的低档数字相机都还不能支持，最多提供如 2s、8s、16s 等较慢速度的默认值。

通常普通数字相机的快门大多在 1/8～1/1000s 之内，基本上可以应付大多数的日常拍摄。快门不单要看“快”还要看“慢”，比如有的数字相机最长具有 16s 的快门，用来拍夜景足够了，然而快门太长也会增加数字照片的“噪点”，就是照片中会出现杂条纹。

数字相机除了具有自动拍摄模式外，还具有快门优先模式，就是由用户决定快门的速度，然后数字相机根据环境计算出合适的光圈大小来。所以，快门优先模式就比较适合拍摄移动的物体，特别是数字相机对振动是很敏感的，在曝光过程中即使轻微地晃动相机都会产生模糊的照片，在使用长焦距时这种情况更明显。选择较快的快门速度可以避免照片模糊。

2. 快门的使用

数字相机有一个两段式快门释放按钮。当半按快门释放按钮时，相机将设定对焦和曝光。若持续半按下快门则对焦和曝光将保持锁定。若要释放快门，需完全按下快门（见图 6-5）。

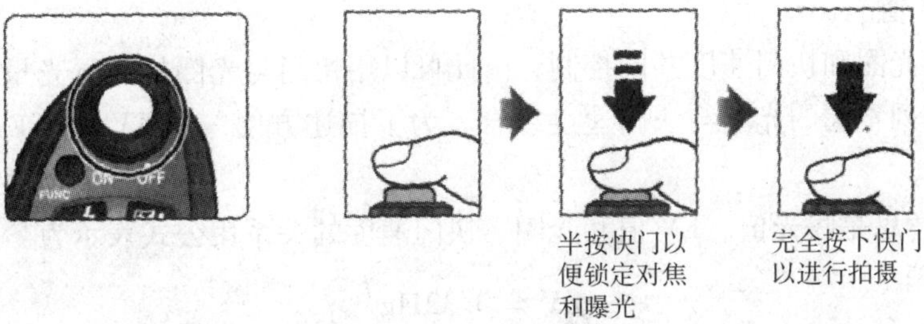

图 6-5　两段式快门释放按钮的操作

三、感光度

数字相机中的感光度是度量影像传感器对光线作用敏感程度的指标，它决定了拍摄所需曝光量的多少。感光度数值越高，表示影像传感器对光线越敏感，拍摄时所需的曝光量越少。

1. 感光度的表示方法

数字相机的感光度沿用胶卷的表示方法，用国际标准的感光度（International Standard Organization，ISO）表示，一般其缩略形式为 ISO100、ISO200、ISO400、ISO800、

ISO1600、ISO3200 等。ISO 数值越大，表示影像传感器对光线越敏感，需要的曝光量就越少。ISO 数值提高几倍，所需曝光量减为几分之一。比如，ISO1600 拍摄所需曝光量为 ISO100 曝光量的 1/16。

2. 感光度对曝光的影响

ISO 数值的大小，会对曝光产生一定的影响。ISO 数值越高，影像传感器能够按比例记录被摄体明暗范围越大，也就是宽容度越大；ISO 数值越高，反差系数越小。反差系数 = 影像反差 ÷ 景物反差。ISO 数值越高，噪点越多。噪点直接影响数字照片放大后的效果，噪点越少放大照片后，画面质量越优秀。

影像传感器的感光度也就是数字相机的感光度。低、中、高档数字相机的感光度一般都是可变的，而且档次越高的数字相机，往往感光度可变化的范围越大。高的 ISO 值达数千，低的 ISO 值在 10 以下。不同的 ISO 数值有不同的性能特点，通常在 ISO 数值低（例如 ISO100）的条件下拍摄，影像的噪音水平较低，所得到的照片的颗粒细腻、清晰度高。在 ISO 400 以及更高的感光度的条件下拍摄，适合于室内或暗弱光线下抓取瞬间影像。数字相机还有一个优于胶卷的特点，在拍摄的过程中可以随时改变 ISO 值（见图 6-6），以适应不同的光线环境。

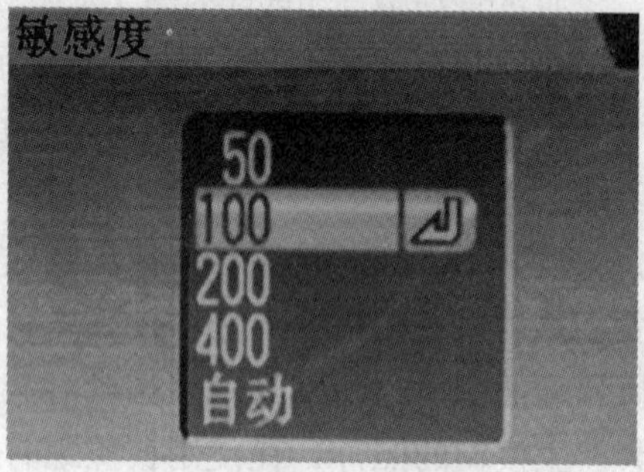

图 6-6　在数字相机的菜单中随时可调节 ISO 值

四、曝光组合

（一）EV 值

曝光量由光圈和快门速度共同控制，由此可以用快门与光圈描述曝光量。相同的曝光量可以有一系列不同的光圈与快门速度组合。为了描述方便，用 EV 值（Exposure Value）加以简单表示。

EV 值的意思是曝光值。EV 值和光圈、快门速度的关系用公式表示为

$$\mathrm{EV} = 3.321\lg\frac{f^2}{t}$$

以 10 为底的对数换成以 2 为底的对数差 3.321 倍，参见书末附录。

光圈为 F/4、快门速度为 1/60s 的曝光组合的 EV 值为

$$\mathrm{EV} = 3.321\lg\frac{4^2}{\frac{1}{60}} = 3.321\lg(16\times 60) = 10$$

同理，可以求得光圈为 F/5.6、快门速度为 1/30s，光圈为 F/2.8 快门速度为 1/125s，光圈为 F/8、快门速度为 1/15s 的曝光组合以及所有曝光量与光圈为 F/4、快门速度为 1/60s等价的曝光组合，它们的 EV 值也是 10。也就是说，EV 值相同，曝光量也就相同。表 6-1 列出了不同光圈、快门速度所对应的 EV 值。

表 6-1　不同光圈、快门速度所对应的 EV 值

t \ EV 值 \ F	1	1.4	2	2.8	4	5.6	8	11	16	22	32
1	0	1	2	3	4	5	6	7	8	9	10
1/2	1	2	3	4	5	6	7	8	9	10	11
1/4	2	3	4	5	6	7	8	9	10	11	12
1/8	3	4	5	6	7	8	9	10	11	12	13
1/15	4	5	6	7	8	9	10	11	12	13	14
1/30	5	6	7	8	9	10	11	12	13	14	15
1/60	6	7	8	9	10	11	12	13	14	15	16
1/125	7	8	9	10	11	12	13	14	15	16	17
1/250	8	9	10	11	12	13	14	15	16	17	18
1/500	9	10	11	12	13	14	15	16	17	18	19
1/1000	10	11	12	13	14	15	16	17	18	19	20

用 EV 值表可以很方便地找到同一曝光量的不同曝光组合。EV 值相差 1，则曝光量相差一挡或者相差一级光圈。EV 值也可以用来表示照相机的一些技术指标，以及表明照相机测光表的测光范围。大多数测光表也以 EV 值来显示所测得的亮度或照度。

EV 值也可以不是整数。例如，光圈为 F/6.7、快门速度为 1/125s，则 EV 值为 12.5。

（二）**倒易律**

拍摄时，要使画面得到准确曝光，需要合适的时间让一定量的光照射到影像传感器上。这就要求光圈、快门及感光度三方面的组合运用。在曝光量不变的情况下，曝光量取决于光圈、快门的数值。光圈和快门在控制曝光量方面有配合与制约的作用。控制曝光量时，可以根据不同的需求来选择光圈系数与快门速度，在选定一组准确曝光组合的情况下，将光圈开大几档后再将快门速度加快同样的档数，曝光量不变。光圈与快门之间的此种关系称为倒易律。

倒易律的存在，使任何拍摄条件下都有若干组准确曝光的光圈系数与快门速度的组合。如在同一拍摄条件下：F/2，1/4000s、F/2.8，1/2000s、F/4，1/1000s、F/5.6，1/500s、F/8，1/250s、F/11，1/125s、F/16，1/60s、F/22，1/30s、F/32，1/16s 等，都是具有相同曝光量的曝光组合。

以上每种光圈快门的组合体现在影像传感器上的影调层次、色调还原是一样的，不同的是光圈的大小形成不同的景深，快门速度的快慢体现动体影像不同的动感。

第三节 手动曝光

手动调整曝光组合来控制曝光，可以得到理想的照片效果。如大光圈可以得到浅景深（见图6-7），利于突出主题；快速度可以凝固运动物体（见图6-8），慢快门可以感觉水在流动（见图6-9）。利用自动曝光往往得不到满意的效果。还有像高调、低调及特殊光线下的照片，必须通过手动曝光才能得到理想结果。专业摄影师更愿意采用手动控制，因为这样才能发挥他们的聪明才智，利用丰富的想像力，拍摄出质量更好，艺术水准更高的照片。

图 6-7 大光圈的拍摄效果

图 6-8 快速度拍摄运动物体

图 6-9 慢快门拍摄流水的效果

手动曝光是指拍摄时的光圈系数和快门速度组合靠人为选择设置。一般应该了解感光度的设置和预设曝光组合等问题。

一、设置感光度

测光之前在照相机上必须首先设置感光度。其目的是使照相机的指示机构确定拍摄时需要多少曝光量。传统相机是将相机上的感光度指示调至与所装胶卷的感光度一致，而数字相机，只要在可用感光度范围内将感光度设置到合适的数值上即可，通常设置于可用的最低或较低值。

二、预设曝光组合

预设曝光组合时，首先要考虑光圈系数和快门速度这两项中优先确定哪一项，根据拍摄要达到的效果和以往的经验，往往要考虑如下因素：

1）手持相机拍摄时，应优先选择较高的快门速度。一般不要低于1/30s。

2）拍摄动体，应优先确定快门速度，一般用较快的快门速度能在画面上清晰凝固运动影像。

3）对拍摄景深有特殊要求时，应优先确定光圈系数。

4）要求拍摄清晰度非常高的画面时，通常优先选择适中的光圈系数，即利用最佳光圈拍摄。每个摄影镜头都有一个最佳光圈值，一般是最大光圈低两档的位置。例如，一个镜头的最大光圈是F/2.8，那么镜头的最佳光圈是F/5.6或F/8。

手动曝光的关键，是摄影者灵活应用曝光的方法，无论在什么条件下拍摄，都必须使数字相机的影像传感器得到合适的曝光量。

第四节 自动曝光

自动曝光（Auto Exposure，AE）是指照相机能根据自身测光获得的亮度值，自动选定拍摄用光圈系数和快门速度，或拍摄者选择光圈系数和快门速度两项中的一项后，照相机自动设定另一项，从而获得准确曝光的曝光方式。

一、自动测光模式

（一）自动测光的原理

自动测光模式的原理是被摄体按基准反光率18%的中灰色调进行测光，即不管把数字相机对准什么色调的物体进行测光，它都“认为”被摄对象是18%的中灰色调，并且提供再现18%的中灰色调的曝光量，所以只能把反光率为18%的中灰色调表现得正确。

这样拍摄时，如果被摄对象是18%反光率的中灰色调，包括各种景物的综合亮度是呈18%中灰色调时，按照照相机测光读数给出的曝光组合就能产生正确的曝光。在平时正常光线照射的情况下，可以正确还原我们看到的景物。这是因为在均匀的光线照射下，被摄景物中亮色调、中间色调以及暗色调混合后，会产生一种反射率接近18%的中灰色调，所以按照照相机测光表提供的数据拍摄能得到正确的曝光。

照相机测光表是没有视觉的。例如，对准白色物体或黑色物体时，它不能感觉物体是白色的或是黑色的，应该再现为白色或黑色，照相机测光表所能做的，只是指出测光对象的亮度有多大，然后指出把这种测光亮度再现为18%中灰色调需要怎样的曝光组合。

当被摄体以浅亮色调为主，或位于如天空、波光粼粼的水面、雪地、白墙等大面积亮背景前拍摄，或逆光拍摄时，按照测光表获得的数据曝光通常会产生曝光不足的现象。这是因为将照相机测光表对准一堆白雪测光时，它不认为白雪是白色的，而认为白雪是18%的灰色，并提供把白雪再现为灰色调所需的曝光数据，从而白雪被拍成灰色的雪，产生曝光不足，如图6-10所示。在实际拍摄时，为获得准确的影调和色彩再现，需要增加1~2挡的曝光量，图6-11所示是在测光数据基础上增加两挡曝光量拍摄的，白雪颜色还原正常。

图 6-10　曝光不足

图 6-11　曝光正确

当被摄体以暗色调为主，或主体位于大面积深暗背景前拍摄时，按照测光表获得数据曝光通常会产生曝光过度的现象。这是因为把反射式测光表对准暗色调主体测光时，它认为黑色半导体是18%的灰色，并提供把黑色再现为灰色调所需的曝光量，从而黑色半导体被拍成“灰色半导体”，产生曝光过度，如图 6-12 所示。在实际拍摄时，需要减少 1～2 挡的曝光量才能产生正确的曝光，图 6-13 是在测光数据的基础上减少 1.5 档曝光量拍摄的，黑颜色还原正常。

图 6-12　曝光过度

图 6-13　曝光正确

（二）自动测光模式

一般的数字相机都设有多种测光模式，以满足不同的拍摄需要，它们的区别在于测光区域在整个画面中所占的比例不同。常见的测光模式有：平均测光、中央重点测光、点测光和多区域评估测光等几种模式。下面介绍几种常见的测光模式。

1. 平均测光

平均测光系统是对整个画面测光（见图 6-14），由此计算出平均值。通常在大多数拍摄场合，可以拍摄出曝光量合适的照片。但在画面反差比较大、出现大面积较亮或较暗的背景时，会出现明显的曝光不足或过度的现象。这可以用曝光补偿来解决。

2. 中央重点测光

中央重点测光的测光区域偏重画面中央（见图 6-15），其余画面给予平均测光。基本上以主体为重，同时适当兼顾主体与背景的关系。该模式比较适用于特写花卉、半身人像、产品静物等题材。至于测光时中央面积的大小，因相机不同而异，一般约占全画面的 20% ~30%，而尼康 D1X 和 D1H 在该模式测光时，76% 的感光度集中在中央 8mm 直径的圆形中。这也是比较实用的测光方法，适合的对象也比较广泛。因为相对来说，一般摄影者在拍摄时都会将主体安排在画面中心部位。要是主体明显偏向一侧，或者中间亮度在整个画面中明显偏亮、偏暗，不具代表性亮度时，不宜使用该模式。

图 6-14 平均测光系统示意图

图 6-15 中央重点测光示意图

3. 点测光

点测光的测光区域限于画面中央很小的位置（见图 6-16），一般 400 万像素及以上的相机都有点测光功能。有些相机为了满足专业摄影对曝光有极其严格的要求，点测光的角度很小，如尼康 D1X 和 D1H 相机的点测光，测光范围集中在 4mm 的圆圈内，相当于占整个画面的 3%，摄影者可以随心所欲地选择非常独立的测光内容，选择的“点”非常精确。这主要是为了满足在背景与主体亮度差异悬殊的环境中，确保摄影者完全按照自己意愿曝光的需要。

4. 多区域评估测光

多区域评估测光系统将拍摄的画面分割成许多小区域分别测光（见图 6-17），再综合计算平均值，得出最佳曝光值。它是模拟日常拍摄时的典型光线环境进行判断的，不同相

图 6-16 点测光示意图

图 6-17 多区域评估测光示意图

机测光区域的形状和划分区域的方式不尽相同，如尼康的COOLPIX系列相机，从776型到8800型都有266区域的矩阵测光模式。多区域评估测光主要参照主体的位置，决定每个区域的测光加权比重，经全面衡量后再决定曝光值，这是种实用性很强的比较科学的测光方式，常见的风光摄影、旅游摄影以及家庭生活摄影等使用该模式测光，基本上都能得到准确的曝光。

（三）自动测光要注意的问题

1. 使用“点测光”

在几种测光方式中，“点测光”是比较难掌握的。但它也是摄影创作的一个最有力的测光模式。它的特点是完全不考虑被摄对象其他部位的亮度。只考虑选择的测光点，这就需要摄影者知道什么样的“点”是主要表现对象，应该被还原为何种亮度。要是选择的“点”亮度过低，将曝光过度；要是选择的“点”亮度过高，将曝光不足。使用该模式主要凭摄影者的实践经验来把握。掌握好该模式可以使摄影者拍摄出优秀的作品。

拍摄较亮或较暗的特殊对象时，使用点测光模式可以保证被摄对象影调还原正确。相机的测光装置只对画面中相当小的范围测光而不受其他区域亮度的影响，不过这要求摄影者具有比较丰富的摄影经验，要能够辨别画面中哪些部位的亮度符合18%的反光率，要具备选择典型亮度的能力，如选择部位不当反而容易导致曝光不准。

2. 测光要选择合适的对象

测光时要具体情况具体分析，如果是拍摄近景，在测光时要防止黑色物体以及比较黑暗部位的影响而导致曝光过度；如果是拍摄远景，就要防止因为天空高亮度，或江河湖海水面高亮度的影响而导致曝光不足。很显然，曝光不足会损失一些暗部的细节层次。而曝光过度时暗部虽然有层次，但是高光部分就呈现一片白色。

拍摄任何内容都把主要表现对象作为主体，一般暗主体要配亮背景，亮主体要配暗背景，这是一种常用的摄影表现手法，因为主体与背景有一定的反差时，主体才显得比较突出。在测光时保证主体曝光准确，这有利于提高两者之间的反差。在测光时要尽可能将主体充满相机取景框，至少要充满相机的测光区域。这样拍摄的结果主体曝光才能准确。

3. 使用替代物测光

在拍摄比较复杂的对象时，为了得到合适曝光量，常常采用替代测光的方式，即在同样光照条件下，寻找合适的替代物测光，如洋灰地、浅色牛皮纸、红砖墙或人的手背等作曝光参考依据。因为这些东西在黑白照片中呈现中性灰，相当于18%的反光率。经实践证明，这种测光方法拍摄的照片都能较好地表现出应有的影调和层次。

4. 测光时要注意图像的基本影调

图像有不同的影调之分，有的是高调（即主要为白色或者浅色调对象），有的是低调（即主要为深色调或黑色对象）在测光时要区别对待，不同影调的图像对测光的要求有所不同。

高调效果主要表现出浅色调中的层次，要避免曝光不足；如果是低调效果，主要是表现深色调中的层次，要防止曝光过度。

5. 初学者的常用模式

尽管数字相机有多种测光模式，但有些模式在使用时需要摄影者有相当的摄影知识，需要对相机的测光原理等有比较明确的了解，否则的话，结果适得其反。对于一般缺乏经验者来说，建议拍摄时多使用“多区域评估测光”模式，它能根据主体与背景的亮度全面均衡，以提供比较适度的曝光值，属于比较省事也比较可靠的“傻瓜”模式。当主体在画面中间，而且所占比例较大时，不妨选择“中央重点测光”模式，这样得到的曝光将更加准确。

所有照相机上的测光曝光系统在设计时，都是将物体的反光率假定为18%。18%反光率是测光的最基本特性。18%反光率的测光基本特性，对摄影测光、曝光提出了特殊要求，意味着拍摄时必须注意被测物体的选择和测光方法的合理运用。

要想拍出曝光准确的数字照片，首先要学会测光。数字相机感光器件曝光的宽容度比胶片中的负片小得多，差不多相当于胶片中反转片的宽容度，所以对曝光准确与否的要求是比较高的，只有曝光准确才能得到高质量的图像。手动曝光和所有的自动曝光都是以测光作为基础的，控制曝光的关键是了解测光特性，掌握并灵活运用各种测光方法。

二、自动曝光模式

自动曝光分为自动曝光、程序式自动曝光、光圈先决式自动曝光、速度先决式自动曝光、图标式自动曝光等几类形式，在大多数照相机上是多种自动曝光形式并存。

（一）自动曝光

自动曝光一般是数字相机的默认设置，在这种曝光模式下相机将自动控制拍摄曝光，相机可根据景物反射回来的光线强度自动设置光圈值和快门速度。曝光控制主要用来调节景物整体亮度，如果拍摄对象过于黯淡，可以调节曝光补偿标尺来增加亮度。高端数字相机在每个方向都可以支持2~3级（以1/3EV增进）调节，其他较低价位数码相机在支持1~2级（以1/2EV增进）调节。

通常相机自动测光区域的反光率都是18%，这个数值来源是根据自然景物中中间调（灰色调）的反光表现而定，如果取景画面中白色调居多，那么反射光线将超过18%，而如果是黑色场景，可能反光率只有百分之几。那么，对整个画面而言，准确的测光应以中间调为准，而非高光区域或者暗部。但是，数字照片的特点是一旦出现局部过曝，出现高光溢出（超过感光器可以记录的亮度线性范围）后期难以挽回，因为高光溢出的部分是无法区分的。而相对高光溢出，暗部比较容易被记录（当然也要看相机的档次，暗部细节是否丰富是衡量相机优劣的标准之一）。

因此，欠曝的照片后期处理时比较容易“拉”上来，因此数字照片一贯有“宁欠误过”的传统。如果对着较亮的地方测光，相机自然会自动缩小光圈或者提高快门速度，自然就不会因为曝光过度而引起高光溢出了。但这样的方法只适用于高光与暗部光比不是很大的场合，如果亮的地方与暗的地方反差极大，且分布有规律的话（比如，天空很亮，地面很暗），就要使用偏振镜、渐变镜等特殊滤镜来解决这个反差；如果光线明暗反差大且分布没有规律，那只能照顾主体区域的层次了。

有些高端机型还支持自动包围式曝光模式，在这种模式下相机可以选定曝光设置附近拍摄一组图像，许多机型都支持以选定曝光设置附近连续拍摄 3 张图像，也有些机型支持连续拍摄 6 张图像，有些高端机型还支持用户自定义光圈值和快门速度。还有一种较好的拍摄选择模式，在这种模式下，相机可在短时间内连续拍摄 4 张或 9 张图像，每张图像都采用差别极其细微的白平衡或曝光设置，这一功能与自动包围式曝光极为相似，在这种模式下相机能自动选择曝光效果和锐度最为出色的图像。

（二）程序式自动曝光

程序式自动曝光（Programmed AE）在相机上用 P 表示，是由相机按预先设计好的程序自动选择光圈系数和快门速度的自动曝光模式。

程序式 AE 的优点是不必人为设定光圈系数和快门速度，可让拍摄者在拍摄时能全身心地投入构图等方面的操作，尤其适合抢拍突发事件。

相机的基本曝光程序是大光圈高速快门程序。如此单一的程序无法满足多样化的拍摄需求，因而在许多相机上还有多重程序、程序偏移、专业程序选择和图标式程序等。

程序偏移（Shifiing Program）又称弹性自动程序（Flexible Program），在相机上以 P 表示，是相机处于程序式 AE 时，可通过转盘使光圈系数或快门速度偏移程序曲线，与此同时，相机自动改变快门速度或光圈系数以维持正确的曝光。

（三）光圈优先式自动曝光

光圈优先式自动曝光（Aperture Priority AE）又称光圈先决式自动曝光，在相机上用 A 或 Av 表示，是由拍摄者人为选择设置拍摄时的光圈系数，由照相机根据感光度、已选定的光圈系数和测得的景物亮度等信息，自动确定准确曝光的快门速度的自动曝光模式，也即光圈系数手动设定、快门速度自动选择的曝光方式。

光圈优先式自动曝光适合需优先考虑景深的拍摄。

在光圈优先式自动曝光模式下，人为选择设置光圈系数后（或在将快门按钮按到第一行程时），多数相机会显示出自动选择的快门速度值。这时，拍摄者必须关注显示的快门速度值，当显示的快门速度太快或太慢，不适于题材表现时，应通过重新选择光圈来改变曝光组合。

（四）速度优先式自动曝光

速度优先式自动曝光（Shutter Priority AE）又称快门先决式 AE、时间优先式 AE、快门优先式 AE，在相机上用 S 或 Tv 表示，是由拍摄者人为选择设置拍摄时的快门速度，由相机根据感光度、已选定的快门速度和测得的景物亮度等信息，自动选择准确曝光所要求的光圈系数的自动曝光模式，即快门速度手动设置、光圈系数由照相机自动选择的曝光方式。速度优先式自动曝光特别适用于动体拍摄。

（五）场景式自动曝光

场景式程序（SCENE）又称图标模式（见图 6-18），是将每类拍摄题材抽象为一种拍摄模式，并用相应的图标与之对应，当拍摄某种题材时，只要选择相应的图标，即可启动对应的程序拍摄。

图 6-18　场景式自动曝光的图标

场景式程序使各类特定题材下拍摄曝光的准确性问题，以及拍摄各类题材在技术上的最佳表现的问题得到了较好的解决。

1. 肖像模式

肖像模式（Portrait Mode）又称肖像图标模式、人像模式，是专用于人物肖像拍摄的模式。肖像模式对应的程序为大光圈程序，以得到较小的景深，使清晰的人物与虚糊的背景形成鲜明的对比，使人物形象格外突出。有些数字相机提供的肖像模式还能自动更改拍摄时的对比度，并强化柔化效果，使人像作品更富艺术韵味。

2. 风景模式

风景模式（Landscape Mode）用于一般风光拍摄，多标识为简化的山峰，是小光圈程序。选定风光模式时，数字相机会把光圈调到最小以增加景深，对焦也变成无限远，从而加强画面的纵深感。所拍摄的画面景深非常大，可使远近景物在画面上得到清晰的表现，尤适合拍摄深远辽阔、一望无际的自然景色。

3. 运动模式

运动模式（Sports Mode）是专用于动体拍摄的较快的快门速度与大光圈结合的程序，多标识为运动的人体。该模式主要用于拍摄高速移动的物体，选择该模式数字相机会提高快门速度，或提高ISO感光值，可在画面上凝固快速运动的主体，使所摄画面上的动体保持清晰。

4. 动感模式

动感模式（Panning Mode）是供拍摄动体使用的低快门速度程序，通常与追随拍摄连用来获取特殊的动感效果。该模式还用于拍摄流动的物体来制造柔和的效果，如小溪或河流，最好配合三脚架进行拍摄，否则会产生严重的模糊现象。

5. 近摄模式

近摄模式（Close-up Mode）是专用于近距离拍摄的模式。该模式用较大的光圈拍摄，使画面上的主体突显在模糊的背景上。在许多照相机上，近摄和微距功能用小花的图标表示。

6. 夜景肖像模式

夜景肖像模式（Night Portrait Mode）专用于弱光条件下拍人物肖像。该图标下，照相机自动处于慢速闪光同步功能拍摄，以利用闪光灯的照明，使人物准确曝光，利用长时间的曝光使背景在画面上充分展示，使主体与背景的影调得到较好的平衡，避免通常夜景闪光拍摄的画面背景漆黑一片的现象。

7. 夜景风光模式

夜景风光模式（Night Landscape Mode）专用于拍摄夜幕下的远距离风光，一般是自动聚焦于无穷远，取消闪光，并采用较慢的快门速度拍摄。

8. 逆光模式

逆光模式（Backlight Mode）专用于逆光下拍摄。在逆光的情况下，选择该模式，相机会采用重点测光以增强曝光的准确性，并适当增加曝光补偿和使用闪光灯，可使逆光下的主体准确曝光。要拍摄逆光下的剪影效果时，不能将相机置于逆光图标下拍摄。

9. 翻拍模式

翻拍模式（Copy Mode）专用于翻拍黑白件。在翻拍图标下，加大了翻拍影像黑与白之间的反差，使白背景上的文字表现得非常清晰，即不只是如实复制，而是加了夸张、校正功能。

10. 焰火模式

焰火模式（Fireworks Show Mode）专用于燃放焰火的拍摄。该模式下通常是自动聚焦于无穷远，启用小光圈拍摄以得到大的景深，并将曝光时间自动设于 2s 左右。

11. 沙滩/雪景模式

沙滩/雪景模式（Beach/Snow Mode）用于强反光环境下拍摄。该图标下会在测光的基础上自动增加一些曝光。

12. 全景模式

拍摄山脉、大海、广场等宽幅度的画面时，可选定该模式，数字相机会在每张照片后留出多余位置，相机将自动侦察照片之间的重叠部分，并将多张照片组成一张宽幅风景照。使用该模式时要注意使画面之间重叠的部分达到 30% 以上，最好是使用三脚架的云台，在相机没有发生垂直位移的情况下水平地转动相机。

三、曝光补偿

曝光补偿（Exposure Compensation）既指相机上可让拍摄者对曝光量进行修正、调整的装置，又表示对曝光量进行调整的操作。几乎所有的中高档自动曝光相机都可进行曝光调整，曝光补偿的量用 + 、 - 与数值的结合表示。 + 表示在自动曝光的基础之上增加曝光量， - 表示减少曝光量，相应的数字为补偿曝光的级数，改变 1EV 表示曝光量改变 1 档。

在不同的相机上，启用曝光补偿的方式不同，有的利用专用的曝光补偿盘，有的借助于曝光补偿钮与主辅盘的结合，有的通过选择菜单命令。曝光补偿功能在许多数字相机上用表示。

相机上的曝光补偿装置只是为补偿曝光提供了可能性，但在什么条件下拍摄要进行补偿以及补偿量多少才恰到好处，都要由拍摄者根据经验来决定。拍摄者只有在对相机的测光模式、测光特性以及物体反光率非常了解的情况下，才能正确进行曝光补偿。

根据拍摄对象的实际反光率，在测光的基础上根据经验进行曝光量的补偿，在使用自动曝光功能的基础上利用相机曝光补偿功能来适当增减曝光量。当拍摄的景物接近于白色，例如雪景或构图中大部分为白色或浅色调对象时，可进行正补偿曝光，一般拍摄白色物体时可设定为 +2EV，即相当于按照一般相机测光指示再曝光过度 2 档；当拍摄普通的草地、中性灰的建筑物等，一般不需设定曝光补偿；当拍摄的景物接近于黑色，如黑色或深色调的夜空等场景，可设定为 -1.6EV 或者更多，即按测定平均曝光减少 1~2 档，这样可以确保拍摄后的深色调景物仍然具有相应的影调，不至于曝光过度。在作曝光补偿时，未必使用相差 1~2 档曝光量，有时候作细微的曝光补偿也非常重要，例如 +0.3EV 或 -0.3EV。

需要正补偿（增加曝光量）的题材（见图6-19）主要有：穿白色衣服的人物、白色的花卉、雪景、浅色的天空、云彩、反光的河流湖泊、白色的瀑布、以天空为背景的对象、浅色调的建筑物、在浅色调背景前留影的人物、翻拍的中国书法或者很淡雅的山水画等。

图6-19　需要正补偿的拍摄题材

需要作负补偿（减少曝光量）的题材（见图6-20）主要有：穿黑色衣服的人、站在深色树林前的全身人像（不包括半身人像，半身人像主要受被摄对象服装亮度的影响）、天空面积比较大的夜景、焰火、紫色或深色调的花卉特写、以反映轮廓光为主的逆光场景、影调深沉的河流或深潭、夏天墨绿色的树叶、翻拍的黑底白字碑帖以及漆器工艺品等。

图6-20　需要作负补偿的拍摄题材

一般数字相机上都有+2 EV～－2 EV的曝光补偿，不过现在一些高级的专业单镜头反光数字相机如尼康D 1相机的曝光补偿已达到了从+6EV～－6EV，以满足更加复杂的拍摄条件的需要，使用者只要根据实际情况作相应的补偿选择，就可以拍摄到完全符合自己意愿的效果来。

第五节　曝光的后期调整

用数字相机拍摄的图像，其中有一些在对比度、亮度等方面可能不那么令人满意，这时，可以用后期制作软件进行调整。下面介绍用Photoshop软件对图像的亮度、对比度调整的几种方法。

一、使用【Histogram 直方图】命令检查图像

直方图显示像素如何在图像中分布，以及图像在暗调（在直方图的左边部分显示）、中间调（在中间部分显示）和高光（在右边部分显示）中是否包含足够的细节，以便产生较好的校正。

要检查图像的直方图，首先打开要检查的图像，然后选取【Image（图像）】/【Histogram 直方图】命令，将显示当前图像的直方图。图 6-21 显示了“直方图”对话框。直方图的 X 轴表示从最左边的最暗（0）到最右边的最亮（266）的颜色值，Y 轴表示给定值的像素总数。如果选择部分图像，则直方图仅表示所选的像素。

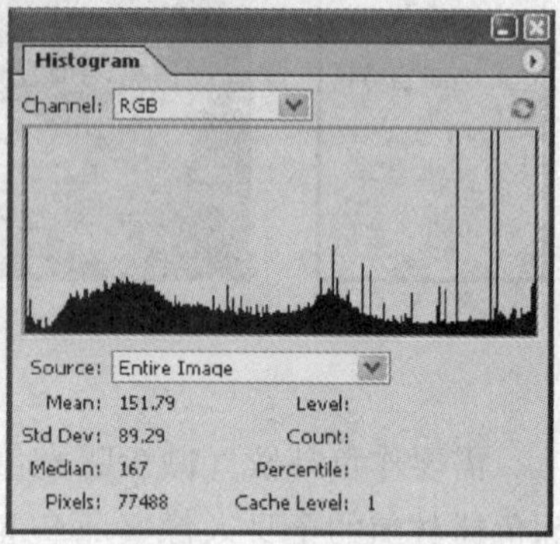

图 6-21 【Histogram 直方图】对话框

直方图用图形表示图像的每个亮度色阶处的像素数目，它可以显示一幅数字图像是否包含足够的细节来进行较好的校正，也提供图像色调范围的快速浏览图或图像基本色调类型。暗色调图像的细节大都集中在暗调处，亮色调图像的细节大都集中在高光处。全色调范围的图像在所有这些区域中都有很多的像素。识别色调范围将有助于确定相应的色调校正。

“直方图”对话框左下方的数值显示了像素颜色值的统计信息。

1）“平均值”：图像中所有像素的平均亮度值。

2）“标准偏差”：数值变化的范围。

3）“中间值”：颜色值范围内的中间值。

4）“像素”：用来计算直方图的像素总数。

5）“高速缓存级别”：图像高速缓存的设置。如果在“内存与图像高速缓存”预置对话框中选择了“使用直方图高速缓存”选项，则直方图表示的是图像中代表性的取样像素（基于放大倍数），而不是所有像素。

使用直方图可以直观地查看图像中像素在颜色和亮度上的分布情况，起到指导图像编辑的作用。打开一幅图片（见图 6-22）右侧显示的直方图对应于左侧的图像，直方图显示

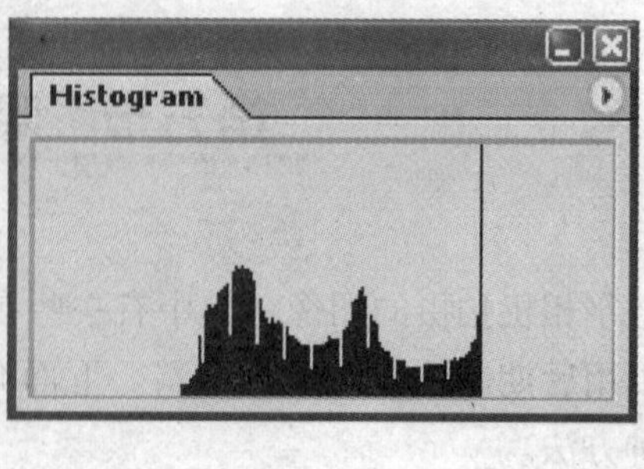

图 6-22 改善前的图像和直方图

了像素在“高亮”和“暗”的区域内分布，图像对比度不够，某些细节没有得到强化。经过“亮度/对比度”调整后，图像（见图6-23）在上述几个方面均得到了改善，右侧是这幅改善后图像的直方图。

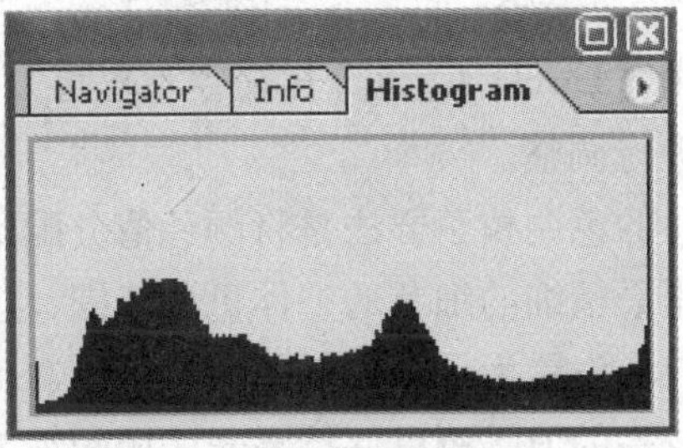

图6-23　改善后的图像和直方图

二、使用【Brightness（亮度）/Contrast（对比度）】命令

在Photoshop中通过【Image（图像）】/【Adjustments（调整）】/【Brightness（亮度）/Contrast（对比度）】命令可以打开图6-24中所示的【Brightness（亮度）/Contrast（对比度）】调整对话框，用鼠标拖动对话框中的滑块以调整亮度和对比度：向左拖动降低亮度和对比度，向右拖动则增加亮度和对比度。每个滑块右侧的数字显示有亮度或对比度值。数值的范围为-100～+100。在调整过程中，如果选择了【Brightness（亮度）/Contrast（对比度）】对话框中的“Preview（预览）”选择框，就可以在Photoshop窗口中预览调整亮度和对比度后的图像效果。

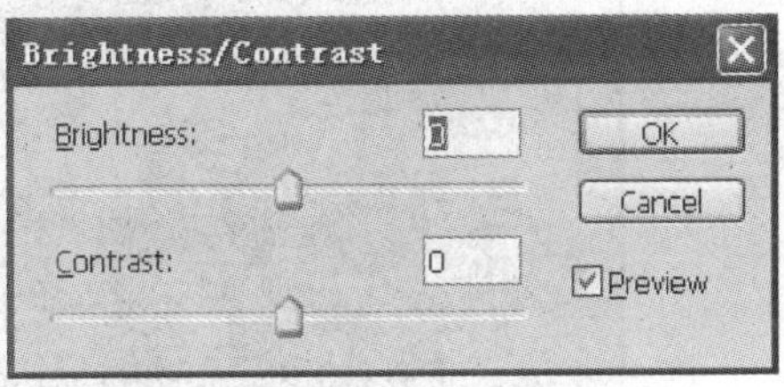

图6-24　【Brightness（亮度）/Contrast（对比度）】调整对话框

完成调整后，单击“OK”按钮，正式将调整的结果应用到图像中，改变数字图像的效果。调整前的效果（见图6-25）与经过亮度和对比度调整后的图像效果（见图6-26）对比即可看出调整后的图像对比度明显提高。

图6-25　“亮度/对比度”调整前的效果

图6-26　“亮度/对比度”调整后的效果

【Brightness（亮度）/Contrast（对比度）】命令可以一次调整图像中的所有像素——高光、暗调和中间调，在 Photoshop 提供的对图像的亮度和对比度进行编辑和调整的方法中是一种对图像的色调范围进行调整的最简单方法。

三、使用【Levels（色阶）】命令

使用【Levels（色阶）】命令不仅可以对选择的合成通道进行调整，也可以分别对颜色通道进行调整。

专业的色调校正方法是将颜色值分配给图像中最亮和最暗的像素，设置允许在整个图像中使用最精细的细节的整体色调范围，这一过程被称为设置白场和黑场。对于暗色调图像，将白场设置为一个较低的值，可以避免太大的对比度；对于亮色调图像，将黑场设置为一个较高的值，可以保持高光区域的细节。

图 6-27 所示的画面中，使用了 Photoshop 的【Levels（色阶）】对话框调整图像的对比度和亮度。

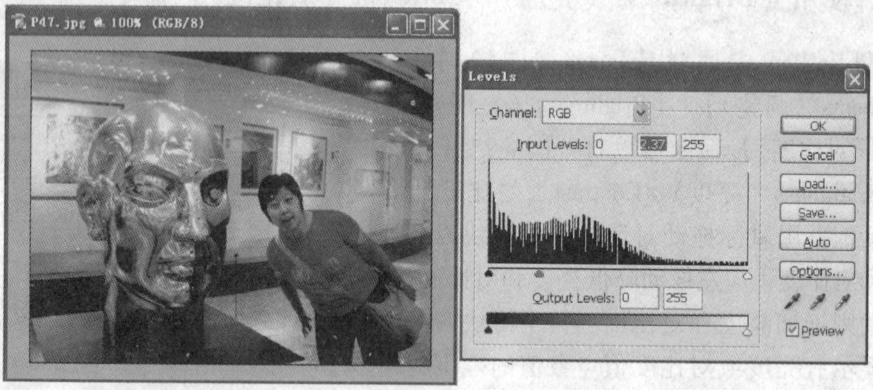

图 6-27　使用【Levels（色阶）】对话框调整图像的对比度和亮度

首先打开一个数字图像文件，选择【Image（图像）】/【Adjustments（调整）】/【Levels（色阶）】命令，打开【Levels（色阶）】对话框。如图 6-28 所示的这幅图色调较暗，因此调整时使用“暗色”吸管选择图像中暗色深重的区域定义黑场，使用“亮色”吸管选择图像中颜色比较亮（并非最亮）的区域定义白场。这样处理过的图像有了很大的改善，如图 6-29 所示。

图 6-28　调整前的图像

图 6-29　调整后的图像

在色阶调整中识别真正代表性的高光和暗调区域是非常重要的，否则色调范围可能会被不必要地展宽，从而包括对强化图像细节没有帮助的部分极端像素值。高光区域必须是可打印的区域，而不是反光白。反光白没有细节，因此在纸张上不会打印油墨。例如，耀眼的亮点就是反光，不是可打印的高光。

在【Levels（色阶）】对话框中，通过将【Levels（色阶）】输入滑块移到直方图两端的第一组像素上，可以设置图像中的白场和黑场。这样可将这些像素——每个通道中最暗和最亮的像素映射为黑色和白色，扩大图像的色调范围。对其他通道中的相应像素会按比例进行调整以避免改变色彩平衡。

Photoshop 中的【Auto Levels（自动色阶）】命令以及【Levels（色阶）】对话框中的【Auto（自动）】按钮可自动执行等量的色阶调整：它们将每个通道中的最亮和最暗像素定义为白色和黑色，然后按比例重新分配中间像素值。默认情况下，【Auto（自动）】功能会使白色和黑色像素减少 0.6%，即在标识图像中的最亮和最暗像素时它会忽略两个极端像素值的前 0.6%。这种颜色值剪切可保证白色和黑色值是基于代表性像素值，而不是极端像素值。在像素值平均分布的图像需要简单的对比度调整时，【Auto（自动）】功能会得到较好的效果。但是，手动调整图像的色阶，控制效果会更精确。

四、使用【Curves（曲线）】命令

Photoshop 中的曲线命令也是精确调整图像质量的功能强大的工具。选择【Images（图像）】/【Adjustments（调整）】/【Curves（曲线）】命令，打开【Curves（曲线）】对话框（见图 6-30）。

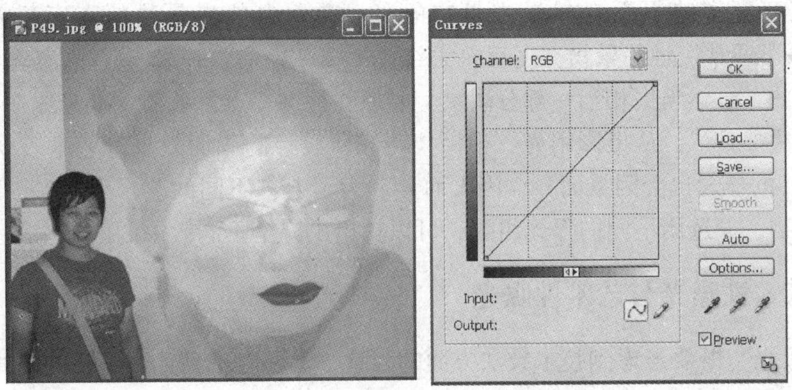

图 6-30 【Curves（曲线）】对话框

在【Curves（曲线）】对话框中提供了一幅亮度图，其中纵轴代表输出亮度级别，横轴代表原始亮度级别，亮度曲线代表了输入与输出亮度值的一个比值。这条曲线呈现“S”形时，图像的对比度提高，而且曲线中部的斜率越大，图像对比度也就越大；当亮度曲线呈现“反 S”形时，图像的对比度被降低。通过在亮度曲线上添加控制点，可以使亮度曲线呈现多种曲线形式，每一种曲线形式对应着不同的图像亮度对比度效果。图 6-31 所示是一幅对比度很大的图像效果以及这幅图像的亮度曲线。

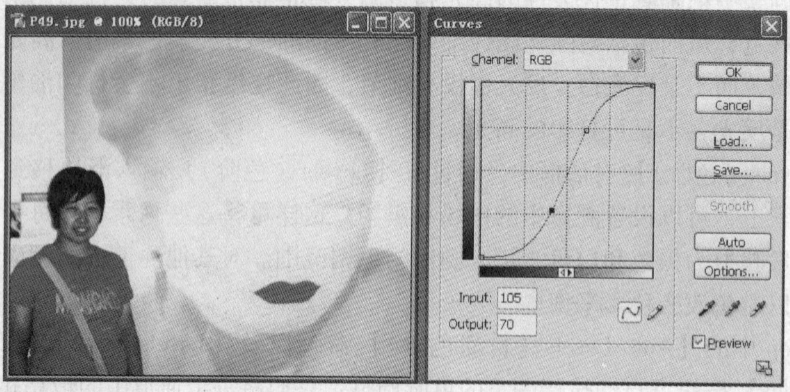

图 6-31 “S”形曲线图的图像效果

上述几种图像亮度与对比度调整的方法应当灵活运用。在处理图像时，应当注意掌握适当的亮度与对比度效果，以便获得最佳图像效果。

第六节 曝光的准确性和相对性

一、准确曝光的相对性

所谓“准确曝光”，只是相对而言。绝对的准确曝光是不存在的，因为一般来讲影像传感器的宽容度容纳不下自然界中景物的亮度差。自然界景物的亮度反差最大可达 1:10000，摄影通常接触的景物亮度反差大约是 1:200 左右。1:32 左右的感光器件宽容度是容纳不了的，必然损失相当一部分层次。要想弥补这一点，就需要从光线照明和曝光控制方面来解决。其二，从摄影用光、拍摄技巧和所设计的画面效果等艺术表现手法上看，“正确曝光”的概念也会因景而异，因人而异。为了追求不同的艺术效果，以同样的器材面对同一景物，如选用不同的曝光组合，可以拍摄出完全不同效果的两幅作品。

二、技术性曝光与艺术性曝光

“准确曝光”既要考虑到技术技法方面的因素，又要考虑到艺术手法方面的因素。

1. 技术性准确曝光

摄影中准确曝光的目的是再现被摄体的丰富影调，使被摄体从明到暗的亮度值能准确地、按比例地在所拍摄的影像上以影调的形式再现，然而这仅仅是技术上的要求，可称为技术性曝光。

从技术层面来看，各种被摄景物是由于镜头的光学呈像在感光器件上曝光而取得的。曝光，是决定摄影技术质量的关键。在数字摄影中，曝光准确与否，既可借助于彩色液晶显示器上显示影像的效果判别，又可以借助于直方图或曝光过度区指示判别，具有直观、即时的特点。由于彩色液晶显示器显示影像的观看效果，受观看条件下的亮度、观看视角以及彩色液晶显示器本身亮度的影响，加之数字相机上的彩色液晶显示器的尺寸小、分辨率低，因而通过直接观看彩色液晶显示器判别影像往往难以准确。

数字相机拍摄后曝光准确与否的科学判别，应借助于直方图。直方图是以图示的形式准确地反映不同亮度像素的比例。直方图显示有以下 3 种典型的形式：

1）直方图上像素分布都密集于左边，右边高亮度区域没有像素，则为曝光不足，如图 6-32 所示。

2）直方图上像素分布都密集于右边，左边低亮度区域没有像素，则为曝光过度，如图 6-33 所示。

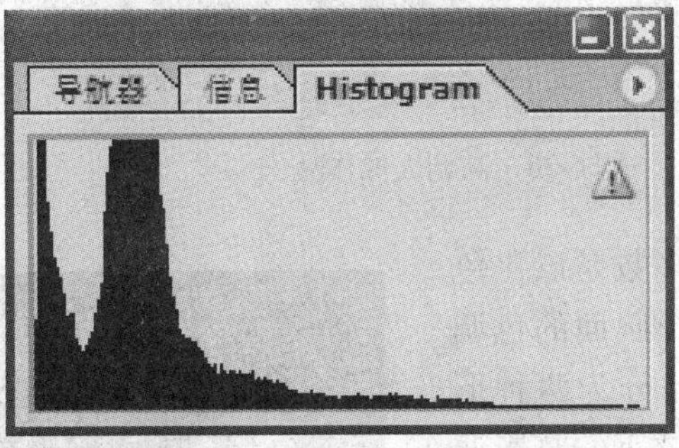

图 6-32 曝光不足图像的直方图

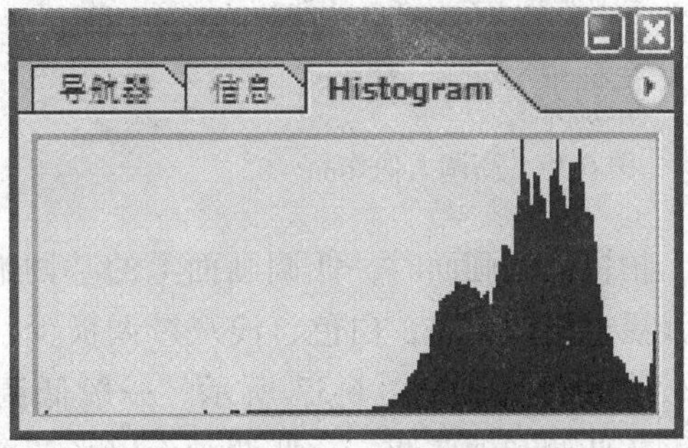

图 6-33 曝光过度图像的直方图

3）直方图上从左到右不同亮度下都有像素分布，或两端都留空而密集于中间，则曝光准确，如图 6-34 所示。

2. 艺术性准确曝光

从艺术角度来看，光是塑造景物形象的重要条件。用光，是决定摄影艺术质量的关键。作为艺术要求，必须按照拍摄创作的意图进行曝光控制，有时反而要有意识地偏离准确曝光，即比准确曝光过曝或欠曝。拍摄高调效果或低调效果的影像都是如此，通常将有意偏离准确曝光而得到符合表现意图需要的正确曝光，称为艺术性曝光。

图 6-34 曝光准确图像的直方图

例如，拍摄高调画面时，高调画面上的基调绝大多数是以白色和浅灰色影调为主，黑色、灰色影调极少，整个画面的色调比较简洁明朗，如图 6-35 和图 6-36 所示。一般高调作品分为两种形式：软高调和硬高调。软高调画面上的影调差距很小，可以很细致地表现出被摄对象的层次结构；硬高调画面的影调很少，几乎只是用线条勾出一个轮廓。拍摄时，首先要求对被摄体所反射出来的光线亮度范围有一个准确的了解，光圈范围在 1 ~ 2 两档之间的亮度范围为好；其次，要对照射在被摄体不同受光面的光线强度与被摄体的反光率有准确的了解，即对光比要有一个精准计算，光比大概在 1:2 左右为宜。在这几个前提下着手拍摄，较易基本达到高调画面的要求。还要注意背景与主体的色彩搭配，曝光时要比正确曝光略增加一点等细节问题。使用数字相机时，在时间允许的情况下，可以反复试验多拍几张，达到效果满意为止。

图 6-35　高调人像作品

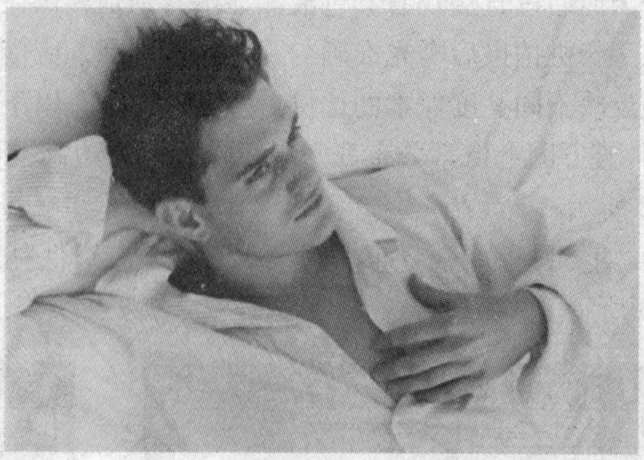

图 6-36　高调人像作品

拍摄低调画面时，低调画面上的基调绝大多数是以黑色和浅黑色影调为主，白色、浅灰影调极少，整个画面的色调比较浓重深沉，如图 6-37 所示。一般低调作品分为两种形式：软低调和硬低调。软低调画面以影调差距较小的暗影调为主，表现出被摄对象的丰富的层次和细节；硬低调则以较大的亮度差异突出表现对象的轮廓。在拍摄时，首先要对被摄体所反射出来的光线亮度范围有一个准确的了解，在光圈范围在 3 ~2 两档之间的亮度范围为好；其次，要对照射在被摄体不同受光面的光线强度与被摄体的反光率有准确的了解，即对光比要有一个精准计算，光比大概在 1∶4 或 1∶8 左右为宜。在这几个前提下着手拍摄，即基本达到低调画面的要求。还要注意灯光多采用逆光、侧逆光的布光方法，在画面中适当注意出现小范围白影调，以加强画面的生动性等细节问题。

图 6-37　硬低调作品

准确曝光控制应该是技术与艺术的结合。摄影者既要了解摄影曝光的技术，又要结合创作意图对曝光量加以调整和控制，进行合理的搭配、运用，达到符合被摄体的具体情况和画面影调、色调的要求，才能创作出优秀的摄影作品。

第七章　影像的清晰度

大多数照片的成功与否主要依据影像是否清晰来判断，影像清晰程度取决于聚焦是否准确。虽然大多数字相机是自动聚焦的，但是必须了解自动聚焦的原理，才能预见到在不同情况下的聚焦情况，有效地控制影像的清晰程度，从而达到要求的照片效果。

首先来了解合焦、脱焦的概念，数字相机镜头是凸透镜。在基本的光学原理中，凸透镜轴心以外无论什么方向来的光线，在通过凸透镜之后，都会被折射并交汇于一点，如图 7-1 所示，通常会将这个交汇点称为聚焦点。能够清晰成像的位置上的所有点组成的平面，称为焦平面（像平面）。聚焦准确时焦平面的位置就是影像传感器的位置。如果镜头能够把物像清晰地投射到焦平面上，这就是合焦，物像没有汇聚到焦平面上就是脱焦，物像离焦平面越远，拍摄出来的图像就越模糊。所以只有在合焦的情况下才能保证拍摄出清晰的影像。

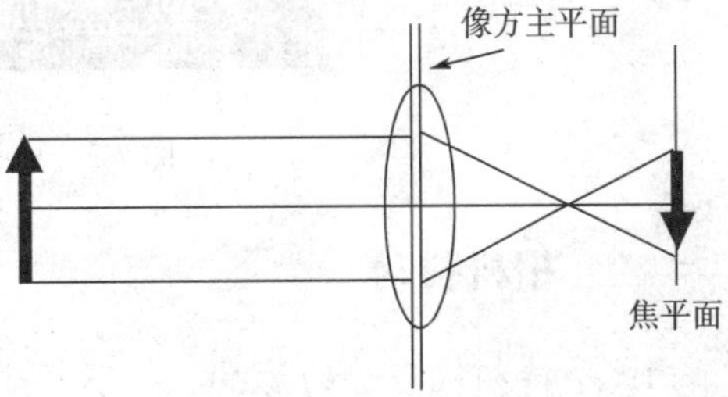

图 7-1　物体成像的基本原理

第一节　影响影像清晰度的因素

影响影像清晰度的因素大概有以下几个方面：

一、聚焦不准

在拍摄时，聚焦不准会使影像脱焦，照片模糊。其原因有以下几种：

1）有些情况下，使用自动聚焦模式拍摄不能准确聚焦：①主体在栏干或网格的后面；②闪动的光源或被这些光源照射的景物；③光滑及高反光物体，如镜面、汽车车身等；④高速移动的物体，如行驶中的火车、汽车；⑤无固定形状的物体，如水柱、烟；⑥雾中的物体；⑦主休极暗；⑧主体与背景间缺少对比；⑨ 聚焦区内远近物体并存；⑩聚焦区内亮度差异非常大。

在以上拍摄条件下，可以通过选取邻近的其他同距离物体进行聚焦，并锁定聚焦点后重新构图拍摄或改用手动聚焦拍摄。在主体极暗的条件下启用相机或闪光灯上的 AF 辅助照明灯，协助聚焦。

2）使用数字变焦时，焦距对好也会出现模糊的情况，最好关闭数字变焦功能。

3）在使用电子取景器时，人眼的视差会造成聚焦不准。可以通过视差调整钮，来调整视差后再取景拍摄，如图 7-2 所示。

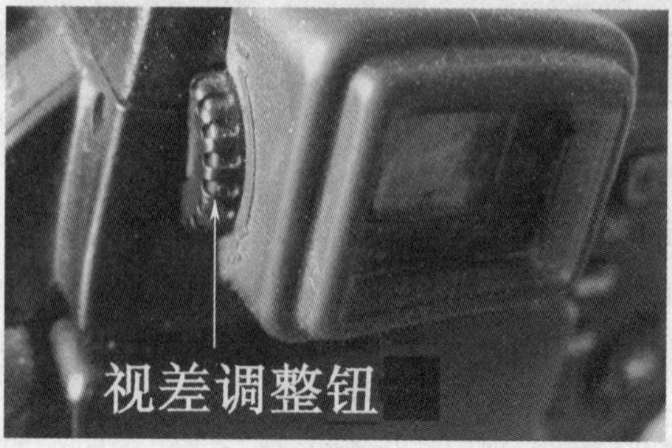

图 7-2　电子取景器的视差调整钮

二、相机抖动

1. 手持相机姿势的影响

人的心脏跳动会使身体产生轻微的抖动。手持相机姿势不对，使身体处于一个不平衡状态也会使相机产生抖动，使拍摄的影像模糊。

手持相机时，一只手握住相机，另一只手尽量支持相机，也就是说最好用两只手来保持相机的稳定性。再有就是要使身体保持平衡，有时采用的摄影姿势自己感觉身体不平衡的情况下，可以把身体靠在固定物上，如门框、柱子、树等，这样可以使身体保持稳定，减少相机的抖动，拍摄出清晰的照片。

2. 呼吸的影响

在手持相机拍照时，人的呼吸会使手产生一些颤抖，相机也会跟着抖动，这是人的生理特点造成的，不好完全避免。运用无抖动呼吸法可减少抖动的幅度，所谓无抖动呼吸法是练习射击时运用的方法，即在吸气后再呼出 1/3 时身体是最稳定的时候，这时按下快门就可以减少相机抖动的幅度。

有条件的话，尽量使用三脚架或者使用防抖功能的相机来确保快门速度足够快，来消除人的心脏跳动和呼吸产生的抖动。例如，可以打开光学防抖功能。然而，最好不要用“自然防抖”功能，它是通过提高 ISO 感光度来提高快门速度，而感光度越高噪点越明显。重要的拍摄场面，还可以采用相机的连拍模式，一次拍摄多张照片，至少有一张是清晰的，专业新闻摄影师经常采用这种方式。

3. 三脚架的影响

一般来讲使用三脚架可以保持相机的稳定，但是使用稳定性不好的三角架，或者使用三脚架不当也会使相机抖动，使拍摄出的照片模糊。一方面较重的相机安放在较轻的三角架上，容易使相机产生抖动，尽量选用和相机相配合的三脚架；另一方面，拍摄时如果按快门的力量过大也会使相机抖动。为了防止这种现象，在按快门时的力度要合适或者使用快门线、无线快门遥控器、自拍功能等拍摄。再有就是要把三脚架放稳，三脚架的各个锁定部位要锁紧。注意以上问题，在使用三脚架拍摄时，尤其是拍摄日出、日落、夜景和使用慢快门的其他情况下，会拍出清晰的满意照片。

三、曝光组合不当

1. 光亮度的影响

在较暗的条件下拍摄，由于快门速度慢也可使相机产生抖动，造成影像模糊。解决的方法有：利用灯光补光、打开闪光灯、提高 ISO 值进而提高快门速度、利用三脚架等。

2. 物体运动速度的影响

拍摄运动的人或物体时，如果使用的快门较慢，会造成影像模糊。解决的方法是在近距离时使用闪光灯来提高快门速度。可以使用快门优先模式，选择较快的快门速度拍摄；也可以选择追拍的方法，使用较慢的快门，在按快门的时候，相机的镜头要追着运动物体的运动而运动，这样拍摄出来画面背景是模糊的，主体是清晰的。

四、被摄体移动

半按快门聚焦之后，被摄主体又发生了移动。拍出来的照片就模糊了。在这种情况下，最好聚焦之后迅速按下快门，要么缩小光圈增大景深，如果拍摄的是人物可以叫被摄主体不要动了，当然也可以重新聚焦。

第二节　影像清晰度控制技术

一、数字相机的聚焦技术

所谓聚焦，就是调整镜片组的像方主平面与焦平面的距离，使物像恰好落在焦平面（影像传感器）上，这个调整镜组的像方主平面位置的过程就是聚焦。自动聚焦就是利用相位差原理让电动机带动镜片组中负责精确聚集的镜片运动，手动聚焦就是用手来调整焦点。单反相机的手动聚焦往往精确度更高，但低端消费级相机的所谓“手动聚焦”功能有很多并非是用手拧动对焦环，而是用按键增减屏幕上的“距离”数字，这不是真正的手动对焦，普遍准确性较差，且操作繁琐。

（一）手动及自动聚焦原理

由于物体离镜头的远近不同，光线通过镜头后要在影像传感器的平面上形成清晰的影像，就需要聚焦。在取景时人为用手来调整距离就被称为手动聚焦方式。相机的自动聚焦是一个复杂的光电一体化的过程，其基本原理是将物体反射的光让相机上的影像传感器接受，通过内部智能芯片处理，带动电动对焦装置进行聚焦。

数字相机的自动聚焦方式分为被动式与主动式。大多数数字相机采用被动式的自动聚焦，它直接对景物自身的反光进行分析，利用相位差原理进行自动聚焦。这种自动聚焦方式的优点是自身不需要发射系统，因而耗能少，有利于小型化。对具有一定亮度和反差的被摄体能理想的自动聚焦，在逆光下也能良好的聚焦，且能透过玻璃等透明障碍物聚焦。

有些高档数字相机也同时具有主动式自动聚焦方式，它的原理是数字相机上有红外线或超声波甚至激光发生器，发出红外光或超声波到被摄体，相机上的接受器接受反射回来的红外光或超声波进行对焦，其光学原理类似三角测距聚焦法。主动式聚焦由于是相机主动发出光或超声波，所以可以在低反差、弱光线下对焦，而且对细线条或周期性的被摄体和动体都能自动对焦。弥补了被动式自动对焦的不足。

目前，大多数自动对焦镜头都为内聚焦镜头（Internal Focusing）。普通镜头对焦时是将镜头旋离焦平面，使镜头筒延长。内聚焦镜头对焦时，是装于镜头筒内的某些镜片轴向移动聚焦，镜头筒长短没有变化。

不过对于任何一种对焦模式，它的基本操作都是大致一样的。快门按键采用两段式设计，在对焦的时候，只要半按快门，屏幕就会出现红色方框（有些相机是黄色），那个方框就是对焦区域，如果对焦成功，相机往往会发出“嘀”的一声确认音，同时对焦框也会变成绿色。对焦成功之后再继续向下按下快门，就会得到对焦点清晰的照片，前提是相机快门速度在安全范围之内。

（二）自动聚焦

自动聚焦（Auto Focus，AF）是指在将快门按钮按到第一行程时，相机驱动改变镜头组中聚焦镜片的前后位置，使成像清晰的聚焦方式。自动聚焦既可使拍摄者全神贯注地进行艺术创作，又有利于在紧急情况下抓拍。数字相机的自动聚焦方式有中央单点聚焦、多点自动聚焦、全画面任意位置手动选择聚焦点、景物跟踪聚焦、预置程序聚焦、包围式聚焦等多种自动聚焦模式。

1. 中央单点聚焦模式

中央单点聚焦模式是数字相机中最常见和简单的自动对焦模式。它是将画面中心部分作为对焦区域，一般在数字相机的取景器（或液晶显示屏）中央有“［ ］”标志。这个区域称为 AF 区域。中央单点聚焦能适应大多数拍摄情况，但要求把对焦目标放进 AF 区域内，再通过半按快门来进行聚焦。

中央单点聚焦模式存在很大的局限，因为在构图时需要聚焦的主体不一定总在画面的中心区域，控制难度比较大。往往需要先对主体聚焦锁定，然后再移动镜头构图拍照。

2. 多点自动聚焦模式

很多数字相机都有多点自动对焦功能。当对焦中心不设置在图片中心的时候，可以使用多点对焦，或者多重对焦。除了设置对焦点的位置，还可以设定对焦范围，这样，用户可拍摄不同效果的图片。常见的多点对焦为 5 点（见图 7-3）、7 点和 9 点对焦。如佳能 PowerShot S45 就支持多达 9 点的人工智能自动对焦（AiAF）。佳能的 9 点人工智能

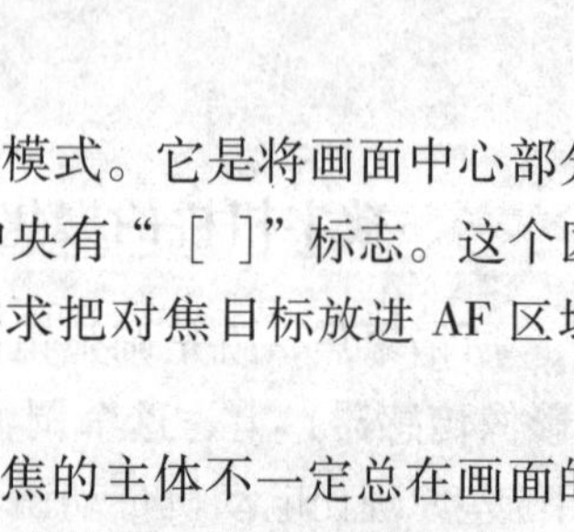

图 7-3　5 点对焦

自动对焦系统可以判断被摄主体的位置。目前在低档数字相机中，佳能的9点人工智能自动对焦系统准确率是最高的。

3. 全画面任意位置手动选择聚焦点模式

全画面任意位置手动选择聚焦点（FlexiZone AF/AE）模式是目前较为高级的聚焦技术，它能在全画面任意位置手动选择对焦点，这就扩展了画面的对焦区域和构图的灵活性，使用全画面任意位置手动选择聚焦点模式，即使取景器画面中的焦点的位置及曝光重点偏离中心甚至在边缘，相机也可以完全控制。这一自动对焦技术，完全超越了固定式多点自动对焦。

4. 景物跟踪自动聚焦模式

景物跟踪自动聚焦模式是使相机能够通过三维空间为拍摄提供相当精确的对焦操作。如果要拍摄移动景物，自动聚焦传感器可以显示对焦框并随着景物的运动而移动。

5. 预置程序聚焦模式

有的数字相机支持自动预置程序聚焦模式，此模式可以在5种预置程序（肖像、运动、风景、日落和夜景肖像）中选择最合适的对焦模式。使曝光操作和图像处理效果达到最优。

6. 包围聚焦模式

有些数字相机（如佳能的PowerShot S70）具有特殊的“包围对焦”功能。对于选定的焦点，可拍摄3张照片，一个在选定焦点之前，一个在选定焦点之后，这特别适合于难以精确对焦的微距摄影。

7. 全息自动聚焦模式

全息自动聚焦（Hologram AF）模式，是索尼数字相机独有的功能，也是一种崭新的自动聚焦光学系统，采用先进激光全息摄影技术，利用激光点检测拍摄主体的边缘，即使在黑暗的环境亦能拍摄准确聚焦的照片，有效拍摄距离达4.5m。Sony F717/F828的激光全息对焦技术能在完全黑暗的环境中进行对焦，获得清晰的画面。

8. 面部识别模式

面部识别（Face Detection）模式是富士公司2007年首先推出的数字相机“脸部优先”功能，尼康、佳能、索尼、理光、宾得和国产的爱国者，都相继推出类似功能的数字相机。面部识别或脸部优先的核心是：相机能自动识别取景范围内的人物面部，从而在摄影过程中有针对性地予以优化。

(1) 脸部优先自动聚焦

“脸部优先自动聚焦（AF）”功能，就是相机能自动对人像面部锁定焦点。相机能“找到”画面中的人脸，按人脸的位置对焦，如图7-4所示，避免人物没有在相机预置对焦点位置时造成背景清楚，人脸模糊的情况。

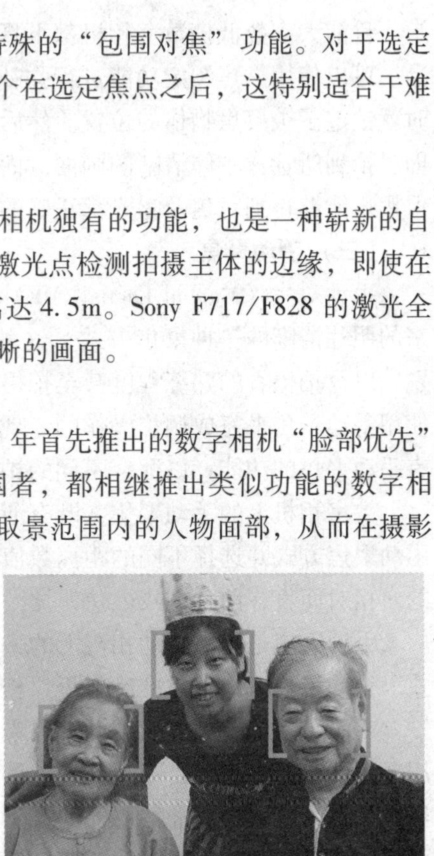

图7-4 人脸的位置对焦

但是，一般全面的“面部识别”功能应包括自动对焦（AF）、自动曝光（AE）、闪光曝光

(FE) 3 个方面，如果数字相机上没有明确标明，就可能只有脸部聚焦优先。脸部聚焦技术的智能化非常高，最多可以识别 10 个人。

富士公司的数字相机中，标有“fd”标识的机型，都带有全面的脸部优先功能（AF、AE、FE）。这些机型主要有：Finepix S7500fd、F40fd、F31fd、Z5fd。佳能的小型数字相机中全面推广了“脸部优先 AF、AE、FE”。目前热销的支持面部识别功能的产品主要有：佳能的 Powershot S5IS、TX1、A570IS、A570、G7（AF、AE）；尼康最早在数字相机中引入了面部识别技术，在 2005 年推出的 COOLPIX7900、7700 和 5900 中就首先采用了脸部优先自动对焦。但到目前为止，尼康对相机的功能介绍仅限于脸部优先自动对焦（AF），支持面部识别的机型主要有：Coolpix P5000、L10、L11、L12、S200。宾得、奥林巴斯、理光也都有多种“面部识别”功能的机型。

（2）面部识别的局限

面部识别是一种“傻瓜”功能，对不具备太多摄影知识的普通用户拍摄生活照片非常有用，可以带来很多摄影乐趣。但对于需要按自己意志对焦和曝光的专业摄影师及摄影发烧友而言，这项功能没有太多实际意义。所以，这种功能多见于低档数字相机，高端数字相机一般没有这一功能。

9. 自动聚焦锁定

目前大多数低档数字相机都不具备多点自动对焦功能，对于不具备多点对焦功能的产品，可以使用聚焦锁定功能进行弥补。即在半按快门的同时，使主体处在 AF 区域内，这时就锁定了被聚焦物体的位置。然后，一直保持半按住快门按钮，重新构图，再按下快门即可拍到所选择主体清晰的画面。而且大多数产品在锁定对焦的同时，也锁定曝光量，确保用户能够得到对焦及曝光都正确的照片。

（三）手动聚焦

手动对焦（Manual Focus，MF）是通过手工转动聚焦环来调节相机镜头从而使拍摄出来的照片清晰的一种聚焦方式，这种方式很大程度上是依赖人眼对对焦屏上的影像的判别，以及拍摄者的熟练程度甚至拍摄者的视力。早期的单镜反光相机与旁轴相机基本都是使用手动聚焦来完成调焦操作的。现在的准专业及专业数字相机，还有单反数字相机都设有手动聚焦的功能，以配合不同的拍摄需要。

数字相机上的手动聚焦，既有通过转动聚焦环实现的，也有在彩色液晶显示器上选择手动聚焦方式并选择不同的距离数值后，由机内的电动机构改变聚焦镜组前后位置来实现的。相对而言，前种方式聚焦快捷。

手动聚焦是用手转动相机上的聚焦环，使镜头中的聚焦透镜组前后移动实现聚焦的方式。手动聚焦时，聚焦准确与否，相机有相应的指示。

一般数字单反相机的手动聚焦采用裂像调焦也称为截影调焦。在取景器中心，有一个用黑线标出的小圆圈，圆圈又被一条直线或一条斜线分切成两个半圆（即两个裂像棱镜）。当调焦时，将圆圈对准被摄体的突出部位。若物体出现“错位”被中央横线或斜线分割成两部分。说明调焦不准，如图 7-5 所示。这时继续转动调焦环，直至“错位”消失，即调焦准确，如图 7-6 所示。

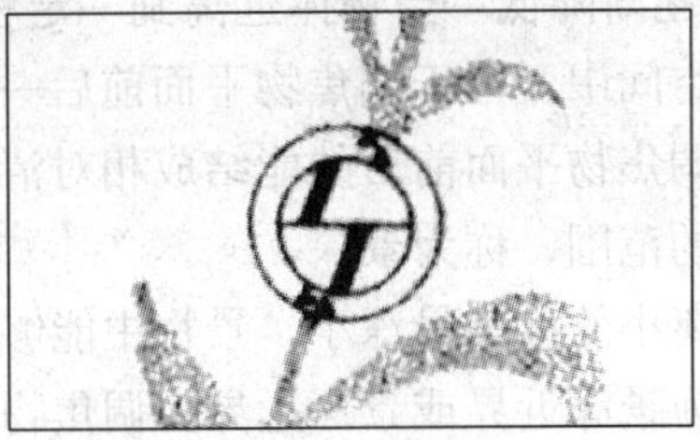
图 7-5　调焦不准

图 7-6　调焦准确

裂像调焦时，要选择景物有明显垂直线条的部位作为调焦对象。

有的相机采用微棱镜式调焦。在取景器中心的一小圆圈外有一圈能闪亮的微棱镜，微棱显现并呈锯齿形破碎闪亮表示调焦不准，转动调焦环，直至微棱不再出现，表示调焦准确。微棱镜式调焦指示对没有明显轮廓线条的景物调焦效果显著，镜头光圈越大，效果越好。

随着电子技术的发展，自动聚焦技术也得到了极大的发展，能够适应绝大多数拍摄情况，但不论现在数字相机上的自动聚焦技术多么先进，由于实际的拍摄环境及对象千变万化，自动对焦总有失误和难以胜任的时候。我们还离不开完全由人工控制的手动聚焦。比如采用被动式对焦技术的产品，对细线条的被摄体自动对焦较困难，在低反差，弱光下的聚焦也很困难。而采用主动式对焦技术的产品也存在当被摄体能吸收光或超声波时的聚焦困难，还存在透过玻璃聚焦困难等缺点。再有，手动聚焦功能能使我们随心所欲地控制焦点，充分发挥想像力，创作出优秀的艺术作品。因此是否具备手动聚焦功能，是衡量一台数字相机功能完善与否的重要标准。

使用数字相机的手动聚焦功能可以弥补自动对焦的不足，可以方便地抓拍动态景物，在拍摄无限远画面及微距拍摄时往往也要用到手动对焦，使用手动对焦还能提高数字相机的反应速度。因此灵活应用手动聚焦是使用数字相机的重要技巧。

一般手动聚焦时，由于数字相机的液晶显示屏通常较小，而且像素数也较少，因此很难精确地检查聚焦是否清晰，可以在拍摄后在液晶显示屏上放大图像来检测清晰度。

二、影像清晰度的控制

画面清晰是一幅好照片，有时部分画面朦胧也是一幅好照片。我们利用影像清晰度控制技术，可以控制焦点的位置，达到拍摄目的。例如，控制景深是摄影中最重要的影像清晰度控制技术。既可以使景深达到最大限度，使全画面的影像清晰度达到最好，也可以故意使景深达到最小，只有主体清晰，而其余背景完全模糊。

（一）景深的定义

当摄影镜头对准某一个被摄体平面准确调焦之后（该物平面称为调焦物平面或被摄主体平面），在像平面（即数字相机影像传感器平面）上，只有该调焦物平面处的物体才能形成最清晰的影像。而位于调焦物平面前后的景物的影像都不是最清晰的，其中离调焦物平面越近者，其清晰度相对就越高，而离调焦物越远者，其清晰度相对也就越低。也就是说，随着物体逐渐远离调焦物平面，其影像清晰度逐渐降低。当物体远离到一定程度后，甚至会使人的视觉上产生逐渐模糊的影像。在景物空间中，位于调焦物平面前后一定距离内的景物，还能够结成相对清晰的影像。上述位于调焦物平面前后的能结成相对清晰影像的景物间的纵深距离，也就是能获得相对清晰影像的范围，称为景深。

在摄影中，纵深距离大的称为景深大，纵深距离小的称为景深小。景物中能够形成相对清晰影像，距镜头最近和最远的物平面，分别称为景深近界或景深远界。调焦物平面至景深近界和景深远界的距离，分别称为前景深和后景深。景深近界与景深远界之间的距离称为全景深，如图 7-7 所示。景深就是照片上图像相对清晰的景物的深度。简单的说就是“聚焦点前后清楚的范围”，景深也就是一段距离，在这段距离内的物体都应该是清楚的。对焦在哪里景深就追随到哪里，距离景深越远的物体就越模糊，且景深越浅，模糊程度越高。

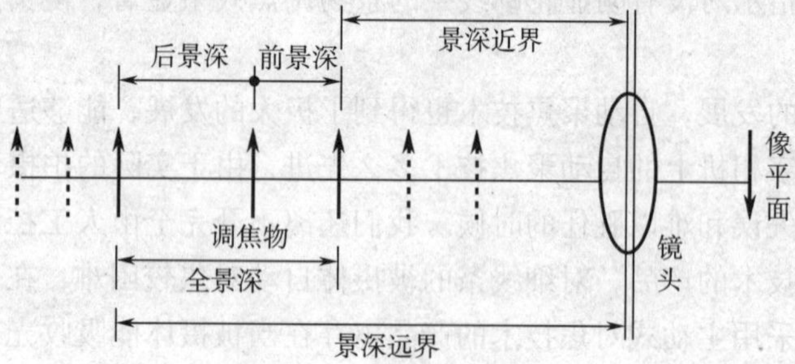

图 7-7　景深示意图

（二）影响景深的因素

全景深的距离不是固定的，它取决于 3 个主要因素：光圈、对焦距离和镜头焦距，通过改变它们中的一个就可以改变景深的效果，也可以同时改变两个或 3 个使景深达到最大或最小。下面介绍以下 3 个因素对景深的影响。

1. 光圈

光圈大小是控制景深的重要因素。收小光圈增加景深，开大光圈减小景深。也就是说，光圈越大景深越小，如图 7-8 所示；光圈越小景深越大，如图 7-9 所示。

图 7-8　光圈 F/ 2. 8

图 7-9　光圈 F/11

2. 距离

被摄主体的拍摄距离也影响景深，近距离拍摄比远距离拍摄得到的景深较小，也就是说，距离越近，景深越小，如图 7-10 所示；距离越远，景深越大，如图 7-11 所示。

图 7-10 拍摄距离近，景深小

图 7-11 拍摄距离远，景深大

3. 焦距

镜头的焦距也会影响全景深，焦距越长景深越小，如图 7-12 所示；焦距越短，景深越大，如图 7-13 所示。

图 7-12 镜头焦距长，景深小

图 7-13 镜头焦距短，景深大

（三）影像清晰度的控制

根据景深的特性，可以把照片的清晰度控制在一定范围里，以达到我们需要的各种效果。

1. 大景深效果的拍摄

获得大景深效果的有效办法是设定小光圈、使用广角镜头或者使用变焦镜头的广角端及尽量远离被摄体。

图 7-14

例如，可以选择标准镜头，光圈开到 F/8 左右，拍摄距离在 5m 左右，拍摄的照片 3m 以外的景物都很清晰，如图 7-14 所示。如果再缩小光圈，使用广角镜头或变焦镜头的广角端，景深会更长。这种设置适合于拍摄旅游和风景等题材的摄影。

2. 小景深效果的拍摄

获得小景深效果的有效办法是设定大光圈、使用长焦镜头或者使用变焦镜头的长焦端及尽量离被摄体近一些。通过限制景深，可以强调主体，只让主体部分清晰，而使背景的轮廓柔化，减弱它们的色彩，让它们聚焦不清晰，把人们的注意力引向主体位置。

例如，选择焦距在200mm左右的镜头，尽量开大光圈，拍摄3m左右的景物，仔细地对主题聚焦，使前景和背景同时模糊不清，用模糊、虚幻的前景与背景陪衬清晰的主体，将观看者的视线直接引向主体景物，如图7-15所示。如果选择更长焦距的镜头，拍摄距离更近，景深会更短。这种设置适合于拍摄人物近景、花卉等题材的摄影（通称特写）。

图 7-15

3. 朦胧效果的拍摄

使用朦胧技巧拍摄人像可以弥补人面部的缺陷，使人物影像非常柔和。拍摄的风景有虚幻的境界，朦胧的影像不是拍摄时聚焦不实，而是在聚焦准确的基础上利用柔焦镜头、柔光镜、雾镜、晕化镜和散射镜等来实现。

（1）柔焦镜头

柔焦镜头的设计是能形成轻度虚化的影像，有的柔焦镜头具有不同的档位，如0档是没有柔焦效果，可以拍出清晰的影像，1、2、3档具有不同的柔焦效果。另外，柔焦效果的大小还和镜头光圈的大小有关，光圈越大，柔焦效果越强。使用比F/5小的光圈，基本上看不出柔焦效果。柔焦镜头的档位和光圈配合起来使用，可以产生多种不同的柔焦效果，如图7-16所示。

图7-16　使用柔焦镜头拍摄的效果

另外，与柔焦镜头相似的还有散焦镜头和STF镜头，散焦镜头是使聚焦点以外的影像产生朦胧效果。STF镜头是保持画面中心部分的影像清晰，而使四周和前后景的影像处于朦胧状态。

（2）柔光镜

柔光镜（Soften Diffuser）又叫柔焦镜，它表面有微凹沟槽，能使透过的光线产生轻微漫、折射，用它能明显减弱影像轮廓边缘的锐度，降低影像的清晰度，使影像变得朦胧，产生虚幻效果，它能使景物的亮部产生光晕，使生硬的照明光显得柔和。柔光镜可快捷方便地创造出柔焦效果，如图7-17所示，适合人像及风景摄影，尤适用于商业摄影。

使用柔光镜拍摄，其柔焦的程度与光圈的大小、镜头的长短、光线的方向、甚至同一厂家的型号有密切关系。总的说来，光圈大、焦距长，柔焦效果强；逆光和侧光柔焦效果好；型号中序号越大，柔焦效果越明显。另外，使用时注意，在镜头聚焦准确后，再加上柔光镜。

图 7-17 使用柔光镜拍摄的效果

（3）雾镜

雾镜（Fog Filter）又称雾化镜、朦胧镜。拍摄的画面像具有一层薄薄的雾气，恰似中国写意山水画的效果。雾化效果大小受雾镜的雾化强度、镜头焦距、光圈和受光方向的影响。焦距越长，光圈越大，效果越明显；逆光、侧光时效果较好。

（4）晕化镜

晕化镜是镜片中央有一个小孔，在拍摄时，能使画面的中心部分清晰，四周虚化。极适合拍摄景物及人像。

（5）利用自然条件

一些自然条件下，也可拍摄出朦胧的效果。例如，山谷之中的云雾；呼啸的狂风和飞驰的汽车造成的尘土飞扬；浓雾或透过树叶的阳光，如果选择好角度和光线都能拍摄出很美的朦胧图像，如图 7-18 和图 7-19 所示。

不管是使用柔焦镜头，还是使用柔焦镜片或者在自然条件下拍摄，都需要注意把握好“虚化”的程度。虚化得太多会使画面上模糊一片，影响表达的主题。虚化得太少达不到效果，该虚的虚，该实的实，实中见虚，虚中见实，恰到好处地处理虚化的程度，才能拍摄出理想朦胧效果的照片。

图 7-18 利用水气

图 7-19 利用雾气

第三节 影像清晰度的后期调整

数字影像的清晰度可以通过计算机软件进行调整，有时可以使用 Photoshop 中锐化工具对稍微离焦的照片进行修整使影像更加清晰。也可以使用 Photoshop 中模糊工具使清晰的影像产生柔焦，形成虚幻、朦胧的感觉。

一、锐化工具的使用

最好所有的照片都经过锐化处理，使照片的清晰度进一步提高。

（一）一般锐化

下面是照片锐化处理的步骤：

1）在 Adobe Photoshop 中打开需要锐化的照片。

2）在 Photoshop 的主菜单中选择“滤镜→锐化→USM 锐化”，如图 7-20 所示。

3）出现对话框中有 3 个参数的调节钮，根据经验，一般情况下有 3 种类型的参数设定（见图 7-21）可以达到满意的效果。

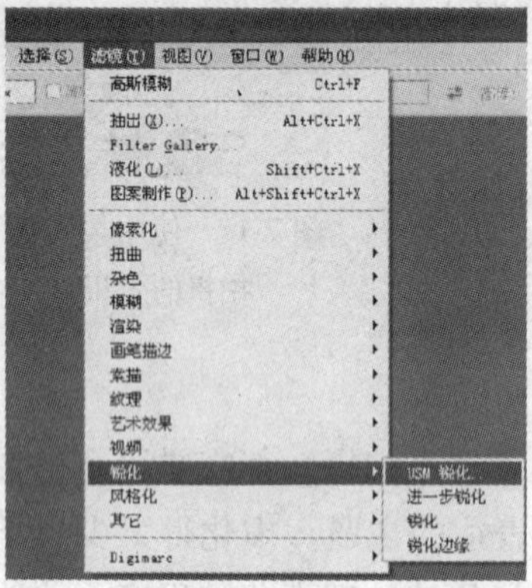

图 7-20　锐化菜单

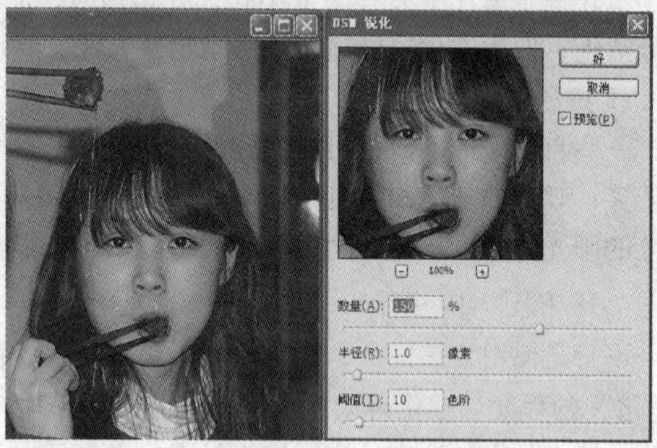

图 7-21　USM 锐化参数设置对话框

人物摄影：Amount（数量）150%，Radius（半径）1，Threshold（阈值）10。

城市风光户外摄影：Amount（数量）75%，Radius（半径）3，Threshold（阈值）2。

日常生活摄影：Amount（数量）85%，Radius（半径）1，Threshold（阈值）4。

选中对话框中的“预览”，调整效果可以随时看到。对于稍微离焦的照片，经过调整后，如果不满意，可以再重新调整参数。

（二）专业锐化

专业锐化可以避免由于使用锐化过多，而产生的杂晕和色斑，这是很多专业摄影师经常使用的方法，锐化效果更为理想。

1）在 Adobe Photoshop 中打开需要锐化的照片。

2）在“图像”菜单中，选择“模式→Lab 颜色”，如图 7-22 所示。

3）进入通道面板，单击“明度通道”，明度通道只涉及明度细节，不会影响照片中的颜色，如图 7-23 所示。

4）使用 USM 锐化滤镜调整参数设置。

5）使用相同的参数设置，再次使用 USM 一次，如果照片锐化太强，不要进行其他任何操作，进入“编辑”菜单，选择“消褪 USM 锐化”，如图 7-24 所示；在“消褪”对话框里，将“不透明度”滑竿调至 50%，如图 7-25 所示，这样，第二次使用滤镜的效果将减褪一半。

6）进入“图像”菜单，在“模式”下选择“RGB 颜色”。

图 7-22 选择 Lab 颜色模式

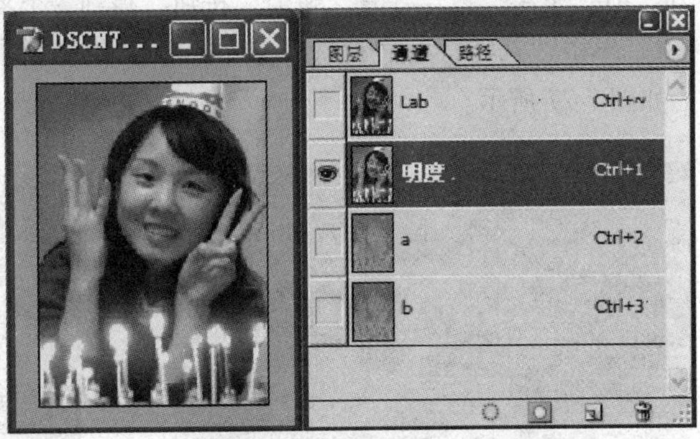

图 7-23 选择“明度通道”

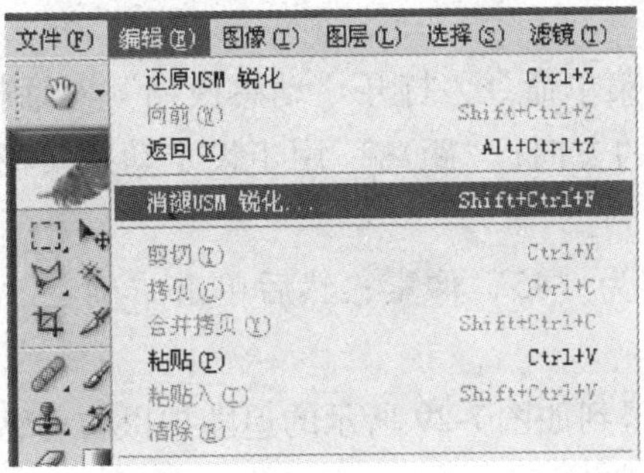

图 7-24 在“编辑”菜单中选择“消褪 USM 锐化”

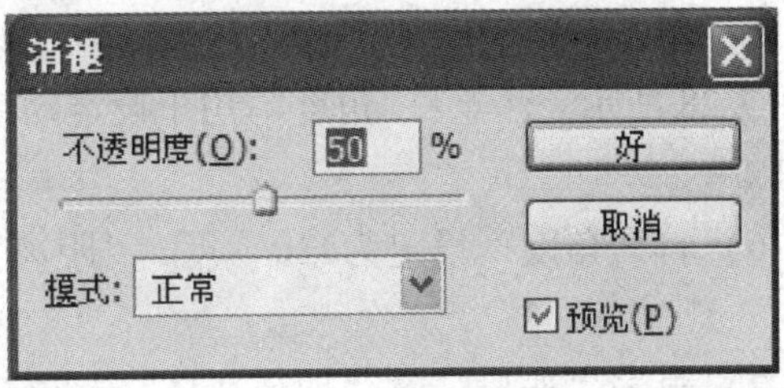

图 7-25 将“不透明度”滑竿调至 50%

二、模糊工具的使用

使用 Adobe Photoshop 的模糊功能可以使清晰的照片产生朦胧的效果。也可以使景深比较大的照片，制作成小景深的效果，也就是除主体以外背景模糊的照片。有两种方式可以达到模糊的效果。使用模糊滤镜和模糊工具。

（一）使用模糊滤镜

在 Photoshop 中，使用模糊滤镜可以使清晰的影像虚化，来表现朦胧的效果，其虚化程度可通过参数调节。模糊功能的原理是把图像的像素与周边的像素颜色及亮度均衡，使照片更加柔和。具体操作步骤如下：

（1）利用 PhotoShop 中的“滤镜→模糊→动感模糊”菜单命令，制作追随拍摄的效果。

1）在 Photoshop 中打开图片，如图 7-26 所示。

2）选择工具箱中的磁性套索工具，沿着人物和马的边缘创建一个选区（无须精确选区）。

3）单击“选择”→“羽化”菜单命令，打开“羽化”对话框，将“羽化”半径设置为“20”像素，然后单击“确定”按钮，得到一个羽化的选择区域。

4）单击“选择”→“反选”菜单命令，将选择区域做反选处理，得到背景的选择区域，如图7-27所示。

图7-26　拍摄的图片

图7-27　背景的选择区域

5）单击“滤镜”→“模糊”→“动感模糊”菜单命令，打开“动感模糊”对话框，如图7-28所示。注意：“角度”用于设定动感模糊的方向；“距离”用于设定动感模糊的程度。

6）将“角度”设定为“0”度，“距离”设定为“45”像素，然后单击“确定”按钮。

7）单击“选择”→“取消选择”菜单命令，得到如图7-29所示的追随拍摄的动感效果。

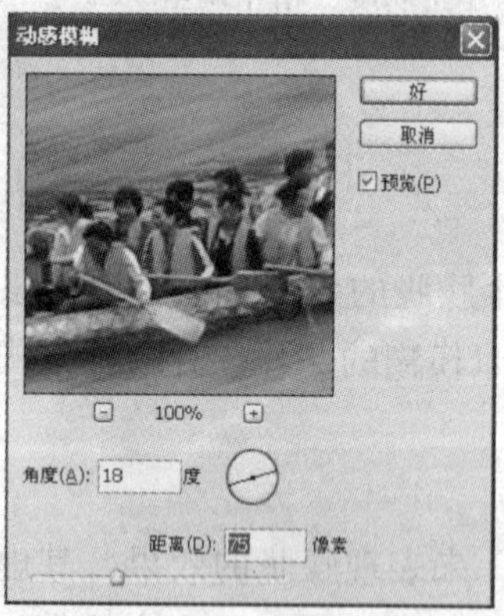

图7-28　“动感模糊”对话框

图7-29　仿追随拍摄的动感效果

8）单击“文件”→“保存”菜单命令，保存图像。

（2）利用Photoshop中的“滤镜”→“模糊”→“径向模糊”菜单命令，制作变焦拍摄的效果。

1）打开如图7-30所示的带有动态图片。

2）选择工具箱中的磁出套索工具，沿着人物的边缘创建一个选区（无须精确选区）。

3）单击“选择”→“羽化”菜单命令，打开“羽化”对话框，将“羽化”半径设置为“20”像素，然后单击“确定”按钮，得到一个羽化的选择区域。

4）单击“选择”→“反选”菜单，将选择区域做反选处理，得到背景的选择区域，如图 7-31 所示。

图 7-30　动态图片

图 7-31　背景的选择区域

5）单击“滤镜”→“模糊”→“径向模糊”菜单命令，打开“径向模糊”对话框。如图 7-32 所示。

注意：

“数量”用于设定径向模糊的程度；“模糊中心”用于设定模糊的中心点，它根据图像窗口中需要做径向模糊的中心对象的位置而设定中心点，可以通过单击或拖动的方法来设定模糊中心点。

“模糊方法”指两种不同的模糊方法（转动、缩放），选择“缩放”。

“品质”指模糊的质量。

6）将“数量”设定为“60”度，“模糊中心”调节预示框的中上部位置，选中“缩放”和“最好”两个选项，然后单击“确定”按钮。

7）单击“选择”→“取消选择”菜单命令，得到如图 7-33 所示的变焦追随拍摄效果。

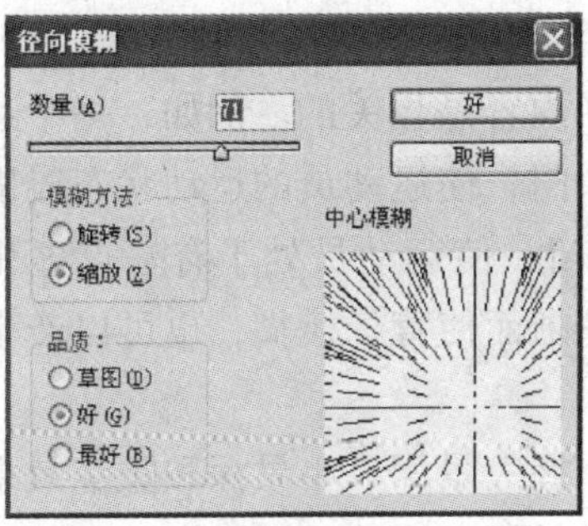

图 7-32　“径向模糊”对话框

图 7-33　变焦追随拍摄效果

8）单击“文件”→“保存”菜单命令，将图像保存。

（二）使用模糊工具

在 Photoshop 中，使用模糊工具也可以制作朦胧效果。具体操作步骤如下：

1）在 Photoshop 中，打开一张数字照片。

2）在工具栏中选择“模糊工具”，如图 7-34 所示。

图 7-34　选择模糊工具

3）把需要虚化的部位放大，以使虚化的细节看得更清楚。

4）使用“模糊工具”的刷子涂抹需要虚化的部位，直到满意为止。

第四节　影像清晰度的相对性

初学摄影的人总是以清晰作为好照片的标准。实际上，清晰是一个相对的概念。风景摄影往往需要用大景深使全部画面都处于清晰的状态，展示大自然的气势和细节，对于有的拍摄环境或对象，就不见得使画面都处于清晰的状态，比如风景摄影中，拍摄山中小溪的流水，使用慢一些的快门，使拍出来的水有些虚化，这可以产生水流动的感觉。婚纱摄影中拍摄人物时，一般都要使用柔焦技术使人物柔焦，这可以掩盖人脸上的一些缺陷。肖像摄影只需要对主体准确聚焦，使用小景深使背景模糊，使主体突出。

所以，控制照片清晰度是学习摄影必须掌握的一个技巧。一幅照片是清晰还是模糊，哪部分需要清晰，哪部分需要模糊与你要表达的主题和内容是相关的。例如，一个运动的画面，我们要展示运动员的姿态，最好使用快一点的快门，使运动员的运动状态凝固。如果希望得到运动感很强的画面，可以使用慢一点的快门，使运动员处于有一点虚化的状态，使画面产生动感，或者使用追拍的手法使运动员清晰而使背景模糊，也可以产生动感的画面。

了解景深的原理、柔焦的技巧和其他一些技术，掌握大景深、小景深和朦胧效果的拍摄手法，可以随心所欲地控制画面清晰度，这样才能够拍摄出优秀的摄影作品。

第八章 影像的色彩控制

影像的色彩控制是数字摄影的一个重要技术，也是摄影艺术的重要手段。很好地掌握它，就能正确地还原物质的色彩，并能根据艺术的要求拍摄出想要的色彩效果，达到突出主题、渲染气氛、表达形式美感的目的。

学习影像的色彩控制要了解掌握的内容有：色彩的基本原理、光线与色彩、色温与白平衡、影像的色彩控制和影像色彩的后期调整。下面分别介绍。

第一节 色彩的基本原理

在自然光谱中，人眼只能观察到非常狭小的可见光部分，也就是400～700mm的电磁波，被称为可见光谱，在可见光谱中，蓝光（400～500mm）、绿光（500～600mm）和红光（600～700mm）可作为三原色。三原色不同量混合可以形成各种颜色，红、绿、蓝三原色等量混合形成白光，也就是白光包含了从蓝到红的所有色彩。

物体表面如果能等量反射所有的光波，它的表面就显示出白颜色，如果物体吸收了某些色彩，它的表面反射什么波长的光，就显示什么颜色。如绿色的物体是因为它的表面反射绿色光波，吸收了光线中的蓝色和红色光波。不同比例的蓝色、红色和绿色的光，会呈现不同的颜色。

一、光线的色彩特征

对于人眼来说，光线的色彩特性有色相、明度和饱和度3个要素。

（一）色相

色相是指颜色的相貌、特征、种类与名称，是可见光谱颜色之间的主要区别。如红、橙、黄、绿、青、蓝、紫就属于不同的色相。物体的色相是由光谱成分决定的，它取决于其反射光的波长。

（二）明度

明度也称亮度，人眼看到的物体的明暗程度就是明度。明度是单位时间内单位立体角和单位投射面上光的辐射能量的度量。辐射能量与光源亮度有关，与物体吸收光的能力有关，更与人的生理视觉有关。不同纯色有不同明度，蓝、紫视觉明度最低，黄色视觉明度最高，红、绿色视觉为中间明度。同一物体颜色在强光照射下明亮，弱光照射下比较暗淡。色彩的明度变化也会影响饱和度。在太阳位置比较低时，高对比度的光线就占据主要位置，从而增强了色彩的亮度。另一方面，浓雾、薄雾天气以及下雨也会产生不同亮度。

（三）饱和度

色彩的鲜艳程度称为饱和度也叫纯度。光谱单色光的任何一种颜色都是纯色。纯色如果掺入其他色光，相对于原来的纯色光都会变得不纯，即降低了饱和度。对于有色物体，其颜色的纯度还与物体的光洁度有关，光洁度越高色彩越鲜艳。

饱和度是色调强度的一个重要标准，相比较而言，低饱和度的物体看起来更亮而且透明。只有以下色彩才可显示整体饱和度：单红或蓝、黄和绿。照明对比度对色彩表现的影响也非常大，阴影中的色彩不明确而且也不够鲜明。相比较而言，太阳照明的彩色表面更加饱和，彩色程度也更高。

（四）物体的表面结构对色彩的影响

色相、亮度和饱和度决定了物体的色彩，除此之外，另一个影响物体色彩的重要因素是物体的表面结构。如果物体表面比较平滑光亮，物体表面反射光线波长的效果就更强，色彩就会显得强烈而不饱和。反之，在阴天的散射光下，物体的色彩往往会显得比较饱和。另外，表面粗糙的物体，光线反射弱，它的色彩饱和度就相对比较弱。

二、人对色彩的感受

人眼对不同色调的组合效果有不同的感受，这是受人们生活经验的影响。摄影时，要了解人对色彩的感受，充分发挥色彩的作用。一般来讲，黄色、橙色和红色代表温暖和生命，它使人们联想到夏天、太阳、沙滩，故称暖色调。蓝色使人们联想到大海和天空，具有广阔、清新和宁静的感觉，浅蓝色显示亮感，而深蓝色则显示平静和放松，同时蓝色也意味着清晰、宽广和空间。它是冷冬和清晨空气的象征，在晨暮拍摄照片时，蓝色会营造出寂寥和孤独感，故称冷色调。绿色与自然联系在一起，风景照片中常有树木和草地的各种绿色，使人感到生机、凉爽和希望。纯绿色被视为一种中性色彩，它既不暖也不冷，被视为平衡色彩。红色可以表示热烈、温暖和奔放，它又代表火和危险警告。红色是非常强烈的色彩，可以吸引人们的注意力。色彩如果搭配得当，可突出主题。

在不同色彩处于同一亮度和饱和度时，色度图上相距最远（即互补色）的两种色调配合，能够获得很强烈的对比效果，这被叫做“颜色对比”。在色度图中，当两种颜色正好互补时，就可以获得这两种色调的最大对比度。例如，蓝色和黄色、洋红与绿色、青色与红色都能产生最大的对比度。

在大面积相近的色彩区域里，有一点对比度很强的色彩，就会造成较强烈的视觉效果，这一点色彩叫做“点色彩”。点色彩越强烈，效果也就越强烈，点色彩就像色彩的“重音”，起到了强调主体的作用。

第二节　光源对色彩的影响

摄影家们都说“摄影最重要的就是光线，摄影就是用光作画”。由此可见，光源在摄影中的重要作用。在日光下，物体会显示自然色彩，但用彩色光源照射物体时，物体的颜色就会改变。例如，一个白色的物体，如果使用黄色光源，它看上去就有点黄；光线昏暗时，它看上去是灰色；晚上没有光照射时，它就是黑色。物体的色彩受光源的影响非常大。

一、太阳光对物体色彩的影响

太阳的光线在一天中不断变幻着色彩。在几个不同的时间段里，这些光线照射到物体上，给物体的色彩带来相当微妙的变化。

金色的霞光仅仅会在日出前或日落后的几分钟里出现。这时，来自太阳的光线水平穿透了大气层：由于空气中雾气和尘埃的影响，只有波长最长的红橙色光波可以到达地面。太阳的光线既落在地球的表面，又散射在空中，形成金色的霞光。只有这时相机才能捕捉到这样的暖调光线。

太阳逐渐升高，红色变成橙黄色，最后变成黄色。由于黄色暖调的光线照射，物体呈现出与白天太阳光下不同的颜色。例如，有一些蓝色植物，变成了蓝褐色；一些绿色植物呈现出黄绿色。摄影者往往可以利用这些丰富的色彩，创作出绚丽多彩的摄影艺术作品。

晴天的太阳升高后，物体的色彩和人们平常看到的一样，光线是特别的明亮、明快的白色。蓝色的天空、物体的色彩变得平平常常。这时，适合拍摄一般的纪念照片。

中午，太阳当头照，这时，如果有些云彩，能让阳光从云层穿过，照射到大地，可使风景获得合适的对比反差，使色彩的还原变得非常自然。这时，非常合适拍摄风景。

黄昏，阳光的角度已经低过了地球的表面，相对于中午透过的大气层更厚，有更多的分子结构，比如尘埃、湿气以及污染。这时候短波光线被吸收的更多，只有波长更长的光线透过，带着更暖的色调进入我们的视线和相机。

太阳从地平线落下时，天空中的云彩，就会映射出光线色彩，给人以浓重的红色、橙色和黄色。哪怕没有云彩，从地平线向天空漫射的光线也是色彩缤纷的。黄色、橙色、红色、紫红色、洋红色、蓝色以及夜的黑色，都在天空的色相中。这时，可以拍摄到具有超乎想像色彩的摄影作品。

天空大气罩的散射光也会对色彩产生影响。晴朗的天蓝色就是高空大气层散射的蓝光，会将其色彩强烈地反射到太阳无法照到的区域，于是在阴影区域就呈现蓝色。如果阴影区域是白雪，则雪也会呈现蓝色。如果阴影区域是绿色的草地，就会显得偏青而比较灰暗。

不同高度太阳的光线还会形成不同的氛围，早晚的光线可以获得迷人的氛围，中午当顶的光线则缺少氛围情趣。不同亮度的光线会对色彩产生不同的影响，尤其对色彩的饱和度、明度和对比度构成不同的影响，包括高光区域和阴影部分区域的色彩传递。

二、阴天的光线对物体色彩的影响

在阴天里，如果是薄云遮住了天空是风景摄影的好时机。云层的色彩，从黑色、灰色到白色，都会反射在风景中。云层最大的好处就是降低反差。白色的云层可以提供最佳的色彩，然而深暗的云层使色彩变得阴暗。云层的变化会产生变幻的色彩效果，云层密度的变化也会有效地影响饱和度和反差。

第三节　色温与白平衡

一、色温的含义

光源决定了景物的亮暗和色彩，不同光源照射下，景物呈现不同的色彩。光源的色彩成分常用色温来描述。

色温的一般含义为：色温是借用完全辐射体（也称绝对黑体）温度来表示光源的光谱成分，其数值表示光源所具有的颜色。物体发出光的颜色与某温度下绝对黑体辐射光的颜色相同时，该黑体的温度就是该物体发射光的色温。色温的单位用绝对温度“开尔文”K表示。

某光源所发光谱中（能量最强）的主波长，与某温度下的绝对黑体所发光谱的主波长相同，就称该温度为该光源的色温。因此，色温不是指光源的实际温度，它是光源颜色的一种标志，是表示光源光谱成分的概念。有的光源并非连续光谱，而是分离的线光谱（如霓虹灯、低压钠灯）；或连续光谱中夹有很强的带光谱（如高压汞灯、钠灯等）；我们常用的荧光灯是低压汞线光谱加其激发荧光粉的不强连续谱；现在推广的节能灯（LED）则是窄带光谱，也都以其（峰值）主波长来定义色温。色温从低到高的变化规律为：红——橙——黄——白——青白——蓝白。太阳光，随着时间、季节、场所的不同而不同；而室内的照明则根据光源的不同而不同。如晴天日光的色温是5600K左右，日出或日落时的色温约为2000K，黄昏和钨丝灯的色温约为3200K，烛光下的色温约为1000K，电子闪光灯的色温为5600K等等，如图8-1所示。

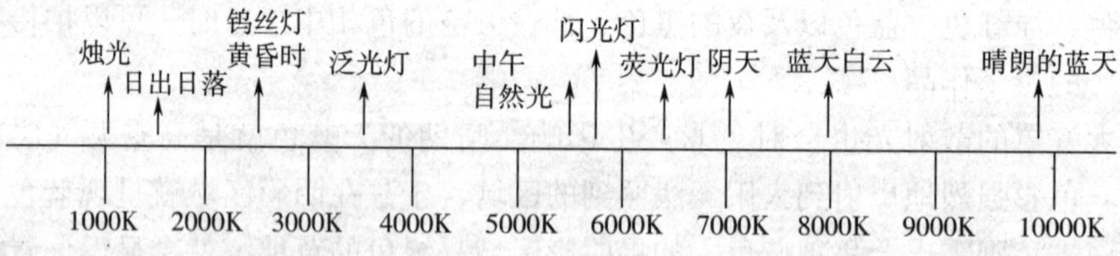

图8-1　不同的自然光和人工光的色温

光源色温的高低标志着各自所含的光谱成分不同。红光色温低，蓝光色温高。色温越低，光的颜色越显红色；色温越高，光的颜色越显青蓝色。例如，在遮光处或阴天，或是在荧光灯等人工光源的地方，因为色温高所以呈蓝色。家用白炽灯，即钨丝灯等人工光源呈红色。

表现物体原有的色调时，可以使用与太阳光相类似的闪光灯，也可以使用滤光片进行匹配。尤其可以利用直射下来的太阳光，还可以利用人工光源。但是必须正确使用数字相机的白平衡功能，正确调整白平衡，才能使拍摄的景物还原原有的色彩。如果想利用色彩的偏离达到一定的艺术效果，可以非常规地调整白平衡或者在镜头前加用滤色镜，才会得到满意的照片。

春夏秋冬，不同时段，太阳光的颜色都各不相同，光源色温变化是很大的，各类人造光（钨丝灯、水银灯、荧光灯、闪光灯等等）的颜色也各不相同，色温变化较大。当拍摄环境的光源色温发生变化时，数字相机也要通过调整白平衡，以达到调整色彩的目的。

二、白平衡

白平衡（White Balance，WB）是通过测量来自被摄体反射光的色温，然后调整影像传感器的红和蓝电信号的感应强度，使记录的照片显示正常色彩。白平衡通常通过镜头，用实际上记录影像所使用的同样像素来测量。如果光源色温较低，光线中红色成分较多，蓝色成分较少，那么通过调整白平衡来减弱对红色的感应强度，增强对蓝色的感应强度，这样拍出来的照片白色就会是纯白，各种色彩就是平衡的；反之，若光源色温过高，则应减弱蓝色，而加强红色的感应强度，才能使各种色彩平衡。

三、白平衡的调整

为什么要进行白平衡的调整呢？人们常常会发现，晴朗天空下洁白的雪地用数字相机拍摄出来会有些偏蓝色；室内白炽灯下白色的物体用数字相机拍出来会呈现出偏黄的色调。人的眼睛之所以把它们看成白色是因为人的眼睛有调整功能，而数字相机的影像传感器却没有这种功能，它只能忠实地记录实际光源显示的色彩。所以有必要对影像传感器输出的信号进行调整，使记录的影像信号与人眼在标准白光照明下所看到的色彩相符合。

数字相机都有内置的自动白平衡系统，有的相机还有手动白平衡调节功能，可以对不同色温的光源进行自动或手动调整。

（一）自动白平衡

自动白平衡（Auto WB）对拍摄对象在不同光线下进行自动调整白平衡。自动白平衡调整功能分为全自动白平衡、预置白平衡和自动括弧式白平衡等模式。

1. 全自动白平衡

一般数字相机在出厂的默认模式下，白平衡模式都设置在全自动白平衡（Auto WB）模式 A，相机会根据被摄体反射的色彩来调节色温，使照片准确地还原被摄体的色彩。在大多条件下都可以拍到满意的照片。

全自动白平衡模式在有些光源条件下，会出现颜色偏离的情况。例如，当两种或两种以上不同色温的光源照射同一景物时，全自动白平衡模式采取一种折中的方式调节色温，这可能不是一个真实的色彩效果；在拍摄日出日落时，全自动白平衡模式往往会对色彩校正过度，从而减少红色和橙色的成分，使太阳减少了橙红色的光芒。

2. 预置白平衡模式

数字相机大都有预置白平衡（Preset WB）模式，不同型号的相机预置白平衡模式的数量不同，预置白平衡模式的数量越多，拍摄越方便。下面介绍几种常见的预置白平衡模式：

1）晴天模式：该模式适合拍摄色温在5600K左右的光源照射下的景物。另外，拍摄日出日落、灯光夜景、烟火等照片，可以获得色彩浓重的效果。

2）阴天模式：该模式适合拍摄色温在6000K左右的光源照射下的景物，可以降低阴天散射光带来的蓝色。

3）荧光灯模式：该模式适合色温在6500K左右的光源下拍摄。

4）钨丝灯模式：该模式适合色温在3200K左右的光源下拍摄。

3. 自动括弧式白平衡模式

自动括弧式白平衡（White Balance Auto Bracketing）模式又称为包围式白平衡。设定在这个模式上，按下快门后，相机会连续拍摄几幅白平衡各不相同的照片，即一次拍摄几幅色调不同的照片，供以后按需要挑选。

（二）手动白平衡

有的数字相机设有手动白平衡调节功能，使你可以追求创造性效果或者对这种自动系统做出的不正确的假设进行校正。这些手动设置通常通过相机屏幕上的菜单系统进入，控制量取决于相机的机型。一般在数字相机中标识为：手动模式 C。

手动模式的调整方法是：在现场光源的条件下，将一张白纸对准镜头，注意要将白纸充满取景器，不要有阴影或其他的光影落在白纸上。然后通过相机的菜单选择手动白平衡模式，按动手动模式按钮进行测量，直到白平衡测量指示灯停止闪烁，白平衡测量停止才能够拍摄。不同的数字相机手动白平衡的操作方式不太相同，具体操作应查看相机的操作说明书。

白平衡的调整不单单是个技术问题，也是从事摄影艺术创作的一个重要方法。在实际拍摄时，根据不同需要选择相应的模式，并在取景显示屏上预览效果，可尝试各种模式，直到得到想要的结果。例如，在阳光下，将白平衡设置在白炽灯模式拍摄，给照片增加很多蓝色，使天空更加蔚蓝。如果拍摄日出日落时的太阳，可以把白平衡设置在荧光灯模式下，使太阳增加浓重的红橙色彩。熟练运用白平衡调整，可以使摄影创作的手段更加灵活。

使用环境光拍摄，如图8-2所示，只有蛋糕上蜡烛的光照明更富有气氛。

图8-2　100毫米镜头
1/30秒. F/2. 8. ASA 200

当使用日光白平衡拍摄烛光和火焰的时，火焰会有一种橙色调。

使用日光白平衡拍摄夜景可以增强夜景不同光源的颜色。

使用日光白平衡拍摄油灯提供的光，可以使照片产生暖调光辉，形成金色调，皮肤色调看上去比实际偏暖。

第四节 影像色彩的后期调整

在使用数字相机拍摄时，由于各种各样的因素会造成照片的偏色。使用 Photoshop 软件可以对偏色的照片进行调整，使它的色彩得以校正。也可以给颜色正常的照片加以颜色，达到我们要求的艺术效果。

在调整过程中，可以凭经验和感觉对照片进行调整，但是由于经验和感觉对于每一个人都是不一样的，调整的结果也可能不一样。所以，凭经验和感觉来调整照片只能是一个参考标准。最可靠的方法是使用 Photoshop 提供的工具命令和数据，使调整有一个相对一致的标准。

一、Photoshop 色彩调整的基本准则

（一）中性灰理论

在 Photoshop 中，中性灰理论是色彩调整的一个基本的原则。“灰平衡是一切颜色存在的基础”。三原色 R:G:B = 1:1:1 就是中性灰，绝对的黑和白也是中性色。对于 3×8 位色彩深度而言图像中每种颜色都有从 0 ~ 255 的 256 个灰度级的对应值。理论上绝对中性灰 RGB 数值是 128.5，由于色阶用整数表示，所以表示为 R = G = B = 128。R:G:B = 1:1:1 是准确校正偏色的标准。

色彩调整在影像的修饰中是非常重要的一项内容。色彩调整包括对色调进行细微的调整，改变影像的对比度和色彩等。

想获得一张好的拍摄图像，必须从拍摄做起。虽然 Photoshop 对有缺陷的图像可进行修饰，但如果拍摄的图像没有获得足够的颜色信息，在 Photoshop 中过度的色彩调整，会导致更多的细节丢失。所以尽量要在拍摄时获得高质量的图像。

（二）典型的色偏

1）阴天下雨。由于阴天没有阳光，所以缺少红色，而云层的散射光偏蓝，拍摄的照片看上去会有一层淡蓝色。

2）在人脑中对一些色彩有一定的经验值，比如天空、树木以及花草等，这些颜色如果发生色偏是很容易被人眼看出来的。

3）其他的一些细小的色偏往往不被人眼察觉，这只能通过拍摄者想办法根据拍摄时对现场的记忆，去寻找图像中的中性灰作为调整色彩的标准。因此，色彩调整时必须严格以中性灰标准作为参照。

（三）不能调整色彩的图像

在摄影过程中有一些照片无需进行后期调整，如摄影者进行创作所营造的色光拍摄的艺术照片；在图像设计中刻意渲染的艺术偏色效果；还有一些在后期处理中错误地应用过通道替换或通道混合器的图像，这些照片的色彩是无法调整的。

二、Photoshop 色彩调整的基本过程

（一）检查图像色彩

在调整图像前，首先要检查图像的色彩是否平衡，即图像有无偏色。检查的标准就是检查中性灰。灰平衡是图像中从最小的黑（0%）到最大的白（100%）的渐变过程，是色彩的基础。检查的方法是：打开 PhotoShop 中的 Info 面板，在图像上移动鼠标，在 Info 调板上观察最亮和最暗部分的像素值，如果最亮部分 RGB 的像素值为 240，最暗部分 RGB 的像素值为 10，则说明包含所有这些像素值的色调范围已有足够的细节，可获得层次丰富的图像。

（二）彩色平衡的调整

色彩平衡是指能够在色彩空间进行的调整，这些调整可以通过曲线和色阶调节等方法来完成。色彩平衡是对单独的色彩进行改变，但是改变的同时也会间接影响到图像中其他的颜色。色彩调整是针对色彩平衡而言的，它只改变图像中的一种颜色而不影响到其他的颜色。图像的调整可以对所有的颜色进行，也可以对单个通道进行。使用所有的颜色调整往往效果不好，因为图像偏色并不是所有的颜色都偏色，大多数是偏一种到两种颜色。

而采用单个通道，可以根据具体的情况来调整色彩和席位层次，以达到满意的效果。不要对固定区域内的颜色进行调节。如果图像在某一区域或范围出现了色偏，说明图像整体都色偏，而并不是视觉所看到的那一块区域。对图像整体的校正不仅能够消除明显色偏，而且还能对不被注意的细节进行调节。

色偏是指图像的颜色跟原有的色调不同。当看到图像倾向于某一种颜色时，不要盲目地除去这种颜色，应先要考虑图像的用途和图像的特点。例如，风景图片总是偏于青色或黄色。色偏时可以突出或传递某种信息，在去除色偏之前应先搞清色偏的位置，一般的色偏可以通过视觉来辨别它的位置，色偏主要是集中在图像的主色调及反射高光上。

在调整色偏时要遵循以下原则：

1）色偏不会只局限于图像中某一种颜色。

2）当一幅图像有潜在的色偏出现时，应先检查亮调部分，因为人眼对较亮部分的色偏最敏感。

3）校正色偏时要先选择中性灰色，因为中性灰色是弥补色偏的重要手段。在彩色部分校正灰色时，不要太相信人眼视觉所呈现的颜色，因为图像中其他颜色会改变人眼对灰色的感觉，这就是我们所说的环境色（“颜色对比”）的影响，遇到这种情况应使用吸管工具进行检查。

4）校正色偏时要尽量调整该颜色的补色（互补色的此消彼长）。

5）根据图像的具体要求，可以使用 HLS 模式进行调整。

6）许多图像的色偏在某些色调范围内是相当严重的。如果只单纯地调整这部分色调，会使调整以外的色调变化剧烈，所以一定要协调好整体的色调范围。

三、调整偏色图像的方法

数字图像由于光线、打印、扫描等原因会有偏色现象。Photoshop 软件有许多种方式可

以修正图像的颜色。通常可以使用调整图层、取样颜色和信息面板等综合方式来校正图像的颜色，这个方法是数字校正的方法，它可以代替视觉调整的方法，使调整的图像更自然、与实际颜色更一致。具体的调整方法，可参看有关 Photoshop 软件使用方面的书籍。

要得到色彩准确的数字图像，不应依赖后期的调整，重要的是拍摄时对数字相机的色彩设置，首先是对光源色温的判别和白平衡的调整以及色彩模式的选择。只有准确地判定色温和相对标准的白色物体，才能有效地进行白平衡调整，结合色彩模式的选择，就会拍出色彩准确的数字图像。

第九章　数字摄影的其他技术

第一节　连续拍摄模式和定时拍摄模式

一、连续拍摄模式

数字相机的连续拍摄模式简称连拍，是指将数字相机快门钮按下不松时，数字相机的快门可连续开启曝光的方式。连续拍摄时，拍摄到的数字影像文件先暂时存放在高速缓冲存储器中，在连拍结束后再存入储存卡中。

连续拍摄模式对体育摄影、新闻摄影和一些运动物体的摄影是很有帮助的，它可以在一定时间内，按下快门拍摄几张甚至几百张照片，把运动过程或事件过程毫无遗漏地拍摄下来，然后选取最精彩的照片使用。

连续拍摄模式有：连续拍摄、5 张暂存记忆模式、s 连续拍摄和 m 连续拍摄等形式。

1. 连续拍摄

连续拍摄就是按下快门按钮，相机进行连续摄影。照片和正常摄影一样，是以每一张照片独立地作为图像记录的，如图 9-1 所示，也就是 1 张 1 张地进行记录。抬起快门后拍摄停止。连续拍摄还分为高速连拍（10fps；拍摄 5 张）、低速连拍（2fps；拍摄 11 张）和超高速连拍（640 × 490 图元，30fps，拍摄 100 张）。

图 9-1　连续摄影

2. 5 张暂存记忆模式

5 张暂存记忆模式是当按下快门时，相机将以最高 0.7fps 的速度进行拍摄，但只有最后5张照片可被保存到存储卡中。

3. s连续摄影

s连续摄影是快门按钮完全按下之后，相机开始以1/7s的间隔进行拍摄，大约2.2s钟拍摄16张照片。16张静止图像组成一组、记录为一个文件（3264×2449像素），如图9-2所示。这种拍摄模式是短时间按下快门，所记录的影像直到拍摄完成才终止。

图9-2 一次拍摄16张静止图像形成一个文件

4. m连续摄影

m连续摄影也是以大约2.2s拍摄16张的速度记录画面，但是与s连续摄影不同的是拍摄者什么时候松开快门，拍摄就立即停止。这样利用m连续摄影就可以在画面结束的同时松开快门，只记录需要的拍摄，时间可以由使用者自行掌握，也就是说在按下快门后，2.2s的范围内可以随时停止记录。这样还可以节省存储卡的空间。

二、定时拍摄模式

定时拍摄（Time Lapse）模式分为定时拍摄模式和间隔定时拍摄模式。

（一）定时拍摄模式

定时拍摄（Time Lapse）模式是拍摄者可以控制相机在一定时间里自动拍摄照片，而无需用户直接控制快门。例如，可以把带有定时拍摄功能的相机安放在三脚架上，拍摄植物开花或者鸟蛋孵化等。一些相机配置的是内置定时拍摄功能，其他相机把定时拍摄与遥控拍摄结合在一起使用。当然，使用这些功能的时候需要把相机连接到电脑上。

（二）间隔定时拍摄模式

间隔定时拍摄（Interval Timer）模式是每隔一定时间拍摄一张的拍摄方式。它首先出现在柯达DC260型、美能达Dimage EX型数字相机上。在间隔定时拍摄模式下间隔时间长短以及最大拍摄数量可以人为调节和设定。适合对连续演变及运动过程的拍摄，如拍摄动物及植物的生长过程、化学反应现象随时间的变化、运动的分解等，在科技摄影方面尤为有用。用该功能拍摄时间流逝、日出日落的变化，效果非常独特。另外还可以在后期制作时对一系列数字化的图像方便地用多媒体制作软件将它们组合制作，在显示器上动态呈现，从而使数字相机成为动画、动态图像的输入源。

第二节　多重曝光模式与包围式曝光模式

一、多重曝光模式

多重曝光模式是在一幅照片上拍摄多个影像，或使一个被摄物体在画面中出现多次，选择多重曝光模式拍摄通常采用以下几种技法。

（一）单纯多重曝光

使用单纯多重曝光时，使相机和被摄物体都保持不动，对被摄物体不同时间或不同光线照射情况下进行多重曝光拍摄，这样就可以突出被摄物体的层次感。这是最基本的多重曝光技法，一般用常来拍摄夜景，如图 9-3 所示。

（二）变换焦距多重曝光

对于花卉或者静物的拍摄，可以采用变换焦距的方法进行两次拍摄，一次使用实焦拍摄，一次使用虚焦拍摄，一张照片分别为实焦和虚焦拍摄的效果，如图 9-4 所示。在实焦拍摄过程中可以曝光多些，而虚焦拍摄时则曝光少些。

图 9-3　单纯多重曝光

图 9-4　变换焦距多重曝光

（三）遮挡法多重曝光

遮挡法多重曝光是先遮挡镜头的一半拍摄一次被摄物体，然后再遮挡镜头的另一半拍摄一次不同位置的被摄物体，这样就可以将被摄物体同时曝光到一张底片上。一般用来拍摄分身照，如图 9-5 所示。需要注意的是，最好使用分拍遮挡器以保证分拍的准确性，另外需要保持镜头的位置不动。

（四）叠加法多重曝光

还有一种方法就是在画面的某些区域预先留出位置，在预留区域内多次曝光，也可以形成一种极富表现力的效果。拍摄的过程中相机的位置可以固定，也可以移动。这里以相机位置固定的方法拍摄一个人物在多个位置的多张照片，然后把它们合成到一起，如图9-6所示。

图 9-5　遮挡法多重曝光

图 9-6　叠加法多重曝光

多重曝光在一些特殊的场合，如烟花焰火拍摄、夜景拍摄，多次曝光效果非常好。例如，拍摄夜景时，一般情况下，当灯光打开时天色已晚，除了灯光之处，建筑物和其他一些景物就显得比较暗。拍摄时，如果让灯光曝光正确的话，周边景物往往会曝光不足，造成照片上除了灯光其他一片黑的效果。采用多重曝光就可以大大地改善照片的效果。拍摄者可以在天将黑未黑之时，先拍摄一张周边景物的照片，然后用稳定的三脚架保持相机的拍摄位置不变。等 1 ~ 2h 后，灯火通明时再曝光一次，就可以得到两次曝光后的照片。在这张照片上，不但拍出了灯光，还拍出了周边的景物。

二、包围式曝光模式

包围式曝光（Bracketing）模式也称为“阶梯式曝光”、“括弧式曝光”等，就是通过几个不同变化的曝光组合来对某一对象实施曝光的拍摄方法。它是数字相机内置的一种高级功能。它的工作方式是当拍摄者按下快门时，相机以不同的曝光组合连续拍摄几张照片，如图9-7所示，从而保证总能有一张符合摄影者的曝光意图。普通数字相机的曝光级差可选择设置 1/3、2/3 或 1EV，一般可以拍摄 3 张。包围式曝光一般适用于静止或慢速移动的拍摄对象。

F/8　1/250　−1EV　　F/8　1/250　　F/8　1/250　+1EV

图 9-7　采用包围式曝光模式拍摄

在亮度比较复杂不好确定曝光量的条件下，通常使用包围式曝光总可以得到一张效果满意的照片。另外，在一些重要场合拍摄数字照片时，为了保证照片质量，保证拍摄成功率，使用包围式曝光可说是一个有效的措施。在使用包围式曝光拍摄时，需要注意几个问题：一是通常被摄景物在亮度相对均匀的前提下才可采用包围式曝光。在主体与背景亮度差很大时，需要做一定的曝光补偿，再使用包围式曝光。因为，这种光源情况下光靠半档到一档的曝光偏差往往是不够的，原来的补偿值很可能要大于你的“包围值”。再有要注意储存卡的容量、电量，在储存容量或电量不足时就要谨慎使用，以免不必要的浪费。还有就是要注意区分曝光模式，有些相机上还有包围式闪光曝光功能，包围式闪光曝光与包围式曝光略有不同。包围式闪光曝光是通过控制闪光灯的输出来完成包围式曝光，虽然工作原理和操作方式上都与包围式曝光相同，因为加入了闪光灯的元素，更适合在弱光条件下使用。

第三节　红外摄影与全景摄影模式

一、红外摄影

（一）数字相机的红外线摄影原理

红外线的波长范围很广，但红外摄影只能利用760～1200nm之间的红外线（数字相机影像传感器能感应此段红外线）。平时为了避免因红外线干扰而产生色偏，一般的数字相机都在影像传感器前装有ICF（红外线截止滤镜）来阻止红外线的进入。在进行红外摄影时与ICF正好相反，“红外滤镜”的作用是阻挡可见光而只允许让红外光通过。有夜摄功能的相机就是通过机械装置将这片ICF移开使CCD能充分接收红外线。

红外线具有可穿透一些可见光无法通过物质的特性，所以，红外摄影可以取得普通摄影所不能得到的效果，广泛应用于军事、科学、公安、考古、医学等领域的摄影中。

（二）数字相机的选择

数字相机的影像传感器能对红外线感光，应该可以进行红外摄影，但是真正对红外线足够敏感，真正适合拍摄红外片的数字相机还是很少的。日本产的数字相机有些能进行红外摄影，例如Sony DSC-F707/717，这两款相机在夜间模式下会自动去掉红外线阻挡片，所以对红外线非常敏感。拍摄时要在镜头前面加上一块Hoya R72红外滤色镜片。但是夜间模式只能在自动模式下使用，自动会调到最大ISO，并且最慢快门速度只有1/9。奥林巴斯的C-2000z、C-2020z、C-2100uz以及C-700uz均可以用于红外线摄影，也要在镜头前面加上一块Hoya R72红外滤色镜片。感光度最好设定得较高些，例如ISO400，然后可以在菜单中将摄影模式设定为黑白模式，这样可以消除不想要的色彩混合。利用相机的LCD显示屏就可以看到红外线摄影的效果，最好在阳光强烈的户外拍摄带有大树和天空的景致，这样的景致比较适合红外线摄影。

（三）数码相机红外线摄影要点

使用数字相机进行红外摄影需要注意以下几点：

1）红外线的曝光时间比较长，最好使用三脚架。

2）使用自拍功能，防止相机的抖动使照片发虚。

3）使用包围式曝光，提高成功率。

4）曝光时间不要超过 1s，最长不能超过 2s。曝光时间过长，画面会出现燥点。

二、全景摄影模式

全景摄影模式是数字相机自动用设置拍下多幅照片（见图 9-8），然后再使用软件自动将这些幅照片拼接起来，去掉重复的部分形成一幅完整的全景照片，如图 9-9 所示。

图 9-8　用全景模式拍摄的四张照片

图 9-9　用软件拼接为全景照片

数字相机的全景摄影模式会自动按拍摄全景照片的要求设置曝光参数，测光时使用平均测光，同一组全景照片的拍摄过程中不改变光圈、速度、ISO、分辨率及其他设置，使用固定白平衡，使用自动白平衡可能造成不同照片的色调不一致。

有的具有“全景拍摄模式”的数字相机。按动模式转换开关，相机成像框内会出现上下两块遮光板，使标准画面变为 13mm × 36mm 的条形画幅拍出来的照片给人一种视野宽阔的感觉。

（一）全景摄影模式的使用

使用数字相机的全景摄影模式拍摄全景照片可以从不同的方位来拍，可以是一维拼接，最常用，横或纵向；也可以是二维拼接，横向和纵向全部拼接。以拍摄者和被摄体的相对位置来分，可以是相机旋转拍摄，也可以是相机平移拍摄，还可以围绕被摄体拍摄。

旋转相机拍摄是最常用的全景拍摄方法，用于表现空旷地带周围的景物。纵向拼接可以用来表现一次取景难以取全的高大建筑。通过二维拼接的方式还可以突破数字相机分辨率的限制，制作出超级分辨率的大幅图片。对于延续分布的拍摄对象，如一条街的街景，可以平移拍摄，然后拼接缝合形成街景长卷。大的圆形被摄体的表面也可以围绕拍摄然后拼接，就像世界地图的表现方法。

（二）全景拍摄要点

用来拼接全景的照片有一定要求，如曝光值相近、色调相近、依次排列、相互稍微重叠等，拍摄时要注意以下问题：

1）全景拍摄时的镜头应使用变形较小的中焦或长焦端拍摄，并且拍摄中途不宜改变焦距，保证多张照片有相同的视角。

2）拍摄要点：①拍摄时依照一定顺序（由左至右或由上到下等）拍摄；②最好使用三角架平稳旋转，旋转拍摄时要注意转轴垂直；③围绕拍摄或逐点平移拍摄时要注意相机高度、角度一致；④一般不要使用闪光灯，闪光灯会造成近亮远暗；⑤拍摄时相邻两幅照片之间要有一定重叠，佳能、卡西欧等品牌的一些数字相机在全景模式下 LCD 显示有辅助提示；⑥避免在光照条件剧烈变化的时候拍摄，以免各幅画面之间曝光相差太大；⑦拍摄时还要注意避免在衔接处出现移动物体。

第四节　声音记录与摄像模式

一、声音记录

数字相机具有声音记录功能，记录声音非常方便，声音记录功能对摄影记者很有用，利用它可在拍摄时将需要说明的问题记录下来，在传递图片的同时也可以将拍摄的说明一同传送出去，便于编辑人员及时了解拍摄意图及背景资料，从而及时地配以图片说明。在运用数字相机记录声音时还有一些问题需要注意：

1）数字相机的声音记录功能必须处于工作状态时，才能记录声音，不同的数字相机，声音记录功能的启动方式不同。

2）保证记录声音的质量。拍摄者要正对数字相机内的内置话筒解说，且要保持嘴离话筒的距离在 15cm 左右，以保证所记录的声音有较高的信噪比。解说时要注意解说声音大小适度，以控制录音信号的强弱。

3）所有数字相机上记录的声音文件记录质量都不是很高。

4）数字相机记录的声音，一般无法在数字相机上播放，需要将声音文件下载到计算机上播放。只有少数数字相机可以播放已记录的声音。

5）数字相机正在往存储卡上写入数字化声音文件时，切勿关闭数字相机和取出存储卡。

二、摄像模式

数字相机摄像模式的工作原理与普通照片的拍摄原理基本一样，都是通过影像传感器将光信号转变成模拟信号，然后通过数模（A/D）转换器变成数字信号，进入 DSP 处理后输出到存储介质上，这和数字摄像机的原理也比较类似。高端的数字单反都没有摄像模式，这主要是因为数字单反相机不能直接通过 LCD 液晶屏取景。

目前数字相机摄像的分辨率都可以达到640×490，30帧/s，清晰度已经超过了VCD的标准；录音录制质量可以有立体声，声音采集度上也有了不同的选项，有的录音质量可以和数字录音机相当。许多数字相机都可以在拍摄的过程当中进行光学变焦，还可以利用防抖功能，以保持画面的平衡。可使用MPEG4格式存储，MPEG4格式适用于低传输速率，与MPEG1和MPEG2相比，MPEG4更加注重多媒体系统的交互性和灵活性，体积不大，但画质好。

随着高清视频的流行，越来越多的数字相机集成了高清摄像的功能，纷纷发布了基于720p摄像功能的数字相机。

第十章 摄影用光

摄影是光的艺术，摄影是用光来绘制图画。因此，光线运用得好与坏直接影响画面的质量。摄影又分为室内摄影和室外摄影，在封闭的室内摄影棚内，完全使用人工光源；在有窗的室内，可以利用自然光线和人工光源协调配置来完成摄影布光。在室外白天主要利用自然光线来给主体物打光，而夜晚则必须使用人工光源。因此在不同的拍摄地点、在不同的光照环境下，如何应用好自然光和人工光源是一门学问，本章对此作深入地探讨。

第一节 光的基本概念

一、什么是光?

光是一种电磁波，可见光是指人眼视网膜受到刺激以后能引起视觉的那部分电磁波。在没有光的世界里，我们看不到任何东西，当然也就谈不上摄影。

二、光源的性质

无论是自然光线还是人工光线，都有软硬之分。硬光当中有的是来自天然的光线。如，太阳光、月亮光等。光源的有效发光面积越小，光性就越硬；光线越硬，形成的影子就越实。而人工光源里的聚光灯（见图 10-1）、白炽灯、日光灯等也都属于硬光光源。

图 10-1 聚光灯

1. 硬光的作用

1）形成界线分明的阴影。

2）显示物体表面的轮廓和结构。

软光是一种散射的无影照明。在人工光源中属于软光的光源是由一系列的点光源组合的。比如：排灯、联灯、荧光灯组，另外还有柔光灯、平光灯等泛光灯系列，如图 10-2 和图 10-3 所示。

2. 软光的作用

1）隐没物体的表面结构。

2）在画面中不会形成阴影和明亮的强光部分。

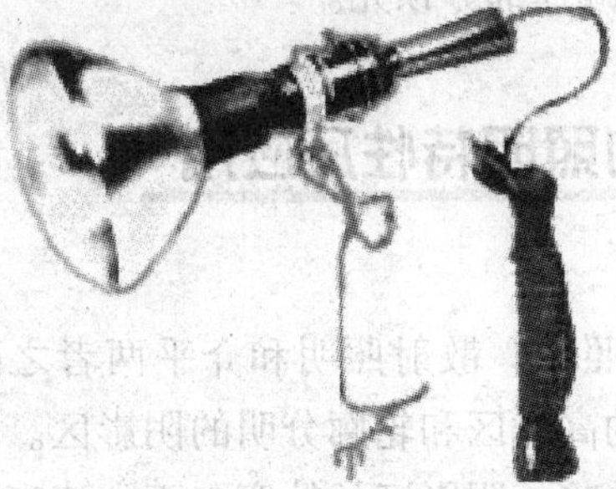

图 10-2 泛光灯 1

图 10-3 泛光灯 2

此外，还有光的控制装置，如图 10-4 和图 10-5 所示。

图 10-4 反光伞

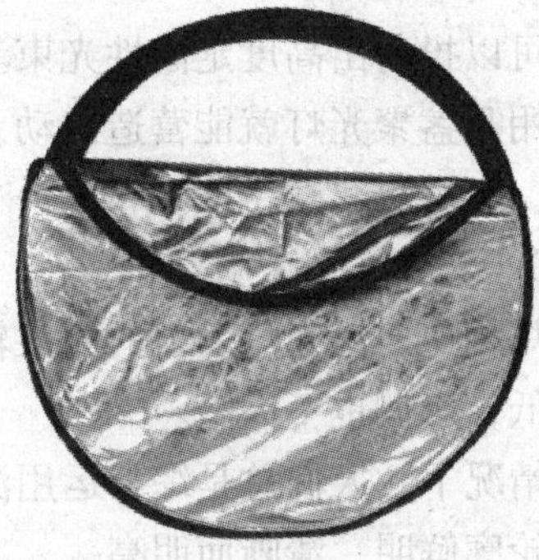

图 10-5 便携式反光板

反光板的类型：在摄影中，常用 4 种类型的反光板——白色、银色、金色和黑色。偶尔还使用柔光屏或“纱幕”。

白色反光板：白色反光板反射的光线非常微妙。由于它的反光性能不是很强所以其效果显得柔和而自然。在使用窗户光照明时，若需要稍微加一点光，可以使用这种反光板对阴影部位的细节进行补光，由此让阴影部位的细节更多一点。

银色反光板：由于银色反光板比较明亮而且光滑如镜。它能产生更为明亮的光。银色反光板是摄影工作者最常用的一种反光板，在拍摄人物肖像时使用这种反光板的效果很容易在被摄者眼睛里映现出来，可以“突出”被摄者的眼睛，从而产生一种明亮的眼神光。在阴天的光线条件下，有时在使用窗户光照明时，被摄者身上阴影部位显得较暗，此时可采用银色反光板补光。但是要小心处理，不能补光过度。也不能因为过度补光而破坏了窗户光的效果。

金色反光板：在日光条件下使用金色反光板补光。与银色反光板一样，它像光滑的镜子似地反射光线，但是它产生的光线色调较暖。可以尝试使用银色反光板作为辅助光，用金色反光板作为主光。

黑色反光板：这种反光板与众不同，因为从技术上讲它并不是反光板，而是“减光板”。使用其他反光板的目的是为景物添加光量，使画面变得更亮。使用黑色反光板则是运用减光法来减少光量。什么时候使用黑色反光板呢？在采用顶光拍摄的时候，拍出的人脸常会产生“浣熊眼”，此时应该利用黑色反光板，减掉部分顶光。

第二节　摄影室照明设备的照明特性及应用

从广义上讲，照明设备的照射特性可分为定向照明、散射照明和介乎两者之间的照明。定向照射的光是集中投射的，可用于产生很强的高光区和轮廓分明的阴影区。相比之下散射光则相对柔和一些，它产生的高光区的亮度稍暗，阴影区的轮廓也不太清晰。下面我们就探讨一下如何用不同类型的摄影室灯具制造不同的照明效果。

一、聚光灯

聚光灯可以投射出高度定向性光束。它可产生很亮的高光区和线条鲜明、影调深暗的阴影区。只用几盏聚光灯就能营造出动人的戏剧性效果。

二、泛光灯

与聚光灯相比，泛光灯发射的光束较宽，经它照射产生的高光区的亮度略弱，阴影区的清晰度稍低，影调也不太暗。

在多数情况下，人们总是综合运用泛光灯和聚光灯，这样既可保证整体布光柔和，又能使强光区轮廓鲜明、清晰而明亮。

在摄影室里拍人像或静物时，用泛光灯通常会比用生硬而强烈的聚光灯产生的拍摄效果更令人满意。泛光灯也因此成为室内摄影的主要设备，而聚光灯则做为泛光灯的补充。

三、基本布光过程

1. 放置主灯

通常把泛光灯作为主要光源，称为主灯；主灯又叫作关键灯，它的位置取决于所希望达到的效果。但一般把它放置在与主体成45°角的主体一侧，而且其水平位置通常要比相机高0.5m左右，主灯的照明效果，如图10-6所示。

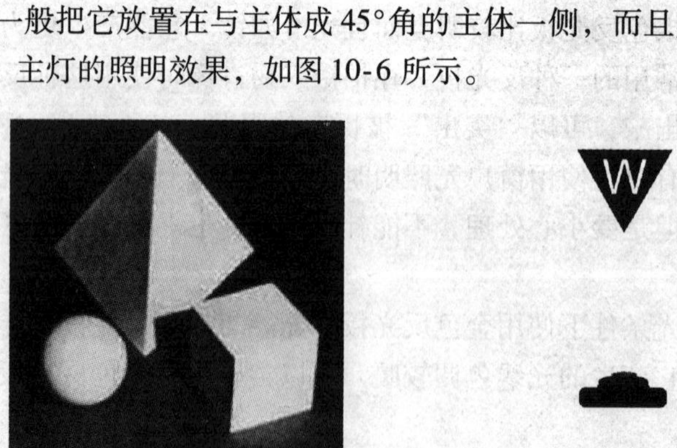

图10-6　主灯的照明效果

将主灯置于主体右侧，并与主体成45°角，这只是一种可能的灯位。不同的灯光布置会产生不同的效果。主灯的位置一旦选定，照片的基本影调便得以确定和控制。

如图10-6所示，可以看到，一盏关键灯制造出了很强的高光区和深色阴影。通过图10-6可以感受主光的特征以及光线的方向。这种情况也是模仿自然界的现实状况——室外只有一个主光源，即太阳，在自然界中看到的每个物体的高光区的位置和阴影都是太阳赋予的。同样，在摄影室里，也利用一盏主灯制造高光区和阴影，正是这种高光区和阴影使照片具有了三维视觉效果——立体感。如果用两盏或两盏以上功率同样很强的灯，就会造成几个阴影和高光区，以致分散注意力，引起混乱。

2. 添加辅助灯

主灯可以投下很深的阴影，辅助灯的作用是给阴影补充一些光线，以便使阴影的细部突显出来。切忌用功率大于或者等同于主灯的辅助灯，以免产生另一个与主灯产生的阴影互相抗衡的阴影。主灯应该居主导地位，它决定着阴影和高光区的基本影调，因此辅助灯的强度必须比主灯弱一些。

添加辅助灯的原因之一是，在只有主灯时，阴影在照片中看上去通常比肉眼看到的更暗。辅助灯的加入可使最终的照片看起来更自然，如图10-7所示。

图10-7 添加辅助灯

如何使用了辅助灯而不另外形成一组新的阴影呢？当我们把一盏灯直接摆放在镜头旁边时，光线就会径直照射主体，从而减小主体前部的反差和阴影的深度。可见，我们应该尽可能把辅助灯放在距离相机较近的地方。单独使用辅助灯可产生无阴影的效果，图10-8所示是只用辅助光的效果。

图10-8 只用辅助光

图 10-7 所示是主灯和辅助灯并用的布光效果示意图。把图 10-7 和图 10-8 加以比较就可以体会到布光的一些窍门儿。

在放置辅助灯时要确保它不会把相机的影子投射到画面中。要使灯高于相机，或者使之位于相机一侧。如果把灯放在相机旁边，那么，它的位置应当与主灯异侧，而不要在同侧。

辅助灯的功率应低于主灯，这样，它才不至于将主灯制造的阴影抵消。具体做法如下：

1）采用功率较低的灯泡。比如：如果主灯的功率为 500W，那么就可以用 250W 的灯泡做辅助灯。

2）辅助灯应远离主体。可以根据所要营造的不同效果确定辅助灯的位置。方法是：慢慢向后移动辅助灯，同时观察它投射到处于主灯照明之下的在造型上产生的效果，然后选择最满意的位置。切记：照片中的阴影比用肉眼直接看到的要黑一些。

3）在辅助灯前面放一块漫射屏或其他有同样功能的东西（如果用的是一个漫射屏代用品，如手帕，那么要注意它与灯必须保持一定的距离，以免引起火灾）。

辅助灯应比主灯弱多少呢？这得取决于想要的效果。如果需要几乎没有阴影和反差的效果，就可以用与主光强度相同的辅助灯。反之，如果想拍一张有较深阴影的高反差照片，就应该用较弱的辅助灯，或者干脆不用辅助灯。在大多数情况下，都会追求自然效果，因此，不妨从使用功率为主灯的 1/3 的辅助灯开始，逐步移位改变亮度，在这个过程中挑选想要的亮度。

3. 添加背景灯

在有了主灯和辅助灯之后，为了增添画面的立体效果，还可以另外增加一盏泛光灯或聚光灯，用于照亮主体身后的背景，如图 10-9a、b 所示，目的是使主体从背景中分离出来。

a）

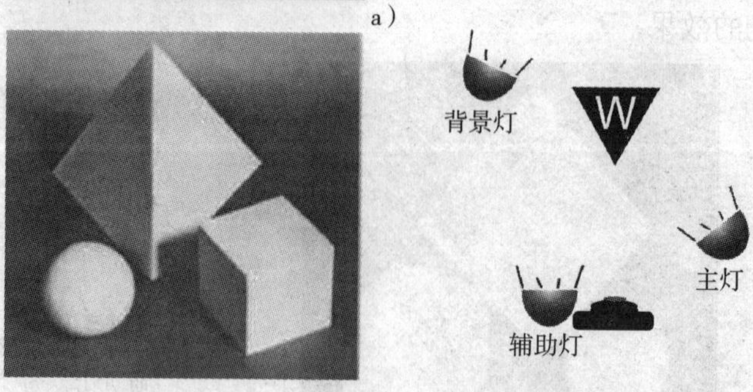

b）

图 10-9

至于应把背景光射向主体后面的哪一点则由拍摄画面来决定。可以照亮整个背景，也可以选择地照射背景的某个很小的区域。在放置背景灯时，要四处移动，并且尝试使用泛光灯和聚光灯，同时仔细察看不同背景灯产生的不同影调和效果。

那么，在拍摄照片的时候，是否有必要把主灯、辅助灯和背景灯这3盏灯都派上用场呢？答案是不一定。不妨把每个布光步骤在脑子里过一遍，想一下想要取得的拍摄效果。用每盏灯逐个进行实验，要变换不同的灯位，以便最终确定能产生最佳效果的布光方案。

第三节 肖像摄影用光

一、伦勃朗式用光

伦勃朗是世界著名的荷兰画家。伦勃朗式用光是一种专门用于拍摄人像的特殊用光技术。拍摄时，被摄者脸部阴影一侧对着相机，灯光照亮脸部的四分之三，以这种用光方法拍摄的人像酷似伦勃朗的人物肖像绘画，因而得名。具体说来伦勃朗式用光技术是依靠强烈的侧光照明使被摄者脸部的任意一侧呈现出三角形的阴影。它可以把被摄者的脸部一分为二，而又使脸部的两侧看上去各不相同。如果用均匀的整体照明，就会使被摄者的脸部两侧显得一样了。采用伦勃朗式用光需要两盏灯照明，改进后再加第三盏灯用以调节反差。两盏照明灯中，一盏650W的石英主灯（A）置于摄影师右上方，直接照在被摄者脸部的左边，一盏柔光辅助灯（B）置于摄影师的左侧，C白色的长条形反光板置于被摄者的左侧。如图10-10和图10-11所示。

图10-10 伦勃朗式用光的效果

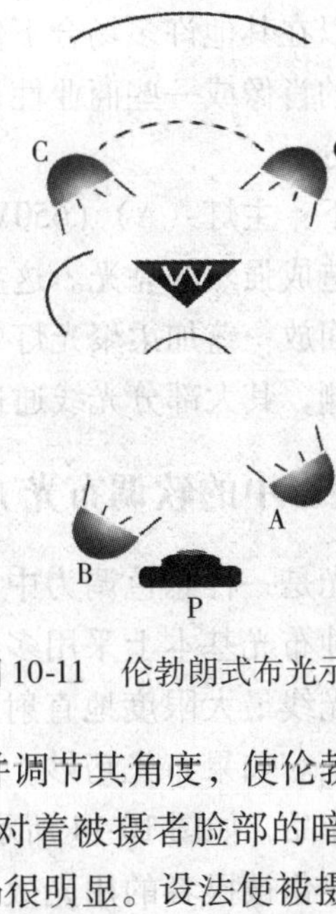

图10-11 伦勃朗式布光示意图

具体拍摄时，先打开650W的石英主灯（A），并调节其角度，使伦勃朗三角光投在被摄者脸部。然后打开正面主要的柔光灯（B），直接对着被摄者脸部的暗侧。它能照亮被摄者的脸部并增加深度，但此时三角状的亮光区域仍很明显。设法使被摄者转动头部，直到伦勃朗三角光能恰到好处地照在他的面颊上为止。并要被摄者的下巴向下倾斜。接下来就是测光及选择相机的光圈与快门组合。最后再检查一下背景，看一下头发灯是否会在背景上留下亮点及在相机镜头中引起晕光。开始拍摄时可同被摄者轻松地交谈，以使他放松并面带笑容，这一步也是很关键的，可以让被摄者有最好的影像。

二、伊斯特伍德式用光

“伊斯特伍德”式用光也是一种效果强烈的侧光照明技术，由于这种用光最初见于美国西部电影明星克林特·伊斯特伍德的照片，因而得名。其独特的照明方式能把这位明星面部和下颌那种不同凡人的富有阳刚之美的层次表现得淋漓尽致，以突出他那剽悍的牛仔形象，因而又被称作表现男子汉气概的照明方式。如图 10-12 和图 10-13 所示。

图 10-12　伊斯特伍德式用光的效果

图 10-13　伊斯特伍德式布光示意图

“伊斯特伍德”式用光并不复杂，只用两盏基本灯和一个简单的背景，既可以在摄影室里使用，也可以在其他许多场合下使用。由于其简单易行而且效果显著，被广泛用于拍摄一些较为严肃的肖像或一些商业性肖像。运用这种照明技术可以从各种角度突出男士脸部最具特征的部分。

具体布光如下：主灯（A）（650W 聚光灯）置于略高于被摄者头部的位置，以使在额头下鄂一侧边缘造成强烈的亮光。这盏灯还会以其强烈的照明将被摄者身躯的这一侧同背景区分开来。正面放一盏加柔聚光灯（B）（350W）。放置在相机的左侧，基本上对着脸部强光照明的一侧，其大部分光线通过带支架的反光板变成反射光。

三、人像摄影中的软调布光方法

软调人像布光是一种总色调为中间色的均匀布光方法。这种布光基本上采用多盏灯和好几块反光板。使光线最大限度地直射、漫射和反射到被摄者身上。如果布光巧妙，可以拍出相当精彩的人像作品，如图 10-14 所示。

图 10-14　软调布光的效果

为了取得能美化被摄者的用光效果，一般使用 3 盏室内摄影灯和一些反光板。在被摄者前面并排使用两盏大型的300W加柔聚光灯，这两盏灯要同被摄者及他面前的一块装在支架上的涂铝反光板成一定角度。这样布光之所以能取得均匀的照明效果，就在于使反射光的强度达到了最大限度。因此，反光板的使用在布光时是关键的部分。头发灯要架得相当高，并置于被摄者左侧，刚好在他头部后面。被摄者身后和两侧，还可放置一些反光板，以增加反光。

具体拍摄时，先打开被摄者前面的两盏加柔的聚光灯，并对好角度，使之能均匀地照射被摄体，同时使架在被摄者前面的涂铝反光板能向上反射出最大限度的光量。在被摄者身后架一块反光板，左侧也架一块白色、长柱形的反光板。然后，架好头发灯，并将其升高到在被摄者的左肩上产生出强烈而均匀的照明。这盏头发灯还应高到能把光线直接打在被摄者面前那块装在支架上的反光板上。用手在各个反光的表面来回移动，检查其反光效果，最后决定曝光量后便可着手进行拍摄了。

四、室内婚纱摄影的用光技巧

婚纱摄影历史悠久，传统的婚纱摄影使用平光居多，也就是八字光。所谓的八字光是指两盏光比相同的灯对准被摄体，在相等的距离内，以45°角同时照射，构成一个90°~100°的亮区，如图10-15所示。

后来，摄影师在八字光的基础上，另外加了一盏柔灯，放于地上，我们称这种布光为三角照明。虽然它仍然属于平光照明，但是人物的眼睛却显得特别亮。两个人之间的阴影得以消除。画面显得更加靓丽、干净。

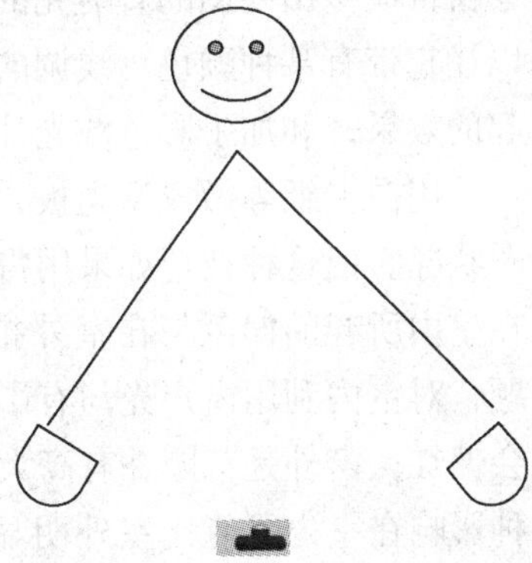

图10-15 八字布光示意图

另一盏柔光灯的位置应摆放在被摄人物的正前方，从上往斜下方打。灯的中心位置对准人物的头发，灯箱的下部对准人的脸，灯箱的上部对准人物的后背景。由于柔光灯箱的中心部分最亮，四周边缘较暗，相差0.8~1个光圈档次。此时人物不必打发光，而头发吸光较强，可以形成较多的层次。人的面部反光大，所以用较弱亮度的柔光灯，这样使整体人物的光感得到平衡，也使人物显得更加自然。有关柔光灯的亮度，不应过亮，这样就会使人物的脸和脖子轮廓丧失，过暗又会使三角光失去意义。

五、人像摄影中的几种特殊用光法

（一）室内拍照选择光线的入射角度

英国摄影家P·裴佐尔指出，窗户光的照明是由很多因素决定的，这时光的强弱变化要比眼睛所能见到的大得多。从窗户到被摄者的距离，决定着面部照明的类型。同时，也要看室内墙壁和地板的反光能力。当被摄者进入窗户光的死角时，墙壁上的反射光就开始发挥作用了。此时，被摄者离正对窗户的墙壁越近，照明越充分。

在室内，只要被摄者移动几步，光线的对比就会有很大变化。因而，调整距离能够解决照明不均匀的问题。

裴佐尔指出，被摄者如果处在窗户的正中位置，面向窗口，他的前额、鼻子、颧骨和下巴都处于白光照明之中，看起来显得很突出，不论什么背景都能把轮廓衬托得很明显，这属于正面光。

光从侧面射来，面颊线条明显，面颊和颌部能产生阴影。头部微微转离相机，侧面光能产生最大的立体感。此时，最能表现一个人的脸型特征的办法是脸部微微转离窗户一些，转向阴影方向，使之只有侧面充分照明。但这时必须同时利用反光板或室内其他方面的反光。

如果被摄者移到窗户的一侧，面向窗口，侧面光和轮廓光会有所减弱，面容显得圆润匀称。面孔转向相机时，面孔上背窗的部分出现了阴影，但面孔离窗最远的一边或多或少地为平光所照亮。远离窗口时，整个面容处在阴暗的平光之中。被摄者离窗越远，影调越平淡。

（二）室内拍照调整光线的强弱和光比

利用窗户光拍摄人像时，浅色墙壁的小房间比起大而暗的房间反射的光线多一些，因而背景也亮一些。反射光的强弱和背景的色调，可以用拉开或关上窗帘的办法来调节。但是，裴佐尔认为，最值得追求的还是直射光的光效。摄影者可以按自己的意愿用百叶窗或厚窗帘模拟出硬调的直射光的效果。也可以用薄窗帘把斜射下来的光线变成散射光，还可以让它带有某种颜色。浅调的窗纱可以当柔光器用，使光线柔和。阳光洒在彩色窗帘上所起的效果，和加了彩色滤光片的泛光灯一样。

用白卡纸等做成反光板，调整反光板的位置，可以用来控制反射光的强度和光线的分布状况。但这种技巧如果用得太过分会失去自然的窗户光的特色。一天当中，光线的变化在室内所起的偏色与在室外拍彩照时是相同的。然而，有些在室外摄影中无须注意的问题，对室内利用窗户光却有影响。例如，窗外近处是太阳晒着的红砖墙，室内窗户光线就会偏红；窗外是花园并有高大的树木，光线就会偏绿；窗口对着蓝天，就可能带蓝色。这种影响在室内可能比室外明显，因为窗口更有选择性，不像室外那样色彩有一个总的平衡。

室内如果两面墙上都有窗户而被摄者在两窗之间，此时的交叉照明会造成各种有趣的光效变化。只要在拍摄时让被摄者转动一下身体，一系列不同的变化就会显现出来。此时，应注意设法通过调节使一个窗户的光比另一窗户稍亮一些，如果两个窗户的光线相等其效果是最不好的。

利用窗户光拍摄人像也可以用灯光作辅助光。英国摄影家罗纳德·斯皮尔曼指出，被摄者既受日光又受钨丝灯光照射，在日光型幻灯片上能产生非常令人满意的效果，这一点一般初学摄影者可能意识不到。此时，唯一的要求是，两个光源必须来自不同的方向，以便它们能照射到被摄者的不同平面上。也就是说，不能让日光和灯光同时照射到被摄者的同一受光面上。

斯皮尔曼认为，最好的效果可以这样获得：自然光透过窗户进入一般由钨丝灯照明的房间，从而在被摄者的一侧形成一种冷光束。如果使用带反光罩的灯具照明，最好不要让这种光线直接照射在被摄者身上，而是让这种光线散射，可以射向天花板或墙壁后再反射回来，利用反射光线。

当然，如果用闪光灯作辅助光，在被摄者的强光部分和阴影部分间的色彩质量不会有什么区别。但须记住，强光部分可能接受1/30s左右的实际曝光量，而阴影部分则可依靠闪光灯补充，这个闪光时间可能是1/1000s或更快。这样会得到一张一半影像非常柔和而另一半却是斑点和其他暇疵都十分清楚的照片。因此，在这种场合下最好是用伞形反光罩或反射闪光作辅助光，此外还须仔细地计算出光比或进行试拍。

（三）室外散射光照射下的用光

阴天时，室外的光线是非常柔和的散射光，用这种光线拍摄人像，能取得很好的效果。如能运用一块手持反光板还可以进一步改善光线效果，即用反光板来增加眼睛部位的光线，减轻下巴下面的阴影，从而拍出更为漂亮的人像。

使用这种光线拍摄人像的真正难处，在于要把被摄者的姿势和位置安排得能让散射光和反射光尽量照亮他的脸部，同时又要使背景部分没有任何障碍物。

具体过程如下：

选择一个开阔地，不要让障碍物挡住自然的散射光。让被摄者转动，这样便可以观察他脸上的光线效果，以便找到一个能得到最大限度散射光的位置。这种光线能柔化脸部的皱纹和缺陷。教会被摄者自己如何拿好反光板，以便把光线反射到下巴、脖子和眼睛。如果被摄者戴着帽子，为防止帽沿在脸部产生阴影，应设法让他的头作些倾斜，并调整反光板，直到几乎看不出阴影为止。此时，便可测定曝光量。被摄者每做一种新的姿势，就需测定曝光量，可变换曝光量拍摄。仔细检查背景，并在按动快门之前，对取景效果应有所预计。尽量使背景部位完全处在焦点之外，以免在完成的肖像上因清晰的背景而分散注意力。

第四节 闪光灯的摄影用光

一、闪光灯作主要光源

闪光灯主要用于被摄体运动速度过快，用慢门不能获取清晰的影像，或室内光线过暗或夜间摄影无其他照明等场合。

用闪光灯作主要光源，尤其是单灯照明的情况下，往往造成立体感差、影调层次不丰富、明暗对比强烈、光线效果不够自然等毛病。

闪光灯作主光源的主要照明方法有以下3种。

1. 单灯照明法

单灯照明法如图10-16所示。

1）用闪光灯作正面光时，要避免镜头对面有强反射物，避免出现“红眼”现象，并要使闪光灯灯光发散角度与镜头视角一致。

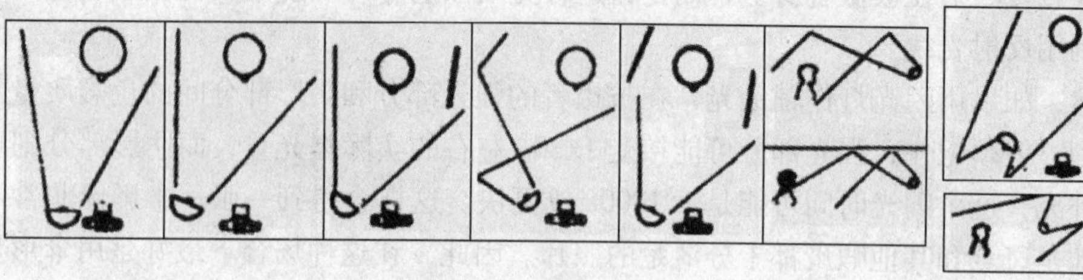

图 10-16 单灯照明法

2）用漫反射闪光时要增加曝光（加一层纱布要增加曝光 1/3 ~ 1/2）。

3）间接闪光照明要开大 3 ~ 4 级光圈，要用反光伞，开大 2 级光圈，应注意反射角度的正确，拍摄彩色照片要用白色反光介质。

4）新粉刷的白墙反光率达 70% 左右。

2. 双灯照明法

双灯的使用可以增强立体感、丰富层次、细腻影纹、控制反差，除增加了亮度以外，更重要的是起到了艺术塑型的作用。

1）光比要控制在 1:2 ~ 1:4 之间。

2）同步线不宜过长，最好用光控同步器。

3）塑型时，可以副灯置于前侧 45°作为主光，而主灯连在照相机上作辅助光，也可以采用以下几种情况，如图 10-17 所示。

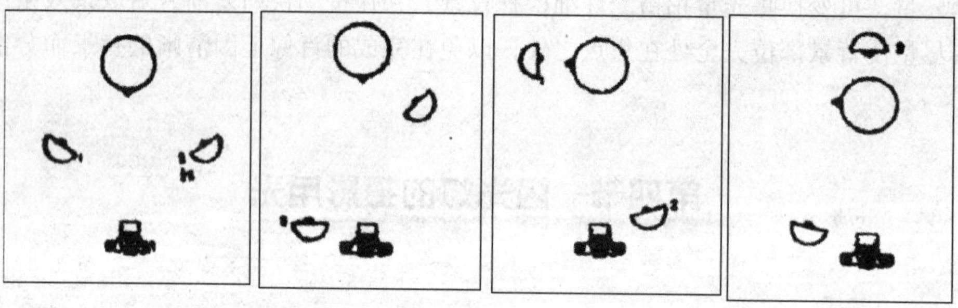

图 10-17

主光光强是副光的 2 ~ 4 倍。轮廓光的光强是主光的 2 ~ 4 倍。曝光应以主光至被摄对象的距离为准。因为用双灯，所以光圈可缩 1/2 级 ~ 1 级。

4）使用多管/多反射面电子闪光灯时，强光对白墙，弱光对被摄物。

3. 多灯照明法

多灯照明法如图 10-18 所示。

一般用一只闪光灯（含分灯）布主光、副光，另一只闪光灯（含分灯）布轮廓光和头发光（或背景光）；尚可配多种颜色的滤色片，以获取艺术效果。大场面用多灯，主要起均匀照明作用。

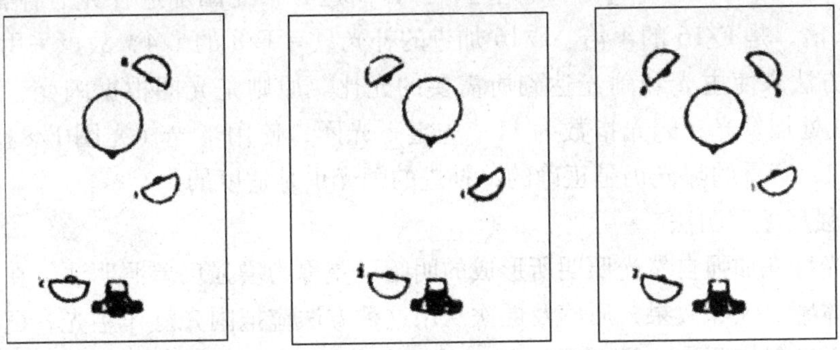

图 10-18 多灯照明法

4. 利用闪光灯作主光源的注意事项

1）要避免杂乱的投影。

2）要充分利用现场光线。

3）要选择适当的背景。一般要选择明亮的地方作背景，高调人像选色调淡的背景，低调者要选深色背景，且用发光强的分灯作逆光照明，正面光线要微弱。

4）防止“红眼”现象。在暗光线下拍人像。有时由于人瞳孔完全开大，闪光灯光正对人脸使人眼瞳孔闪射出强烈红色亮点——即所谓“红眼”。避免这种现象的方法有两种：一是尽量不要在黑暗中拍人像，二是让灯与人成一定角度。另外，有些闪光灯设置了“防红眼”功能，即在闪光灯正式放光之前，以很小的光量频闪使眼瞳缩小，而后再进行正式闪光。

二、闪光灯作辅助光源

1. 照明方法

(1) 缓和反差照明法

利用闪光灯来降低自然光照明所形成的明暗反差，即称缓和反差照明法。昼光照明的直射阳光与漫射天空光有一定的亮度反差，即光比，光比可达 1:1.5～1:10000 以上。过大的光比照片的宽容度涵盖不了，景物的影纹、层次及反差都不能得到很好的表现，所以在高光比的情况下要用补光。如果原景物光比为 1:10，补上正确曝光的一半为 6:15，光比变为 1:2.5，大大降低了亮度反差。

曝光计算方法是按自然光测出人物明亮部分的亮度，用曝光组合，将快门速度调节到闪光同步速度。用这一级快门速度所对应的光圈系数去除闪光指数，即可得到用于补光的闪光灯应放的距离，然后将灯遮上纱布等柔光物质或拉远灯距，即可获得立体感及丰富的影调层次。

补光的 4 个原则是：①光比控制在 1:2～1:4 之间，不能把阴影部分补成与明亮部分一样；②主体补光后亮度不能超过背景，否则背景太暗，白天变成黑夜；③要保持原有气氛与特点，如逆光人的脸部不可过亮；④由于电子闪光灯明灭时间极短，故可以用变换光圈、快门的组合来控制光比，如背景亮要（F/11，1/100s）的曝光组合，依互易律：与

（F/8，1/200s）、（F/16，1/50s）曝光均一样，而这 3 个光圈加进补光后各有不同，F/8 是 F/11 的 2 倍，是 F/16 的 4 倍。F/16 加进的补光只有 F/8 的 1/4，故可采用变化光圈与快门组合的方法来使主光和副光达到所需要的光比。原则是光圈根据闪光、组合根据夜光，如在 2m 处加补光，闪光指数为 11，先定下光圈，使用半光（光圈 F/8），即补进正常曝光的 1/2，背景的曝光仍是正确的，补进的闪光也是适度的。

（2）增强反差照明法

运用闪光灯来加强自然光照明所形成的明暗反差称为增强反差照明法。在阴天时用此法可增强立体感、纵深效果、质感及层次。用这种方法应把闪光灯作主光，把散射光作辅光。先按阴天散射光测出光圈系数，然后缩小 2 级光圈去除闪光指数，即可求得闪光距离，或在确保闪光同步的情况下，通过改变快门速度来调节阴天光线的曝光，以配合作为主光灯的照明效果。

2. 作辅助光照明的注意事项

（1）掌握适当的光比

人像摄影的正常比例应为 1:3 ~1:2。光比的控制可通过改变闪光灯的距离、亮度、发光强度来实现。

（2）妥善处理投影

尽量采用散射光作辅助照明，用直射光作辅助照明应避免投影。

3. 闪光灯光量的控制。

闪光灯的光量大小可由以下诸因素来控制：

1）改变闪光灯的距离。距离增加 2 倍，光量减弱至原来的 1/4；距离增至 1.4 倍，光量为原来的 1/2；距离增至 1.7 倍，光量为原来的 1/3；距离增至 2.5 倍，光量为原来的 1/6。

2）加白纱布。每加一层白纱布可减少 1/2 的光量。

3）改变闪光灯的发射角。发散角在 50°~70°之间时光量减为 1/2，发散角在 50°~90°之间时光量减少 1/3。

总之，用闪光灯补光时，应先测出背景的亮度所需要的光圈和快门组合，再从逆光人物与闪光灯的距离算出所需要的光圈系数（根据需要的光比，使用 1/2 或 1/3 光）。按“光圈依闪光、组合依夜光”的原则，根据闪光所需要的光圈去调整背景所需要的光圈和快门组合。这是在暗背景下拍人像需注意的问题。

4. 补光光比的计算

原景物光比在很大程度上影响补光后的光比，它们不是按比例直线上升的。所以在高光比昼光照明情况下，可以根据平方反定律调整的光比加“1”求得正确的光比。要得到 1:3 或 1:4 的光比可以把补光控制在主光的 1/2 或 1/3 的范围内（原光比在 1:60 以上）。晚上使用双灯也可以采用。在一般室内或外昼光照明情况下，原光比不高，光比达到 1:3 则补光应为主光的 1/4；光比达到 1:4 则补光应为主光的 1/5 方可。

5. B 门闪光与模拟闪光

B 门闪光的最大优点是用一灯可出多灯效果（从不同角度、不同距离进行多次曝光），这样不但可以消除投影及“前亮后暗”的不正常照明效果，而且尚可依摄影者意图尽情进行光的描绘，特别是采用彩色滤色片更佳。

此外，阴天拍人像使用闪光灯，可增加立体感，有晴天效果。

6. 主光的位置

一般主光应放在与水平方向成45°角、与垂直方向成15°～45°角之间。拍摄人物的中、近景需依人物脸型而异，东方人种主光为水平45°～75°角，垂直角度25°～30°角。西方人种主光水平10°～25°角，垂直角度80°角左右。

三、注意事项

1. 利用其他光源

在大场面用闪光灯照明的情况下，可用1/10s或更慢的快门速度，尽量让自然光或现场灯光的照明在影像传感器上感光，并且要求在主体活动范围小、速度慢、物距大、成像小这样的拍摄条件下才可以进行摄影。

2. 近亮远暗现象的调节

拍摄纵深很大的景物时用闪光灯拍照可采取以下方法：

1）提高拍摄位置（即俯拍）及用多只闪光灯，如图10-19所示。

2）闪光灯下部加白纱布。

3）用灰片作为渐变镜。

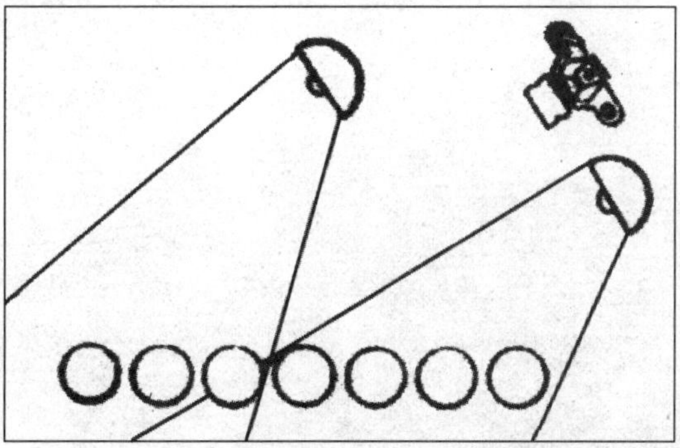

图　10-19

3. 使用反光板的注意事项

在彩色摄影中，只能用银面反光板，而用金属反光板会降低色温。反光板要远离人物，否则两侧均有鼻影。反光板要高于人脸，对应着太阳投射方向使用，尺寸一般为50cm×60cm。

4. 黑影的消除办法

1）正面用灯。

2）背景在2m以外。

3）提高灯位，相机稍抬高。

4）利用漫射光（加白纱布或漫射滤光片）。

5）用反射光（特别是儿童、少女的摄影）。

6）选择暗背景。

5. 连闪线的影响

1）微型闪光灯灯线长度在1m左右为好。

2）注意区别M、X、F、FP插座的使用方法。M：中常闪光泡；F：特快型闪光泡；X：电子闪光灯、特快型闪光泡；FP：帘幕快门相机上供平峰闪光灯泡使用。

由于各种闪光灯（泡）起燃时滞不同，所以使用的插座也不同。M时滞达20ms，X时滞极短，FP时滞7～12ms，F时滞极短（电子闪光灯问世前供特快型闪光泡使用）。

四、快门速度与闪光的同步

帘幕快门的同步速度为：（左右行）1/45s以下，（上下行）1/90～1/125s。钢片快门闪光同步速度可达1/200s。

以上探讨了一些摄影用光的方法，要做到游刃有余，还必须经过大量的实践。经过实践得到经验的积累，逐步把理论知识应用到实践中去，创作出更加精美的画面。

第十一章　摄影构图

一幅有价值的优秀照片首先要有好的主题思想和深刻的内容；其次要有与内容相一致的优美的艺术形式。所谓优美的艺术形式是指结构明确、光线协调、色调和谐、情节生动的构图。想要拍摄一幅有新意的照片，必须注重被摄对象的特点，根据被摄对象的特点进行构图，而不能生搬硬套或模仿别人的照片。

什么是摄影构图呢？摄影构图是创作思想的再现过程，是围绕着主题思想，通过艺术手段，将画面里的各个部分的景物巧妙地组合在一起，使主从关系分明、前后照应、相互衬托，换句话来说就是要利用一切造型表现手段充分地表达主题思想，使被摄对象在画面中更富有表现力和艺术感染力。

第一节　构图的基本知识

摄影构图属于平面构图，构图应该在由 4 条边围成的画幅内进行，在这个矩形画幅内把画面的诸要素进行赏心悦目的安排。

一、画面的要素

1. 主体

主体是表达主题思想的主要对象，是构图的主要部分，画面中其他的人或物都应该围绕着主体，与主体相互呼应。

2. 陪体

陪体是指在画面中与主体密切相关，构成一定情节的对象。陪体的作用是帮助主体阐明主题，帮助观众理解主体。

3. 前景

前景是指主体物前面的景物，一般处于画面的四周边缘部分。它的作用是增加画面层次，表现画面层次感，表现空间透视感，增强画面的艺术感染力，使构图增加变化。同时，它可以点明主体事物所处的环境，地理位置和时代气氛。

4. 背景

背景是指主体物背后的景物，它起着衬托和突出主体的作用。它同样可以点明主体事物所处的环境、地理位置和时代气氛。在形式上以空间、色调和线条来衬托主体，产生多层次的景物造型效果。

5. 空白

空白是在画面中不反映任何内容，但又是必不可少的单一色调空间。归纳起来有以下几点：

1）空白留取得当，画面显得简洁。

2）空白可以创造意境，给人留下回味的余地。

二、景别

景别是指被摄对象在画面中所呈现的范围。依照范围的大小不同，景别一般分为 5 种：远景、全景、中景、近景、特写。如图 11-1 所示。

1. 远景（含大远景）

大远景的画面壮观而有气势，具有较强的抒情效果，远景则更着重于叙事性。

远景是表现开阔空间的景别，是画面中表现空间范围最大的景别类型。画面内的空间极为广阔，如果以成年人为衡量标准，则人物在画面内所占面积极小，甚至只有一个小点。

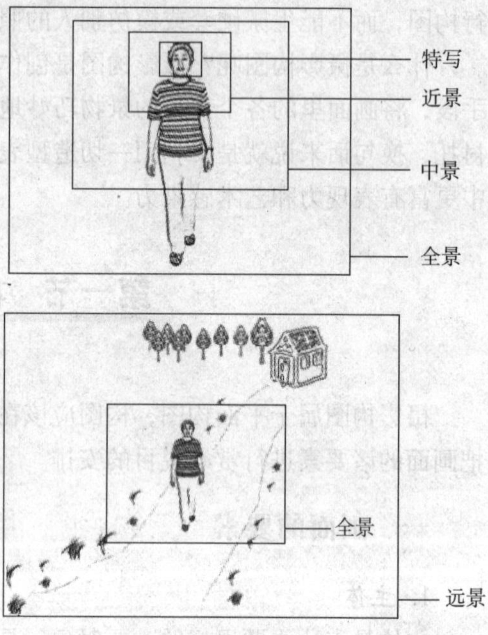

图 11-1　景别

2. 全景

全景画面是指拍摄场景时表现场景全貌，或者拍摄人物时表现成年人的全身的景别。全景画面能有效地体现人物与环境之间的关系。

3. 中景

中景画面是指拍摄人物时表现成年人膝盖以上部分或者拍摄一个场景时只表现场景局部的画面。

4. 近景

近景画面以神态和质地为表现对象，是指拍摄成年人的胸部以上的部分或物体局部的景别。

拍摄人物时，着重于表现人物的神态、表情及情绪特征，拍摄物体时，着重于表现物体的细部特征以及物体的质地、质感等细部部分。

5. 特写

特写画面是指拍摄成年人肩部以上的头像画面或拍摄物体的细微部分画面的景别。

特写在拍摄物体时，用来表现事物的细小局部，有强调和突出的意味，可以让观众看到一些重要的、关键的部位，揭示具有一定内涵的细节，表示特定的视觉意义。

三、光线、线条、影调、色彩和形状在摄影画面构图中的作用

（一）光线

光线可以表现对象、描绘对象，可以形成色阶层次和空间效果，营建画面气氛。没有光线，也就无所谓形状的发现和色彩的感知。可以说，光线是形、影、色的渊源。光线的构图作用在光的相对强度、光的方向和光的性质3个方面得以发挥。

1. 光线的方向

光线的方向不同对画面的影响也不同，一个场面无论是用人工光照明或是自然光照明，光的方向是首要的，因为光的方向产生一定的情绪。

1）顺光。一些新闻摄影的画面往往是正面照明，即顺光，顺光使画面情绪显得平淡、冷漠，如图11-2所示。

2）前侧光。影像层次分明。有明显的受光面和背光面，如图11-3所示。

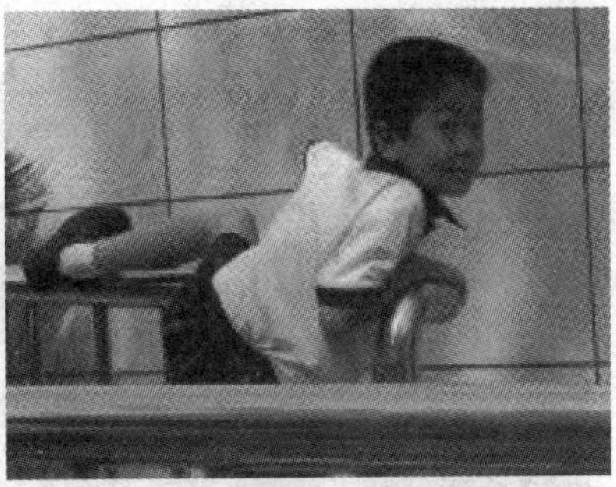

图11-2　顺光

图11-3　前侧光

3）顶光。从头顶上照下来的平光，使场面具有一种呆滞、单调的性质，效果奇特，如图11-4所示。

4）低角度光。从一个较低角度射来的光会产生一种富于戏剧性的效果，如图11-5所示。

图11-4　顶光

图11-5　低角度光

5）侧光。在侧光的照射下，画面亮暗对比明显，如图11-6所示。

6）侧逆光。由于背光面大于受光面，所以形成暗调效果。如果被摄物体表面是光滑的会在画面中形成耀斑，如图 11-7 所示。

图 11-6　侧光

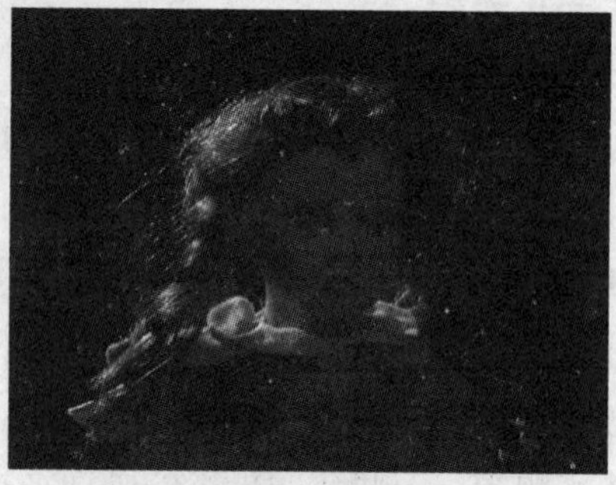

图 11-7　侧逆光

7）逆光。表现为低调画面，拍出的主体是一种剪影或半剪影效果，如图 11-8 和图 11-9 所示。

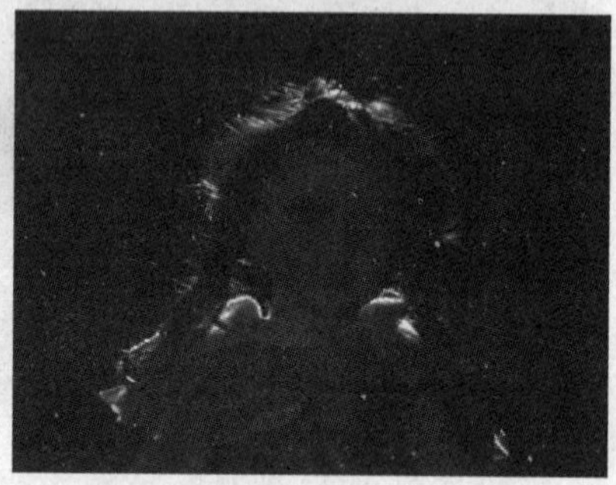

图 11-8　逆光

图 11-9　剪影效果

2. 光的性质

光线从性质上大体可分为硬光和柔光。硬光是指光的阴影很清晰、很明显，它固有的高照度使它的阴影很黑。硬光的方向性很强，它一般是从很小的光源发出的。柔光常常被认为是漫散射的“无影”光。

在一个摄影室，不同的光照环境里，使用的每一个光源，都有各自的特点。自然光的质量也有着无止境的变化，不同季节的阳光，有能够影响影像情调和性质的特殊的色彩特征，如图 11-10、图 11-11、图 11-12 和图 11-13 所示。

图 11-10　春

3. 光的强度

光的强度适中，画面构图就平和、柔美，如图 11-14 所示。

图 11-11 夏

图 11-12 秋

图 11-13 冬

强度大，反差大，画面构图给人印象深刻，如图 11-15 所示。

强度弱，画面暗，使画面有种神秘感，如图 11-16 所示。

图 11-14

图 11-15

图 11-16

光的构图作用，离不开画面内容。光的最佳运用，取决于具体内容在光的作用下所产生的视觉冲击效果。

（二）线条

线条是对万事万物的抽象。线条是影像所表现出的景物之间的明暗分界线或景物之间的连接线，画面的线条都是直接来源于被摄对象，都需要创作者去发现、选择和提炼。整理和提炼画面结构线条的过程，实际上就是创作者依靠对线条的敏感，熟练地运用各种造型技巧，使画面有序化的过程。线条分为可见的线条和由视觉特性所感知的虚拟线条。

1）垂直线条表现高耸、挺拔，如图 11-17 所示。

2）水平线条表现开阔，宁静，如图 11-18 所示。

图 11-17

图 11-18

3）曲线展示出事物的柔美，如图 11-19 所示。

4）斜线富有动感，如图 11-20 所示。

图 11-19

图 11-20

（三）**影调**

线条并不是构成画面的首要因素，而是作为轮廓线、作为影调的界限，由影调派生出来的。影调是构成画面的第一因素，这是与绘画理论绝然相悖的认识。影调是构成摄影画面形象的基础。有光才有影，有影才有形，有形才有线。在构成摄影画面的各种要素中，明和暗具有特殊的重要性。因为有了明和暗，画面中各种物体才能成为可以看得见的影像，所有其他要素，包括形状、线条、质感和立体感等，都是由明和暗衬托出来的。

图 11-21

影调在摄影画面构图的作用如下：

1）影调可以突出重点，如图 11-21 所示。

根据画面内容的要求，运用影调明暗对比映衬的方法，可以突出相关的表现对象。突出亮的物像，一般采用暗影调背景；突出暗的物像，则采用较亮的影调为背景。

2）影调可以增强画面的透视感，如图 11-22 所示。要在二维的屏幕平面中获得三维的立体效果，除了线条的几何透视作用外，浓淡不一的影调可以形成层次丰富的空气透视（又称影调透视或阶调透视）。

3）影调可以突出物体的质感，如图 11-23 所示。所谓质感，是指物体的表面结构感，质感是物体最鲜明的外部特征。是粗糙光滑，还是柔软坚实，画面能够充分表现这些特征时，物体将显得更加突出。光洁的玻璃器皿或粗糙的木器，都因为有恰到好处的影调控制才会给人留下深刻的印象。

图 11-22

图 11-23

4）影调可以加强画面的气氛，如图 11-24 所示。画面的气氛可以深化主题，加强其思想感情色彩。浓淡阶调的配置，使画面因黑、白、灰所占的面积大小而形成各种“调子”。

画面上黑色影调占的面积大，称之为“低调”，低调往往宜于表现力量、深沉、苍劲、忧郁、沉重等情绪内容。

画面上白色（或浅色）影调占的面积大，称之为“高调”，高调宜于表现明朗、欢快、恬静等情绪内容，如图 11-25 所示。

图 11-24

图 11-25

如果各影调参差过渡，配置和谐，中间层次丰富，称之为正常调子。各种“调子”的选择均以画面内容的要求和对象的特征为依据，如图 11-26 所示。

（四）色彩

色彩是对生命历程的体悟，色彩与我们的生活紧紧地联系在一起。色彩给人带来各种各样的联想和感情，人们把自己的生活经验与色彩联系起来便产生了丰富的联想。色彩也是摄影画面创作中的一个非常重要的要素，在构图中起着十分重要的作用。

图　11-26

1. 色的基本特性

色有 3 个基本特性：色相、色的饱和度和色的明度。

1）色相是人们认识各种色彩差别的途径。它是光谱上各种不同波长的光在视觉上的反应。最基本的 3 种色彩就是红、绿、蓝，即所谓的三原色。这 3 种颜色通过各种组合形成了五彩缤纷的世界。

2）色的饱和度又称色的纯度，光谱色是饱和度最好的色。

3）色的明度指色的明暗程度，物体色的明度与它的反射率有关。一般来说，反射率高，色的明度就高；反射率低，色的明度就低。色的饱和度越好明度越高、越鲜艳，对人的视觉刺激就越大，往往显得热烈；相反，色的饱和度差、明度低，对人的视觉刺激也就弱，所以往往也显得平和或沉静。

摄影画面创作中的色彩语言掌握和运用，应该以三色成因理论为基础，对色别、色调、色彩搭配，画面色彩基调控制，色彩还原基础内容作深入了解，综合考虑环境、时代、季节和人们的习俗、思想情绪及心理状况等多个因素对于色彩语言构成的影响。

色彩构图的内容，包括色调的冷暖，色度的明暗，色彩的变化、对比、和谐、渐变以及画面上的色块分布等。

2. 色调

色调是画面中呈现的色彩总和，它指的是画面上给人的总的色彩感觉，也就是画面的整体色彩效果。色调犹如音乐中音调的概念一样，和谐的音调给人以深刻的感染（传播效力）。色调对表现时间、环境、气氛等作用有很大的渲染作用。一幅画面可以根据主题的需要确定色彩基调。

一幅摄影作品可以根据整个画幅中色调的总和分为暖色调和冷色调。暖色调画面表现为红黄基调，如图 11-27 所示。

图 11-27　暖调子

冷色调画面则以明亮的蓝白色为基调，如图 11-28 所示。

3. 色彩的对比与和谐

自然界景物是具有丰富多彩的色调关系的，它们互相联系、互相影响，形成多样而统一的整体。这种多样性的对比，称之为色彩反差；这种多样性的统一，称之为色彩和谐。在处理色彩的反差关系时，必须考虑到色彩的和谐，在色彩和谐的前提下，又要充分考虑色彩的多样性。所以也可以说，色彩反差就是颜色的对立；色彩和谐就是颜色的统一。和谐与对比是相辅相成的，过分强调和谐，色彩将失之平淡，甚至产生灰暗，致使画面眉目不清；过分强调对比，会造成色彩堆砌，以致喧宾夺主，杂乱无章。因此，色彩运用要恰到好处，达到色彩反差与色彩和谐的统一，如图 11-29 所示。

自然界景物的色彩给人的感觉是：近处景色要比远处的景色鲜艳、饱和，它能使彩色画面更富于变化，将这一现象称之为色彩渐变效应。颜色在画面上的分布大都成块状，称之为色块。色块分布表现出不同颜色在画面上的组合、穿插。构图时先要注意观察被摄对象是由哪几种色块所组成，然后决定取舍，应使近景中有较大面积的饱和色块，给人以强烈的视觉印象。同时要尽量避免出现面积相等、大块的、互为补色的色块相邻（会形成强烈的对比），如图 11-30 所示。

图 11-28 冷调子

图 11-29 冷与暖的对比

图 11-30

4. 色彩与光的配合

色彩的表现与光的亮度、色温及环境色与光的反射有着密切关系，彩色构图必须注意光的配合。实践表明，各种类型的光线，会表现出种种不同的色相。例如，顺光色彩饱和、透明度高，但缺乏阴影，色调平和，适宜于表现色彩丰富的题材；侧光色彩明暗对比强，应加补充光，以降低反差；斜射光能表现景物的丰富色彩，富有质感、立体感；逆光则使色彩大量失落。

总之，色彩构图要求色彩饱和、明快、色调统一、色块组合和谐、邻色过度柔和，给人以鲜明舒畅的感受，应以提高画面内容的有效传播为最终目的，如图 11-31 所示。

图 11-31

四、摄影角度的选择

对于一个景物或人物的拍摄可以选择无数的拍摄角度。用不同角度拍摄同一物体的画面所表达的内涵是不同的。

一般情况下，从水平方向上把拍摄角度分为以下几种。

1）正面角度。展示主体物正面风貌，产生庄重、均衡、平稳的效果，如图 11-32 所示。

2）侧面角度。用来表现被摄人或物的侧面轮廓线，如图 11-33 所示。

3）背面角度。指相机处于被摄主体的背面方向的角度，如图 11-34 所示。

图 11-32　正面角度

图 11-33　侧面角度

图 11-34　背面角度

4）斜侧角度。指相机处于被摄主体的正面角度和侧面角度之间的角度，所以兼有这两种角度之长，使所表现的物体形象具有丰富多样的变化，如图 11-35 所示。

5）反斜侧角度。指处于背面角度与侧面角度之间的拍摄角度，如图 11-36 所示。

从垂直方向来看，拍摄角度可分为以下几种。

1）平角度。平角度是指相机镜头与被摄对象处在同一水平线上的角度。这种角度符合人眼观察事物的习惯，如图 11-37 所示。

图 11-35　斜侧角度

图 11-36　反斜侧角度

图 11-37　平角度

2）俯角度。指相机镜头高于被摄对象水平线的角度。此时地平线升高，视野开阔，拍摄景物会显得气势磅礴。如果拍摄人物会有些压抑，如图 11-38 和图 11-39 所示。

3）仰角度。指相机镜头低于被摄对象水平线的拍摄角度。用这个角度拍摄由于地平线下降，背景物下降，画面非常干净，拍摄人物会显得高大。这种角度常用于部分体育项目的拍摄，如图 11-40 所示。

4）顶角度。指相机镜头近似于与地面垂直，从被摄体上方自上而下进行拍摄的角度。这个角度通常用于大型团体操的拍摄、水上芭蕾等体育项目的拍摄，如图 11-41 所示。

另外，改变拍摄距离会改变被摄物体在画面中的大小，即改变景别。

图 11-38 俯角度 1

图 11-39 俯角度 2

图 11-40 仰角度

图 11-41 顶角度

五、构图的结构元素

1. 几何中心

几何中心是画幅的中心点，在这一点上放置物体非常引人注目，而且左右对称，形成一种均衡的画面效果。如图 11-42 所示。

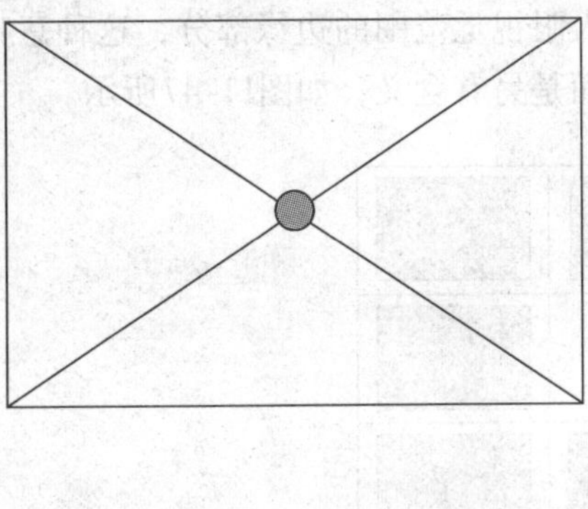

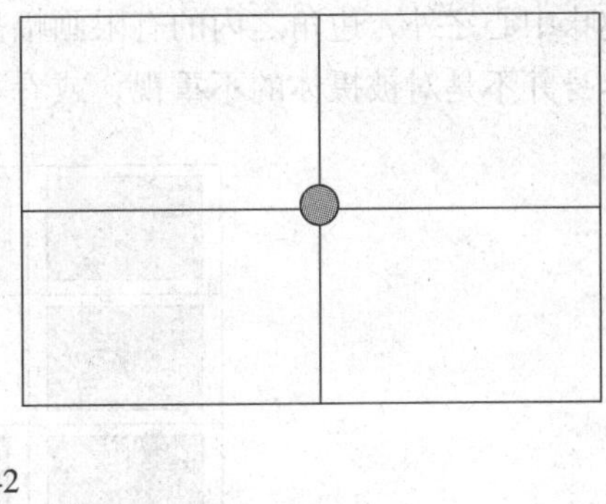

图 11-42

均衡是一种自然的心理要求，给人以稳定的感觉。它有两种形式：

1）绝对均衡。主体居中（在几何中心），左右对称，如图 11-43 所示。

2）相对均衡。由于人的心理作用，在视觉感受上的相对均衡，如图 11-44 所示。

图 11-43

图 11-44

2. 趣味中心

如果把相机的取景屏的横竖边框三等分，对点连线会形成一个“井”字格，这 4 条线就是趣味线，4 个交叉点就是趣味点，这 4 个点围起的部分就是趣味中心。这 4 个趣味点，也接近黄金分割点，4 条趣味线，也接近黄金分割线。把被摄主体放置在趣味点或趣味线上，画面会显得更加富有变化，如图 11-45 和图 11-46 所示。

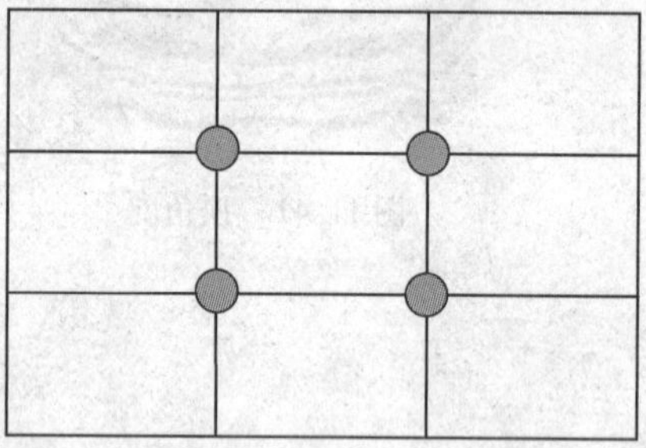

图 11-45

图 11-46

3. 意味中心

趣味中心之外，边角之内的有限画幅是属于人眼视觉范围的边缘部分，这种意味中心构图本身并不是对被摄体的不重视，或看不起，而是另有含义，如图11-47所示。

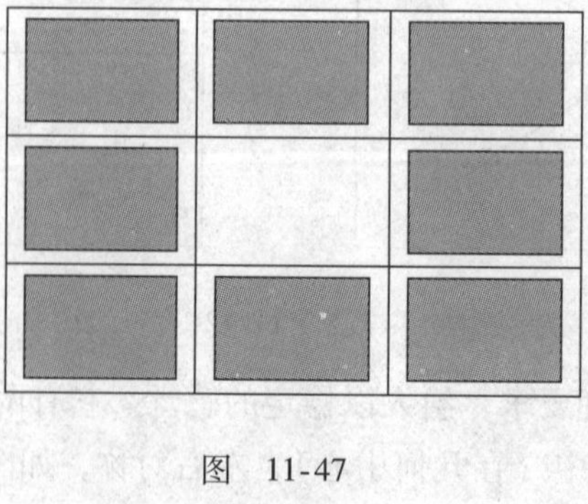

图 11-47

第二节 画幅的确定

当我们拿起相机的时候，首先要确定使用横幅拍摄，还是竖幅拍摄，然后在这个固定的画幅中再进行构图。

那么根据什么确定拍摄横幅画面还是拍摄竖幅画面呢？首先要根据拍摄画面的主题需要，其次要根据被摄体的外型组合与摄影者自己的感受。也就是说画面当中最突出的线条决定你应该采用横幅还是竖幅。

通常使用的数字相机的画幅，是横长方型，长宽比为4:3。因此横幅是最常采用的画幅形式，使用横幅我们感到十分自然，这是由于人双眼的视网膜范围的生理结构决定的。

在多数数字相机上通过菜单可以调出3:2 的长宽比例的横长方型画幅来，这种比例的画幅也可以在数字扩印机上正常扩印出来。

另外“三星815”数字相机开拓了一种新的横幅比例是16:9，这是高清摄像机的画幅比例，这是一种新的尝试，如图11-48 所示。

图 11-48

横幅拍摄的画面一般显得安静、平衡、松弛，符合人们的视觉心理感受。表现出平和、随意、安详的特质。因此在拍摄辽阔的风景画面、几行横排的人物集体照、呈水平分布的人群时，通常使用横幅拍摄。

当把相机旋转90°时，这时拍摄的画面成为竖幅。在被摄对象是人、山等纵向“物体”时，竖幅画面有利于表现其高大、孤傲、冷静、陡峭，这时的画面在上下的空间容易造成对比和悬念。

例如，拍摄人物时，通常人是直立的，竖幅构图可以让人物的身体以更大的比例摄入画面当中，这样人物会更加突出、自然。在进行人物的构图时，如果拍摄角度为前侧，应该让人前侧空间略大一些，如图11-49 所示。

竖幅构图的照片能够表达出紧迫感和张力，如果照片中有垂直线条这种感觉会加剧，如图11-50 所示。

图　11-49

图　11-50

第三节　构图的一般技巧

构图能够使画面显得优美，在构图的过程中，应该总揽画面中被摄物体的外部特征，结合照片的主题思想，创造性地构图。但应注意画面中景物重心勿偏出“趣味中心”。

一、三角形构图

根据被摄物体的外缘轮廓特点构成正三角形，这样的画面会显得稳定，如图 11-51 和图 11-52 所示。

图　11-51

图　11-52

倾斜或倒三角形富有动感，如图 11-53 所示。

二、正方形或横长方形构图

正方形或横长方形构图稳固，但有些呆板，如图 11-54 所示。

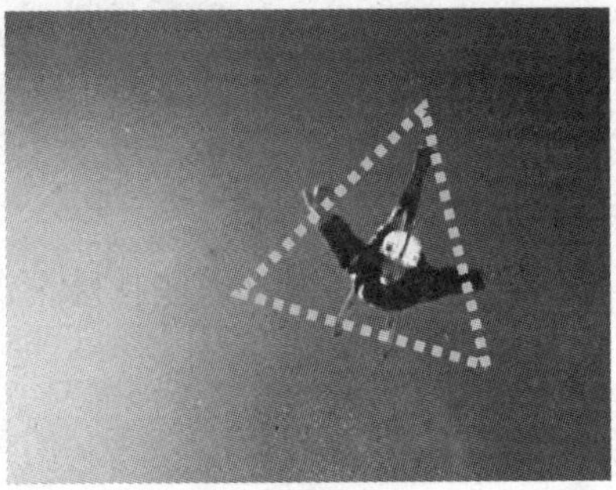

图 11-53

图 11-54

三、曲线构图

曲线构图画面具有动感，富有变化，生动有趣，如图 11-55 和图 11-56 所示。

图 11-55

图 11-56

四、对角线构图

对角线构图显得非常不稳定，如图 11-57 所示。

五、圆形构图

圆形构图显得画面活泼，柔和、充实、完美，如图 11-58 所示。

图 11-57

图 11-58

第四节　特殊构图技法简介

在摄影实践中，应该具体问题具体分析，不能一概而论。本节探讨一些特殊情况下的摄影构图方法。

一、倒影法

在拍摄风光照片的时候，被摄的景物中，如果有水，它就倒映出岸边的实景。拍摄照片时，如果能把实物与水中倒影一起拍摄下来，画面就会增添一种宁静的神韵。

使用倒影法构图时，应采用低角度拍摄。视角低，倒影就显现得多，视角高，倒影就少，甚至没有。但是在低角度拍摄时应加镜头遮光罩，用来防止杂散光射入所产生的眩光现象。

拍摄倒影的最佳光线是低光位的逆光。不要采用顶光和顺光。在理想的光线条件下，天空和实景会形成强烈的明暗对比，投到水面上的影像就显得清晰、分明。

在拍摄时，曝光量要控制准确。虽然水面有杂散光摄入，但是亮度并不高。可以参照逆光条件下拍照的曝光值，再加大 1 ~2 档光圈或放慢 1 ~2 档快门速度，如图 11-59 和图 11-60 所示。

图　11-59

图　11-60

二、节奏法

在取景时，如果同一种物体反复出现，构成 3 个以上的排列，就形成最简单的节奏形式。比如图书馆一排排书架、工厂车间的一排排纺织机器等。单纯的节奏是一个有秩序的进程，一旦建立了一定的节奏，就能预见它的连续出现。复杂的节奏形式就是两种以上形态各异的物体（或大小相同，形状不同；大小不同，形状相同）反复交替出现，于是它给节奏带来了多样性，使节奏富于变化。

节奏能够激发和丰富人们的想像力，它是激发情感表达情感的最理想的手段。如果采用这种节奏法的构图方法，会使摄影作品显得形式新颖，引人注目，如图 11-61 和图 11-62 所示。

图 11-61

图 11-62

三、韵律法

韵律是音乐中的一个名词，它是指音乐中的主调，不断地重复，但在重复之中却有微妙的变化，有进一步的发展。

在摄影作品中的韵律，是指在单一元素重复的前提下，有规律地加入高低起伏的变化，就产生了摄影的韵律。具体说来，对于摄影而言，只要被摄物体大小有规律地变化，或者色块错落有序地排列就会给我们一种韵律感。比如，海上的一层层巨浪、山区层层叠叠的山峦等。

韵律感的把握属于摄影构图的较高境界，要真正掌握并不容易，如图 11-63 所示。

图 11-63

四、景深法

景深与光圈和镜头的焦距有关。开大光圈，景深变浅，主体物的部分前景和背景会变得模糊，而长焦距镜头本身的景深范围就比较小。当前景或后背景上一些杂乱无章的物体有碍于主体物的表现时，使用小景深法，可以淡化前、后背景，用模糊、虚化、朦胧的背景来烘托清晰的主体，达到突出主体的作用，如图 11-64 和图 11-65 所示。

图 11-64

图 11-65

当然有时需要拍摄景深较大的照片，这时就要缩小光圈，比如采用 F/6 或 F/2 就可以获得大景深的照片。

五、衬托和对比法

在拍摄照片的时候，要充分利用背景物与主体物之间的关系。比如，一群幸福的孩子在鲜花盛开的花园中嬉戏，花是美丽的，孩子们在花的衬托下更加美丽，这就是衬托法。使用衬托法，虽然“牺牲”了背景物的光彩，但是为了突出主体这也是值得的。

另外，高矮、胖瘦、富裕与贫穷的对比，黑与白、红与青等大面积色块的对比，明与暗的对比，也能产生意想不到的画面效果。如图 11-66 和图 11-67 所示。

图 11-66

图 11-67

六、变形法

把视觉因素中的图形，有意识地加以改变，拉长或压扁，抽象地表现或夸张地突出主体的某一部分，用以强调主体的某一特征，从而产生特殊的视觉效果。

由于透视规律的作用，会产生近大远小的透视效果。一般来说，采用短焦距（超广角）镜头近距离拍摄对于物体的变形拍摄可以起到至关重要的作用。

用超广角镜头营造变形画面的方法有以下几种：

1. 利用畸变作用

不论景物是否深远，使用超广角镜头的畸变可以把空间无限延伸，使景物空间显得十分广阔，如图 11-68 所示。这时要注意曝光的准确。

2. 拍摄动体

超广角镜头强烈的立体效果为拍摄动体提供了有力的技术手段。它能够减弱中远景中物体的动态，同时极大地夸张了近景中物体的动态，这样会使画面产生强烈的动感。如图 11-69 所示。

3. 拍摄建筑物

使用超广角镜头拍摄建筑物可以使建筑物产生变形的效果。由于变形可以使静止的建筑物带有运动的气氛，造成了夸张的效果，如图 11-70 所示。

图 11-68

图 11-69

图 11-70

七、剪影法

使用剪影方法拍摄照片，背景是曝光正常的，而作为主体的人或物却呈现全黑或近似全黑的影象。这种明暗对比，形成极强的视觉冲击力。通常情况下白天剪影的拍摄，采用逆光，如果在夕阳西下时拍摄，画面会呈现橘红色的暖色色调，给人一种温暖的感觉。用这种拍摄手法构图，能恰如其分地表现出作者（或被摄者）的一种心情故事，如图 11-71 所示。

拍摄剪影的时候，需要把相机调到点测光模式，拍摄模式为光圈优先，把光圈调到最小，对着太阳附近的天空测光，并按下 AE LOCK 锁定光圈值，重新构图。

八、变异法

在拍摄的作品画面当中，如果具有相异的因素同时存在，相互作用，就会形成较大的视觉反差。这里提到的相异因素，必须是在大面积的统一图形中，出现一种（相对少数）与这种图形相反的形状，是在一种统一中寻求变化，在变化中又保持共性的原则，变异能够消除统一形态的单调，这样通过对比，突出了被摄主体。

变异构图法分为画面主体排列方式变异、局部与整体的变异、表现形式的变异。通过变异更好地表达主题，如图 11-72 所示。

图 11-71

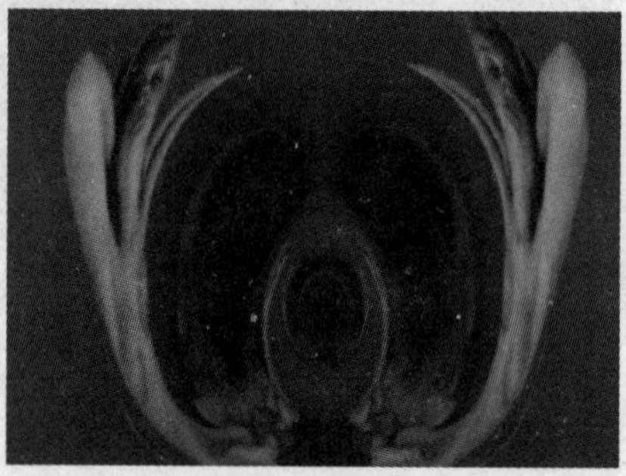

图 11-72

第十二章　摄影表现

摄影作品不仅要记述真实的生活，展示被摄体的外在风貌，而且要表达一种意境，表达作者的观点、看法、感受。所以对于某个被摄体，不同的摄影者有着自己理解、有自己的表现方式。不同的表现方式又传达着不同的情感、不同的思想和不同的感受。因此对于学习摄影的人来说，有必要了解摄影的表现方法。

第一节　摄影表现的概念

一、什么是表现？

表现归结起来有以下几点含义：

1. 探求

对于被摄物体，首先创作人员应该挖掘其思想内涵，对被摄物体深刻理解之后，得出一个最终的结论。

2. 形式

摄影者要针对被摄体的外部形态和要表现的思想内容，揣摩用什么“形式”来表现被摄体，给它一个合理的外衣。通过外在的形式，表现出被摄体深刻的思想内涵和作品的情感。

3. 特色

作品要反映的问题、要表述的内容，通过确定的形式来表现，这种表现形式是否具有个性，是否有自己的特色，是不可回避的重要艺术需求。可以模仿别人，但是模仿就失去了自我，失去了作品的个性，也就没有了特色和风格。

二、什么是表现方法？

方法本身就是达到目的的手段，是作品存在的形式。摄影在表现方法上的手段是丰富的，不能穷尽的。比如，在影像的画幅上，剪辑画面、组合画面的方法，在塑造某种意念、印象的方法上，运用色彩、反差、数量的表现方法，变异、变幻的方法等。

摄影造型的任务就是要在照片二维的平面上，运用摄影的手段令人信服地表达出三维的现实世界，以及现实世界的空间、体积和表面结构。一幅摄影作品的生命力和真实性如何体现呢？在很大程度上取决于摄影者对所熟悉的现实世界的空间、体积和表面结构等特征在摄影作品中如何采用三维的、富有表现力的方式表达出来，使观众充分相信照片中现实世界的这些特征的存在。

第二节　摄影表现方法简介

一、背景映衬的表现方法

前面在画面的要素中，讲到了背景，背景在画面构图中是一种不可忽视的因素。它的作用是点明主体事物所处的环境、地理位置和时代气氛。在形式上以空间、色调和线条来衬托主体，同时背景还可以增加照片的空间感和深度感。因此正确利用背景，可以使画面中的景物更加和谐统一，从而使画面更富有艺术感染力。

正确表现与处理背景的方法：

1）改变照相机的机位，从而改变被摄背景与主体物的关系，把不受欢迎的背景物移到镜头之外。

2）根据被摄物体的外部特征和要表现的内容，可以采用低角度或高角度拍摄，用以压低或抬高地平线。

3）改变物距，从而相应改变画面的景别，不同的景别表达不同的含义。

4）改变镜头的焦距，使用长焦镜头剔除背景中不受欢迎的物体。或者使用广角镜头靠近被摄物体拍摄也可以达到同样的效果。

5）根据拍摄的需要，采用大光圈或长焦距镜头，使景深较短，用模糊的背景来衬托清晰的主体。

6）采用后期处理技术，用 Photoshop 来处理与主体物“冲突”的背景，如图 12-1 所示。

图　12-1

二、突出前景的表现方法

前景是指主体物前面的景物，一般处于画面的四周边缘部分。它的作用是增加画面层次，表现画面层次感，表现空间透视感，增强画面的艺术感染力，使构图增加变化。

在室外拍摄中，最常用的前景是拱门、树梢、树墙等。

正确表现与处理前景的方法：

1）根据近大远小的透视感，增加画面深度。

2）利用前景与主体物之间的对比来表现主体。

3）利用广角镜头，使画面空间距离加大。此时前景的细节表现得十分清晰，色调深。

4）利用一些有地域特色和富有季节性的景物做前景，可以渲染地方色彩和季节气氛。如图 12-2 所示。

三、象征的表现方法

图　12-2

这种手法巧妙地借助于抽象事物，反映具体、可感的事物；或借助于某一事物，表现另一事物所运用象征性的符号，使摄影创作塑造意境，营造出“画外之像”的效果。

这种手法使用的工具是线条、阴影、色彩。

在使用这种手法来创作作品的时候，必须了解色彩与情感的象征含义：

红色——热烈、喜悦、勇敢、斗争；

黄色——醒目、庄重、尊贵、明快；

蓝色——安静、深远、幽清、阴郁；

绿色——生命、健康、活泼、平和；

白色——清洁、坦率、朴素、单调；

紫色——柔和、幽婉、高贵、娴静；

品红——秀丽、鲜艳、飘逸、悦目；

黑色——沉着、恐惧、严肃、神秘。

另外，相对于彩色摄影，黑白摄影更具有象征性，更显得单纯、更富有想像空间。

象征是把幻想和现实结合起来的一种重要的方式。象征具有化腐朽为神奇的功效，如图 12-3 所示。

四、组合的表现方法

在摄影实践中，如果能够掌握一些组合的规律，并灵活地运用它们，利用明快的感觉，跳跃的色彩把一种概念、一种思想通过精美的组合传达给人们。

常用的组合手法有：

1. 对比

把质、量或色彩差别极大的两个要素成功地组合在一起，这种配比使得画面形成强烈的对比，使主体更加鲜明，如图 12-4 所示。

2. 对称

假定在图形的中央设定一条垂直线，将图形分成左右两个部分，而这两个部分完全或基本相等，如图 12-5 所示。

3. 均衡

根据图像的形状、大小、轻重、色彩和材质的分布作用，在视觉判断上均衡，如图 12-6 所示。

图 12-3

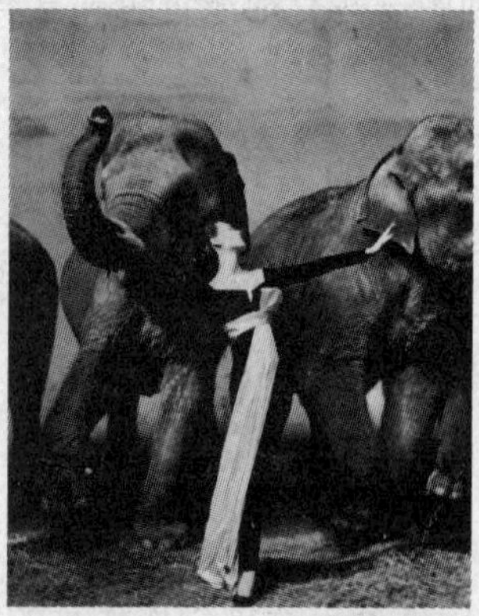
图 12-4 《穿上夜礼服的名模多维玛》

图 12-5

图 12-6

4. 节奏

节奏具有时间感，主要是指同一要素连续重复出现时，所产生的运动感，如图 12-7 所示。

5. 韵律

单纯的单元组合、重复容易单调，由有规律变化的形象或色群间以数比、等比排列，使之产生音乐的旋律感，成为韵律，如图 12-8 所示。

图 12-7

图 12-8

五、多底合成的表现方法

这种方法是采用计算机图像处理技术，主要是采用 Photoshop 软件来进行技术合成制造效果。选用这种表现方法，首先要明确表现意图，再根据创作意图选定素材，通常通过下列思路进行：

1）对背景进行色调的淡化处理。这样既可使主体突出，又使画面整体不刺目。

2）对影像局部进行变形处理或色彩变异的处理，从而增加视觉冲击力。

3）模仿传统摄影的多次曝光效果，产生电影动画的造型效果。

4）可以通过一些简单的合成，给画面添加一些东西，如添加云朵、月亮、烟花等。

5）通过多底合成，创造一些怪诞、新颖奇异的画面。

如图 12-9 所示。

图 12-9　变形处理

六、旋涡式的表现方法

旋涡式的表现方法也称之为万花筒式的表现方法。照片呈现一种变化莫测的画面效果，每一次旋转都可能是意味深长的画面，如图 12-10 所示。

图　12-10

七、画意的表现方法

所谓画意就是摄影者对摄影作品在“绘画艺术的意趣与境界”的追求，模仿绘画艺术，绘画艺术上运用的技法都可以运用到摄影艺术上，而且行之有效。就构图而言，三角形、对角线、对称与均衡、黄金分割定律等，绘画技巧都可以产生优美、简洁利落的艺术效果；人像摄影的采光技术，很大部分是从绘画中引伸出来的。

实现画意的表现方法可以从众多角度去做，也可以通过数字图像的后期处理来实现，如图 12-11 所示。

图 12-11

第三节 各类摄影艺术的表现方法

摄影有唯美的艺术摄影、纤毫毕露的应用摄影、表现自我的学院摄影，不同的摄影类型有不同的表现手法。本节有针对性地讨论各类摄影艺术的表现方法。

一、风光摄影的表现方法

1. 把握“时”

“时”从广义来讲，是指季节即春、夏、秋、冬。花草树木把大自然装点得多姿多彩，它们的孕育、生长、枯落，都随着季节的变迁而变化。因此同一地点的风光景物，四季就有不同的景色特点（如四川九寨沟、安徽黄山等），还有随着季节、气候转移而呈现着各种不同的姿态，变幻莫测。就连浮游在天空的云，都是展现在眼前的一幅幅壮观的奇景，而直接与这云有密切关系的就是雨和雾，这些都是大自然的一般景象，但云和雨的形与势，实际上也是四季不同的。因此，要表现大自然，就要使作品具有典型性的风光。对这广义的“时”，便不能不细加分析、深入了解，才能有效地恰当地把握时机，如图 12-12、图 12-13 和图 12-14 所示。

图 12-12

图 12-13

图 12-14

狭义所指的“时”是指一天 24 小时，自早晨至黄昏，甚至晚上。摄影最主要的条件是光源，而拍摄大自然风光所靠的光源，主要是阳光。因此，摄影者应恰当地利用阳光。对于阳光在一天当中的变化，应有所了解，如图 12-15 所示。

季节对阳光的升起时间和方向是有影响的，所以，一般只知太阳东升西落是不够的，还应当了解随季节而移动的光的方向来源和可能投射到的地方和位置。而光的改变也直接影响了画面的效果，冬天太阳升起的位置是偏南，投射到偏北方向；夏天的太阳升自偏北，投射的方向偏南。两者位置的变易，都是很少移动的，正如一年太阳从正东升起一样，只有两天（三月二十一春分、九月二十三秋分），每天变化0.258度。

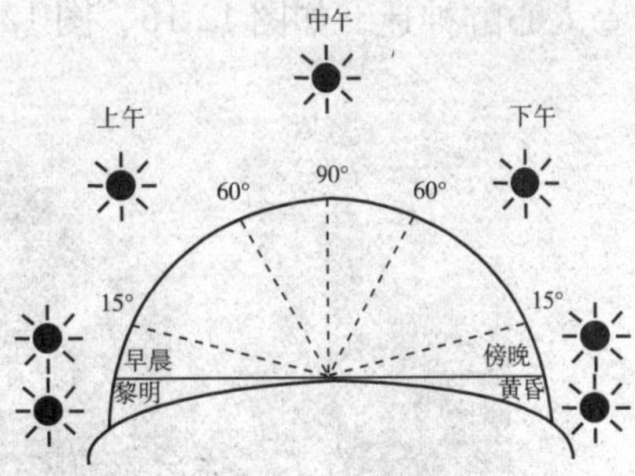

图 12-15　一天中光线的变化示意图

光源对景物产生的效果，虽然只是一线之差，但都有很大的不同，关于它的升降位置的投射方向，不仅是必须清楚，而且绝对重要。

2. 观察“势”

观察“势”是指观察拍摄景物的整个环境和形势。当我们身处在大自然的怀抱中，满眼都是景物的时候，应该如何取舍，以及取景的位置、最佳角度等不是在仓促间能够作出决定的。为此，必须耐心地从各个位置和角度去探讨，从众多视角中选取理想的角度去拍摄，画面中一草一石、一枝一叶都需要仔细地推敲。因此，选景与拍摄要相当细致。画家黄宾虹说：“纵游山水间，既要有天以腾空的动，也要有老僧补衲的寻静”。他的意思是说对眼前的景色要有无比的热情，不辞劳苦的四处奔跑、观察、寻景，要整体地思考，去认识眼前的景色，从而了解这些景色。另外一些画家们又讲：“山峰有千姿百态，所以气象万千，它如人的状貌，百个人有百个样”。所以，观察山、景不可停留在表面上，应更多注意的是山景的气势与当地的特色。五代时期的画家荆浩说：“搜妙创真”。妙是指客观的存在，搜是作者主观的努力。

3. 表现“本质”

说到表现本质，万物都有它的独特本质，尤其拍摄大自然风景的，对于充满整个大自然环境的花、草、木、石、泥的本质要深切认识，然后熟悉和掌握它的本质，使其有效地重现于照片中。在摄影中经常提到“质感”，质感的意思是要求在表现景或物的时候，不仅要表现出其外形和轮廓，更重要的是要表现出其品质的感觉，既有骨，又有肉。

4. 把握“美”

拍摄崇山峻岭、参天乔木等，可以运用镜头以独特角度去拍，也可以以衬托、对比的方法，把大自然的壮观表现得淋漓尽致，同时把景色最美之处加以突出。那么，拍摄风光照片如何把握景物的特点、气派呢？

不同的景地有不同的特点，地域的差异造就了各种奇特的美景。在拍摄风光照片时应该首先把握景色的特点，再根据其特点来表现它的美。

比如黄山，有4个特点：云海、云雾、奇松、怪石。如果把视野放在大处，奇险的36大峰和36小峰就有各具奇景；若抛开黄山的这4大特点，还有不少郁郁苍苍的茂林、清幽深远的岩谷。如果把视线带回身边，便有许多自由自在的小景，这一切的一切，都足以令人心醉神迷，如图 12-16、图 12-17、图 12-18 和图 12-19 所示。

图 12-16　云海

图 12-17　奇松

图 12-18　怪石

图 12-19　云雾

峨眉山以其清幽而得名。五岳以其雄伟巍峨、险峻磅礴而著称。素有山水甲天下之称的桂林，甚至比桂林不胜的阳朔，也是凭借山的峭拔、水的澄澈而闻名。因此，当我们进入名山大川的时候，要凭自己的眼力和经验，利用摄影镜头，把景物的特点尽收于镜头画面，否则只能得到一些到此一游这类的纪录片。这里说的经验是指前期的艺术修养，缺乏这些修养，便不能很快发现景物最美的一面，如图 12-20、图 12-21 和图 12-22 所示。

图 12-20　桂林

图 12-21　峨眉山

二、建筑摄影的表现方法

图 12-22 华山

建筑摄影属于应用摄影，也是职业摄影的一部分。在工业社会里，建筑师、业主、出版界、工程界、学术界…，需要优质又符合需要的建筑摄影照片。故建筑摄影的实用价值要高于艺术价值。

建筑摄影表现的内容十分丰富，要拍好建筑摄影应注意以下几点：

（一）选好拍摄点

建筑物多呈不同的几何形状，从不同角度观察，它的造型、透视及前景和背景等均会发生明显的变化，因此选择最能表现建筑物造型的拍摄点显得犹为重要。适于建筑摄影的拍摄点主要有以下几种：

1. 高拍摄点

在表现建筑群的整体形态及各建筑物之间相互位置关系时，常常选择高拍摄点，如俯拍建筑群全貌或城市全景等，如图 12-23 所示。

2. 低拍摄点

低拍摄点可使建筑物的竖线向上汇聚，能够表现出建筑物的高大特征，同时也增加了建筑物的稳固感，如图 12-24 所示。

3. 正面拍摄点

正面拍摄建筑物有庄严、平稳的感觉，在建筑物正面特征明显，要求画面构图庄重、平稳时常常运用这种视角。但正面拍摄建筑物缺乏线条透视变化和面的变化，画面较为呆板，如图 12-25 所示。

图 12-23

图 12-24

图 12-25

4. 侧面拍摄点

侧面拍摄时建筑物的横线条和竖线条都有明显的透视变化，而且能看到建筑物的正面和侧面，有利于表现建筑物的各角度特征，突出建筑物的立体感。是拍摄建筑物最常用的拍摄点。如图 12-26 所示。

选择拍摄点不仅要考虑建筑物的表现和造型，还要考虑建筑物周围的环境，以及建筑物前景的取舍等。特别是在拍摄建筑物时，为了表现建筑物的空间感，常常需要选择一缕树叶、一个房角等作为所拍建筑物的前景，放在画面一角，如图 12-27 所示。

图 12-26

图 12-27

（二）光线的选择

不同的光线可使建筑物产生不同的造型效果。适于拍摄建筑物的光线有以下几种：

1. 高位正面光

适于表现建筑物正面的特征（如凉台、拱门、雕刻等），但不利于建筑物的整体造型，如图 12-28 所示。

2. 高位侧面光

不仅能很好地表现建筑物表面特征，同时也能充分表现建筑物的立体感，是建筑摄影中最常用的光线，如图 12-29 所示。

图 12-28

图 12-29

3. 顶光

照亮建筑物顶部，适于俯拍较大范围的建筑群，这种光线能把建筑群的层次区分出来，如图 12-30 所示。

图 12-30

（三）滤光镜的运用

建筑摄影中，滤光镜是必备的。因为建筑物在室外，常常需要运用不同的滤光镜调整影调关系，突出建筑物。在建筑摄影中，常用的滤光镜有如下几种：

1. 黄滤光镜

一般的建筑物体多为浅灰色或呈暖调的其他浅色，而天空常呈现为蓝色。在黑白摄影中，如果不加用滤色镜拍摄，则浅色建筑物与天空衔接处将无法区别，加用黄滤光镜后可压暗蓝天、突出浅色的建筑物。

2. 红滤光镜

在黑白摄影中能将天空压得很暗，使天空与建筑物本身反差提高，显著地增强建筑物坚实的特征，使主体的线条和色块鲜明地展现出来。

3. 偏振镜

用彩色片拍摄建筑物时，使用偏振镜能压暗天空的蓝色，建筑物的色调更加鲜明，而且不会改变真实的色彩关系。

（四）器材的选用

建筑摄影一般追求高反差和高像质，因此宜选用中大画幅的相机。镜头选用标准镜头、广角镜头和超广角镜头。因为这类镜头视角宽，适于表现高大的建筑物。如果可能应使用移轴镜头，以便控制透视畸变。同时，室外拍摄必须使用遮光罩。此外，三脚架也是必备的。

三、人物摄影的表现方法

人物摄影是摄影艺术中最主要的一类题材。人像摄影是指以摄影艺术为表现手法，使人的容貌和形象得以再现和永存的一门专业摄影。让自己的容貌和形象得以再现和永存曾是人类的梦想，摄影则是实现这一美好愿望的最好方式。从人类第一次成功地凭借方盒式相机记录下自己的影像之日起，人像拍摄便成为摄影的永恒题材。

人物摄影和其他题材的摄影不同，受时间、地点等多方面因素的制约。若关键时刻错过了，则永不再来。摄影者可捕捉到特定时间、特定场合下人们真实、自然的生活画面，这是绘画等艺术形式无法比拟的。所以，人物摄影会保持其独特的艺术地位，为人类的某一时刻作证，将最精彩的瞬间永远保留下去。

在拍摄人物过程中，摄影者应充分了解被摄对象，捕捉他们的情感及他们留给你的印象，并把这些永远保存在我们的影像档案中。

人物摄影是以静态或动态人物为被摄对象，着重描绘其外貌和精神面貌，从而直接表现人的一种摄影。凡是内容涉及人物而以人物为主体的各种题材，都属于人物摄影的范畴。诸如：人像、家庭生活、亲朋欢聚、情侣相悦、婚寿礼仪、童年纪实、校园动态、老人晚景、旅游揽胜、时装穿戴、舞台演出、体育活动、工作现场、佳节盛会、风土人情、社会新闻、人体艺术等，广泛多样，到处可选。

人物摄影不能限于拍摄人像，而是应当根据主题，对人物的外貌扬长避短，突出美感，以便通过外貌，能更好地传达和刻划人物的精神面貌，从而使照片中的人物看起来比真实的被摄对象更美、更生动、更有精神。只有首先作到“形似”，才能传神。为使人物摄影符合“形神兼备”的要求，摄影者除正确掌握相机使用技术外，还要在观摩优秀摄影作品和学习有关摄影知识的基础上，经常对生活中的各种人物细致观察，认真思考，养成敏捷的思维和判断能力，以便在人物摄影实践中，能别具慧眼，刻意求新，不失时机地选取题材，并抓住被摄对象典型而生动的瞬间，拍出一幅幅栩栩如生的人物照片来。

（一）人物摄影拍摄方式

人物摄影的拍摄方式，不外乎摆拍、抓拍和摆抓结合 3 种。3 种方式各有特点和要求，又互相联系，互相配合，分别构成人物摄影所不可缺少的造型手法。

1. 摆拍

在整个摄影过程中，始终让被摄对象完全知道有人在为自己拍照，从而使摄影者有较充分的时间，在做好拍摄准备并对被摄对象加以摆布后，完成拍摄。因此，这种拍摄方式也称为摆布，或者可以叫做主体全知的拍摄方式，为肖像照、团体照、纪念照、广告照等所采用。但在摆布的情况下，摄影者应想方设法，使被摄者思想放松，以便配合拍摄。

2. 抓拍

在整个摄影过程中，根本不让被摄对象知道有人在为自己拍照，就由摄影者直接摄取人物活动中的典型而生动瞬间。因此，也可以叫做主体不知的拍摄方式。采用这种方式拍摄，也许构图、用光不尽如人意，而被摄影对象却处于无拘无束的活动状态，神情举止都较自然。但拍摄者需要较丰富的生活经验和敏锐的眼力，在转瞬即逝的各种人物活动中，善于抓取被摄对象最典型、最完美、最耐看的时刻，及时按下快门。

3. 摆抓结合

在整个摄影过程中，虽然让被摄对象知道有人在为自己拍照，但并不告知确切的拍摄时间，以便使被摄对象的注意力仍集中于所从事的事物，而摄影者得以有一定的时间，选择最佳角度和光线，并经过较小范围的调整和摆布，在适当时间按下快门。这种拍摄方式，兼采摆拍和抓拍两者的长处，做到抓中有摆，摆中有抓取。因此，又称为摆摆抓抓，也可以叫做主体半知的拍摄方式。

（二）人物摄影镜头的选择

1. 成像的质量要求

人物摄影的镜头成像质量，既要成像清晰，又要有一定的柔和效果。因为人物摄影一般以表现脸部为主，镜头成像质量就应能达到层次丰富、质感真实、细节毕露、肤质滋润的要求。

2. 焦距的要求

一般相机上都装有3～5倍的变焦镜头，拍摄头像或特写人物，就要使用中焦或长焦镜头，镜头的焦距需在105mm以上，这样，相机与人物距离可保持1.5m以上，既能使焦点清晰，又可避免产生鼻大耳小等变形现象。在室内拍摄小合影照片，如果遇到缺少退步的情况，就需要使用短焦距镜头（即广角镜头），但容易出现近大远小和两边人物稍有变形的缺陷。

3. 口径的要求

拍摄半身人物和头像特写，镜头的有效口径以大为宜，以便使主体清晰，背景略呈模糊，增强远近空间透视感，从而突出主体。另外，镜头的有效口径大，在光线略暗而又没有闪光灯的情况下，拍摄动态人物，仍可使用较快的快门速度。

（三）人物摄影的注意事项

人物摄影要严谨用光，杂乱光线不可用，确保脸部用光的干净，正确曝光，控制脸部的同一色温。

1）在户外拍摄，首先应选光能照到脸的地方，让人看上去容光焕发，光彩照人，美化脸部，然后再选周围的景以便能达到你拍出好照片的要求。

2）在户外拍摄，学会使用阳光和阴影之间的“边界光”，这样才能拍出精彩的照片。虽然在纯阴影中拍摄不会遇到顶光的问题，但阴影中的光线阴冷平淡，没有方向感，不能照亮人物的眼睛因而无法表现个性。另外在阳光阴影交界处容易得到照亮人物的头发和轮廓的光线，有景深加大的感觉，使人物更有立体感，更有活力。

3）户外人像摄影时，要寻找有反光的区域，如墙壁反射的阳光作主光源，能给被摄者提供漂亮的光。获得反射光的方法是白天到被照射的建筑物周围去找，那里是巨大的柔光箱，反射光非常饱满、醇厚。

4）户外人像摄影时，还要学会寻找有用光机会。例如，可以到窗户边、树荫下、屋檐下、停车场，利用地面的反光或马路对面的大楼的反射光创作作品。

5）寻找拍摄地点时，除了有光能照到人物的脸部之外，最好能有光照到人物的头发、背景和画面的边缘，不要只满足人物脸部的不错的光感。要找到一个能为被摄主体提供优美的轮廓光、背景光的地方，让这道光为人像绘上漂亮的一笔。

同时，自然光线下人像摄影最易犯的错误是选择光方向不对。比如看到树干周围的光很美，就立即在对面架起相机拍人像。要知道包围树干的光也包围被摄者的脸，有可能从他的后脑勺照过来，这就用错了光的方向。

（四）人物摄影的构图

人物摄影的构图，要根据主题要求，简化和排除与主题无关的一切东西，将主体人物安排在主导位置。这个主导位置，不宜处于画面的正中央，因为这样使画面分为两半，显得呆板、生硬、缺乏艺术表现力。通常，主体人物可安排在“黄金分割”美感点上。所谓“黄金分割”美感点，就是摄影构图一章中提到的趣味点，不论其中的任何一个，都是安排主体人物的理想位置，因为这个位置既有变化，又有稳定和舒畅的感觉，符合人们的审美要求。

此外，还应该注意，人物和其他景物的安排，要主次分明、疏密有致，不可堆积充塞。有时，除了对主体人物的位置作适当安排外，往往还要通过另一个人物和景物陪衬或均衡。关于动态人物照片，例如幼儿学步、自行车比赛等，则要在动态人物的前方，多留些空白部位，以便有向前伸展的余地，从而符合人们平时观察事物的习惯。

人物摄影构图的目的，是使画面中的被摄对象处于相对平衡状态，从而使人物照片能在视觉上产生稳定感、舒适感。为了掌握人物摄影画面均衡，一般要注意安排以下几个方面：

1）人物头脸方面。人物摄影的头脸，在视觉上，脸部为重，后脑较轻。因此，拍摄侧面像时，影像需偏后一些，甚至后脑的后面可不留空间，使脸部前方空间大于后脑。这样，既可给脸部的视线以伸展余地，又能保持画面的轻重平衡。但也有些表现“冲力”情节的题材，人物脸部前方空间小于后脑，以致画面有失重之感，这是根据主题需要而做的特殊位置安排，如图 12-31 所示。

2）人物摄影中，被摄对象俯、仰或倾斜等姿势，往往导致失重不稳的感觉。为此，可通过主体自身的肩头和自身的手，以及与主题有关的书、花、茶杯、扇子等陪衬物体作“衬垫”，就能使失重的主体达到均衡的效果，如图 12-32 所示。

图 12-31

图 12-32

3）主体与陪体，有景物作陪衬的人物摄影题材，在视觉上，人物为重，景物较轻。为此，可将人物所占空间的面积安排得小些，而对景物占有的空间则安排得大些，以取得画面均衡。如图 12-33 所示。例如，拍摄人物写字的半身场景，其中较大面积的人物，可安排偏于一边，与此相应，在桌子的另一边，可放置墨水瓶或砚台等物件，使画面得以保持均衡，以此类推。

4）人物摄影构图中，对于明暗深浅，视觉上的轻重也有所不同，一般以深色为重，淡色较轻。通常，可用小面积的深色块面与大面积的灰色或淡色块面进行平衡。如遇某一

图 12-33

部位太深或太浅，轻重不够协调，可在太深的部位选择淡色的景物作“衬垫”；也可在太淡的部位选择深色的景物作“衬垫”。但要严格注意，深底淡景与淡底深景，都要有一定的对比度，才能起到增减重量、平衡画面的作用，如图 12-34 所示。

5）色彩方面，不同的色彩，视觉分量也不同。通常，暖色、艳色为重，冷色、晦色较轻。其平衡的规律，也要以小块面的暖色或艳色对应大块面的冷色或晦色。例如，人物脸部小块面的暖色周围，可安排块面较大的冷色；当拍摄暖调人物照片时，应尽可能使脸部肤色鲜艳，而将周围的暖色处理得晦暗些，既便于突出主体，又可使画面得到色彩均衡。如图 12-35 所示。

图 12-34

图 12-35

（五）婚纱摄影

在诸多种类的人像摄影中，值得一提的是婚纱摄影。由于最近几年流行自然风格拍摄，尤其是拍摄外景等，拍摄效果要求妆面清淡没有太多化妆痕迹。所以不应该选择蓝色、红色、绿色等颜色过于纯的色彩。可以选择金色、咖啡色、棕色等。新娘礼服摄影时可以选择紫色等捎带红色的色彩。摄影化妆尽量避免纯白和纯黑，否则会给摄影带来一定的困扰。所以选择用浅肤色进行提亮。婚纱摄影妆面自然，粉底不应该太过厚重，颜色接近肤色最佳，不要选择偏白的粉底，会让拍摄后的模特显得臃肿。尽量增加一些暗影，并在唇的处理上稍加注意。尤其是唇的形状。以圆的唇峰为佳，选择粉色、自然色更能体现人物的纯洁。拍摄婚纱摄影时新郎要涂粉底，缺眉少眉的要补眉毛，需要化眼线，但是眼线一定要紧贴睫毛根，不要让人看出明显痕迹。最后是新郎的唇要进行润色，可以选择润唇膏进行涂抹，如图 12-36、图 12-37 和图 12-38 所示。

图 12-36

图 12-37

图 12-38

人物摄影图例：

作者伊夫·阿诺德是第一位加入著名的玛农影社的女性。其最负盛誉的作品就是这张为玛丽莲·梦露拍摄的人像照，如图 12-39 所示。作为一名极富开拓性且无与匹敌的摄影家，她曾获得纽约国际摄影中心授予的“摄影大师”的称号。

作者欧文·佩恩。1967 年，在时装摄影领域崛起的璀璨耀眼的巨星欧文·佩恩，以其超然的现代气息和新颖的表现方式，张扬着极具个性的创作风格，将一代新貌赋予 20 世纪中期的人像摄影，如图 12-40 所示。

作者赫布·里茨是 20 世纪 80 ~ 90 年代名满全球的名人肖像摄影家。其作品因绝好的艺术性，在全世界最具影响力的杂志中都有刊载。人们常提及他在 20 世纪 80 年代末为当时独一无二的巨星麦当娜所拍摄的作品，如图 12-41 所示，在这幅作品里人像摄影家所关心的不是被摄者而是作品本身的构成美学。

图 12-39　玛丽莲·梦露

图 12-40　毕加索

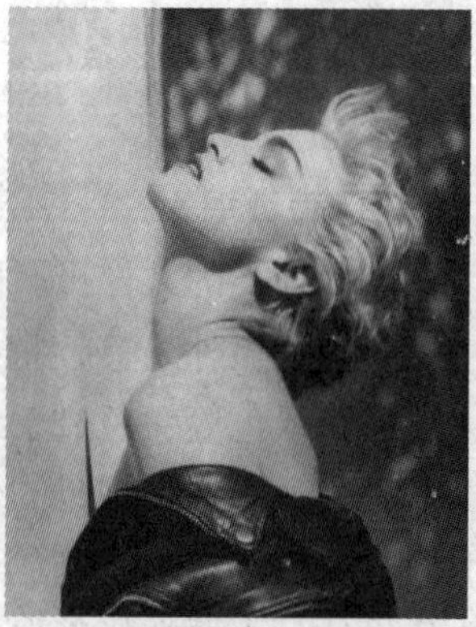

图 12-41　麦当娜

作者瑞尼·布里。在20世纪60年代格瓦拉是古巴革命运动的一位著名领袖。这张在集会中抓拍下来的镜头表现出了这位革命者的胸怀和气质，如图12-42所示。瑞尼·布里是玛格纳图片社的资深记者之一。

图12-42 格瓦拉

四、新闻摄影的表现

新闻摄影是新闻工作不可分割的一部分，它是以新闻性、纪实性、瞬间性为特征的一种传播方式，它以图片的形式向人们传递着世界各地发生的大小事情，通过镜头记录瞬息万变的精彩世界。

一幅好的新闻照片就是一条好新闻，关键是“贵在发现，贵在表现”。新闻摄影必须抓住表现特征这一环节，因为任何事物都有其独特的地方，突出表现特征，也就突出了新闻主题，避免了新闻形象的一般化，照片才有其鲜明的个性。

新闻摄影的表现对象是广泛多样的，它可以从生活的各个方面来表现，以达到反映现实社会中的某些事件的目的。但在现实社会中，人是占主导地位，是一切社会活动的主体，新闻摄影要反映生活、反映工作主题，就必然联系到人的活动。新闻摄影报道也是一个创作的过程，作者用自己的思维观察，准确抓住事件的主题，通过文字和摄影创作，对现实社会中事件主体的歌颂、揭露和对突发重大事件的传播，来表现社会表现生活。

新闻摄影最主要的是通过表现来说明新闻事件，一件优秀的新闻摄影作品如何给读者强烈的吸引力和感染力？关键是以下几点：

（一）开头揭示主题

一组新闻摄影作品和一篇文章一样，首先要鲜明地揭示主题，它决定读者是否能够一眼就看到报道的意义。开头照片可以选择事件开端的场景，也可以选择足以概括整个新闻事件中有气势的场面，开头照片通常起到新闻导语的作用。在开头照片的文字说明中概述专题报道的主要内容，使读者看后对报道的内容首先得到一个初步的概念。

（二）分清新闻主体段落

按顺序有层次地展开内容，概括介绍新闻事件。但新闻摄影的段落与层次，有别于文字创作的段落与层次，一般来说新闻主体部分的每一个段落，既是一个内容，也是一个层次，可以由一至数张照片组成。

（三）有鲜明的表现力

在整个新闻摄影报道初步完成后，通过事先对新闻事件报道的构想，在拍摄出来的照片中选出表现力比较鲜明的照片。比如，会场全景，主要人物讲话，实地考察、讨论、表彰、总结发言等场景照片，然后按照事物发展时间顺序，选出一组精美的新闻图片。

（四）配发简要的文字说明

文字说明在新闻摄影报道中大体分两部分：一种是专题图片报道，这一类图片报道主题比较深入、详细，选择多幅照片及相关文字报道字数较多；一种是单幅的图片新闻，单幅图片主要是以突发事件或典型重大新闻为报道线索，需要及时通过媒体向社会和公众传播，相对而言，这类图片新闻报道，除了具有感染力的典型图片外，文字说明就起到了画龙点睛的作用，在阐述事件的时间、地点、人物、新闻导语时应该语言精炼。

随着现代新闻事业的飞速发展和现代工具功能的改善，新闻摄影的表现方式有了新的变化，但无论如何新闻摄影的发现与表现都会贯穿于全部的工作实践之中，所不同的是对我们的工作提出了更高的要求，要求我们在熟练掌握现代化手段的同时独具慧眼，还需要有一定的文字写作能力，多读一些文学、历史、法律及国家有关法规政策的书籍，甚至在文学艺术等领域要有一定修养，这样才能以独特的视角、用有感染力的语言来引起读者的共鸣。

摄影工作者在具体的工作中要努力做好以下几点：

首先，必须全面、详细地了解自己手中相机的性能特点、使用功能，在摄影工作之前应该使自己的相机时刻处于最佳状态，才能在工作中得心应手，保证摄影任务的顺利完成。

其次，为准确表现新闻事件，更应在摄影之前对自己的拍摄对象有足够的了解。例如，单位准备一个大型会议需要全程摄影，之后还需新闻报道，那么根据掌握的会议日程和程序，根据新闻报道的重点自己制订一个摄影计划，做到心中有数。在拍会场全景时一般不使用闪光灯，因为一般闪光灯指数大都在 10～20GN 以内有效，所以利用室内自然光才能拍摄到满意的照片，可以使用三脚架用慢速拍摄，如果使用的数字相机有 CF 卡可以调整拍摄数值那就更加方便，只要调整感光值就可以完成拍摄任务。

另外拍摄全景应从多个角度多拍几张。在拍重要人物发言时以使用 20～80mm 变焦镜头为好，同时注意尽量不要从正面拍摄，以免由于使用闪光灯造成拍摄对象闭眼或由于闪光灯特定的光学作用造成红眼，采取 30°～40°角拍摄最好。拍摄主要人物讲话一般尽量在构图时把人物放在画面重要位置，而且尽量要在短时间内完成，以免产生不必要的影响。另外也要注意到，会场内有没有禁止使用闪光灯的通知和规定，在使用数字相机时，一定把成像分辨率提高，以免以后照片需要印刷或放大时由于分辨率低，造成照片印刷不清晰。在拍摄会议发言时做好记录，以免日后张冠李戴。在拍摄重要会议会场全景时画面构图要突出主题，通过合理的构图，使读者一眼就看出创作者所要表现的主题，要尽量利用合理的角度把整个会议的标题拍全，在室内光线允许的条件下，尽可能增加景深，这样保证画面内容前后都完全清晰。如果室内有障碍物在取景时应尽量避开，尽可能通过不同角度使画面构图完美。

一幅优秀的摄影作品应该通过摄影者的创造使摄影对象看起来更加完美，就是说要把摄影对象的外部表情和思想情感表现得更加鲜明，达到“神形兼备”的艺术效果，二者必须“兼备”，缺一不可。必须把“摄影”与“照相”从概念上分清，摄影是一种艺术上的创造，照相只是简单地反映被拍摄对象，好的摄影工作者一定会真实、准确地反映被拍摄对象，创作出好的新闻作品。

在新闻摄影中，有时需要我们在关键时刻抓拍。世界许多著名的摄影工作者，在采访重大事件中，许多优秀的作品都是通过抓拍获得的，这些具有强烈感染力的新闻作品，给人们对历史事件留下了深刻的印象，这就是新闻摄影报道的优势。如何在新闻摄影报道中抓拍到生动的形象画面，是摄影工作者要研究的。要掌握摄影瞬间，不是一件轻而易举的事，摄影者除了具备敏捷的观察力和一定的摄影基本功外，还应该注意以下几点：

1）首先了解被拍摄的对象，尽量了解人物的性格、生活习惯，只有这样才能具有新视点，才能掌握好机会抓取瞬间，充分表现出新闻题材。

2）要熟悉人物动作和事件的发展规律，处理好新闻题材，正确选择最有代表性的瞬间，使现场感和现场气氛得以充分表现。

3）注重照片构图、瞬间捕捉，甚至光、影、色、线的运用和画面形象对比、变化等，使其不偏离新闻主题或主体，更具新闻价值。

为了使拍摄作品更好地表现新闻主题，应该观察现场环境，要使周围的环境与主体人物相配合，更好地利用环境背景来揭示主题，表达内容，使作品具有更强的艺术感染力，达到摄影工作真实表达的目的。提倡摄影者发挥主观能动性，摄影者对现场熟悉了解后，在现场不加任何摆布而是发挥自己的创造力，使作品提高表现力，得到大众的认可，实现“一图胜千言”的目的。

图 12-43、图 12-44 和图 12-45 所示是新闻摄影图片图例。

图 12-43　羽毛球比赛

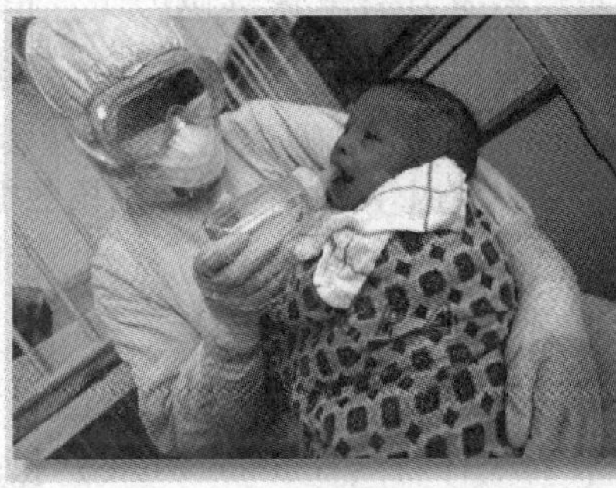

图 12-44　最小的非典患者

五、写实性摄影表现

摄影的本质是写实。摄影可以像绘画那样组织各种各样美丽的画面，但比较而言，对其建立在写实本质上的表现方法进行分析研究更为重要。纪实摄影在中国广受重视，并且已经取得了相当不错的成绩，正是因为纪实摄影充分地利用了摄影的写实功能；使新闻摄影、报道摄影在今天的社会发展过程中扮演着越来越重要的角色，充分地体现了摄影在写实方面的特殊威力。

所有写实类摄影的基本特征是拍摄到画面上的所有东西，不允许任何弄虚作假。写实摄影的基本操作，不论是艺术创作，还是非艺术的拍摄，都是直接面对活生生的现实世界。画面上形成的所有影像，包括所有细节，

图 12-45　有一种距离叫年龄

都应该是现实生活中本来的样子。

如果与绘画相比较，可以认为，写实类摄影是用捕捉现实生活中的某一瞬间的方法，去最终实现艺术的或情感的表现、表达。其突出的特点是现实情境的有机组织（甚至是瞬间组织）；而绘画则是着意描绘理想的画面，并通过各种渲染手段，去实现艺术的或情感的表现、表达。

有几点一定要弄清楚，这将在今后的讨论中不断深入：

1）生活中真实存在的景象，而非经过构思最终形成的影像。

2）捕捉某一瞬间，而非雕琢一个画面。

3）情境的瞬间组织，而非精心设计安排。

最重要的是：这种捕捉自现实生活的景象，以及在瞬间定格的画面，一定是为某个主题服务的，而绝非捕捉到什么算什么。

写实摄影作品图例：

图 12-46 所示作品为安德鲁·拉塞尔（Andrew Russell）摄。美国卡托巴河（Catawba River）洪水泛滥，一个营救人员正在从直升飞机上下来，营救被困在河中的人。整幅画面看起来非常优美，这可能是摄影爱好者最喜欢做的事，但切记，不能为美而不顾一切。西方摄影记者并不介意把灾难现场拍得非常美丽。但从事件报道的角度看，并没有任何失真之处，包括现场气氛在内，也仍然是恰当的。摄影者用较慢的速度（拍摄数据低于较暗的光线和剧烈的动荡），反而有效地营造了现场气氛，同时使画面看起来充满了魅力（有强烈的吸引力）。

图 12-46

图 12-47 所示作品为美国《爱国者新闻》（The Patriot News）记者阿米兰·怀特（Amiran White）摄。美国东部宾州哈里斯堡（Harrisburg），一场大雪，把一排汽车都掩盖了起来。一个人正在从雪中挖掘他的汽车。画面处理得非常美，但主要的目的是交待雪是如此之大。

图 12-47

图 12-48 所示作品为赫莱德时报（The Heraid-Times）记者杰里米·浩根（Jeremy Hogan）摄于 2003 年 9 月 24 日，美国俄亥俄接近贝德福德（Bedford）的一条国道上。画面

表现埃迪·巴克（Ed Baker）一家正在搬家。

图 12-48

本来这是一个普通的事件，摄影者巧妙地选择了一个非同一般的视角，从而使画面看起来具有了非同一般的魅力。画面这样选择，是为了着力体现浓郁的民间特色和乡土气息。

图 12-49 所示作品为美国《企业新闻》（The News——Enterprise）记者尼埃尔·卡丁（Neal Cartin）摄于美国肯塔基州。刚刚开始下雪，几个带黑帽的门诺教徒（Amish）行走在乡间小路上，其他成员则乘坐一辆四轮马车。此片同样是在着意刻划浓郁的乡间气氛，从而与教徒的神秘色彩有效地呼应起来。

图 12-49

图 12-50 所示作品为美联社记者杰罗姆·德雷（Jerome Delay）摄。此幅作品 2003 年 9 月 24 日拍自拉法赫难民营。透过一个破铁罐看去，巴勒斯坦儿童正在户外的空地上游戏。拍摄者巧妙地利用了战争的后果（残破的铁罐）来表现轻松愉快的日常生活题材。使画面看起来既非同一般，又有力地说明了战争给人类带来的创伤。

图 12-50

图 12-51 所示作品为法新社记者埃迪·丹赫尔（Ade Danhur）摄于印尼北雅加达省。一群印尼孩子正在漂满垃圾的河里游戏。根据联合国的报告，在亚洲，污染水正在无情地杀死大量儿童。此幅画面看起来非常活跃，主要是孩子的精彩

动作发挥了作用。但更重要的在于水中的污物，没有这些东西点题，作品的份量会大大减弱。

图 12-51

第十三章　专题摄影

第一节　旅游照片的拍摄

旅游照片（见图 13-1、图 13-2、图 13-3 和图 13-4）主要有旅游风景照片、旅游风情照片和旅游纪念照片三类。其中，旅游风景照片又有自然风景照片和建筑风景照片两种。

图 13-1　富士山

图 13-2　黄河壶口瀑布

图 13-3　北京天安门

图 13-4　上海电视塔“东方之珠”

这类照片以风景为主，人物只作为点缀（也有的旅游风景照片画面里没有人物）。照片色彩鲜艳、纹理清晰、构图完美、质量上乘。

旅游风情照片指反映风土人情的照片，其主要以人物为主，背景则起衬托作用。拍摄旅游风情照片多采用抓拍的方法完成，反映当地习俗和节日风情，如图 13-5 所示。

旅游纪念照片则是大多数旅游者拍摄的留影照，是在被摄者摆好姿势的情形下拍照的，如图 13-6 所示。拍摄这类照片也要特别注意曝光、构图等艺术手段的处理以获得理想的效果。

图 13-5

图 13-6

第二节 夜景照片的拍摄

由于夜间光线暗，需要较长的曝光时间，所以拍摄夜景照片时要用三脚架将照相机固定牢固，以免产生影像晃动、模糊。

拍摄时一般采用多次曝光的方法：即在夜幕即将降临的时刻按当时测定的曝光量的 1/4 对处于远景中的高楼大厦、山峦、丛林及处于中近景中的街道等进行首次曝光，以使它们获得依稀可见的影像。第二次曝光则是在夜幕完全降临的时候对灯光进行曝光。有时根据需要与创意还可以进行多次曝光，只是在整个拍摄过程中相机的位置不能移动，如图 13-7 和图 13-8 所示。

图 13-7

在拍摄有人物的夜景照片时，可以使用闪光灯对近景的人物进行曝光，同时用适当较慢的快门速度对远景的灯光进行曝光。注意，在整个拍摄过程中处于近景的人物不可移动。目前数字相机的夜景拍摄功能就是这样的拍摄方法，如图 13-9 所示。

在拍摄夜景照片时还可以利用一些客观条件突出夜景气氛。例如，在拍摄夜景照片时正赶上下雨，要注意前景的表现，最好安排有水的前景或表现被打湿的地面，这样有利于画面意境的表现，如图 13-10 和图 13-11 所示。

图　13-8

图　13-9

图　13-10

图　13-11

第三节　日出、日落照片的拍摄

拍摄日出、日落照片最好选择天空有适宜的高空云，拍摄时刻以日出、日落前后 15min 为宜，最佳时间为 5min，此时可以突现光彩绚丽的彩霞。颜色要偏暖些，曝光控制要以云彩为曝光的基本参数。为了突出表现太阳的影像应采用长焦距镜头。

另外还要注意：拍日出照片（见图 13-12）时，太阳刚离开地平线便发射出强烈的光线，以致无法进行拍摄，所以要抓紧时间。拍日落照片（见图 13-13）时，太阳离地平线还很高时强光便已消失，故拍摄过程可以从容些。

图 13-12　日出

图 13-13　日落

第四节　小件器物的拍摄

在摄影中常常会对花果、蔬菜、饰品、酒瓶、乐器、玩具、手机等小件器物进行拍摄。这类摄影的特点是：

一、可以进一步体会艺术视觉的深化过程

图 13-14 所示的“羽毛球”通过巧妙的构图、合理的布光、艺术的影调、色彩的表现，使其既具有特殊的反差、独特的线条、又有诱人的色彩和深沉的质感。

二、使摄影者获得更多的实际摄影知识

如图 13-15 所示，小件器物的拍摄需要具有独特的构图形式，在此探讨拍摄角度、照明方法对光线、色彩、景深等方面的影响，使拍摄的照片更具有创造性。

图 13-14　羽毛球

图　13-15

三、视觉形象的处理

静物的拍摄如图 13-16 所示。只有创造性的处理才能产生视觉的诱惑力。摄影工作者平时要仔细鉴赏日常生活中的物体，提高自己视觉形象的敏感性，必须做到能够把想像中

的形象创造出摄影形象来。另外，要注意物体表面的质感，探讨如何利用明暗表现物体的形态与质地。

图　13-16

四、构图形式的选择

（一）简单、直接的视觉形象

如图 13-17 所示，最好用最简洁的形体（去掉所有不和谐景物）统一画面的构图。运用影调、色彩、线条和形状来加强整体视觉效果。

（二）构图的顺序

在通过取景器构图时，将主体首先放置在适当的背景前面，背景宜采用大面积的对比色或补色，然后把其他器物加上去，直到构图工作完成为止，如图 13-18 所示。

图　13-17

图　13-18

（三）景深的控制

镜头的焦距、光圈的大小、物距的远近 3 个因素对景深有影响。在此，应该根据要拍摄的主体物和背景的特点来控制景深，以此达到突出主体的目的。下面探讨控制景深对于拍摄小件器物的作用。

1）突出主体，如图 13-19 所示。

2）引领观众，使其目光从一个物体引向另一个物体。在拍摄小件器物时，构图十分重要，在完成构图时，应注意：①切忌呆板的形式，如图 13-20 所示；②画面要具有活力；③利用阴影，使画面具有生命力，如图 13-21 所示。

图 13-19

图 13-20

五、用光与布光

在拍摄小件器物时，布光经常使用的照明灯具是小型聚光灯和泛光灯、挡光板、反光镜等。

在拍摄过程中用光是很重要的，通过用光能够为主体营建一个特殊的环境和氛围，通过调整布光的方向来把握主体在画面中的明暗。在小件器物拍摄时，通常采用侧光，以此充分表现物体的质感，如图 13-22 所示。另外，采用不同色温的灯具，达到改变照片整体色调的目的。

图 13-21

图 13-22

对于物件的展示，采用柔光比较好，具体的布光实例和照片效果如图 13-23 和图13-24 所示。

在拍摄小件器物时，有一种柔光棚，如图 13-25 所示。在柔光棚中拍摄后，达到如图 13-26 所示的效果。

如果采用白色背景，必须把灯位调得近些，否则背景的色调会发灰，如图 13-27 所示。如果主体物也是白色时，采用反射光为宜，如图 13-28 所示。

采用黑背景时，要使主体远离背景，并对主体物和背景分别布光，如图 13-29 所示。

玻璃板也是经常利用的背景，如图 13-30 所示，这样拍摄出来的物件显得干净、通透，有利于玻璃器件的质感的表达。

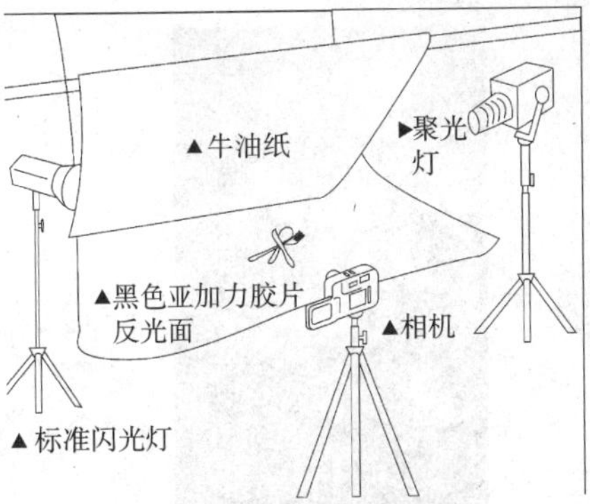

图 13-23

图 13-24

图 13-25

图 13-26

图 13-27

图 13-28

图 13-29

无论是拍摄大型器物还是小型器物，拍照时主要表现器物的立体感与质感，当拍摄一些很小的器件时，应采用微距摄影。在微距摄影时，需要着重设计其特殊的照明方法。

小型摄影聚光灯发出冷调的强聚光，但价格昂贵。通常，在商场橱窗中看到的小型反射灯泡也同样适用微距摄影，只是在使用时要注意色温的平衡与控制。

另外，光导纤维闪光灯适合拍摄钻石、首饰等极小的物品，它照射范围小、色温稳定、导管可以随意弯曲而强度无衰变。图 13-31 就是采用光导纤维闪光灯拍摄的照片。

图 13-32 和图 13-33 所示的是采用小型反光板或反光镜拍摄的照片。

图 13-30

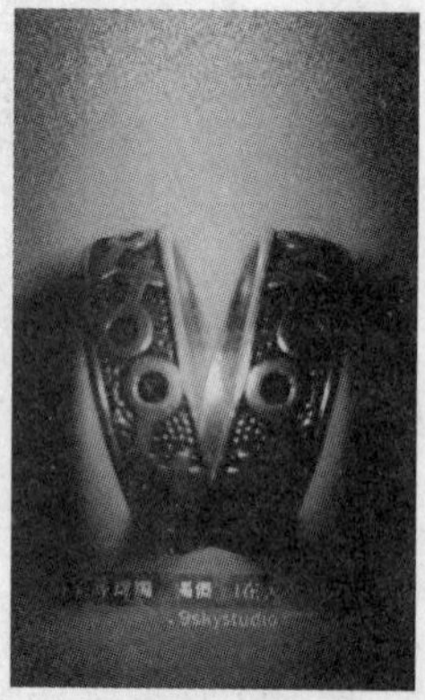

图 13-31

图 13-32

图 13-33

第十四章　艺术摄影

摄影是人们对大自然和人类生活中精彩时刻的一个个真实的记录，把最美的一刻变成永恒是摄影工作者的愿望，也是每一个被摄者的愿望。学习摄影，就应该了解人、物最美的形态，从外部表象去挖掘内部深藏的个性和特点，做到形神兼备。拍摄过程中充分利用光、影、色彩和机智的构图是艺术摄影的关键。后期的图像处理是照片成功不可忽视的一步。

下面从人物摄影、风光摄影、花卉摄影、动物摄影等几方面探讨艺术摄影的方法。

第一节　人像艺术摄影

所谓人像艺术摄影不是普通的照相，它要通过新颖的构图，浓墨重彩地诠释人物最具个性的一面。也许生活中的被摄者与照片中的完全不同，但是它是对被摄者的一个全新的包装，它把一个隐藏在外表下没有被挖掘出来的某些独特的东西夸大，并展现出来。因而，人像艺术摄影需要摄影师精心地设计服装、精心地设计制作与服装相匹配的背景和道具，灯光的布置应该适应拍摄的人物照片的风格，摄影师应该对于人物的姿态、表情进行引导，并运用娴熟的摄影技巧创作出一种气氛浓烈、情调和意境独树一帜的人像摄影作品。

人像艺术摄影主要有下列几种风格：

一、古典风格

古典风格人物摄影作品如图 14-1 和图 14-2 所示，十分讲究道具、服装的配合，力求营造一个真实的典型环境及生活中的典型人物，它所追求的是在画面中创造出一种昔日的情调和意境，宣泄一种思古怀旧之情，主要表现为复古画形式，这种形式的主要特点是：

1）画面色彩厚重，不宜花哨，具有古朴之感，通常以金黄、古铜、紫红等色调为基调。

2）光源单纯、对比强烈，背景为暗色处理，以深衬浅，以暗托明，使人物形象更鲜明。

3）人物举止稳重、表情沉静，不苟嬉笑欢颜。

图 14-1 古典风格人像作品 1

图 14-2 古典风格人像作品 2

二、维多利亚风格

维多利亚风格作品如图 14-3 和图 14-4 所示。此类作品轻柔、浪漫，主要用于少女、少妇、儿童的人像摄影。背景多布置成室内临窗的闺房。

图 14-3 维多利亚风格人像作品 1

图 14-4 维多利亚风格人像作品 2

1. 人物化妆

以维多利亚女皇时代装束为特点，有的长发盘于脑后，不必浓妆艳抹，服装轻、薄、柔，以衬托娇美的形体。

2. 背景道具

室内可以摆设雕花实木家具，锦缎椅垫、丝绒窗帘为主要设置。也可以在背景墙上垂幔吊帘，加以钩花台布装饰的小桌，配上棕榈科植物的盆景设计。

3. 用光

光源单一，光效模仿从窗外射入的阳光，画面上所有部分均呈亮色，体现出华丽又高深莫测的闺房气氛。另外，应该在优质镜头前加柔光镜以获得明亮柔美之效。

三、好莱坞式的古典风格

好莱坞式的古典风格如图 14-5 和图 14-6 所示，有以下特点：

图 14-5 好莱坞式的古典风格人像作品 1

图 14-6 好莱坞式的古典风格人像作品 2

1. 用光特点

采用诸多灯光配合使用进行造型设计。主灯略高于被摄者的眼睛，但不可过高而出现眼眶阴影，主光照度强而集中，造成舞台追光的效果。光源为轮廓光，使头发、脸庞、肩膀边缘形成强光效果，增加纵深感和立体感。光源打在素色背景上形成奇妙的、光怪陆离的效果，充满浓郁的戏剧情调。注意减弱强光形成的纹理。

2. 化妆

眼睛、唇部、肩膀为 3 个表现重点，在面部化妆上，眼影如果处理得当会使双眼显得炯炯有神；唇膏的使用，特别是颜色的选择要与服装和整个妆容协调，画出的嘴唇要饱满富有性感；肩膀如果是裸露的应该对肩部进行化妆，肩部粉底的使用不可忽视，因为在强裂的灯光照射下如果面部与肩部的颜色差别太大对整体形象会造成一定的损害。

3. 拍摄角度

被摄者的脸部四分之三对着相机镜头，身型要拿捏得当，向前斜倚或向后倚靠于支撑物上，使画面产生动感，镜头略高于被摄者，双眼略向上，凝视。

四、现代画意人像摄影

这种摄影风格不同于古典画风格，也不同于传统的纪实手法，而是在现代美术的影响下，形成的一种新颖独特的艺术摄影形式。

（一）仿印象派画

仿印象派画（见图 14-7）主张表现 瞬间的感觉和印象，追求形式、轮廓、色彩的复杂变化。

1）光线的运用原则是亮一点，充分体现主要部分，而采用大面积柔光体现阴暗部分。并且大量使用色光，让观赏者进入作者创造的独特的意境之中。

2）影文质感。在拍摄之后利用 Photoshop 软件在后期处理过程中，要充分模仿印象派笔触使画面颗粒加粗，模仿油画效果，体现神韵。

3）背景。以虚托实、班驳背景或大光圈虚化衬托主体。

（二）仿素描

仿素描人像作品，如图 14-8 所示。

（三）仿版画

仿版画人像作品，如图 14-9 所示。

图 14-7　仿印象派画人像作品

图 14-8　仿素描人像作品

图 14-9　仿版画人像作品

第二节　风光艺术摄影

提及风光摄影，自然会想到蓝天下的景色，远处群山环抱的森林，连绵不断的山丘，浩瀚的海洋，无垠的沙漠、田野和平原等一片望不到尽头的自然风光。要拍摄出壮观的风光艺术照片，首先要掌握风光摄影的要领。

一、选景要奇

“奇”是风光摄影艺术的生命线。如果画面被表现得平平淡淡，就不能感染读者。在未拍摄某一处风光之前，要仔细观察被摄景物本身，根据自己对客观景物的了解和感受，先在脑海中有意识地想像出最后要得到的摄影形象，如能触景生情，以情去写景，就有利于构思出景美、意新、形式新颖的风光片，其效果以出奇而制胜。

二、摄影角度

1. 平角

平角是一般人们观察景物的视角，用这个角度拍摄给人一种稳定的感觉，如图 14-10 所示。

2. 仰角

仰角效果夸张、宏伟，如图 14-11 所示。

图 14-10　平角度摄影效果

图 14-11　仰角度摄影效果

3. 俯角

俯角画面显得洁净，如图 14-12 所示。

图 14-12　俯角摄影效果

三、时机的把握

拍摄风景照片的最好条件是早晨和傍晚。因为该时的光线为低斜光，其光影使被摄体表现出很强的立体感，如图 14-13 所示。

图　14-13

在特殊天气的摄影创作中，也应该充分把握拍摄时机。

在小雨天摄影时，要注意保护照相机。带有雨水的树叶也有特别的反射。此时，可拍出很多超乎想像的作品，如图 14-14 所示。

图 14-14

秋天的红叶和自然光的反射融合形成的丰富色彩令人赞不绝口，如图 14-15 和图14-16 所示。

图 14-15

图 14-16

雨后彩虹的景色也是难得一见，如图 14-17 所示。

图 14-17

雾景可创作出情感丰富的作品。作为摄影者不仅要拍摄照片，而且要将观赏者引入玄妙的世界。利用树木和雾景构图，以适当小景深省略远景效果，产生的雾情世界是深受人们喜爱的主题，如图 14-18 所示。

图 14-18

拍摄雪景，利用早晚的逆光摄影时，曝光较顺光摄影难度大，所以自动曝光相机需要有曝光补偿。但由于各种摄影状态不同，曝光补偿也不同。因此要积累经验，总结曝光数据。在逆光摄影时，还需要避免产生晕光现象。除使用遮光罩外，最好在观察取景器中景物的同时，也利用手进行遮光，雪景如图 14-19 和图 14-20 所示。

图 14-19

图 14-20

第三节 花卉摄影

摄影艺术中的花卉摄影，与风光摄影、人像摄影一样，已成为一个单独的门类，它以花卉为主要创作题材和摄影对象，花卉摄影是指天然的与人工培植的盆景或以花卉为主的静物以及花鸟虫鱼等的拍摄。花卉摄影在技法上有许多特殊的要求，与人像、风光摄影有很多不同之处。

一、花卉摄影中背景的处理

背景的处理是决定花卉摄影作品好坏的重要因素。背景在花卉摄影构图上，起着陪衬和烘托主题的作用，拍摄彩色照片，尤其重要。背景在画面上，不是被摄的主要对象，但它在画面上占有较大的面积，越是花卉简练的构图，背景所占有的面积就越大，这是花卉摄影中一个不可忽视的因素。

1）利用自然条件选择背景因势利导，就地取材。自然景物中，如天空、地面、草丛、湖水、树林等都可以选做背景。例如，拍摄一幅以荷花为题材的画面，背景就可以多样变化，仰拍可用空天做背景。俯拍可以用水光倒影作背景，平拍或斜拍可衬以莲叶做背景。如果把荷花推远到中景，以莲叶和湖光山色为背景，得出效果各自不同，如图 14-21、图 14-22、图 14-23 和图 14-24 所示。

图 14-21

图 14-22

图 14-23

图 14-24

2）人工布置背景。如图 14-25 和图 14-26 所示，用彩色纸或彩色布衬托花卉做背景。背景用色纯度和明度都不能过高。通俗说法，就是颜色不宜过鲜、过浅，背景色的色相与主体花卉色相的关系以对比色和类似对比色为好。背景用色，一般采用较深暗色，有时从效果需要，也可以用浅色调、高调来处理，但应含有较多的灰色，否则喧宾夺主。背景色显得太刺眼，会破坏主体和画面的整体。

图 14-25 深色背景的效果

图 14-26 浅色背景的效果

二、花卉摄影的构图技巧

花卉摄影的构图，最基本的要求是主体突出、构思新颖、造型优美。具体地说，它是由色彩、成像、影调、层次、线条、虚实等综合组成的统一体。因此，花卉摄影的构图目的是通过选择对象，运用各种造型手段，获得真实、生动、完美的形象及寓意深刻、富有韵味的意境。不同的花卉，有着不同的品格和风韵，如玫瑰的高洁、荷花的纯贞、兰花的幽雅、菊花的清芬、线棉的挺拔等，都应采用不同的构思、构图的手段和表现形式，表现出花卉各自的品格和特点。

1. 色彩

色彩是花卉彩色摄影的取材、立意的先决条件，选定了花色后，就要考虑与主体相配合的景物色彩，这叫做构图中的色彩配合。画面上，最好既有一个基调，又有各色之间的细微对比与协调，如图 14-27 所示。

图 14-27

2. 角度

角度是指拍摄时相机与花卉两点之间的直线同平视线或垂直线相关联所构成的角度。俯拍、仰拍、偏左偏右拍，都会形成高低左右不同的多种摄影角度。角度微妙变化，也会对构图发生影响，所以，为选择适合的拍摄角度，要不惜时间和精力进行精雕细磨。一般来说，在便于观赏的花圃或花坛里拍摄花卉，多采用俯视角度拍摄。但拍摄树上的红棉、水中的荷花、湖上的睡莲，有时角度就不大容易选择。但越是不容易拍摄的，越是想办法去寻找最理想的角度，做到有所突破，有所创新。各种角度拍摄效果如图 14-28、图 14-29 和图 14-30 所示。

3. 影调与层次

影调主要是指花卉受照射光的影响，而产生的明暗层次。用正面光拍摄的花卉，影调明朗，如图 14-31 所示。

用逆光拍摄，影调较暗，如图 14-32 所示。

图 14-28　仰角度拍摄效果

图 14-29　平角度拍摄效果

图 14-30　俯角度拍摄效果

图 14-31　用正面光拍摄的效果

用侧光拍摄，叶片和花瓣上就会有明暗，层次分明。各种影调都有着各自的特殊效果。明调清新、暗调深沉、层次较多的中间调明快，如图 14-33 所示。

图 14-32　用逆光拍摄的效果

图 14-33　用侧光拍摄的效果

浅色的花卉适宜用明调表现，深色的花卉适宜用暗调表现。不论明暗影调，都应着力去表现花卉的层次。不讲究影调，花的质感就不能很好地表现；没有层次，就表现不出花卉的立体感，特别是花卉摄影，应在真实地再现花卉色彩的前提下，追求影调和层次效果，如图 14-34 所示。

4. 线条

线条是花卉摄影最重要的一个因素。没有线条，就没有花卉的形态。在一幅花卉作品中，线条好比骨架，色彩好比肌肤，缺一不可。在拍摄考虑构图时，要注意分析被摄花卉线条的曲直、粗细、疏密、远近、高低、长短、主次、虚实，善于有取舍地加以选择和利用，使线条在画面上既有对比，又配合得体。在线条的选择上，特别要注意花卉的性格和特点，这是不可忽视的，如图 14-35 所示。

图　14-34

图　14-35

5. 虚实

虚实在摄影艺术中，是构图因素中一个特有的表现手段，它是借助于镜头的特性完成的。运用虚实对比，目的是突出主题、喧染气氛、增强艺术效果。摄影中的虚实，有不同的含义。"实"是聚焦求得主体清晰、逼真的基本技法要求。而虚呢，则是艺术上的要求，虚的方式多种多样，前虚、后虚、虚左、虚右、稍虚、局部虚、大面积虚，虚掉影响主题的不必要的景物，目的是使主体形象更突出化、艺术化，达到一定的艺术效果，如图 14-36 所示。

图　14-36

三、花卉摄影中光的运用

阳光在一天里变化较大，直接影响着花卉光照的角度和拍摄效果。从光照度来分析，采用自然光拍摄花卉，最好选择在日出后两小时内，此时光照度较为理想，造型效果好。早晨由于花卉生理功能的关系吸收了一夜的营养，色泽特别鲜艳，显得质地娇嫩，拍摄的效果甚佳，色彩清晰，层次分明，影调明朗，反差适中。

通常把采光角度划分为 5 种，即正面光、侧光、逆光、顶光和散射光。

采用正面光拍摄，光在画面中分布较大，花卉受光面均匀，但缺点是花卉缺乏立体感、层次感，影调平淡，如图 14-37 所示。若拍摄黑白照片，效果更差，因为黑白照片的画面效果，全靠影调的明暗（即黑、白、灰各种不同的层次）来表现。

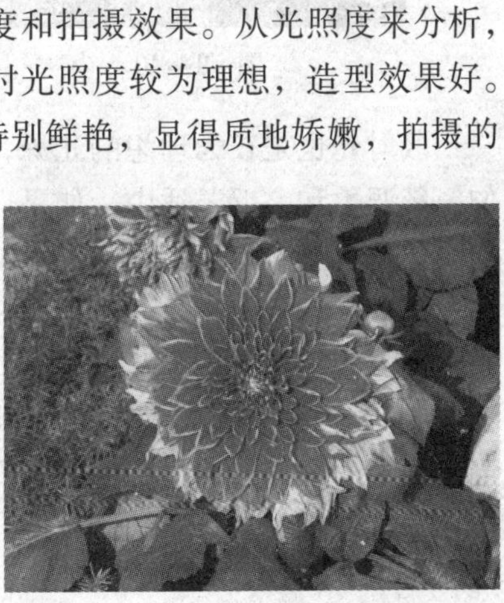

图 14-37　用正面光拍摄的效果

运用侧光（前侧光或后侧光）来拍摄花卉，是最理想，也是最常用的摄影用光，如图14-38所示。这种采光对花卉造型效果好，立体感强，层次分明，阴影和反差适度，色彩明度和饱和度对比和谐适中。

运用顶光拍摄，光线投射在花卉的顶部，正面受光少，造成画面反差大，缺乏层次，花卉色彩还原效果差，色温较高，照片容易偏蓝，故这种光线很少运用，如图14-39所示。

图14-38　用侧光拍摄的效果

图14-39　用顶光拍摄的效果

运用逆光摄影，光线从后面照射物体，能够勾划出清晰的花卉轮廓线，光的造型效果好，如图14-40、图14-41所示。如果花瓣质地较薄，会使之呈现透明或半透明状，更细腻地表现出花的质感、层次和瓣片的纹理。运用这种光源，特别要注意花卉正面必须进行补光及选用较暗的背景衬托，才能更突出地表现花卉形象。

图　14-40

图　14-41

散射光也是较为理想的光源，它运用散射光拍摄，不受光源的方向性局限，受光面均匀，影调柔和，反差适中。如果选择雨后的散射光拍摄会使花卉显得更清新，光彩诱人，如图14-42所示。

图14-42　散射光拍摄的效果

使用数字相机拍摄花卉时，最好将闪光灯功能置于“强迫不闪”模式上，然后利用现场光，选择适当的拍摄角度进行拍摄。

四、花卉摄影中反光板、散光板的运用

在花卉摄影中使用反光板可以起到补光、消除黑

影、增强立体感效果，提高色彩饱和度的作用。而使用散光板又可以获得柔和的漫射辅助光的效果。

第四节 动物摄影

动物和花卉不同，它是运动的，而且有些动物生性凶猛，会对人造成一定的威胁。因此在拍摄动物时，摄影者与这些凶猛动物必须保持一定的距离。而拍摄某些小动物又需要近距离拍摄。动物摄影不一定在野外拍摄，也可以在动物园里拍，了解动物习性，运用一定的技巧，把动物的特性抓准，就不难拍出一幅优秀的艺术摄影作品。

一、动物摄影的基本要求

拍摄动物时按动物生活场面的不同可分为几种拍摄对象，一是栖息于大自然的野生动物；二是放牧于山野草原的牛羊；三是饲养于庭院的鸡、鸭和家中的猫、狗。这些动物当中有一部分在动物园中可以见到的。不同场地的动物拍摄方法也不完全一样。下面简单介绍动物的一般拍摄要领及器材的选择。

1. 拍摄器材的选择

动物活动性大，常需要抓拍，因此宜使用135单镜头反光相机。镜头可选择广角变焦镜与长焦变焦镜各一只。根据不同的被摄对象适当地调整数字相机的感光度。

2. 表现方法

拍摄动物应从两个方面去表现，一是生态描写，主要表现其生活习性（如休息、玩耍、捕食等）和个性特征。二是形态描写，每一种动物都有各自的形态，如：骆驼的驼峰、斑马的斑纹、孔雀的开屏、大象的长鼻等，都能表现出造型的美感。

3. 拍摄技巧

动物拍摄的快门速度一般不低于1/60s。对于动作敏捷的动物要使用1/125s以上的快门速度。对于动作缓慢的动物，对焦不成问题，而对动作快速、移动性大的动物对焦就比较困难。可采用区域对焦、定点对焦和移动对焦等方法来快速抓拍动物生态形象。在捕捉动物形态时，可以使用连拍的方法，在一个动作的诸多画面中选取精彩的一瞬间。

4. 拍摄注意事项

拍野生动物为防止意外，最好用长焦镜头（如图14-43所示）在远处抓拍。对于野生

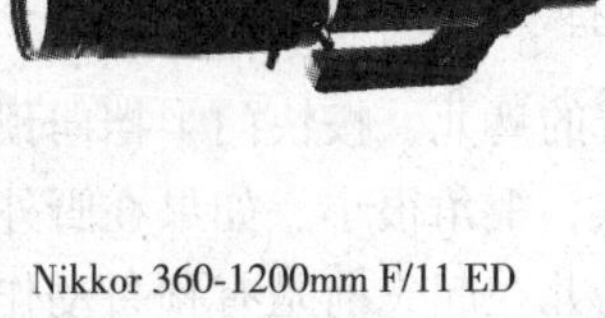

Nikkor 360-1200mm F/11 ED

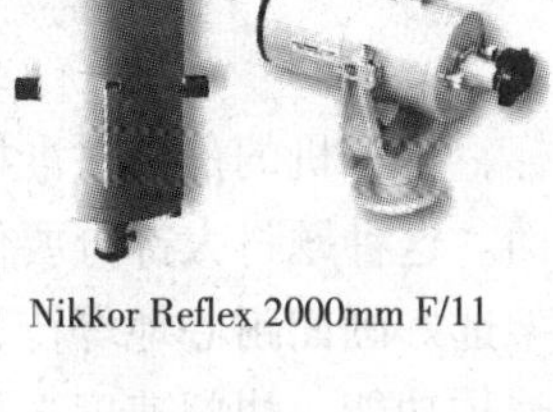

Nikkor Reflex 2000mm F/11

图 14-43

动物应了解其习性、经常出没的地区和时间等，以利于拍摄。应注意闪光灯对动物的影响，尽量使用自然光，若光线实在不足也可利用反射物（如墙壁、积雪等）进行补偿。

二、抓住动物的瞬间形态

1. 对于大型动物的拍摄

对夜行性动物摄影，非常有效的方法是放置诱饵，利用自动摄影装置进行拍摄。自动摄影装置有许多种类，最常用的是使用光电管装置。这种装置的原理是，只要动物从发光管和受光管间通过，装置的开关马上启动快门。这种光电管装置既可拍摄草食性动物，也适于食肉性动物的拍摄。

另外，最简单的自动拍摄装置是利用细线拴一块肉片，动物一吃肉片，快门立刻启动，这种装置只限于拍摄肉食性动物。

无论哪种自动摄影装置，都是采用将相机、闪光灯和自动摄影装置连接设置在动物可能出没之处，使动物自己启动快门。

这种利用自动摄影装置摄影的方法，在惧人的动物摄影中不仅发挥了无人摄影的威力，而且还可使动物自动出现在摄影者认为合适的摄影场所。

2. 鸟类的拍摄

在拍摄鸟类时，可以拍摄它们的静态照片，但是多数摄影家花大功夫去拍摄飞鸟。飞鸟的拍摄难度很大，需要耐心地等待、再等待。

1）要有耐心观察要拍鸟类的活动规律，做到心中有数。

2）选择好要拍摄的地点：如树、水面等。

3）画面的结构除鸟儿站的树枝占画面的三分之一外，其他部分和背景选择干净的天空为好，如图 14-44 所示。

图 14-44

尽量接近目标，将相机的焦点对准树上落着的鸟儿，按快门半挡向预测鸟儿可能要飞过的天空移动画面。这种题材大部分要使用长焦，视角很小。如果在野外没有助手的情况下就要使用三角架选好画面耐心地等待，一般鸟儿在起飞前是有预备动作的，看准时机按快门。也可启用连拍功能，快门速度选择在 1/250～1/500s 之间，太慢抓不住，太快把鸟儿凝住，动感就不明显了。拍摄时的情况是千变万化的，要根据情况灵活使用。

3. 水禽的拍摄

在一年之中，水禽比较活跃是春、秋两季，冬、夏两季受气候的影响，水禽都不喜欢活动。春天水禽开始进入交配期，这时水禽一天的活动时间较其他季节多，往往是一对一对地相互交流，雄性水禽展开它们亮丽的羽毛向雌性求爱，形态非常优美。水禽在一天的时间里，清晨最为活跃，就是太阳升起的半小时到一小时，这时大多数水禽开始觅食、戏水，精神状态非常好，此刻拍摄的水禽一般都比较精神。

成功拍摄水禽的关键还在于摄影者的耐心，这一点是至关重要的。要是在公园中拍水禽，水禽的活动空间是有限的，即使在你面前刚刚逝去一个精彩的镜头，你也不必着急，因为在这个有限的空间中水禽还会再出现在你的面前。关键是你能否耐心地等待。培养耐心是最关键的。如果能经受住考验，就成功了一半。但是野生水禽怕人，拍摄时不可靠近，水禽的照片如图 14-45、图 14-46 和图 14-47 所示。

图 14-45

图 14-46

图 14-47

以上讲述了艺术摄影的一些基本技巧和方法，要掌握艺术摄影的规律、拍摄出好的艺术作品来，光在纸上谈兵是不行的，必须经过反复地实践、不断地探索，才能有上乘的作品产生。在此，我们衷心地祝愿你通过艰苦不懈地努力，创作出精彩的摄影艺术作品。

第十五章　新闻摄影

所谓新闻摄影，就是运用相机镜头把我们身边近期发生的某些事或者某些新的发现记录下来，形成一幅幅的照片。新闻摄影作为摄影艺术中的一个种类，它在遵循摄影基本原则的同时，又有着自己的特点。并不是我们身边发生的一切事，通过相机记录下来都能称为新闻摄影。新闻摄影本身有着自己的特点和要求。

第一节　新闻摄影题材的选取

新闻摄影的题材是指社会生活中新近发生或发现的某些现象，是报道对象的笼统称谓。新闻摄影题材是新闻摄影的第一手材料，题材数量的多少和质量的高低，直接影响新闻摄影工作的成效。作为一名摄影工作者或普通的摄影爱好者都应该对新闻摄影的知识，特别是有关题材的选取有一定的了解。

一、新闻题材选择的要点

1. 社会性

题材应来源于社会，对于题材的价值取向不应以个人的好恶为标准，应该以社会的观念、公共道德和安邦兴国为出发点去评判社会生活中的是与非，无论什么题材、什么事理、最终都应该被社会认可，并取得社会效益。

2. “新”

新闻摄影的“新”是指新发生或新发现的事。所谓新发生是指刚刚发生的事，这类题材多指人类生产和生活的新事。新发现是指过去发生的不曾被人认知，被摄影者及时发现的新鲜事。

3. 个性化

所谓个性化是指该事物与其他事物拥有不同的特点。在强调个性化的同时，该事物还必须具有“共性”做为基础。所谓“共性”是指事物所共有的普遍性质。即新闻摄影的题材在自己形成的规律以及道德情感和画面趣味上都有群众基础。

二、摄影题材获取的途径

新闻题材的获取有各种途径，其主要途径是直接发现，无论是新闻纪实还是抓拍都需要直接发现。我们不能在事过境迁后去补拍重现“新闻”，这是违背真实性原则的。对于某些百年不遇的精彩一瞬间（例如不明飞行物）必须通过抓拍的形式把它记录下来。

但是，因为摄影师只有一双手、一双眼，难以应付来自四面八方的诸多新闻事物。在这种情况下，必须通过其他渠道，获得新闻信息，以弥补直接发现的不足。

1）在编辑部获得新闻线索。报社的摄影记者一方面可以从总编和部主任那里获取指令性摄影采访任务。这些新闻线索一般是政府部门的重大活动或基层单位突发的新闻动向。

2）与各地的新闻摄影通信员建立密切的联系，通过他们获取有价值的新闻线索。当一些新闻事件发生时，如果摄影记者不能及时赶到现场，可以通知当地的摄影通信员、基层宣传干事或摄影爱好者，由他们获取新闻图片。

3）通过因特网或朋友获取即将发生的新闻线索。这种方式获取的线索的真实性应受到一定程度的质疑。而且这些内容是否适合摄影报道这种形式也值得商榷。这种情况下可利用的新闻摄影题材必须具备以下 4 个条件：①必须有事实存在；②其新闻动态必须是将要进行的或正在进行的；③必须直观，可以利用图片的形式来表现；④必须有一定的时间跨度，以便记者或通信员能够及时赶到事发地点。并且可以抓取一个能反映事物本质的、具有代表性的决定性情景。

三、新闻题材的分类

新闻摄影题材有着十分具体而广泛的内容，对其进行分类可使摄影爱好者增强相应的新闻敏感性。因为在新闻摄影工作中，针对不同类别的题材有着不同的操作规律，了解如何分类，了解不同类别新闻摄影的运作方式，有利于捕捉到精彩的瞬间。

（一）以内容划分

这种划分形式要在概念上对具体事物进行定位，为其划分题材解决范围归属问题。具体包括以下 8 大类。

1. 政治新闻

政治新闻主要是指上层建筑领域里的活动。具体说来，就是政治体制改革以及各地领导群众贯彻执行中央方针、路线、政策的一切活动。除此之外，还包括法制、人权、国际政治中的一切活动。报刊杂志与此相对应的版面栏目主要是《国际要闻》、《看世界》、《法制周刊》等。

2. 经济新闻

经济新闻包括金融、商业、生产、城乡建设等与经济有关的能够引起大众关注的一切活动。报刊杂志与此相对应的版面栏目主要是《经济与生活》、《经济观察》、《消费指南》等。

3. 军事新闻

军事新闻包括国内和国际上一切与军事有关的题材。国内部分有军队的教育训练、官兵关系、军民关系、战备训练、对敌作战等军事活动，而国际上的军事活动包括战争与维和行动。报刊杂志与此相对应的版面栏目主要是《军事科技》、《战争瞭望》等。

4. 文化新闻

文化新闻包括文学、艺术、教育、考古领域里的新动向与新发展，报刊杂志与此相对应的版面栏目主要是《教育》、《文化市场》、《艺术》等。

5. 体育新闻

体育新闻包括国际、国内专业团体和群众体育活动的新动向。报刊杂志与此相对应的版面栏目主要是《擂台》、《群众体育》等。

6. 科技新闻

科技新闻包括国内外科学研究、实验、生产发展中的一切新动态。报刊杂志与此相对应的版面栏目主要是《科技与生活》、《现代科技》等。

7. 百姓生活

百姓生活涉及百姓衣、食、住、行、医疗、保险、就业、交通、精神生活以及生老病死等。报刊杂志与此相对应的版面栏目主要是《生活聚焦》、《百姓采访》等。

8. 自然新闻

自然新闻包括水域、陆地、天空等与人类生存发展相关的自然生态和动态等，如日食、月食、自然灾害、环境污染。最具代表性的报刊为《中国环境报》。

（二）以专业性质划分

抛开形形色色的摄影内容，从摄影业务角度去讲，可以分为预知性新闻、变动性新闻、突发性新闻、静态性新闻4类。不同类别的新闻，产生的方法是不同的，因而必须注意区分各类新闻，才能掌握其拍摄方法。

1. 预知性新闻

预知性新闻是指有组织、有计划、有安排的新闻活动。比如外国元首来访、党代会、政协会议、人代会、大型军事演习、世博会等。这些都是计划已久、定时、定点、按部就班进行的新闻活动。这类新闻的特点是策划的时间比较长、进程有序，在拍摄前，摄影者有充分的时间去对事件的背景和涉及的人物做调查研究、设计拍摄角度、拍摄使用的景别等。而且有关拍摄对象的活动方式和画面效果都可以提前预料，所以这种预知性新闻照片的拍摄在选好角度、把握好时机时，是比较容易拍摄到满意照片的。

2. 变动性新闻

变动性新闻是指老题材有了显著的变化后，能够引起人们兴趣的新闻。这些老题材是指我们以前报道过，现在还在报道，以后仍须继续报道的题材。例如，有关精神文明建设的报道、有关经济建设的报道、有关环境治理的综合报道等。这些题材看起来是老生常谈，但是我们说的“新”是指其中有些内容有了“显著的变化”。而这“显著的变化”足以引起人们的兴趣。

3. 突发性新闻

突发性新闻是指在预料之外，突然发生的难得一见的事件。这类新闻的特点是，来得突然，去得也快。这种新闻必须抢拍，动作稍有迟缓，精彩的瞬间就消失了，没有弥补的可能。所以突发性新闻图片的现场感极强，画面十分活跃。

4. 静态性新闻

静态性新闻是指在人类社会和自然界中出现的相对静止的新鲜事儿。例如，沙漠深处出现的蓝色湖泊等。这类新闻的特点是现场相对稳定，被摄对象常处于相对静止，所以拍摄起来不必慌张，有充足的时间来选择拍摄角度和拍摄方向。

第二节 新闻摄影的报道形式

新闻摄影图片和文字一样从生活中来，又到生活中去，它把一些信息传达给广大读者。针对不同的报道内容应该有不同的报道形式，而不同的报道形式有着不同的组织结构和不同的信息含量。因而，应该运用不同的思考方式来运作。新闻摄影的报道形式大体上分为两种形式：一种是独幅新闻照片，另外一种是专题新闻照片。

一、新闻摄影的报道形式——独幅新闻照片

独幅新闻照片的报道形式除了照片本身之外，还应该配以简短的文字说明。说明不仅要求有简洁明了的说明词，而且要有一个切合主题的标题。由于这种独特的报道形式，因而受到报刊杂志的欢迎。这种形式的摄影作品在报刊的出现率是极高的，它之所以深受广大读者的喜爱，是因为它具有以下特点。

（一）独幅新闻照片的特点

1）概括性强。一个新闻事件，只用一幅照片的画面来说明问题，这就决定了该照片必须具有高度的概括力。而那些让人看了不知所云的照片，实际上就是缺乏概括力的肤浅的“废品”。

2）简洁、精悍、占用版面少。一般的报刊杂志都是由文字和图片两部分组成的，其中文字占有主导地位，而图片只占极小的比例（当然专业摄影杂志除外），在这种多年办理报刊的固定趋势主导下，独幅照片与成组照片相比那种简洁、精悍、占用版面小的特点，使其占尽了优势。

3）在质量有保证的前提下，可以大篇幅强刺激的形式出现。新闻照片具有直观、鲜明、信息传导快、感染力强的特点。如果拍到了一幅有价值、有强烈视觉冲击力的新闻照片，编辑是不惜版面的，占用四分之一、二分之一甚至整幅版面来发表你的作品。

4）读者阅读所用的时间短。由于独幅照片具有高度的概括性，使其形式简洁但是其信息含量却极高，在这种情况下，读者只要目光与画面相遇，就可以轻松体会到它表现的气氛，领略到画面的意境和韵味。

（二）独幅照片的种类

顾名思义，独幅照片是独立的，“独立”的特性使其更加灵活机动地得到广泛应用。因此，由单独的报道功能派生出独立性新闻照片、图片新闻、插图新闻3个不同类别的新闻照片。

1）独立性新闻照片。它是由一个标题、一段简短的说明性文字和一幅震撼人心的照

片3部分组成。这类照片以图为主，以文为辅，画面质量要求较高，可以独当一面。

2）图片新闻。这类形式的新闻是以一幅照片独特的视觉形象引发出一个标题和一段100字以下的说明性的文字3部分组成。它与独立性新闻照片的区别在于：其文字叙述方面更具体。具有故事性和叙事性，使整个报道显得图文并茂。

3）插图性新闻。在长篇文字新闻报道或综合新闻报道中插入独幅照片作为插图照片，以增加文字报道的直观性和真实可靠性，拉近文字报道与读者的距离活跃版面气氛，增强版面的艺术感染力。例如，综合的人物报道通常配有人物的肖像；而长篇通讯报道配有场景或人物活动的照片，而且在长篇文字报道中一般插配两幅以上的插图，这种插图依附于文字，作为辅助和佐证，使报道更加精彩，增强其力度。

（三）独幅新闻照片常见的弊病

独幅照片有其优越性，当然也存在着不足。对于一个资深的摄影工作者来说，要拍出一幅经得起推敲的好的新闻照片也是不容易的。有的发表在报刊杂志上的照片也是经不起仔细地审视，只不过由于其具有较高的新闻价值而已。对于摄影新人来说，拍出的独幅新闻照片，往往存在以下问题：

1）题材陈俗，缺少新闻性。这主要是因为初学者对于新闻的概念把握得不够，在众多新闻事件中抓不到要害。

2）画面平俗，缺乏感染力。这种弊病主要是由于拍摄的角度没有找好，拍摄时机没有把握好，即新闻点没有抓住。

3）思路窄，题材单调。作为一名新闻工作者，不仅要有过硬的摄影技术，还应该具有敏锐的眼光，宽阔的思路，否则就是一些好的题材放在眼前，也会熟视无睹。

二、专题新闻照片

专题新闻照片是围绕着一个新闻主题展开，分别由数幅画面，从不同角度、不同侧面来表达主题，用以交代一个相对完整的新闻故事的报道形式。它是由多幅照片、标题、总说明词和分说明词4部分组成。

（一）专题新闻照片的特点

1）图文并举，以图为主。独幅新闻照片的配图文字应该在百字以下，而专题照片的文字解说部分文字可以在千字以上，这是由于专题新闻照片至少有三、五张图片，有的甚至有十几张、几十张照片与之配合。在报刊杂志上发表时，编辑也会限制文字数量给照片以足够的版面。保证摄影作品本身的价值地位和社会功能。

2）层次丰富，内容详实。专题新闻照片是有多种层次的，就组成形式来看，分文字和画面两个层次，从画面角度看，一幅画面就表现一个侧面，就是一个层次，整组画面是一个多重形象层次的组合体。从文字角度来说，有标题、总说明、分说明3个层次。所以专题新闻照片多层次、有秩序、有逻辑的排列与组合，可以容纳大量抽象和具体的信息，保证其内容详实。

3）具有情节性或故事性。这是专题新闻照片一个最为重要的特点。要用一组图片来表现一个完整的故事，所以每一幅照片就应该表现一个情节。画面的情节可以有粗有细。

粗略的情节只能照顾面上的东西，而细腻的表现则可以紧紧抓住某一主线，使用较多的画幅一点一滴地循序渐进。这样的专题血肉丰满，情节性强。

根据专题新闻照片上述的特点，应该做到：①一个专题有一个主题，专题中的每一幅照片都应该为主题服务，为表达主题而存在；②照片要按一定的顺序排列；③几幅照片之间应该是一种递进关系，而不是拼凑关系；④每幅照片的存在都是必要的，是缺一不可的。抽出其中任何一幅都会使整个主题变得不够完整；⑤在一组照片拍摄过程当中，应该安排好其景别的变化，即全景、中景、近景、特写交替使用；⑥注意拍摄角度的变化，平角度是最常用的角度，在适当的时候应该使用仰角度和俯角度，以增加整个专题的视觉空间上的变化。

（二）专题新闻照片的种类

根据新闻事物的特点和媒介新闻宣传意图的不同，导致专题照片分化为一般专题、故事性专题、综合专题 3 种类型。

1）一般专题。新闻事物的时间和空间有一定跨度，作者对事物的观察思考以及每一幅画面的提取上，都用宏观俯视的方式进行，在图文之间和画面之间不追求特殊结构关系的一组照片。这类照片的特点是有情节，但情节松散；有一定的故事性，但故事的细节不连续。例如，中俄举行反恐军演和中国雪豹突击队参演，如图 15-1 和图 15-2 所示。

图 15-1 “雪豹突击队”队员整装待发

图 15-2 “雪豹突击队”队员庄严宣誓

2）故事性专题。抓住一个富有情节的新闻故事或者富有新闻情趣的新闻人物，用数幅画面细腻地刻画诸多相互连接的情节，从而组成一个较为完整的故事结构的组照，称为故事性专题。故事性专题的特点是：①选题面窄而具体；②事物本身具有色彩和戏剧性；③故事本身处于运动变化状态。

由于故事性专题照片具有上述特点，所以拍摄起来难度较高，摄影工作者必须细心观察、高速运作、准确无误地捕捉精彩瞬间。

例如，故事性专题照片《海、陆、空》，如图 15-3 ~ 图 15-11所示。

图 15-3 鱼儿—鸽儿

图 15-4　棚儿—鱼儿

图 15-5　鱼儿—斑点儿

图 15-6　想吃鱼儿的斑点儿

图 15-7　还想吃天上飞的鸟儿

图 15-8　更想吃笼里的鸽儿

图 15-9　左思右想什么都吃不到的斑点儿

图 15-10　让斑点儿流口水的鸽儿

图 15-11　想了想还是做个守护鸽儿的斑点儿

3）综合专题。拟订一个主题，把不同地区与之相关且又具有代表性的多幅生动的画面加以组合后与读者见面的报道形式为综合专题。这种专题通常由图片的编辑人员在各个重要时期和重大节日，根据新闻宣传的需要进行组合的。综合专题的特点是编辑的可操作性强，而摄影通讯员和摄影记者的可操作性相对减弱。但对于每张照片的拍摄质量来说，作者还是有主动权的。例如，图 15-12 ~ 图 15-17 是一组围绕南亚、东南亚、海难发表的一组专题照片：

2004 年 12 月 26 日印尼苏门答腊岛附近海域发生 8.9 级强烈地震并引发海啸，造成印尼、斯里兰卡、泰国、印度、马尔代夫等国死亡约为 2.4 万人。另外，印尼一名官员称该国死亡人数可能在 2.1 ~ 2.5 万人之间，大大超过目前已经证实的数字。如果情况属实，各国死亡总人数可能突破 4 万人。

图 15-12 为一名悲痛欲绝的印度母亲在呼唤自己死去的孩子。

图 15-13 为印度海啸袭击地一名父亲拉着死去儿子的手泣不成声。

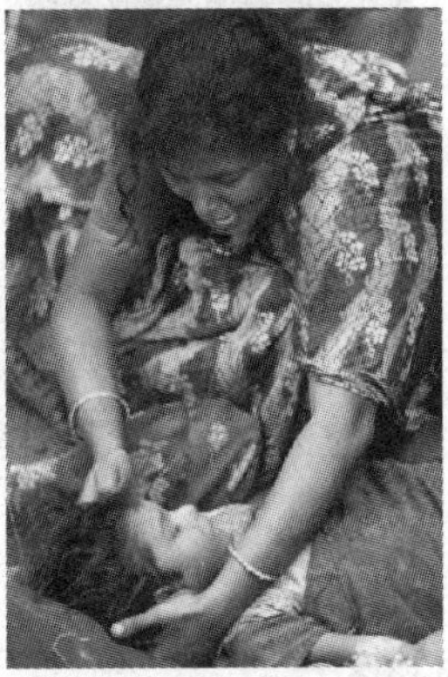

图 15-12

图 15-13

2004 年 12 月 27 日，在印度古德洛尔地区因海啸丧生的遇难者集体埋葬现场（见图 15-14），多名妇女面对失去的亲人放声痛哭（见图 15-15）。

图 15-14

图 15-15

图15-16为救援人员用直升机运走在海啸中遇难者的尸体。

2004年12月28日，在受到海啸袭击的斯里兰卡南部加勒镇附近，一名政府雇用的工人正寻找锄头来挖更多的坟坑，此前他刚刚将大量的遇难者遗体拉到集体坟墓前，这些坟墓是准备埋葬那些已经确认身份的遇难者（见图15-17）。

图 15-16

图 15-17

这一系列照片很直白地表现海难给印度、印尼、斯里兰卡、泰国、马尔代夫等国造成灾难的真实场景，散点式地记述了当时人们悲伤的心境。这组图片告诉我们，这种灾难是世界性的，我们作为大家庭的一员有责任、有义务去为灾区人民重建家园出一份力。

第三节　新闻照片的拍摄

会使用相机，会拍照片，却不见得能拍出新闻照片，特别是优秀的新闻照片。本节探讨新闻照片的拍摄方法。

一、新闻照片的构成

当我们拿起相机拍摄五颜六色画面的时候，我们必须清楚自己的目的——要拍什么。并不是我们身边的一切事物都具有新闻价值，所以要拍出一幅好的新闻照片应该要选新题材、抢新情景，而且拍摄后还要尽快发布，否则新闻图片就变成旧闻图片了。

1. 新闻照片的构成——新

无论是新闻稿还是新闻照片的首要构成点就是一个字——新。它包括：

1）题材新。一件事情、一个场景值不值得拍，先要看它有没有新鲜感，以前被别人报道过的或者经常发生的事情绝对不是新闻，必须放弃。那些能够触动人们灵魂的、让人耳目一新的场景就是新闻题材，一定要掌握好。

2）采用新视角。所谓视角，是指镜头中轴指向拍摄画面中心景物的两边边缘所张开的角度。针对同一物体不同的视角，拍出的画面效果是不同的，新视角，画面的形式就新；平视角度，是我们常用的角度，但画面就显得老套。形式的老套，势必影响新闻照片的新鲜性，最终影响其社会效果。

3）一件动态性的新闻包括诸多具体情景，在这些情景中，有新鲜的，也有陈旧的，其新与旧都在流动变化，要获得其中某一能够说明主题思想的新情景必须抢拍。

4）保持新鲜性。一件新发生的事情搁置长了就成了旧闻，新闻照片也是如此，一幅新闻价值很高的新闻照片要及时地发到报刊上公布于众，才能实现其社会价值。究竟怎样计算新闻照片的保鲜时间呢？一般情况下，时间概念不强的新闻有效期在 10 天以内，一些时间概念较强的新闻约在两三天内，而一些时效特强而且竞争激烈的新闻时效就是一步之差，如海湾战争。

2. 新闻照片的构成——整体完美的形象

新闻摄影就是采集形象新闻。那些画面意思模糊，得靠文字解释的所谓新闻图片是不合格的，是不可以冠以新闻图片字样的。在新闻价值营造中，必须考虑形象因素。因为新闻照片靠形象说话，画面本身能说明问题，感染读者，就是成功的作品。

在讲述构图的时候，讲到了构成画面的 5 个要素：主体、陪体、前景、背景，空白。在处理新闻画面时，主体依然是关注的重点，同时要协调好它与陪体、前景、背景之间的关系。如果在拍摄的瞬间任何一个环节出现了问题，都会功亏一篑。所以必须注意以下几点：

1）处理好主体与陪体之间的关系。保证主体与陪体之间和谐统一，使画面变得更美，充分发挥陪体的反衬作用，让主体在陪体的映衬下，更加突出。但要注意，画面中陪体不可以喧宾夺主，否则画面的主题就被淹没了。

2）在新闻图片采集过程中，背景应当简单化，这样可以防止杂乱的背景扰乱读者的视线。当然，特别需要杂乱的背景来突出主体的情况除外。

3）恰当地使用景别。主体突出是目的，但不能为了主体的突出而忽视有利于突出主体的前景、背景和陪体。要恰当地把握新闻现场的空间范围。

3. 新闻照片的构成——给画面赋予灵魂

文章不能只有躯壳而没有灵魂，新闻照片也是如此。一幅照片是否具有思想性，首先取决于事物本身是否具备一定的思想意识，其次取决于摄影工作者对于该事物特点的认识。

给新闻画面赋予灵魂，要抓住有时代特征的事物。具有时代特征的事物维系着时代的神经，代表着一个时代的观念和意识。在改革开放的时期，经济建设是我国社会发展的主旋律，新闻摄影应该以此为工作重点。

二、把握真实性，维护新闻照片的生命

具有历史价值的新闻照片可以作为文献长久地发挥社会功能，甚至年代越久远，就越显得珍贵。但是这种照片必须是建立在真实事件的基础上，如果没有真实事件作为基础，光靠华丽的外表来蒙骗读者是不行的。

要保持新闻的真实性，拍摄时应该作到四真：

1）真事。以事实为前提，不可无中生有，不可添枝加叶。

2）真人。拍摄对象应该是新闻事物的当事人，绝不可以使用“替身”来表演。

3）真景。事情在什么地方发生，就应该在什么地方拍摄，不能为了美化环境而造景。

4）真情。拍摄时必须尊重事物发展的进程，不能把创作者的意图强加给对方，只能在事物的进程之中通过光线、角度和时机的选择把握画面质量。

三、把住说明关

有关文字说明应该真实地反映出事件发生的整个过程，它包含5个环节：

1）时间。有关事件发生的时间在说明中必须详细说明，这样既增加了新闻事件的真实感，又增强了它的可信性。在说明中尽量不要写“前不久”、“日前”、“最近”等时间概念含糊不清的词语，这会破坏照片的真实性，同时也可以避免把以前的老照片从新“起死回生”的嫌疑。

2）地点。说明事件发生的地点也是保证新闻照片真实性的关键一环。比如，事件发生在天津，你写成了北京，一旦被揭穿，作为作者的你是要负责任的。随之而来的是，你的照片真实性遭到质疑。

3）人物（单位）。有些新闻属于个人行为，有些则是单位行为。无论是报道个人事件还是群体事件，人物或单位的名称不可以写错。

4）过程。在说明词中应该把事物的来龙去脉简述清楚，给读者一个大致的轮廓。在叙述情节的过程当中，不可以杜撰、歪曲。

5）结果。表述事件的结局，要尊重事实，不可夸大，也不能缩小。

2007年4月8日，“扬州市IT职业技能培训基地”成立仪式在扬州市京华大酒店隆重举行。作为扬州市目前唯一一家市级IT职业人才培养基地，该培训基地由市信息化领导小组办公室、市劳动和社会保障局、市科技局、市软件行业协会支持并发起，以中国IT职业教育领导品牌——北大青鸟APTECH在扬州市的唯一授权培训中心——北大青鸟APTECH（扬州曙光）授权培训中心为平台，通过专业、系统的培训，着力培养目前市场上紧缺的IT技能人才，满足扬州市IT用人企业的需求。

市信息化领导小组办公室、市劳动和社会保障局、市科技局、市软件行业协会等各级政府主管部门领导到会祝贺，北京大学科技开发与产业管理办公室、北大青鸟集团等纷纷发来贺电，捷立通网络、国脉通信等公司的领导、嘉宾以及扬州市广播电台、扬州电视台、扬州晚报、扬州时报等多家媒体参加了成立仪式。成立仪式上，扬州市信息化领导小组办公室、市劳动和社会保障局向北大青鸟APTECH（扬州曙光）授权培训中心进行了授牌。“扬州市IT职业技能培训基地”的成立，标志着扬州市IT人才的培养开始步入规模化、专业化、规范化阶段，从而将有效缓解扬州市技能型IT人才严重不足的压力。同时扬州日报、扬州晚报、扬州时报北大青鸟APTECH（扬州曙光）授权培训中心进行了“3·15”消费者满意的培训机构授牌。图15-18～图15-21为会议照片。

图 15-18 嘉宾入场

图 15-19 主持人

图 15-20 会议现场

图 15-21 会议现场

四、捕捉决定性的瞬间

摄影新闻不同于文字新闻和广播新闻，更不同于电视新闻。它不可以用大的篇幅去报道整个事件。新闻摄影工作者，必须抓住瞬息万变的瞬间，在这稍纵即逝的一瞬间，大做文章。因此瞬间性成为新闻照片的特性。

这种瞬间情景的捕捉，不是一件简单的事。记者要用一个静止的画面留驻一个动感的瞬间，一个震颤人心的瞬间，决不是轻而易举的事。这就是要抓住“新闻点”。

要抓住新闻点，除了要具备过硬的摄影技术之外，还必须具有敏锐的观察能力，特别对于动态新闻，关键情景总是一闪而过，摄影工作者必须用眼力发现，用手力捕捉。

1）快速反映。一些新闻事件往往具有一定的偶然性。当我们开车行驶在大街上，在工作之余的某些场合可能会遇到一些突发的具有新闻性质的事件，作为一名记者必须立刻做出反应，反应迟缓或视而不见均会错失良机。这种快速反应就是我们常说的“新闻敏感性”。“新闻敏感性”的培养要靠记者自身良好的文化修养、政治素质的提高。当然敏锐的个人灵性也是一个不可忽视的因素。

2）快速判断。记者的大脑对新闻事物的快速反映，只是一种闪电般的意识。一件事情发生了，它的新闻价值如何？是否值得拍摄？必须能够做出迅速地判断。判断的内容包括：该事物的精神实质是什么？是否具有典型意义？有无鲜明的形象特征？通过这些内容的判断，决定是否采取拍摄行动。

例如，群众抗议俾路支叛军首领布格蒂（NawabAkbarKhanBugti）被杀，用催泪弹回敬警方，如图 15-22 所示。

图 15-22　2006 年 8 月 30 日，巴基斯坦卡拉奇

3）快速抓取。新闻摄影的每一次“发现”都是一次机遇的降临。要赢得机遇就要在时间上争取主动——迅速抓取。此时优柔寡断就会错失良机，铸成永久的遗憾。

例如，示威中，一个学生用自制的火枪向防暴警察射击，如图 15-23 所示。

图 15-23　2006 年 6 月 7 日，尼加拉瓜马那瓜湖

这种镜头突发性很强，错过了再也找不到。记者在学生射击的一瞬间按下快门，足以证明该记者其个人的敏锐性、判断能力和抓取能力极强。一名合格的专业的摄影记者必须具备上述能力。

第十六章　广 告 摄 影

第一节　概　　论

摄影手段在广告活动中的使用，称之为广告摄影。就摄影广告的种类来说，按不同的用途可以分为：商业广告、公益广告、启事广告 3 种。而在这 3 种广告中，商业广告占绝对优势。它能真实地显示商品的外观、用途、品种、质量、色彩等，能起到推销商品、激发消费者购买欲望的目的。因此，在平面广告的构成中被广泛地运用。

一、广告摄影的特征

（一）信息性

广告摄影通过视觉传达宣传对象，表达被摄对象的重要内涵与特征，体现广告摄影的价值与生命力。

商业广告摄影旨在推销产品、介绍服务，传播的是商业信息。如图 16-1 和图 16-2 所示。

图 16-1　旅行箱包广告

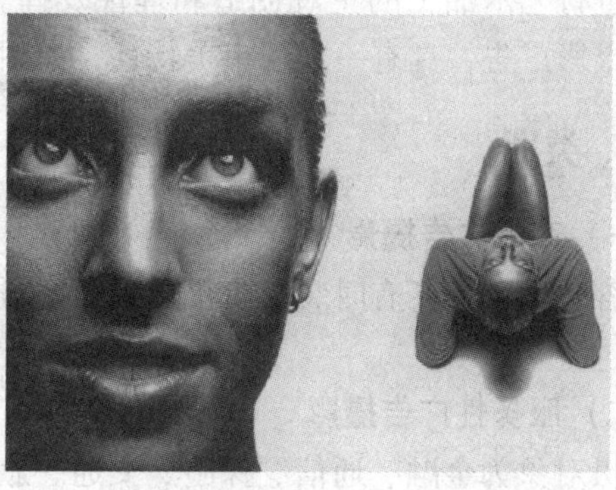

图 16-2　NIKE 运动衫广告

公益广告摄影旨在宣传社会公益，如：环保、交通安全、卫生保健等，它传播的是有利于社会安定、人民团结、健康生活的公益信息，如图 16-3 和图 16-4 所示。

图　16-3

图　16-4

启事性广告在广告摄影中很少出现，这里就不加讨论了。

（二）记实性

就摄影本身来说是对被摄对象的复制，是对被摄对象的客观再现。摄影工作者通过光线、角度、空间、色彩的变化运用，为广告对象增添一丝意境，突破一般摄影语言的一般化和程式化，使广告作品在不失真的情况下具有艺术感染力。

（三）通俗性

俗话说百闻不如一见，对于广告对象的宣传“图胜万言”。

（四）审美性

一般的情况下广告摄影都是通过摆拍的手法完成的。采用什么样的背景、什么样的道具、什么样的模特、什么样的情节、什么样的角度等，都是要经过严格的艺术构思来决定的。这种艺术构思首先是广告摄影工作者本身经验的积累和认识的提炼，同时也是对广告主体进行艺术加工的主观创造和理性发挥。因此，从艺术的层面上来说摄影广告，具有一定的审美特性，如图 16-5 所示。

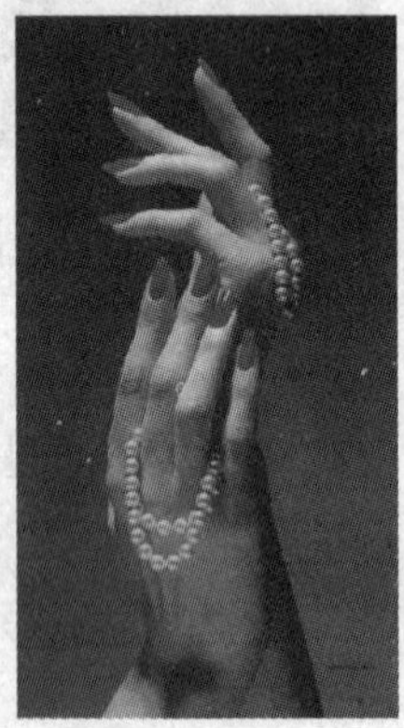

图 16-5　首饰广告

二、类别

（一）商品广告摄影

内容包罗万象，有时装、食品、首饰、化妆品、家用电器、工业产品等，如图 16-6 所示。

（二）服务性广告摄影

拍摄对象为金融、通信、保险、交通、旅馆、旅游景点、航空、房屋等。

其特点为：

1）表现某种服务的特色、水准及可获得的心理满足及审美享受。

2）真实反映场景环境。

3）系列式（集锦式）（见图 16-7）以多个不同画面、角度表达同一主题。

图 16-6　芝华士 12 酒广告

图 16-7　法国航空公司系列广告

（三）企业形象宣传广告摄影

着重介绍企业的规模、技术水平、生产设备、职工培训、树立企业形象，有利其产品的销售，如图 16-8 所示。

图 16-8　工业广告摄影

在企业导入 CI 计划中进行。首先对所拍企业有较全面的了解，而后对其所在地理环境、企业规模、产品及服务特点、领导及员工形象来拍摄，以反映企业的实力、理念精神、员工精神面貌及热情周到的服务，给人以信任感和亲和力。

这类摄影广告的拍摄类似新闻报道摄影，注重现场气氛的表现，抓拍为常用方法。

（四）资讯广告摄影

一系列电影和电视剧的宣传、音乐会宣传和大型卖场、餐饮娱乐业开业等信息发布，磁带或影碟封套的广告摄影作品均属于资讯式广告摄影，如图 16-9 所示。

图 16-9 《亚洲户外（中文版）》

第二节 广告摄影的创意

广告摄影表现的是商品，而服务目标是消费者。所以，它是一种商业艺术，而不是传统的纯艺术，是借其艺术性来提高广告的促销作用，达到吸引消费者对广告内容关注的目的。广告摄影不能脱离广告而独立存在，这是广告摄影的第一个原则。广告摄影的最终目标不是实现艺术理想，而是促进销售。准确传达信息内容，促进销售，是广告摄影的第二个原则。

所谓广告摄影创意，这里讨论的是商业性广告摄影的创意，实际上是广告设计、广告文案和广告摄影既分工又合作的集体构思与创作。

一、广告设计

广告设计要抓住产品的特性，摸清顾客的需求，树立一个与其他类似产品不同的产品形象，这是广告设计的基本要求。广告设计的过程是做市场调研，确定商品诉求定位，也就是广告针对商品对消费者利益的诉求。它包括诉求内容、诉求对象和诉求方式——也就是广告在说什么？对谁说？怎样说？

诉求内容首先以产品自身为主，当诉求点是产品的外观与款式时，诉求内容的重点是展示其造型与质感，如首饰、时装、手表、汽车等。有的产品诉求点并不注重其外形，如饮料、食品罐头、酒类及化妆品等。产品的外形只是包装，尽管生产者在包装上动了不少脑筋，努力在外观包装上打动顾客，但仍难以通过包装揭示产品的特性。因此，此类产品的诉求，大多又附加了其他的内容。

诉求对象是确定买主是些什么人。一种香皂，定位是男用或女用；一种饮品适合老人或是儿童。广告摄影是根据确定的目标买主来进行创意表现的。如 20 世纪 50 年代初“万宝路”香烟原是女性香烟。由于销路不佳，厂家决定请广告公司重新策划，将原来温文尔雅的女性“万宝路”，确定以男性青年为诉求对象。由于诉求对象和诉求内容的准确定位，使“万宝路”香烟一举成功，连续数十年雄踞世界香烟销量第一，如图 16-10 所示。

诉求对象与目标买主也有不一致的时候。如儿童用品的目标买主是家长，但诉求对象却是儿童；医疗器械与药品的目标买主是患者，但诉求对象却是医务人员。因此，市场调查是确定诉求对象和目标买主的依据。只有确定了诉求定位，才能明确对谁说。

图 16-10 万宝路香烟广告

诉求方式是广告设计构思的核心，它分情感型诉求、理智型诉求和复合式诉求 3 种方式。情感型诉求又称间接诉求，它通过渲染一种气氛或情调，以情动人，使顾客在情绪上产生共鸣。这种诉求方式多用于酒类、化妆品、时装等商品，因为这类产品主要是满足顾客在精神方面的需要。瑞典的“绝对伏特加”酒是一种无色、无味、无芳香，需要同调味酒一同饮用的伏特加酒。20 世纪 80 年代曾因名气不如俄国伏特加酒，且价格昂贵，品牌名称诡诈，酒瓶形象丑陋，遭到美国市场排斥。然而，到 1991 年，该酒却一跃成为美国酒市场上的第一进口品牌。其奥秘是用广告为该酒塑造了一个高雅、智慧、自信、神秘的品牌形象，赋予消费者一种自信、自如、高雅的感觉，并在这种感情的驱使下，产生强烈的购买欲。这就是感情诉求的心理作用。

理智型诉求又称直接诉求，是一种针对理智型顾客或产品本身更侧重于使用价值，需要以理服人的诉求方式。此类广告通过产品的性能介绍、质量保证以及售后服务等来说服顾客并取得信任，多用于工业产品、食品、药品等商品。理智型诉求以展示产品特性为主要目的，因此，此类广告所使用的摄影语言较少感情色彩，其创意重点是充分利用摄影手段，求得如实、美观、精良的产品外观与结构特征的表现。广告设计的定位，实际上是要求设计者必须熟悉产品资料，掌握顾客心理。一个广告的成功，往往首先决定于广告设计，而成功的广告设计又依赖于准确的商品定位。

复合型诉求方式综合了前两种诉求方式的优点，既直白又使广告富有一定的感情色彩，因而这种诉求方式也是常用的一种方式。

二、广告文案

广告文案的创作包含广告标题、广告语、产品介绍和使用说明，它与广告设计构成广告摄影创意的组成部分。撰写广告文案的重点是写广告语。有效的广告是要使商品让人记住，广告语的作用就是以最简短的文字表达，宣传商品的特征优点，使人印象深刻，增加认识，协助推销。广告语不仅仅是写作技巧问题，更重要的是创意构思。广告语是广告信息的总结，是巧为安排的文字辞令，但内容点到为止，令人发生兴趣及产生好感。所以语言必须简而精，易读易记，通俗亲切，自成一格，如图 16-11 所示。

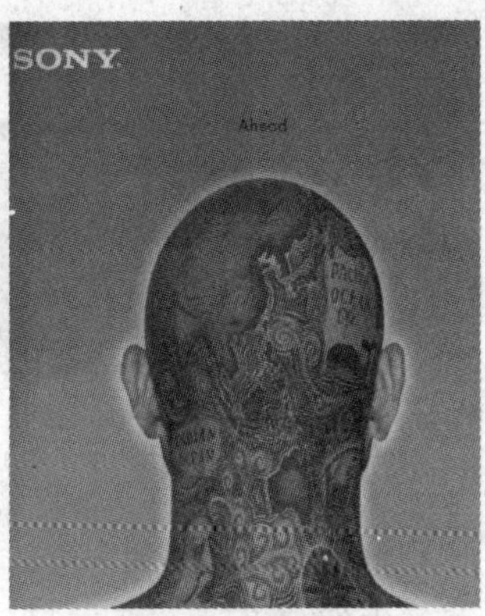

图 16-11 索尼公司广告
“脑怀市场，放眼亚太”

三、广告摄影的创意表现

在广告创意的基础上利用摄影艺术手段，把创意用最恰当的形式展示出来，以达到推销产品或服务的目的。

为此了解现代各阶层人的审美意识，结合现代绘画和艺术构成的表现形式，利用写实、抒情、夸张、比喻、象征、幽默等手法，创造多个生机勃勃、富于情趣的意境。

（一）直接展示

利用摄影记录的直观表现能力，如图 16-12 所示。

（二）画意追求

如图 16-13 所示，由于画面中心食品有明显制作工艺的形象使格调如十九世纪农村风情画的风格，又不至误入纯绘画之途。

图 16-12　登喜路牌威士忌酒广告

图 16-13　牛奶中的黑草莓

（三）突出特征

对富于个性的产品形象、特殊功能、企业标志、商标等重点加以突出和渲染，如图 16-14 所示。

图 16-14　PF－Flyers 轻便运动鞋广告

（四）对比映衬

借彼显此，互比互衬，从对比中达到集中、简洁、曲折、变化的表现。如图 16-15 所示是尼康相机与泥土背景——反应精细与粗糙的对比。

图 16-15　尼康 F100 相机广告

（五）夸张变形

打破平常的审美思维习惯，将不同素质，不同视角，重新组合以一反常态、反逻辑手法给人耳目一新之感。如图 16-16 所示。

（六）抽象表现

1）聚集中的抽象，如图 16-17 所示。

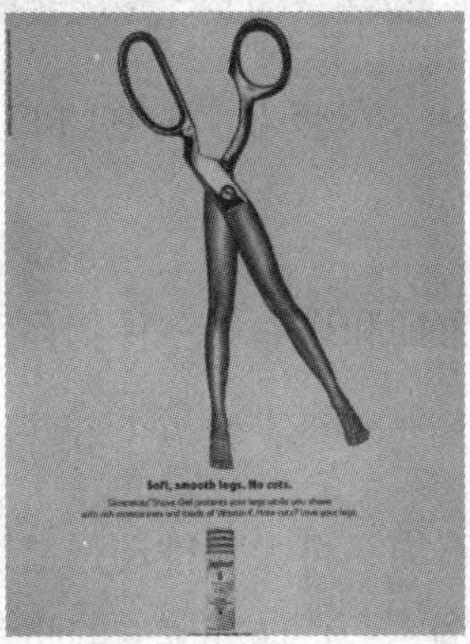

图 16-16　女用褪毛霜广告

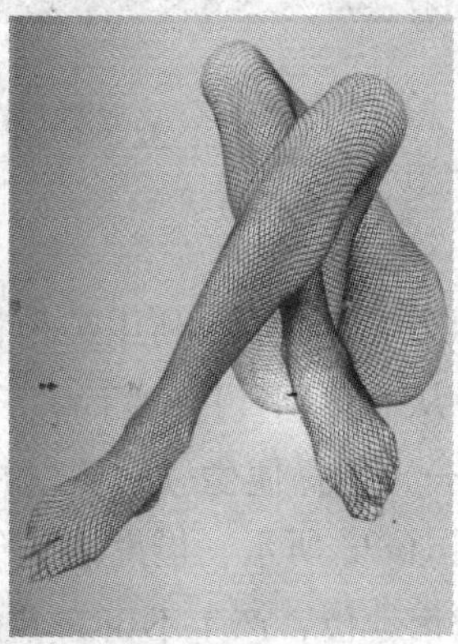

图 16-17　XO 酒广告

2）整体中的抽象，如图 16-18 所示。

3）微观中的抽象，如图 16-19 所示。

图 16-18　整体中的抽象

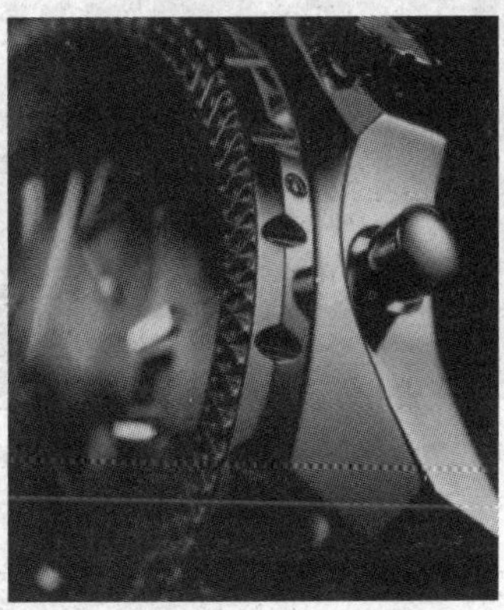

图 16-19　浪琴表广告

（七）幽默调侃

引导观众在某种意境中去深思，回味并从中受到启迪。

（八）剪辑合成（蒙太奇效果）

如图 16-20 所示，根据一个主题进行多方展示，大大提高诉求力。

（九）以情托物

如图 16-21 所示，获人心者、蒙生于情。

图 16-20　百威啤酒广告

图 16-21　可口可乐广告

（十）象征比喻

如图 16-22 所示，利用某种物品的属性和品质来象征和比喻另一种物品和商品的属性和品质，从而达到宣传的目的。

（十一）选择偶像（名人效应）

如图 16-23 所示，借助名人偶像的极强的心理感召力，可大大推动产品的知名度、可信度与销售地位，产生不可言状的证明力。但要注意名人与产品和服务的吻合。

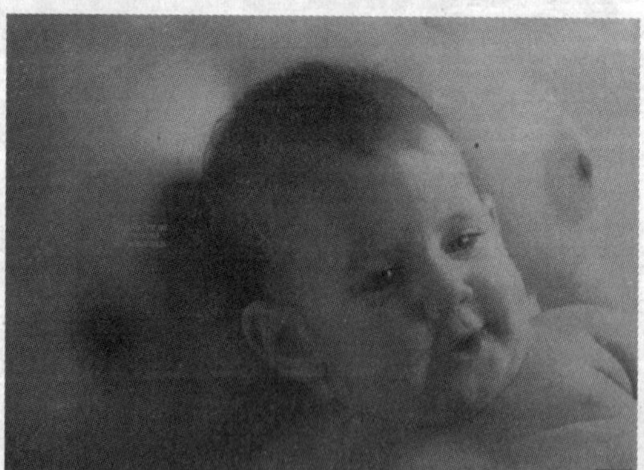

图 16-22　VOLRO 轿车广告

图 16-23　Still 香水广告

（十二）连续系列（集锦式）

既有重复的变迁又有渐变的规律，如图 16-24 所示。

图 16-24 伏特加酒系列广告

第三节 广告摄影与视觉心理

一、现代设计的形式要素

艺术作品的产生是一个同时探索内容与寻求完美艺术表现形式的过程，如图 16-25 所示。

二、艺术形式中的情感因素

人们感受和体验到的形式美，是物象形式因素本身具有的美。是对美的形式因素的知觉抽象。如图 16-25 所示，耐克鞋以纯形式语言传达该产品的特征。

形式因素之所以具有表现性是因为外界空间秩序与人的大脑皮层的机能秩序在结构上存在一种同型，所以形式因素本身具有明显的性格特征和情感意蕴，如：

直线：具有刚直、坚硬、明确的男性气质。

曲线：具有柔美、优雅、轻盈之女性气质。

折线、曲线、垂直、水平都会给人带来不同的感受。

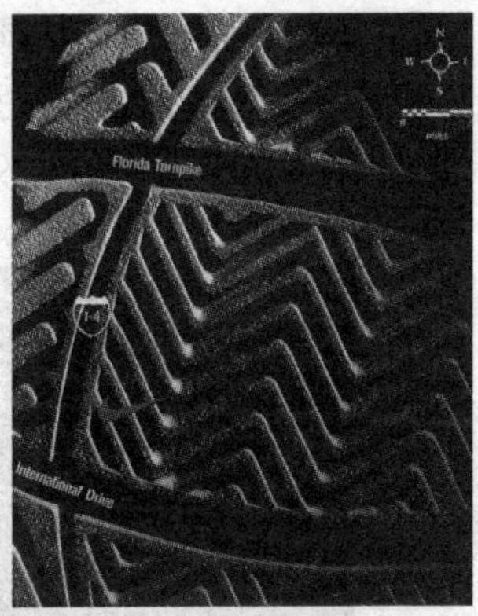

图 16-25 耐克运动鞋广告

三、画面构成的视觉心理

广告摄影要很好运用形式语言（内形式与外形式），即对拍摄对象的形态、线条、色彩、光彩、质感及其在空间、时间的排列组合规律显示出的审美的心理快感，并能很乐意接受画面的形式。

1）不同的形状会产生不同形式心理的作用，如图 16-26 所示。

2）线条。线条是客观存在，它主要是表达事实、想法和感情的一种清楚而明确的手段，能明确表示方向、长度和感觉，如图 16-27 所示。

线条的另一种表现形式也是一种常用的方法是通过轮廓光的勾画作用来表现主体的边缘，如图 16-28 所示。

图　16-26

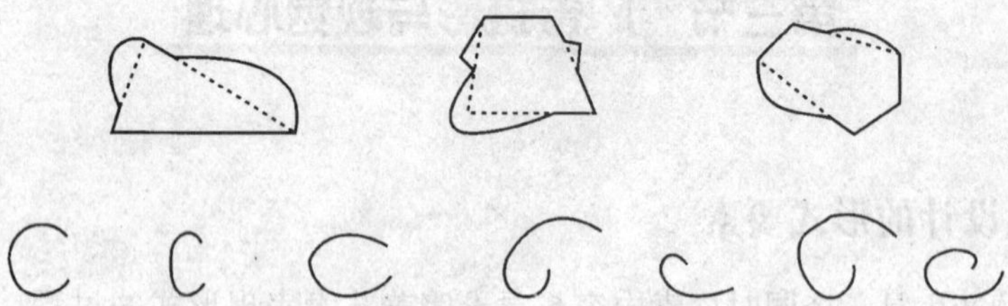

图　16-27

3）色彩。色彩的认知度比形体快而准确，传递信息的冲击力强，它受创意与题材的限制，又受人的视觉心理和对色彩偏爱程度的影响，色彩既要有鲜明的对比，又要协调统一，切忌杂乱，如图 16-29 所示。

图 16-28　轮廓光的勾画作用

图 16-29　色彩的鲜明对比和协调统一

4）明暗。摄影技术质量体现的核心是将从明到暗的影调等级和层次充分细致地表现出来。同样的产品拍成不同的影调（如低调、高调图像）可以使人们得到不同的感受。

5）质感。选用光源的大小与性质不同，会使物体呈现不同质感，如图 16-30 所示。

6）视觉流程。人的视觉在接受外界信息时通常有一定的流动程序，其特点是：①当某一视觉信息具有较强的刺激度时就易被视觉所感知，人的视线就会感知于此，即视觉流程第一阶段；②当人们视觉对信息产生注意后，即会进一步引起视觉兴趣，并按一定顺序进行流动和接受信息；③刺激度由强至弱；④重复；⑤人眼的观察：水平流动快于垂直流动，左上方优于右上方，右下方优于左下方；⑥视觉运动具有随意性、积极主动，自由选择性强；⑦设计流程要符合引导观众视线为设计宗旨；⑧趣味中心——广告的主题意念和诉求点，如图 16-31 所示。

主题明确，从属景物配合主体，烘托主体，主题有明显、占据压倒的优势，构图取景要使主题一目了然并选取被摄体最引人注意的部位，如图 16-32 所示。

图 16-30　运用光源表现物品的质感

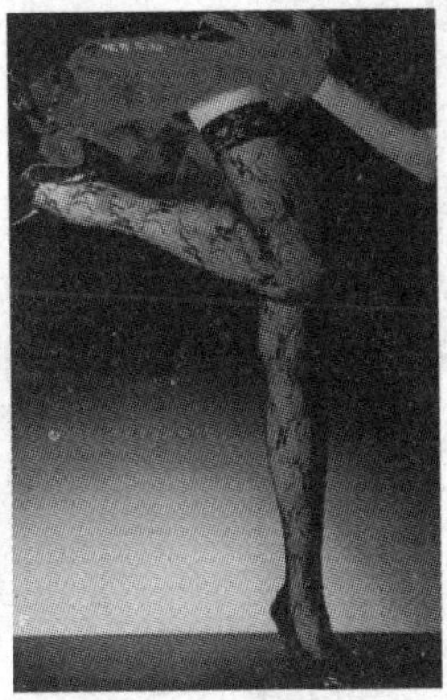
图 16-31　袜子广告

图 16-32　易威等登女鞋广告

第四节　广告摄影画面的基本构图形式

一、水平式构图

给人以安定、平静之感，力求简洁明快，尽量回避某一部分视线的上下流动，保持横向的视觉诱导，如图 16-33 所示。

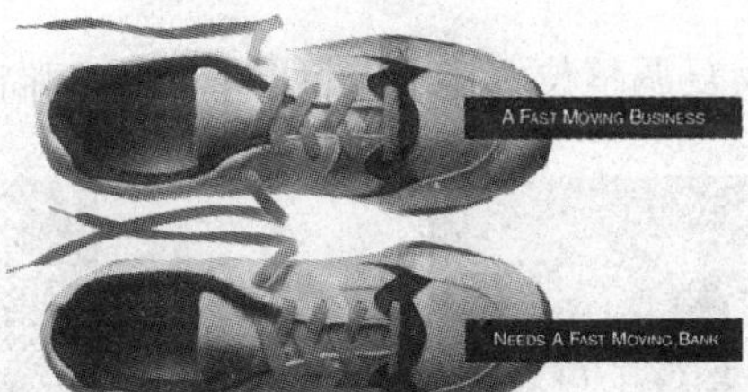

图 16-33　水平式构图

二、斜置式构图

强烈而有动感，如图 16-34 所示。

三、对称式构图

既能使单一的被摄体显得活跃，又能丰富画面内容，如图 16-35 所示。

图 16-34　斜置式构图

图 16-35　对称式构图

四、均衡式构图

使对称轴上下或左右两部分保持平衡自然，不会产生倾倒之感，给人极为稳定感觉，它是均衡的完美表现，对某些题材又可用不同程度动感的局部打破平衡，寻求美感韵律，如图 16-36 所示。

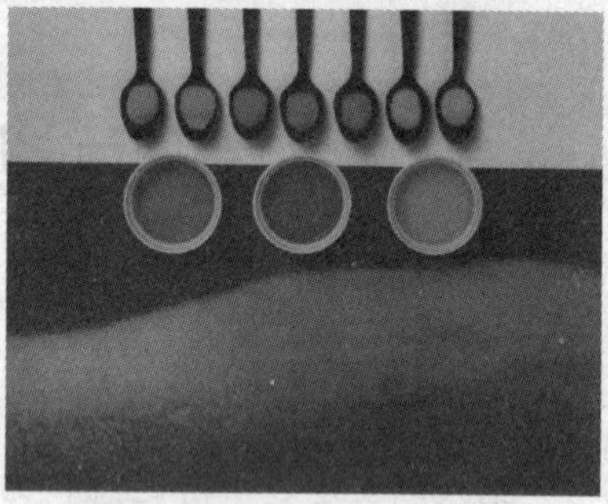

图 16-36　均衡式构图

五、散点式构图

利用一些与被摄体主动相关的景物，采用不规则构图，使人产生轻松自如的视觉效果，但尽量具有统一气氛与效果。如利用色彩对比、主体置于视觉中心或特定布光区域等手法，如图 16-37 所示。

六、摆动式构图

有强烈动感与节奏，反复调整位置避免杂乱，背景色调简洁，如图 16-38 所示。

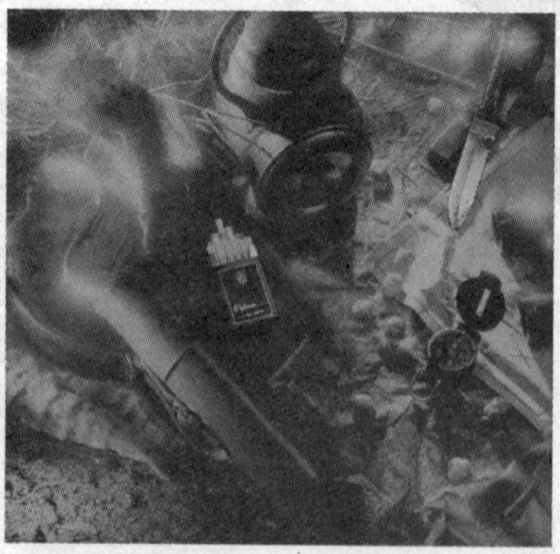

图 16-37　散点式构图

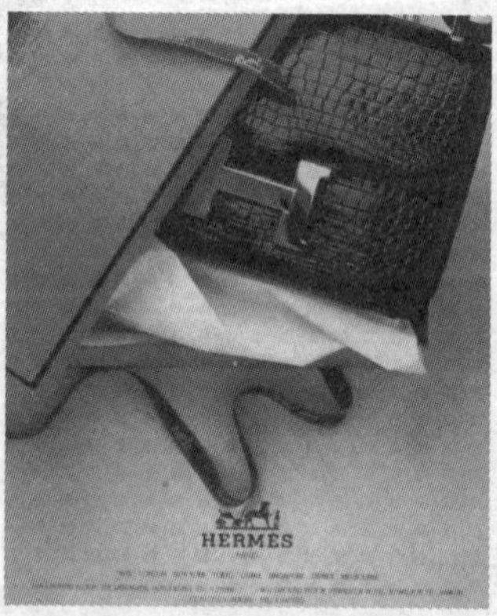

图 16-38　摆动式构图

七、重复式构图

将同一被摄体用同一构成要素在画面作多次重复表现，有强调和增强注意力之功效，使画面产生有序节奏感与动感，并富有情趣，如图 16-39 所示。

八、圆形构图

具有自然和生命的象征意义，给人以庄重完美之感觉。既有统一集中，又具向四周扩展的动势，能引起人的注目和激发某种联想，如图 16-40 所示。

图 16-39　重复式构图

图 16-40　圆形构图

九、放射式构图

将被摄体向四周或某个方向作放射性的旋转，有强烈的动感和对视觉刺激力度的作用，如图 16-41 所示。

十、棋盘式构图

将画面全部或部分多个被摄体分为若干等量部分，让它们分布在画面相等区域内，展示不同角度与特点，如图 16-42 所示。

图 16-41　放射式构图

图 16-42　棋盘式构图

第五节　广告摄影常用器材

一、相机

1）数字120相机，如图16-43和图16-44所示。

图16-43　仙娜120数字相机

图16-44　仙娜F1带数字后背大型相机

2）单反数字相机，如图16-45所示。

图16-45　佳能EOS－5D数字单反相机及配套镜头

二、照明灯具

（一）大型系列电子闪光灯

大型系列电子闪光灯是利用一些基本的部件、附件组合成不同光效的灯具。除特殊灯具外，专业附件包括多款的反光罩、反光伞、柔光罩、锥形聚光罩、蜂巢导光罩、扩散滤光片、透光棚、活动遮光挡光板等。可适应不同对象的拍摄要求。

常见的大型电子闪光灯有以下几种：

1. *泛光灯*

在电子闪光灯头上装有不同内壁、不同角度的反光罩，就组成了各种泛光灯，如图

16-46 所示。

图 16-46 泛光灯

2. 伞灯

将不同质地、规格的反光伞装在泛光灯上就成为不同效果的伞灯，如图 16-47 所示。

图 16-47 伞灯

3. 柔光灯

在各种闪光灯灯头上加上柔光罩，就组成为柔光灯，如图 16-48 所示。

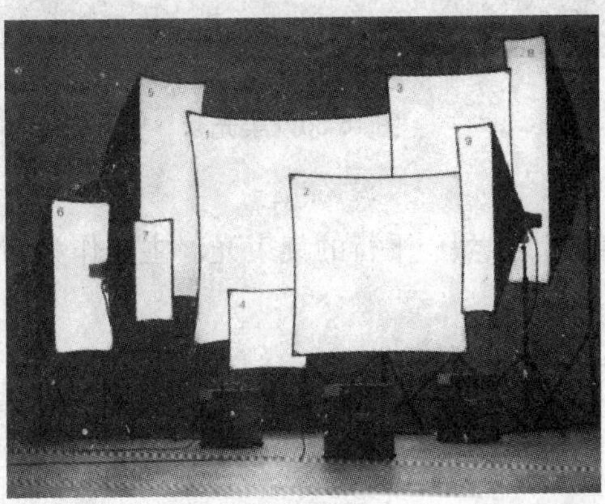

图 16-48 柔光灯

4. 雾灯

雾灯是为了提供大面积自然、柔和而均匀的照明光而设计的。特别适合于拍摄商品和高光洁度的被摄体，尤其是近距离商品摄影，如图 16-49 所示。

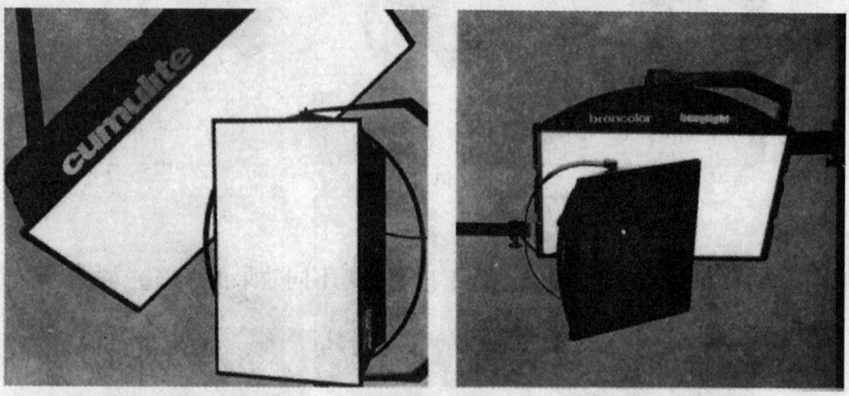

图 16-49　雾灯

5. 柔光箱

柔光箱是一种长方形或长条形箱体光源。发光性质介于柔光罩和雾灯之间，可提供充足而均匀的光源，如图 16-50 所示。

图 16-50　柔光箱

6. 聚光灯

聚光灯是用来提供直射、强烈、平行的集束光。主要作为辅助光使用，如图 16-51 所示。

7. 光导纤维闪光系统

光导纤维闪光系统可以投射出细小的光束，适合拍摄小体积的商品，如图 16-52 所示。

（二）连续光源灯具

连续光源灯具是指以摄影强光灯和卤素灯为光源的灯具，如图 16-53 所示。它们均属白炽灯。色温在 3200～3400K 之间。

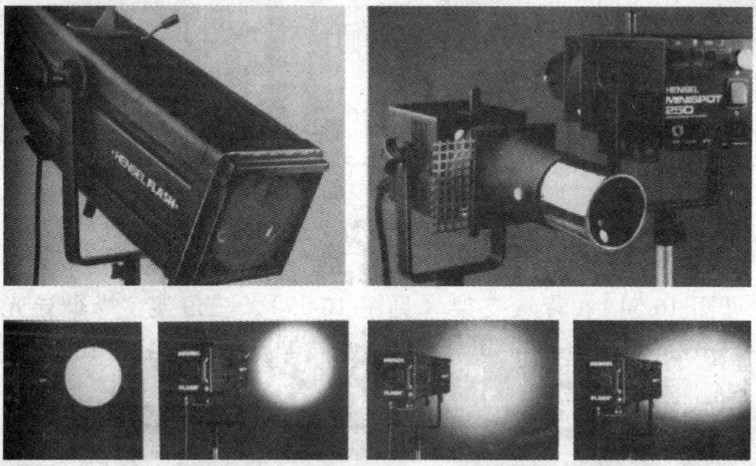

图 16-51 聚光灯

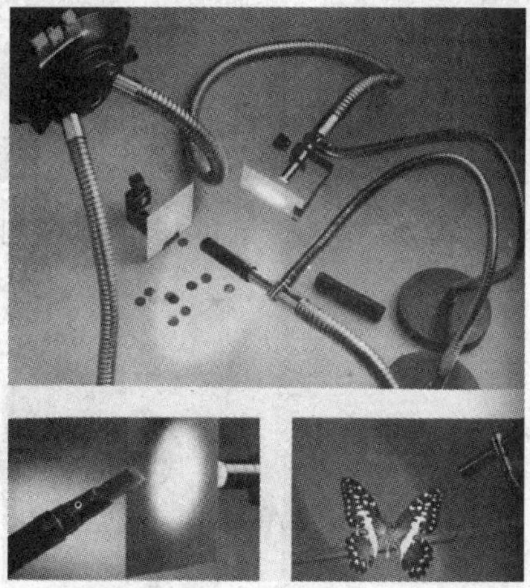

图 16-52 光导纤维闪光系统

图 16-53 各种泛光灯、聚光灯和排灯

1. 摄影强光灯

摄影强光灯系统有各种泛光灯、聚光灯和排灯。

2. 摄影卤素灯

摄影卤素灯是从电影放映光源发展起来的一种摄影光源。其特点是体积小、光效高、色温稳定。

三、其他设备

静物台（见图 16-54）、背景支架（见图 16-55）、三角架、蜂巢导光网格（见图 16-56）、锥形聚光罩（见图 16-57）及多种闪光灯支架及吊杆（见图 16-58）。

图 16-54　静物台

图 16-55　背景支架

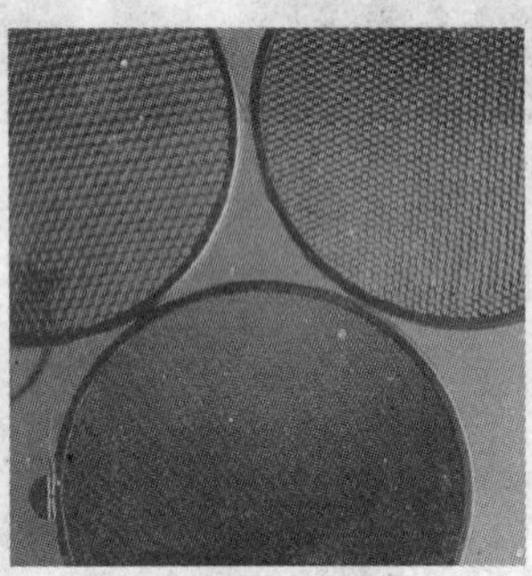

图 16-56　蜂巢导光网格

图 16-57　锥形聚光罩

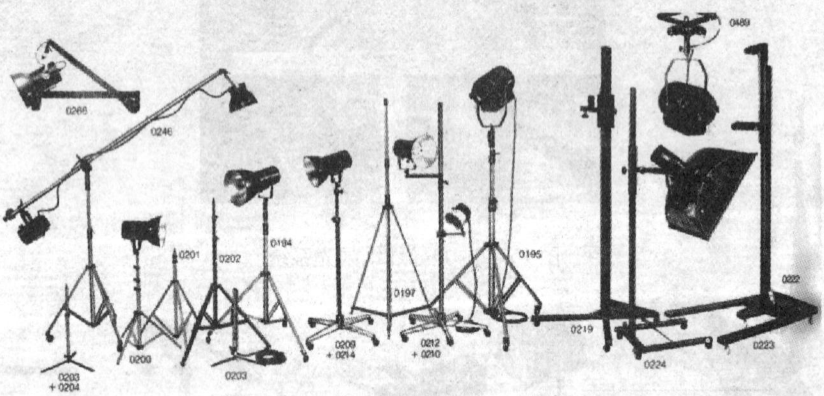

图 16-58　多种闪光灯支架及吊杆

第六节　用光与布光

基本光线：主光、辅光、效果光、轮廓光、背景光，如图 16-59 所示。

图 16-59　基本光线示意图

一、用光

（1）直射照明　如图 16-60 和图 16-61 所示，类似于阳光照明，方向性强、投影重、强调轮廓与结构，产生强烈的形式感和戏剧效果，可模仿日出、日落效果，表现粗质地（质地细腻或要柔和投影时应用柔光灯）。

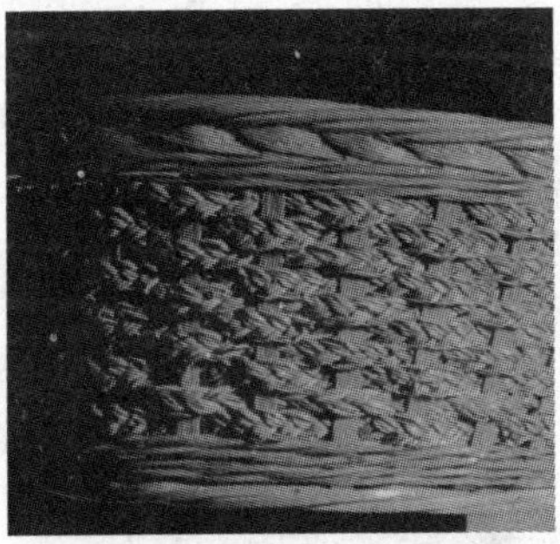

图 16-60　直射光的效果

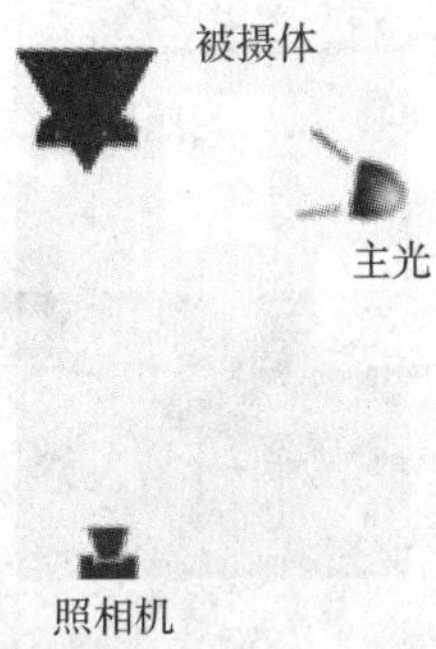

图 16-61　直射光的布光示意图

（2）反光板　如图 16-62 和图 16-63 所示，置于物体阴影方向，使光线投射到主体下面的阴影区域内，丰富层次。

（3）反射式照明　如图 16-64 和图 16-65 所示，将灯光射向大型白色反光材料或其他金属反光材料上，避免反差过强。

（4）主光与辅助光　如图 16-66 和图 16-67 所示，主光即起主导作用的光线，起到塑造形态、轮廓和质感的作用，辅助光用以补充主光的不足，以提高亮度、强调暗部细节、调整画面反差，消除交叉阴影。

图 16-62　使用反光板的效果

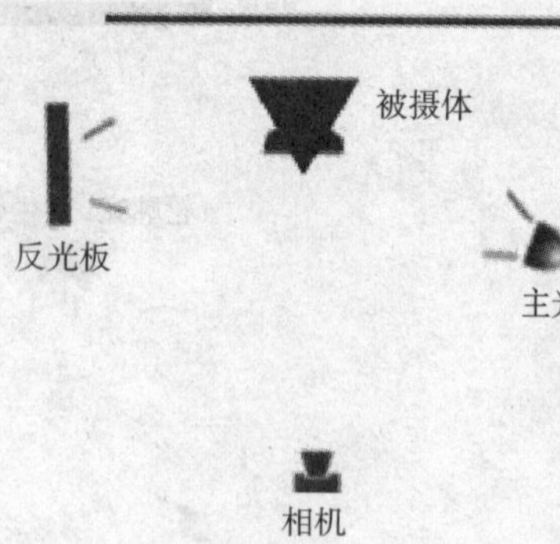

图 16-63　使用反光板的布光示意图

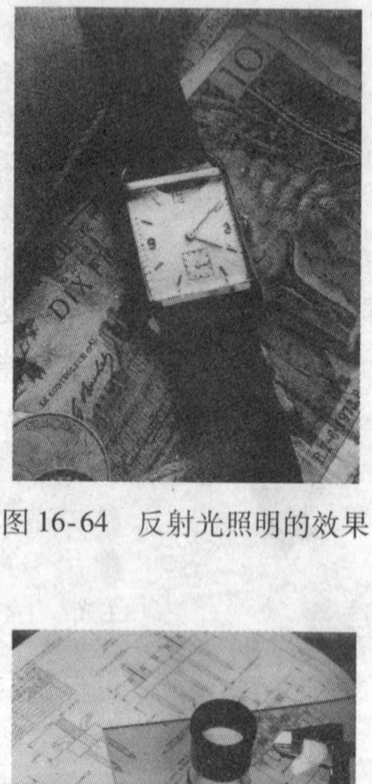

图 16-64　反射光照明的效果

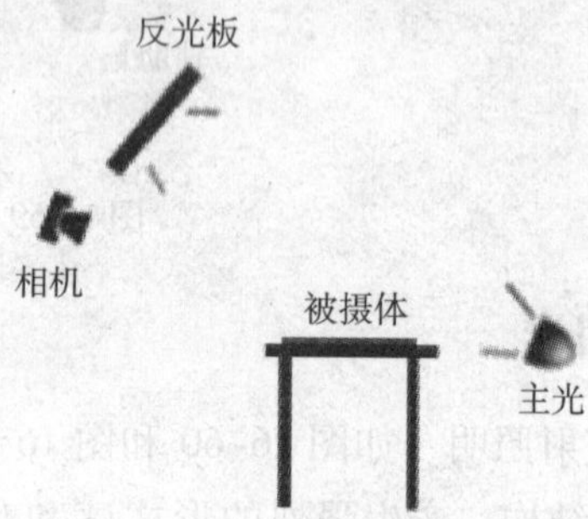

图 16-65　反射光照明的布光示意图

图 16-66　主光与辅助光照明的效果

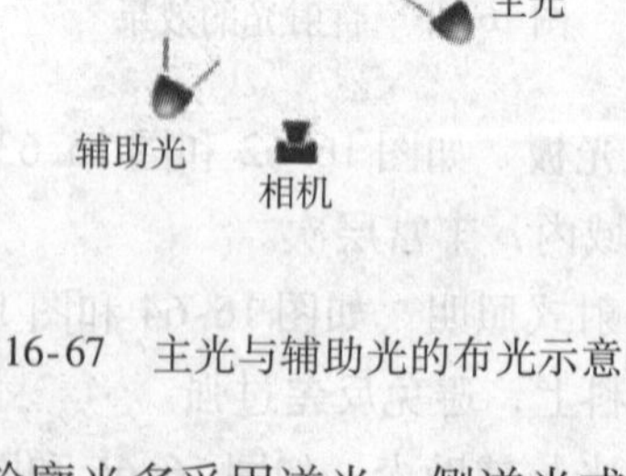

图 16-67　主光与辅助光的布光示意图

（5）轮廓光　如图 16-68 和图 16-69 所示，轮廓光多采用逆光、侧逆光或后侧光，角度一般高于被摄体。轮廓光可明确突出被摄体，形成与背景的空间距离和深度，使用时对其强度、硬度要适当控制，用色光时光比、亮度要合理。

图 16-68 轮廓光为主光的效果

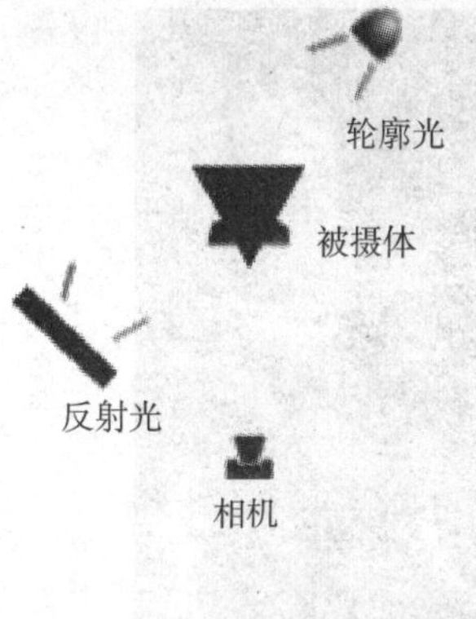

图 16-69 轮廓光为主光的布光示意图

（6）背景光　增加主体与背景的分离感，突出被摄体，调整主体与背景的明暗比，制造特定气氛与空间感。如图 16-70 和图 16-71 所示。

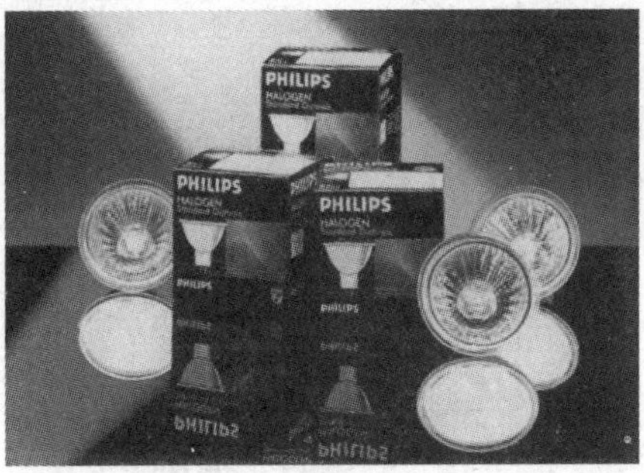

图 16-70 背景光的效果

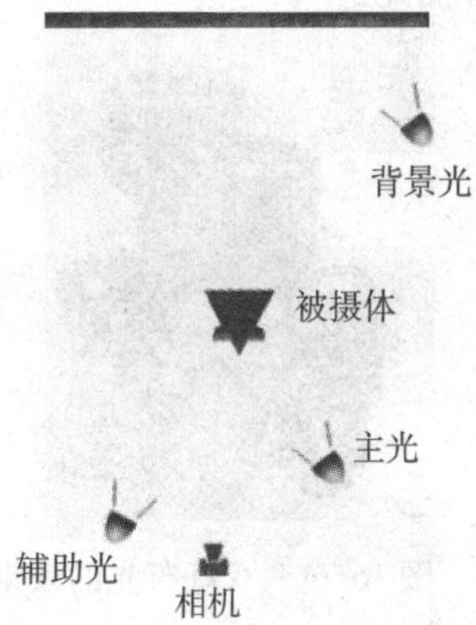

图 16-71 背景光的布光示意图

背景光宽而软，受光均匀，对明度的处理要独具匠心，画面要明朗、生动，使亮部细腻，暗部透明，有节奏感。

（7）装饰光　用来弥补画面中所有光线不足之处及夸张、修饰某些局部，达到局部照明、美化形象之目的。

二、布光

主光确定被摄体的明暗基调与造型；辅助光是为了含蓄地表现暗部细微的层次以及协调亮部来补充主光的不足，或消除因主光形成的阴影；装饰光是用以修饰某些局部；背景光会使画面具有立体感和纵深感，它是突出主体的重要因素。

（一）单灯布光

广泛用于小型吸光体的拍摄，方向为侧光，后侧光或顶光，还要使用反光屏、反光伞或在灯前加描图纸作辅助工具，如图 16-72 和图 16-73 所示，同时要依据被摄体的特点调整光的强度、角度与距离。

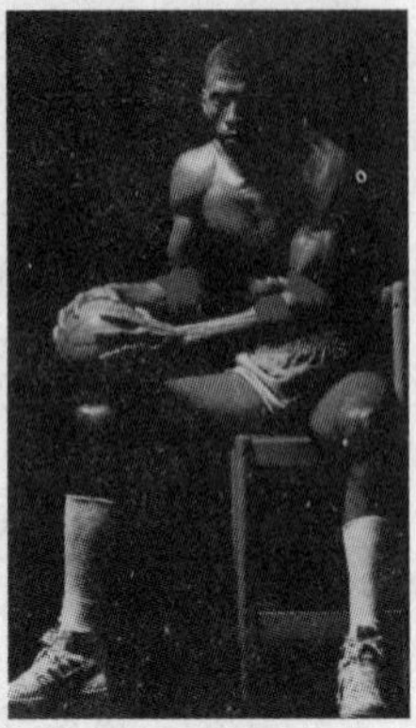

图 16-72　单灯布光的效果

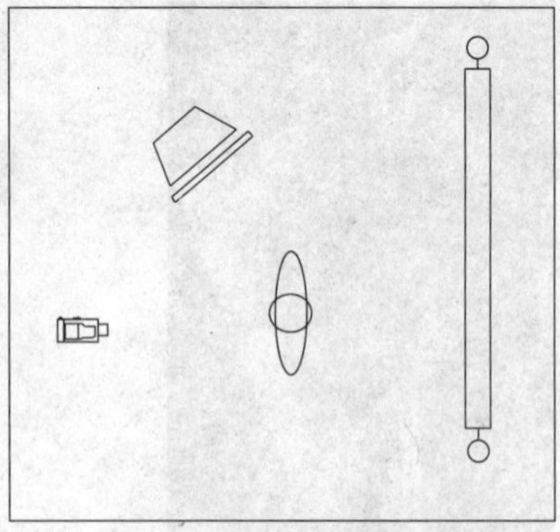

图 16-73　单灯布光示意图

（二）两灯及三灯布光

如图 16-74 和图 16-75 所示，两灯布光对结构复杂被摄体作用很大，其中一支为主光，另一只为辅光。

图 16-74　双灯布光的效果

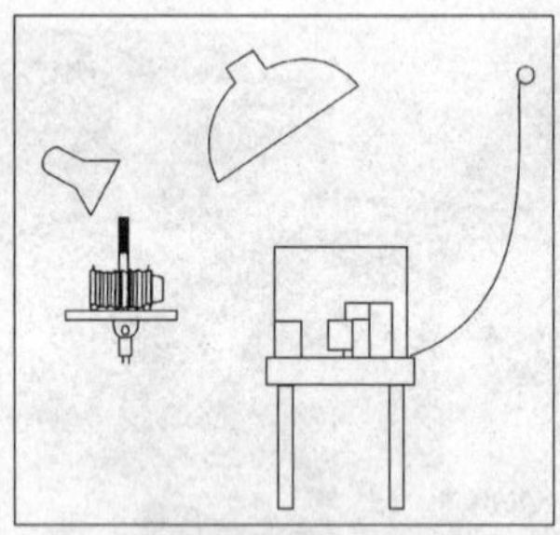

图 16-75　双灯布光示意图

三灯由主光、辅助光、背景光或效果光组成，主光用以造型、表现质感；辅光补充暗部亮度，背景光和效果光依需而定。

（三）全白背景布光

如图 16-76 和图 16-77 所示，一是将背景的亮度比被摄体有层次的最亮处再增加一级 EV 值的曝光量，另一方法是在被摄体后安放一张描图纸或半透明的丙烯板，在其后做相应灯光的逆光照明，三是用亮白背景借助照明灯的反射光营造白色背景。

图 16-76　全白背景布光的效果

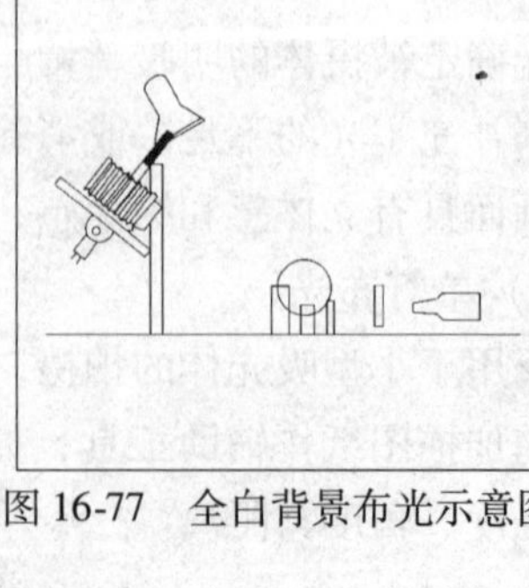

图 16-77　全白背景布光示意图

（四）无投影摄影

如图16-78和图16-79所示，将玻璃板放静物台上（下面留足够空间与亮度），被摄体投影要偏离画面之外，在玻璃下放置需要的背景纸，或用另一支灯从玻璃板下方对背景纸照明来消除黑影，若全黑背景，可将被摄体放于黑绒布或无光黑衬纸上，或将被摄体放在玻璃台面上，再将黑绒布或黑衬纸放在台下。

图16-78 无投影摄影的效果

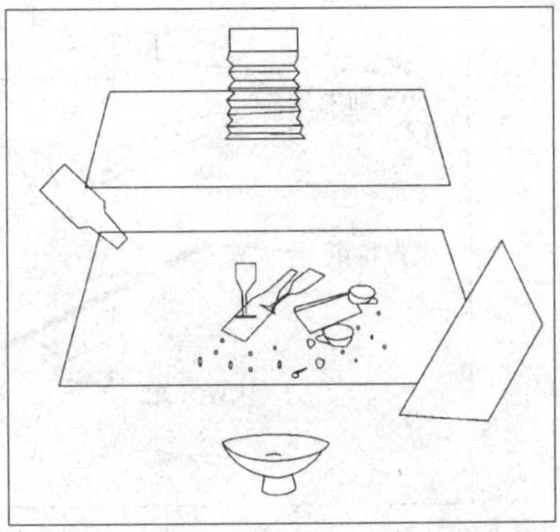

图16-79 无投影布光示意图

（五）多灯组合布光

如图16-80和图16-81所示，尽可能接近自然光效果。

图16-80 多灯组合布光的效果

（六）透射布光

用于拍摄透明物体，主光置于半透明的丙烯板或描图纸后面，使透明体的厚度差显露出优美的造型与结构。其深色线条恰好表现质感，透射光一般布于背面或底部，有时在前面加弱辅助光。在拍蔬菜、水果、首饰时用顶光（散射）做主光，用透射光做辅光来表现质感。在透射体底部照射尚能消除阴影，制造奇特效果。

1）透明体外轮廓暗线条的表现

如图16-82和图16-83所示，将背景处理为亮色调，并与被摄体拉开足够距离，一是从被摄体顶部略后经柔光罩用漫射光照明；另一种是直射光从前面照明背景，再利用背景反射光照射被摄体（注意不能直接照到被摄体上）。

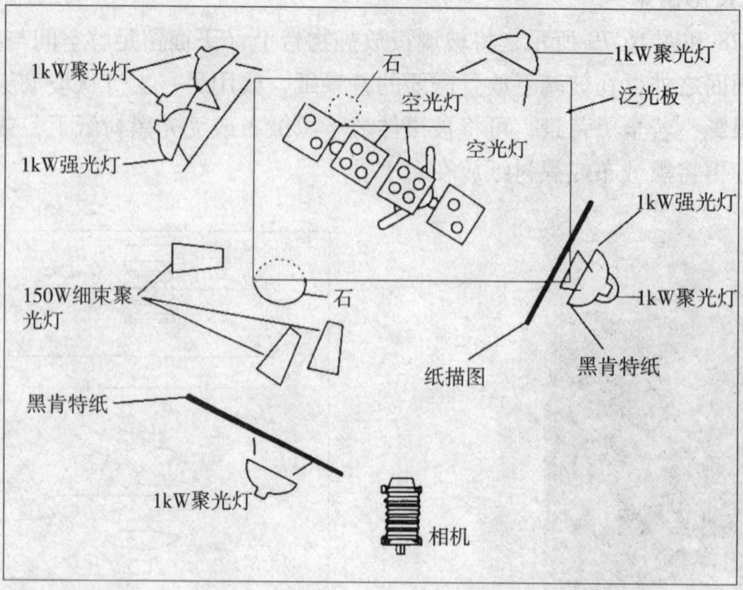

图 16-81　多灯组合布光示意图

图 16-82　透明体外轮廓暗线条的表现

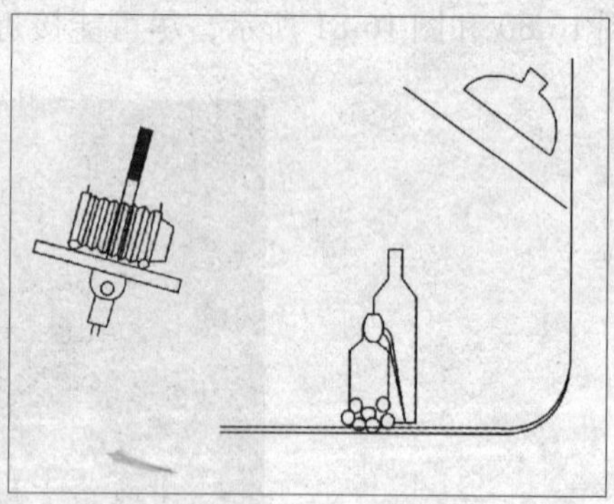

图 16-83　布光示意图

2）透明物体外轮廓亮线条的表现如图 16-84 和图 16-85 所示，用深色或黑色背景，隔离任何光源，对背景照射，控制发光面积与强度，它可决定亮线条的明度及粗细。

（七）全隔离布光和半隔离布光

如图 16-86 ~ 图 16-89 所示适用于极强表面反光物体。

（八）多灯大场面，大光量布光

用于拍摄体积大的物体，主光源方向明确，距离约 8m，（P） 11 只 4000W 灯。

（九）现场光摄影

如图 16-90 所示，捕获自然状态，真实感人，可利用反光板或照明灯加强暗部照明，一般避免阳光直射，用逆光，有时作挡光处理。

图 16-84　透明物体外轮廓亮线条的表现

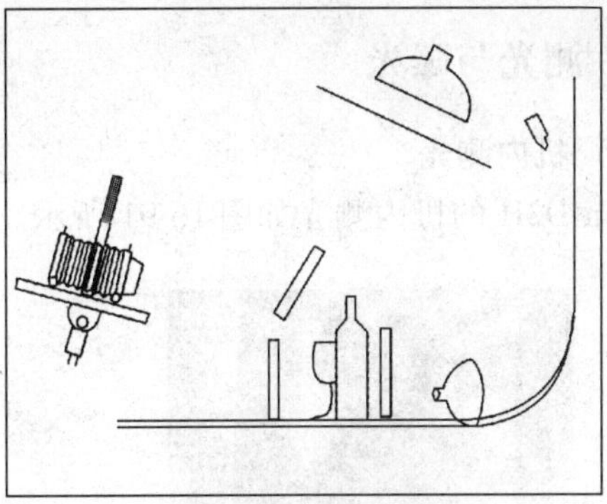

图 16-85　布光示意图

图 16-86　全隔离布光的效果

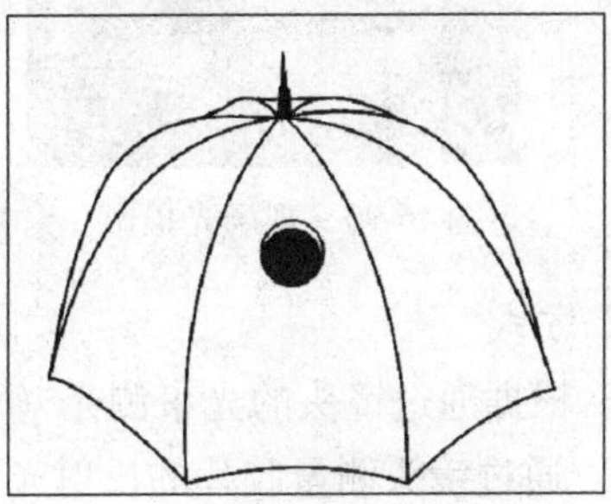

图 16-87　全隔离布光示意图

图 16-88　半隔离布光的效果

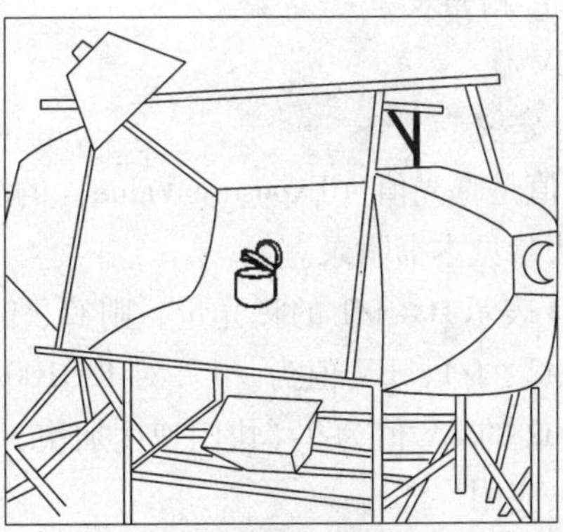

图 16-89　半隔离布光示意图

（十）布光注意的几点

1）控制好光源面积与扩散程度即可决定物体反差程度。

2）提供足够照明亮度，保证快门速度。

3）利用好灯位、灯距塑造形体。

4）尽量少用灯具，多用反光板，协调画面。

5）控制好光比，避免夹光，使画面自然、生动。

三、测光与曝光

（一）机内测光

Nikon D2H 的机内测光如图 16-91 所示。

图 16-90　现场光摄影

图 16-91　Nikon D2H 的机内测光

1. 方式

1）根据通过镜头的光束测光（TTL），测光范围在成像范围之内。

2）通过镜头测量胶片的反射光（TTL—OTF）即全开光圈测光（一般单反测光）。

2. 方法

点测、偏中央平均测光、多区域矩阵测光。

（二）测光表

1. EV 值

（1）定义

EV 值是曝光值（Exposure Value）的简称，它是用数字表示所需曝光量的数值，具体计算方法参见本书附录。

EVO 表示 t1、f/1 的曝光量，则 t2、f/1.4；t4、f/2 均表示 EV 为 O。而 t1/2、f1、EV 值为 1。t2、f/1，EV 值为 -1。对 ISO100/21 的感光材料而言，当景物亮度为 16 尼特时 t1/125、f2 的 EV 值为 9（快门速度加快 1 级，光圈开大 1 级）。

（2）应用

1）便捷判断景物反差

2）将明部、暗部 EV 值的差作为 2 的幂，其值即为光比值，若测得亮部 EV 值为 10，暗部为 7，那么 $10-7=3$，$2^3=8$ 该景物光比为 8:1

3）标定测光能力即 EV 值范围，其起点越小则表示对暗弱光的测光能力和自动曝光的能力强，其终点越大，则表示对适应强光的测光和自动曝光的能力强。

4）只要曝光区域控制在 6 格 EV 值范围内（即光比为 64:1）即会得到较好的影像层次。

2. 测光表的种类及应用

（1）反射式测光表

反射式测光表如图 16-92 所示。

原理：在受光元件上加一个开孔限制光量的附件。

方法：于相机位置指向被摄体，对照射到被摄体上的反光进行计量。

要点：

1）被摄体的测光面部分大于测光表感应窗的入射角。

2）测光表感应窗要处在相机与被摄体的被测光面的轴线上，且与相机拍向一致。

3）防止杂散光线进入测光窗。

4）按测光表内“既定”的 18% 反射率测量。

（2）入射式测光表

入射式测光表如图 16-93 所示。

图 16-92　反射式测光表

图 16-93　入射式测光表

1）类型：①平均型：带乳白色半圆球形罩的测光体，可接受 180°范围内入射的任何光线，不受主体反光程度的影响；②方向型：带乳白色平面测光的测光面，可测定个别方向光照的强度，测光时应将测光体指向相机方向。

2）方法：有选择地测量个别光线照射在主体上的光量，从而计算出主体的反差效果。

（3）点测光表

1）原理：反射测量，可测被摄体平均光值的量度。

2）方法：感应窗为入射角 1°～3°的窄角，以 18% 灰为量度基准，即为平常所指的正确曝光。

3）大型相机带有感光平面点测光系统。

（三）正确曝光

能够在影像传感器上使被摄体最亮和最暗部分都显示出清晰影像和丰富层次。

1. 黑白摄影的正确曝光

1）颜色不同曝光量也不相同，应按主体颜色计算曝光时间，或用滤色镜加以补偿。

2）表面反光系数不同的影响（人脸反光系数为 0.4～0.3，白布为 0.7～0.55，新降雪为 0.98～0.88，白纸为 0.8～0.16，黑呢子为 0.1～0.04）。

3）物距的影响：远景为 1，中景为 3/2，近景为 2，近摄增加更多。

4）动体摄影时，速度快、距离近、角度大、焦距长，应用高快门速度。

2. 彩色摄影的正确曝光

1）减小光比。因为彩色 CCD 的曝光宽容度（线性感光范围）低于黑白胶卷。

2）避免大面积反光。

3）侧光明暗差别远大于顺光和逆光，应避开强光下的照明，加反光屏。

4）远景多蓝光，色块大。

5）考虑反光因素，曝光不能以白色物体为基准。

3. 滤镜

1）SL（Sky light）天光片（微品红）微阻蓝光，或用 UV 镜滤除紫外线，风光摄影经常使用，也可作保护镜头镜片。

2）偏振镜是用聚乙烯醇单向拉制而成的高分子薄膜。它能吸收平行于拉制方向的振动，透过垂直于拉制方向的振动。水面在 53°反射方向有很强的水平向振动偏振光；玻璃表面在 57°反射方向上有强的水平向振动偏振光，其他非金属表面（如油漆、塑料）表面也都有反射偏振光（天空空气分子散射的光中，也有较强的偏振光）。

若将偏振镜透过振动的方向定义为“光轴”则拍摄水面、玻璃面、油漆桌面等景物时，偏振镜光轴垂直可消除器物倒影；光轴水平可增强倒影。同理，也可用偏振镜减弱或增强被摄体表面对光源的反光。

a）未加偏振镜　　b）偏振轴水平　　c）偏振轴垂直

图 16-94　用偏振片拍镜玻璃表面反光的效果

3）中灰镜可等量吸收各种色光，减少曝光量。还有渐变通灰镜。

第七节　广告摄影的常用技法

一、模特摄影

（一）模特的选择

根据广告的主题选择模特，确定后拍摄同一品牌不宜更换。

（二）动态造型设计

1）将主体产品放在首要表现的位置。

2）模特的姿势和动态对形式感有决定性的意义。

3）模特动作要简单、明确、大方、自然，如图 16-95 和图 16-96 所示。

如图 16-94 所示，是用偏振镜拍摄玻璃表面反光的效果。

图 16-95

图 16-96

（三）布光要求

1）室内的布光（主光、辅光、轮廓光、背景光）如图 16-97 和图 16-98 所示。

图 16-97

图 16-98

2）外景的布光（理想时间为阳光角度较低的清晨和傍晚，也可使用背景放投影片的方法）。

二、风光摄影

（一）日出和日落

日出和日落，如图 16-99 所示日出比日落光色变化大，要提前做充分准备，不断测量曝光值。

（二）顺光摄影

顺光摄影如图 16-100 所示，光照相同，反差不明显。

图 16-99

图 16-100

（三）侧光摄影

侧光摄影如图 16-101 所示，利用景物的阴影在画面中的构成关系，多找几个角度确定主体表现的部位，使投影起到增强画面形式感的作用。

（四）逆光摄影

逆光摄影如图 16-102 所示，使画面产生一种朦胧而神奇的效果（眩光的克服与利用、点测光与剪影、括弧曝光等）。

图 16-101

图 16-102

（五）水的动态

水的动态如图 16-103 所示。

图 16-103

三、建筑物摄影

（一）外部摄影

1）选择在建筑物正面呈45°角照射的阳光为最佳光线。

2）夜景。

3）透视调整及俯拍如图16-104和图16-105所示。

图16-104 透视调整前

图16-105 透视调整后

（二）室内摄影

1）尽可能保持室内原有气氛，全部运用自然光、人工光及局部光补光体现整体效果中的细节。

2）利用广角镜头要重新安排用具位置或选择恰当的拍摄角度。

3）适当考虑道具及安排体现舒适安逸和亲切感，如图16-106所示。

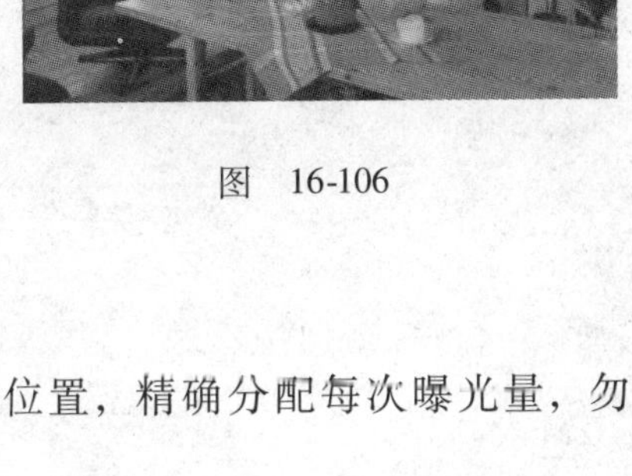

图 16-106

四、多重曝光

要领：固定相机，记准位置，精确分配每次曝光量，勿让重叠区曝光过渡。如图16-107所示。

五、动态表现

动态表现如图 16-108 所示。

图 16-107

图 16-108

六、景深控制

景深控制如图 16-109 和图 16-110 所示。

图 16-109 大光圈拍摄的效果

图 16-110 小光圈拍摄的效果

第十七章　体育摄影

拍摄体育照片比拍摄一般照片难度大得多，因为体育运动是动态的，体育摄影就是典型的动态摄影,必须在被摄对象的运动中进行拍摄。摄取优美、惊险和有意义的、具有代表性的瞬间动作，要求摄影者要有敏锐的观察、快速的动作，还要熟悉体育技术动作和体育项目。体育摄影具有一种独特的感染力和一种其他艺术形式难以比拟的美学情趣。可以强化观赏者对体育竞技的惊险性、激烈性、趣味性的艺术审美感受。另外，体育摄影凝固了真实的动感画面。把紧张激烈的竞赛气氛和惊险优美的瞬间呈现在人们的面前，如图 17-1 所示。

图　17-1

第一节　体育摄影的器材

体育摄影有特殊的规律，运动员比赛时的速度很快，场地的灯光、拍摄的地点等都受到很大的限制。所以，体育摄影所使用的摄影器材与其他的摄影器材不完全一样，有它的独特性，下面从相机、镜头、脚架等方面了解体育摄影所用的器材。

一、对相机的要求

一般具有手动调节功能的相机都可以用于体育摄影。但要从事专业体育摄影，应该使用可以更换镜头的数字单反相机，如图 17-2 所示，它可用不同焦距的镜头，其他功能也非常强大，可以应付体育摄影中的许多情况，并且体积也不算大，携带比较方便、使用比较灵活，便于抓拍体育运动中的精彩瞬间。

二、需要的镜头

体育摄影需要有长焦距镜头与广角镜头，如图 17-3 所示，或变焦距镜头，如图 17-4 所示。因为，摄影者进入体育运动的场地是要受到限制的，不能随意地走动，往往不能充分地接近运动员，这就需要使用长焦距的镜头。通常 300 ~ 400mm 的长焦距镜头是非

图 17-2　单反数字相机及镜头

常必要的。长焦距镜头不但能将远处的运动员拉近、充满画面，还能够利用较短的景深将主体和背景很好地分开，利于突出主体。在拍摄运动会入场式、开幕式等大场面时，需要使用28mm左右的广角镜头。目前，镜头制造技术的提高，优质的变焦镜头也能保证画面的质量，可以配备28~80mm、80~300mm两只变焦镜头就基本满足一般体育摄影的需要了。

图 17-3　长焦镜头与广角镜头

图 17-4　变焦镜头

用于体育摄影的数字相机需要有F2.8以上的大光圈镜头，才能保证高质量的拍摄，因为体育运动经常在室内举行，灯光会受到限制，而体育摄影必须使用较快的快门速度。因此，使用通光量比较大的镜头，才能拍摄到运动员完美的瞬间动作。

另外，需要为镜头配备一个遮光罩。在一般情况下，体育运动的场地环境，不由摄影者来选择，经常会在侧逆光或逆光条件下拍摄，这时如果镜头前没安遮光罩，常会有杂光进入镜头造成光晕。即使安了遮光罩，拍摄时由于角度等原因也会产生光晕现象，拍摄时应特别注意，尽量避免杂光进入镜头。

三、三脚架

对于位置变化不大的运动项目，像乒乓球、羽毛球等，使用三脚架（见图17-5）进行拍摄，可以提高拍摄质量。通常长焦距镜头或大变焦镜头的体积和重量都比较大，需要购买一个稳固的三脚架，以防止镜头晃动。如果取景时需要一定的灵活性，可以使用独脚架（见图17-6）来支持相机。

图 17-5 三脚架

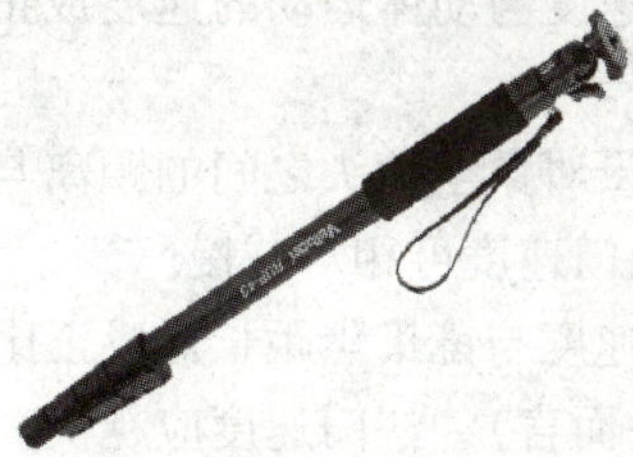

图 17-6 独脚架

第二节 曝光与快门速度的选择

一、曝光

体育摄影的曝光是比较难掌握的。大多数体育运动，运动员始终处于运动状态，位置在不断地改变，这给测光造成了很大的困难。在体育摄影时，尽量不要使用相机的自动曝光、自动聚焦系统，因为相机的自动系统需要一个反应过程，往往比运动员的移动速度慢得多，结果会造成主体曝光不足。

拍摄前，相机要对主体测光，由于条件所限，不能靠近运动员测光，可以用替代物测光的方法。如果在室外自然光条件下拍摄，用人的皮肤、洋灰地面、砖墙等接近18%灰度的物体测光就可以得到比较准确的曝光值。

由于体育摄影往往需要使用较高的快门速度，加上不少体育项目是在室内进行的，光线照度较弱，在光线特别暗弱的情况下，还可提高感光度拍摄，因此，最常用的是将数字相机调至ISO400以上的高感光度进行拍摄。

二、快门速度的选择

选择快门速度是体育摄影要考虑的重点问题之一。体育摄影的特点就是拍摄动体，反映运动的瞬间。在曝光准确的情况下，快门速度决定了拍摄的效果。快门速度的快、慢和适中会产生不同的运动效果，根据不同体育项目的特点和表现意图去选择快门速度。

使用1/1000s左右的快门速度，可把大部分运动中的运动员动态形象清晰地拍摄下来。它的缺点是动感不足。若用模糊的主体影像和清晰的背景，或较清晰的主体影像和模糊的背景来表现动态效果往往会更好，但就需要使用较慢的快门速度。使用慢的快门速度比较复杂，因为不同的体育项目，运动员的运动速度不同，拍摄体操项目1/15s是慢快门速度，而拍摄百米冲刺1/60才是慢快门。同样的快门速度从不同角度拍摄同一动体，其模糊程度也不同。要使用好慢、快门必须从实践中积累经验，只记住一两种快门速度值是不能解决问题的。

根据实践经验体育摄影师总结了拍摄动体选择快门要注意的几个问题：

1）快门速度与动体运动的速度成正比。被拍摄对象的运动速度越快，所使用的快门速度也应越快。

2）被拍摄对象至镜头之间的距离与快门速度成反比。距离越近快门速度越快，如果距离较远，快门速度可相对减慢。

3）快门速度与镜头焦距长短成正比。使用的镜头焦距越长（对比在同一位置上拍摄时的其他镜头而言），快门速度应越快。

4）镜头与被摄体运动方向之间的夹角成正比。最小角度为相向运动，角度为0°；最大角度为横向运动至垂直方向，角度为90°，角度越大快门速度也应越快。

第三节　体育摄影的取景

体育摄影的取景，要注意选择好拍摄点并准确构图。

一、选择拍摄点

体育摄影选好拍摄地点就成功了一半。有利的拍摄点，往往能拍摄到运动员优美的运动瞬间，得到良好效果的照片。选择拍摄点首先需要考虑这个位置适合于自己的镜头拍摄；其次要考虑角度和位置随时可以移动，方便靠近运动员；还要考虑到光线的角度和背景适合于烘托主体；再有就是根据不同运动项目的特点选择不同的拍摄点。

例如，拍摄足球比赛的射门要在能拍摄到禁区内的地方设置拍摄点；拍摄篮球的投篮，应在能拍摄到篮球场的三秒区附近的区域设置拍摄点；拍摄运动员跳远的镜头应在侧面用稍仰角度拍摄，就会拍到运动员的舒展动作和腾空的姿态。有些运动项目采用多种角度拍摄，能反映不同的状态，如拍摄100m赛跑冲线，用正面角度，可以表现运动员挺胸撞线、激烈竞争的面部表情；用侧面角度，不仅能表现运动员到达终点的前后差距，还能表现运动员的速度；用高侧角度，能使前后景分开，更好地在画面上表现观众场面。

二、构图

体育比赛快速多变，体育摄影时，构图要在瞬间完成，要做到构图合理是一件很不容易的事。这需要提高修养、经常去运动现场练习，才能够在拍摄正式比赛中，根据现场环境、光线和使用的镜头焦距的长短，随机应变快速构图，拍摄出精彩的体育摄影作品。

体育摄影画面的构图主要是做到主体要突出、清晰。要以运动主体为主，合理设置背景，不能喧宾夺主，又要勇于创新，使拍摄的照片有新意，不落俗套。

第四节　体育摄影的技巧

体育摄影应充分了解所要拍摄的运动项目的特点。什么时候拍摄是最佳时机、是最精彩的运动瞬间，要做到这点还要了解拍摄时机和拍摄技巧。

一、按动快门的时机

体育摄影中，拍摄点确定后，拍摄的时机是一个重要的问题。体育比赛的精彩瞬间和理想的画面转瞬即逝，选择什么时间拍摄直接关系到照片的成败。拍摄的时机选择不好就拍摄不到最吸引人的画面，就不能表现运动员的独特技术和精神面貌。

一般的运动摄影多数是有规律的运动，像船、火车、汽车等，通过拍摄它们在运动中留下的痕迹，可以反映它们的运动状态。如像汽车扬起的灰尘、火车飘动的烟雾、轮船掀起的浪花等，形态都较稳定而容易拍摄。体育运动的方向不规则，有前、后、上、下、左、右的运动。所以拍摄时机是很难掌握的。再有必须了解体育运动项目各自的规律，才能在运动员动作达到高潮时按下快门，凝固住运动员的精彩瞬间。

体育项目有它共同的规律。运动员的动作都是由低潮到高潮，在到达高潮时，总有一刹那间的静止状态。静止状态前，运动向上发展；静止状态后，运动开始低落。如篮球的投篮、足球的射门、排球的扣杀或拦网、田径的投掷和跑跳等，都有这一过程。选择拍摄时机，一般不是在动作高潮的静止点，而是接近高潮静止点前的一刹那。这一瞬间，通常称为“爆发之前”，而且时间很短，往往只有一、两秒，甚至零点几秒，拍摄时须精力集中、反应敏锐、行动果断、善于等待。但也有个别项目不是这样，如举重只能在完成动作后 3s 的短暂静止状态时拍摄，过早过迟都不能拍到正确的动作。

1. 拍摄时机的预见性

根据体育摄影师的拍摄经验拍摄田径跨栏比赛，选在起跑后的两、三栏处拍摄。因为这时，运动员的差距还没拉开，若干运动员几乎同时上栏的镜头有助于表现激烈竞争。又如，运动员胜利后的欢欣雀跃，失败时的垂头沮丧；教练员面授机宜，啦啦队鼓劲喝采，甚至运动员的意外事故等，这些都是值得抓取的画面。

成功之道就在于预先了解，预先了解就是培养自己的预见性。重要的是要了解拍摄对象的规律和运动完整的过程，知道该项目在哪些瞬间是最有表现力的，才能在比赛中对最佳拍摄时机有一个预见性。

图 17-7

2. 拍摄时机的临场的预见性

在一场比赛中，在同一个角度、同一个位置拍摄，每个人按动快门的时机可能都不相同，拍摄的照片也就各有不同。这是因为运动项目本身的规律与比赛的激烈竞争，使运动员动作瞬息万变，迫使摄影者没有时间思考，凭着以往的经验，在瞬间按下快门。所以体育摄影的拍摄需要靠平时的经验积累，才能够在比赛中，发挥临场的预见性，准确的把握拍摄时机，如图 17-7 所示。

二、拍摄技巧

要具有熟练的技巧。必须通过大量的实践。体育运动的特点是快速多变。这就要求摄影者动作敏捷、操作熟练、能在极短的时间内调好光圈、距离、并进行拍摄。

1. 定点拍摄

对于有些运动范围有限的体育项目，经常采用定点拍摄的方法。定点拍摄是将相机的光圈和快门速度，根据现场的光线条件和设置的感光度，预先进行合理的组合，然后，将镜头的焦点调到所要拍摄的点上的伺机拍摄。

定点拍摄的优点在于捕捉动作瞬间准确、迅速、及时，拍出的照片结像大而清晰，能恰到好处地反映动作高潮。它主要用来表现战术的变化、竞争的场面、运动员的精神面貌。因此，对拍摄那些预先比较熟悉、路线、距离比较固定的动作非常有效。定点拍摄要注意以下几点：

1）快门速度一般要在 1/250s 以上，而快速旋转的动作，则要用 1/500s 以上。

2）焦点要对实，拍摄时，一定要注意聚焦点准确，如果照片拍虚了则前功尽弃。

3）要充分利用影像传感器的空间，尽量用大结像，以便突出主体。

4）拍摄时机要恰到好处。

图 17-8 所示是在第八届全运会男子体操决赛时用定点拍摄法拍摄：用 300mm 的镜头、2. 8 的光圈，1/250s 的快门速度，在运动员即将上马推手的一刹那按动快门。

2. 追随拍摄

追随拍摄是捕捉动作、模糊背景、突出主体、渲染气氛、表现动感的一种行之有效的拍摄方法。当运动员的前进方向与拍摄者追拍方向之间形成平行状态时（斜向、垂直状态皆可），就构成了横向追随的拍摄条件，如图 17-9 所示。

图 17-8

图 17-9

横向追随的拍摄方法是：拍摄者的相机镜头跟随动体，并与动体保持相同的速度向一方向移动。当动体进入理想的拍摄点和拍摄时机时，轻轻按动快门。在按动快门的同时动快门之后，相机要始终和动体保持相同速度移动。由于相机跟随动体运动背景则相方向移动，所以照片上呈现出许多背景流动的线条，而快门速度越慢，流动线条越照片上的动体由于和相机的移动方向、移动速度基本保持一致，所以形成清晰的结个照片的画面给人以强烈的动感效果。

用横向追随法拍摄时应注意以下问题：

1）相机的移动速度一定要和动体的移动速度始终保持一致。

2）相机的移动要在动体运动路线上跟随动体移动，不能前后左右的晃动。

3）按动快门要轻，时间不能过早或过晚，一般说在平行追随时以和动体在75°~85°角之间按动快门为宜。

4）按动快门的时间应该是动作的高潮。

5）快门速度应根据动体的移动速度和所要追求的拍摄效果确定，一般应在1/15~1/60s之间，最快不能超过1/125s，过快则背景不显动感。

6）要充分利用现场的光线效果，采用侧逆光和深暗一些的背景，拍出的照片效果会更好一些。

追随拍摄是顺着目标的运动方向，平稳地移动相机，使目标在取景框中的位置始终不变，并在移动的同时按下快门。这种方法可用来拍摄行进中的短跑运动员、骑手和驾驶员。它的效果是运动员的形象清晰，而背景一片模糊。优点是可以避免杂乱的背景破坏画面，同时，模糊的背景能衬托出动作的快速。追随法的快门速度通常为1/15~1/60s。在没有把握的情况下，可对同一目标用不同的快门速度拍摄几张，以供选用。

体育运动既然是以快速和动作多变为其特点，摄影者就应当努力在照片上表现这些特点。必须善于根据具体情况运用一些特殊的拍摄方法。

3. 动作的“凝固”

动作的“凝固”是最常用的方法。清晰而真实地再现出面部和身体轮廓，使人看清因动作太快而在当时无法看清的细节。不同情况下的最低快门速度见表17-1。

表17-1 不同情况下的最低快门速度

拍摄对象	拍摄距离/m	前 后	四角方向	左 右
行人、游戏中的儿童、时速约25km的汽车和帆船	4	1/125	1/250	1/500
	8	1/60	1/125	1/250
	17	1/30	1/60	1/125
短跑运动员、赛马、其他快速运动项目、时速约50km的汽车	4	1/500	1/1000	1/2000或用追随法
	8	1/250	1/500	1/1000
	17	1/125	1/250	1/500
赛车、时速90km的汽车以及更快的运动	4	1/500	1/1000	1/2000或用追随法
	8	1/250	1/500	1/1000
	17	1/125	1/250	1/500

在光线较差的情况下，即使把光圈开大也无法获得所需要的快门速度。这时应该在一个动作达到高潮、接近于完成的时候，即动作在改变方向以前趋于停滞的那一瞬间进行抓拍，如图17-10所示。

4. 模糊效果

模糊效果是用较低的快门速度拍摄快速动作，如图 17-11 所示。影像的轮廓会显得朦胧模糊而背景清晰。用这样的方法，不仅能产生动感，而且能表明动作的快速。不过模糊的程度应当适中，过于模糊会使主体无法辨认，不够模糊则会使人误以为照片有毛病。可以试用不同的快门速度进行比较。缩小光圈后如果仍嫌快门速度过高，可用灰色滤镜、偏振镜或红滤镜，但使用有色滤镜会造成色彩和影调的改变。

图 17-10

图 17-11

5. 变焦拍摄

变焦拍摄是在按下快门的同时推动变焦镜头的变焦环，使镜头焦距由长变短。用这种方法能使较慢的动作出现“加速”效果，极富于戏剧性。主体的轮廓沿对角线方向从画面中心向四周扩展，好像朝着相机爆炸开来。这种效果只能用较低的快门速度获得(1/15 ~1s)，所以，最好使用三角架。在按动快门的同时，根据动作的方向使相机向上、向下或向一侧迅速移动，也能获得类似的效果。

6. 区域聚焦拍摄

区域聚焦拍摄是利用控制相机镜头的景深范围进行拍摄的方法。用这种方法拍摄时，首先要以现场的光线条件和所设置的感光度，在保证快门速度能够将比赛动作和主体人物拍摄清楚的前提下，大幅度地缩小光圈，以获得更大的景深；同时根据景深范围确定所要拍摄的区域。只有当运动员在所确定的区域内出现理想镜头和精彩瞬间时，才迅速按动快门。英国著名摄影家蒙特·弗朗斯科在我国讲学时说：“我经常用区域拍摄的方法拍摄体育照片，在比赛中要耐心等待，有持久地忍耐和超卓的远见，才能拍到好的照片”（见12）。

图 17-12

使用区域聚焦拍摄时，一是要在保证动作清晰度的前提下最大限度的利用景深，二定的这个拍摄区域必须是运动员的必争之地。在这里动作高潮或精彩瞬间一定会出则，用区域聚焦拍摄就没有什么实际意义了。

三、后期处理

在拍摄完成后，使用图像处理软件可以对照片进行处理，使照片产生各种运动的感觉。如使用模糊滤镜的动感模糊选项，使背景产生模糊，保留清晰的主体，使画面看上去极富动感。具体的操作可以参照一些图像处理的书籍。

做一个成功的体育摄影师，不单单是拍摄技术水平高，更重要的是拍摄的照片要不落俗套，有新意、有强烈的感染力。

第十八章 科技摄影

随着科学技术的发展，摄影广泛应用于物理、化学、天文、考古、法学、医学、航天等领域，出现了近距摄影、缩微摄影、高速摄影、显微摄影等科技摄影形式。

现在科技摄影已成为传递科技信息的“国际语言”，它用途广泛、专业性强。

第一节 近距摄影

一般相机拍摄的最近物距大约是该相机标准镜头焦距的 10 倍左右，如一般 135 相机标准镜头焦距为 50 ~ 60mm，它的最近拍摄距离为 0.6m 左右。近于 10 倍焦距的物体，无法用一般拍摄方法进行摄影，必须在镜头前加会聚透镜（俗称近摄镜），加接近摄接圈或近摄皮腔，改换近摄镜头，乃至使用显微镜方能完成拍摄工作。

近距摄影容易出现变形、失真及曝光不足等现象，所以要使用必要的设备并采取相应的措施。

一、近距摄影的装置及运用

1. 专业近摄装置

专业近摄装置是自动化程度高、结构精密的大型拍摄设备。各国生产厂家很多，如德国的“蔡司”、日本的“富士”、美国的“柯达”都生产大型的专业近摄装置。这些装置专业性强，在这里不做详述。

图 18-1

2. 微距变焦镜头

在 135 单镜头反光相机的机身上装上一只微距变焦距镜头，[illegible]以在胶片上获得大约为 1:5 或 1:4 乃至 1:2.8 的影像。

这类微距变焦距镜头有维维他（Vivitar）75 ~ 205mm、f/3.8，[illegible]马（Sigma）80 ~ 200mm，泰姆隆（Tamron）80 ~ 210mm、[illegible]4等型号，如图 18-1 所示。

[illegible]种微距变焦距镜头使用灵活，但有效孔径较小，需要使用高感光度拍摄。

3. 微距镜头

微距镜头是一种结构完整的镜头，它具有最大限度的清晰度和像场平整度，它的调焦范围可以从无限远到原物的1/2乃至景物原大（即1:1）。在翻拍文件（即一次缩微）工作中它显得特别重要。微距镜头的焦距通常有50mm和100mm两种。

维维他90mm、f/2.5的微距镜头具有极高的解像力和反差，是一种结构精良的微距镜头。

4. 近摄镜

近摄镜是结构极为简单的新月形附加镜片（一侧是凸面，另一侧是凹面），使用时把它安装在照相机镜头前，就可实现近摄。它的屈光强度以屈光数值表示，数值越大，镜头的聚焦距离越近。通常使用的近摄镜图为1~4号，如图18-2所示。

图　18-2

近摄镜的放大率，依与它一起使用的镜头而定。主镜头焦距越长，放大率也越大，最低屈光度（+1）的近摄镜与50mm镜头连接使用时，可得到1:20的放大率，而一只屈光度+3的近摄镜可使放大率达到1:7。如果想获得更大的放大倍率，则可把两片近摄镜叠加使用，但此时其光学性能可能受到一些影响。近摄镜使用方便，价格便宜，不会影响曝光，但会降低一些解像力和反差，所以使用近摄镜不能获得真正平直的焦平面。

5. 近摄接圈

近摄接圈通常是一些经黑化处理的金属接圈，有3只成套出售，安装在机身与镜头之间。这3只接圈可以单独使用，也可以组合起来使用，使镜头与焦平面的距离即像镜距加大，从而增加了接近被摄物的能力。由于近摄接圈没有光学镜片，所以不会降低主镜头的成像质量。当所加近摄接圈的长度等于照相机镜头的焦距时，就可获得1:1的放大率。

使用近摄接圈后减少了到达感光器件的光量，对没有自动测光功能的相机来说，要依近摄接圈的使用说明计算曝光补偿数值，以获正确的曝光。

另外，近摄接圈具有自动光圈联动机构和手控机构两种，前者使用时非常方便，后者使用时则必须在聚焦时将镜头开到最大孔径，而拍摄时再缩小光圈。

近摄接圈如图18-3所示，其中最左面的金属圈是与相机机身连接的接环，最右边的金属圈是与相机镜头连接的接环。

6. 近摄皮腔

近摄皮腔（见图18-4）设置在单轨或双轨支架上，皮腔两头靠特制的连接件分别与机身和镜头连接，通过齿条和齿轮能前后移动，一般皮腔可以在30~200mm之间伸缩，并且这种变化是连续、无级的，所以在进行10:1以内的近摄工作中，近摄皮腔实为理想的设备。

图 18-3

在使用近摄皮腔过程中，同样存在使用近摄接圈时需要注意的问题（如曝光补偿、收缩光圈等），要注意调整之。

7. 反向接圈

反向接圈是一个能把相机镜头反向固定在机身上的组合器。相机镜头反向接在机身上之后可以获得 1:1 或 3:1的放大率。

用这种方法拍摄时，相机的自动光圈不起作用。聚焦时先把镜头调焦至无限远，然后对着主体移动相机的位置进行拍摄。

图 18-4

二、近距摄影的用光

拍摄大小物体的用光原理通常是一样的，但在近距摄影中往往出现光效平淡无味的现象，尤其在用灯光近摄时更为明显。但在近距摄影中由于被摄体很近，用自然光作为光源多会造成一片散光，不利于摄制成鲜明、锐利的图像，所以近距摄影多采用人造光。下面分别从近距摄影的主要光源和近距摄影的用光方法两部分来加以介绍。

1. 近距摄影的主要光源

1）小型聚光灯。用 2 ~ 3 个背面镀有反光箔的小型摄影聚光灯（或商店橱窗陈设中用作局部聚光照明的小型反射灯泡）可获良好的效果，如图 18-5 所示。

2）显微镜灯如图 18-6 所示。

3）回形照相灯如图 18-7 所示。

4）环形闪光灯如图 18-8 所示。

2. 近距摄影的用光方法

1）用小型聚光灯的近摄用光如图 18-9 所示。

2）固定形态不透明的被摄体照明方法如图 18-10 所示。

3）半透明被摄体用光方法如图 18-11 所示。

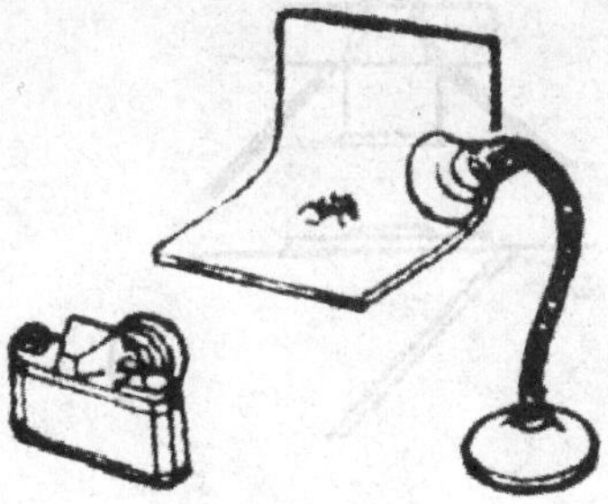

图 18-5

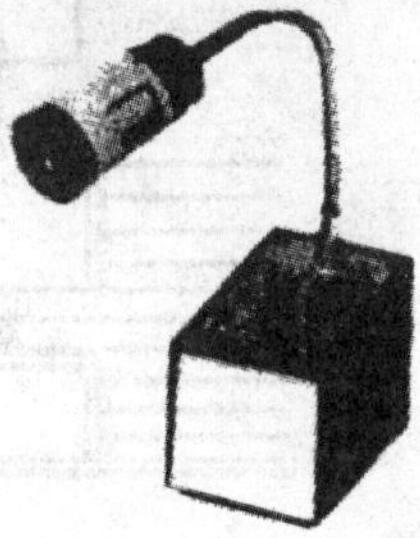

图 18-6

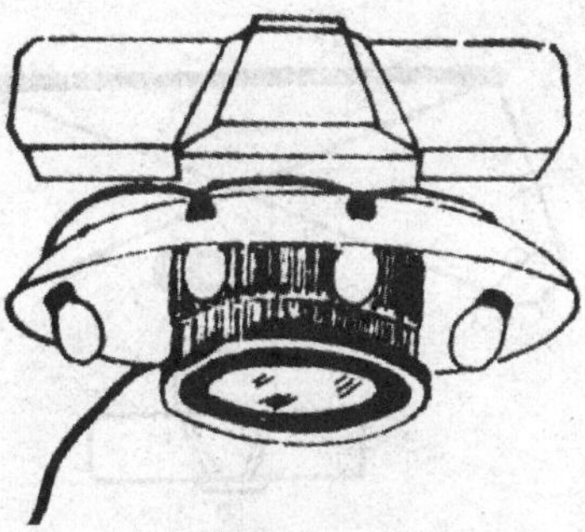

图 18-7

图 18-8

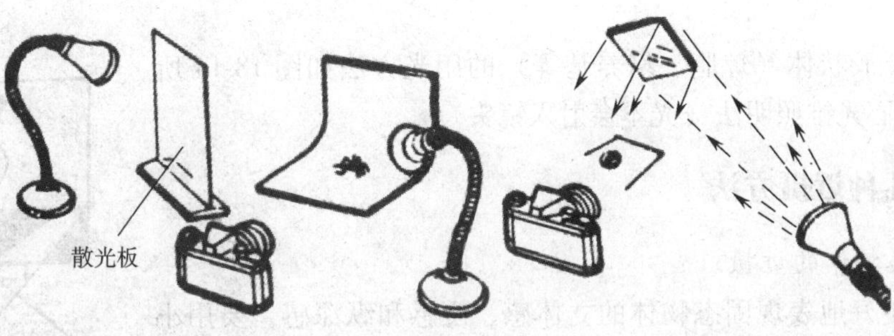

图 18-9

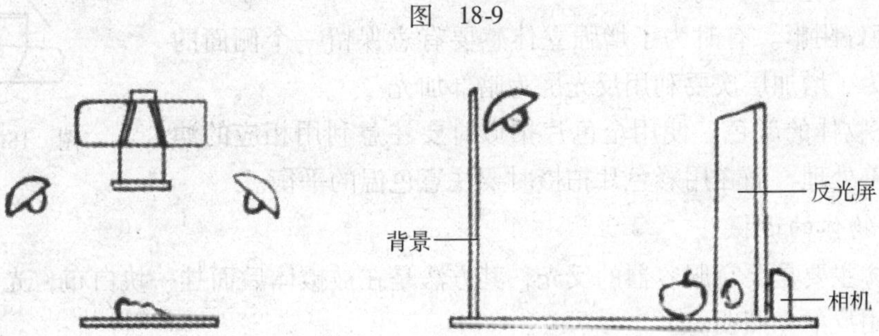

图 18-10

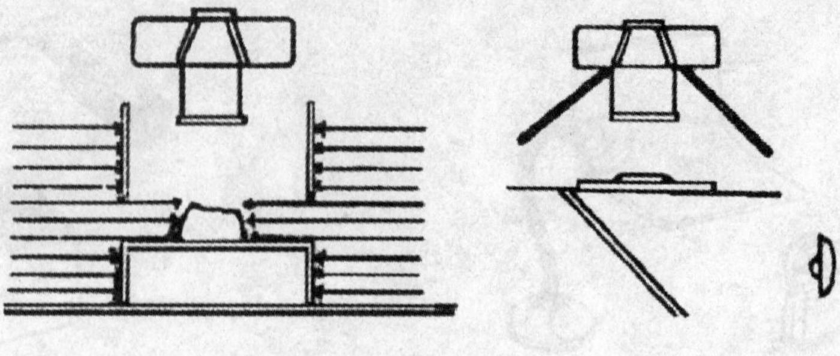

图 18-11

4）透明被摄体照明方法如图 18-12 所示。

5）拍摄反光透明体的照明方法如图 18-13 所示。

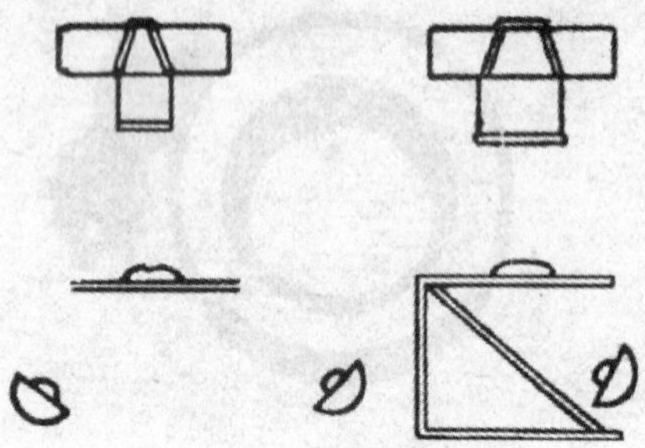

图 18-12

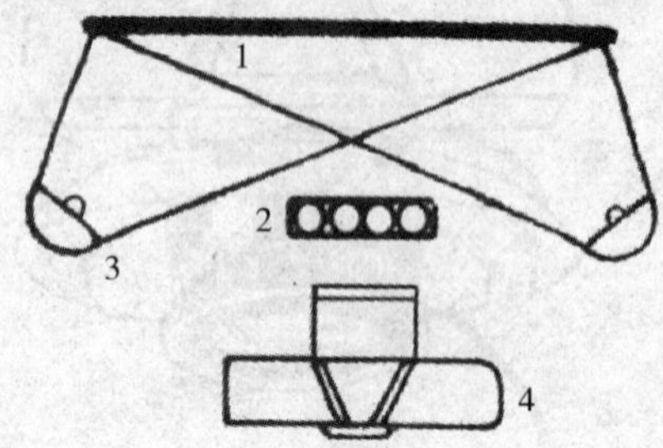

图 18-13
1—反光板 2—拍摄物 3—灯光 4—相机

6）拍摄胶状体（琼脂、培养基等）的用光方法如图 18-14 所示，称为空心光锥照明法（光不会射入镜头）。

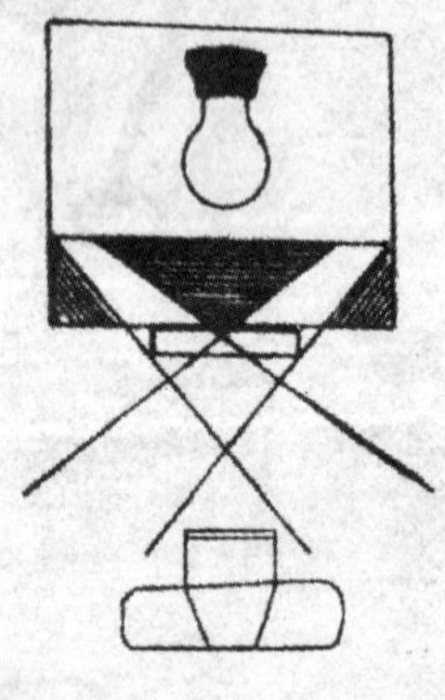

图 18-14

三、几种近摄方法

1. 固态物体的近摄

1）为更好地表现固态物体的立体感、质感和纵深感，要用小光圈 f/11、f/16 甚至 f/22。

2）处理好阴影。有时为了增强立体感要有意保留一个侧面的阴影，有时为了增加层次要利用反光屏为暗部加光。

3）固态物体的颜色。使用全色片拍摄时要注意利用相应的滤色片进行妥善处理，而在用彩色片拍摄时要注意色温的平衡。

2. 液态物体的近摄

拍摄液体主要是要克服容器的反光，其方法是在被摄体后面挂一块白布，光源照射在白布上，采用反射光照明。

3. 胶状体的拍摄方法

由于胶状体是半透明体，所以拍摄时既不能全用透射光，也不能全用散射光。拍摄培养皿中的菌苗可用正面光或侧面光作主光，用透射光或后侧透射光作辅助光。拍摄琼脂需要用回折光（见前面“近摄用光”一节）。

4. 透明体、半透明体及混悬体的拍摄方法

拍摄透明体、半透明体可以从被拍摄体斜后方布光，而不能从正面打光，因为那样会造成光晕的出现。

X 光片的拍摄需要光线均匀，可以用 X 光看片灯，拍摄时要用黑纸遮住周围，尽可能减少多余光线的干扰。混悬体多呈半透明状态。拍摄时要处理好背景和用光。

第二节　平面物体摄影

科技摄影中，平面物体的摄影并不少见。如各种平面媒体、图样、图片等的翻拍。下面就平面物体摄影的装置、用光和拍摄方法分别介绍。

一、平面物体的摄影装置

平面物体摄影要求被摄对象、感光片平面、镜头表面三者必须平行。由于平面物体多属近摄，所以需要用以下装置来完成平面物体摄影工作。

1）一套近摄装置。近摄皮腔、近摄接圈或近摄镜。

2）翻拍架。以保持相机和被摄体有稳固的平行或垂直状态，并能上下、左右移动。

3）快门线。由于平面物体摄影多属慢速拍摄，为减少相机振动，需要使用快门线。

4）均匀的照明（包括正面和背面照明）。

二、平面物体摄影用光

平面物体摄影要求光线均匀，光线的投射角与摄影机的垂直线成 45°～50°角，如图 8-15所示。

灯的距离要相等，灯的功率要相同，灯光的几种使用方法如图 18-16～图 18-19 所示。

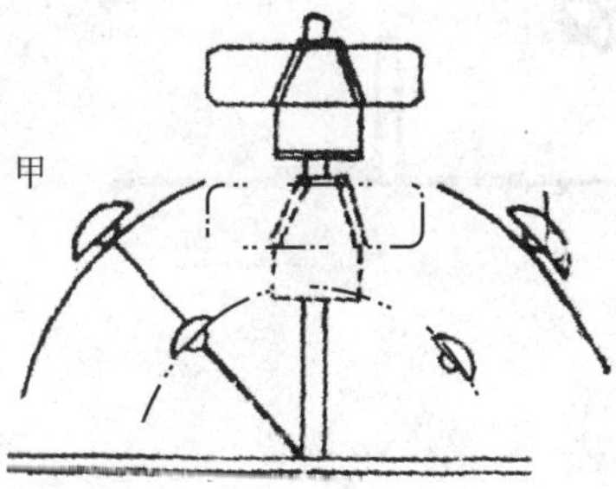

图　18-15

图　18-16

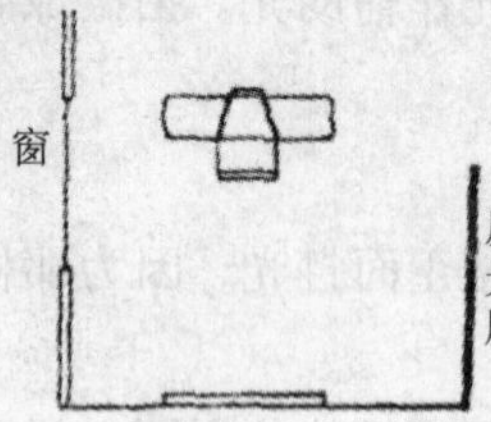

图 18-17

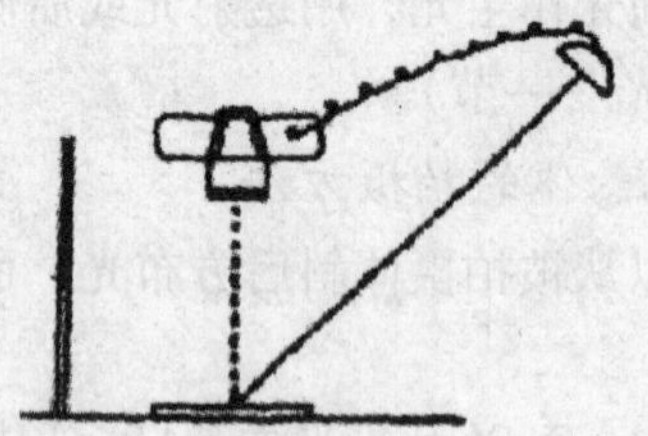

图 18-18

图 18-19

三、装置平度和光线匀度的调整

1）平面物体摄影中，相机、翻拍架平面相对平行，可以用在机背上和翻拍架的底面上放上水平仪的方法，调整两者的相对平行状态，如图 18-20 所示。

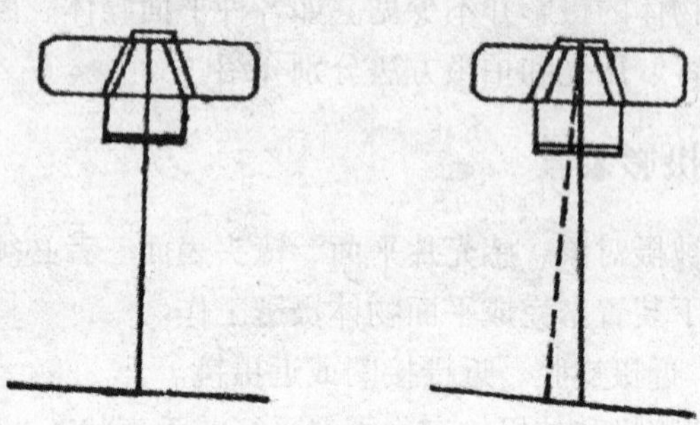

图 18-20

2）光线均匀状况的调整，可以用测光表测量翻拍架底面 4 个角与中心部位的照度，也可用一支铅笔立放在翻拍架底面正中，若铅笔在底面上的影子长短、深浅都一样则为光线均匀，否则就要调整灯光的距离和角度，如图 18-21 所示。

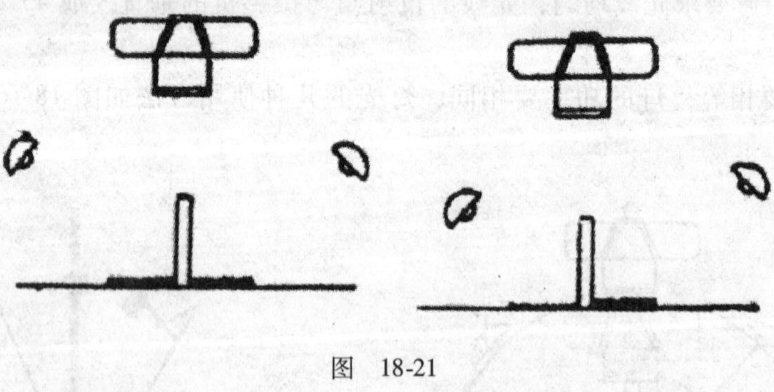

图 18-21

四、几种拍摄方法

（一）照片的翻拍

翻拍照片时常常由于照片受损伤而发生折痕、退色等现象，通常可以在后期制作时修复。

（二）文字图表资料的翻拍

1）彩色原件或层次丰富的黑白照片，注意曝光要充分（可加半档曝光）。

2）拍摄时，光源色温、曝光条件要求严格，要仔细、认真去做。

3）翻拍布纹或绒面相纸的照片，往往由于光的反射而出现明显纹路从而影响效果。因此，翻拍时光线不要过强，还要把照片润湿或表面涂些甘油，使其表面产生光泽。

（三）翻拍工作中几个技术性问题

1. 滤色片的运用

滤色片在翻拍工作中有着特殊的意义，如对蓝色图形可加红滤色镜以获较强反差，也可用红滤色镜消除被红墨水污染的部分。滤色镜的具体应用情况见表 18-1。

表 18-1 滤色镜的具体应用情况

被摄原件情况	要求效果	应选用滤色镜
蓝色字迹	清楚	深黄、橙、红
白底上的红线条、红字	红色清楚	蓝
白底上的红线条、红字	去掉红色字迹	红
各色污染	清除污点	与污点颜色相同的深色镜
影像退色或发黄	清楚	蓝
白纸陈旧或发黄	使纸变白	深黄、橙
墨迹变成黄色或褐色手迹	字迹清楚	深蓝
彩色图片	翻拍成黑白照片	日光下用黄；灯光下用浅绿
表面有反光的原稿	清除反光	偏振镜
带有玻璃框的照片	同上	同上

2. 一些特殊情况的处理

1）黄斑的清除。年久照片有时会出现黄斑，这主要是由于当时水洗不够充分所致，翻拍前要经漂白到显影处理。具体方法是先配制漂白液：

甲液：高锰酸钾 3 克，加水至 500 毫升。

乙液：浓盐酸 2 毫升，加水至 500 毫升。

使用时甲、乙两液等量混合即成漂白液，用水将照片充分浸湿后放入漂白液中，待影像完全消失后再充分水洗。若想加快水洗速度，可用 5% 的 Na_2SO_3 液清除漂白积液，再经水洗，最后用显影液、定影液等重新处理即可获得清洁的照片。

2）背面文字的清除。有些文件双面印刷用纸很薄或是油墨过重，会使背面文字透过来，影响拍摄质量。此时可在此页文献的后面垫上一张无光黑纸即可进行常规拍摄。

3）发黄文件的翻拍。有些文献保存时间较长会出现纸面发黄的现象，拍摄时要适当增加曝光，也可加浅黄滤色片消除。

（四）幻灯片的复制

一些优秀的幻灯片和有科研价值的幻灯片常常需要进行复制以便存档、翻制、调整画面范围、调整曝光、改变色调的对比，因此幻灯片的复制工作是必要的。下面从幻灯片复制的装置、基本方法、反差、色彩的调整和幻灯片染色等几个方面加以介绍。

1. 复制幻灯片的装置

1）复制幻灯片可用透射照明灯箱和幻灯复制器来实现，如图 18-22 和图 18-23。

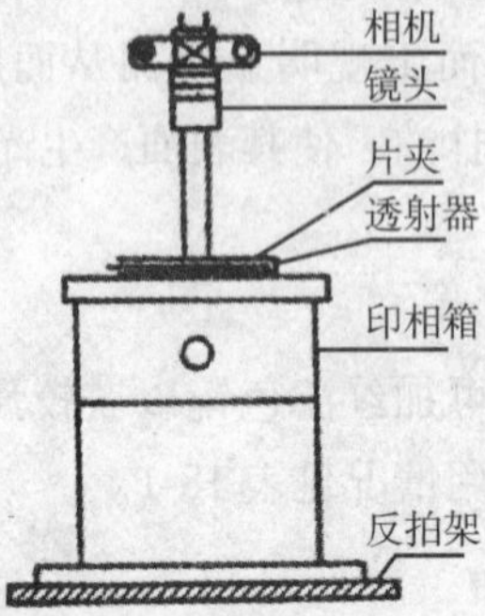

图 18-22　透射照明灯箱

图 18-23　幻灯复制器

2）还可以使用扫描仪将幻灯片扫描到计算机中，然后使用图像处理软件进行调整。

2. 复制幻灯片的基本方法

1）镜头的选用。复制幻灯片时可将普通镜头卡在配套使用的近摄器上，最好使用"平面视场"镜头，因为它可以避免使用普通镜头所产生的蝶形像场的变形和清晰度下降。另外将普通镜头反接使用也是一种方法（但大多数普通镜头均不可反接）。

2）用光与曝光。复制幻灯片要求光线均匀，要注意色温的平衡。用日光拍摄时，要使光源的距离保持在 30cm 左右。

在复制过程中，对曝光略不足的原片可适当增加曝光，对曝光稍微过度的原片，可适当地减少曝光，以改善幻灯片的质量。

3. 复制幻灯片反差和色彩的调整

1）反差的调整。复制的幻灯片的反差一般均高于原件的反差，若再想提高反差可尽量选用低感光度。如果原件反差过大，则除应选用高感光度拍摄外，还可采用灰镜进行二次曝光。具体做法是在复制器的装片夹中放一片柯达雷登 2 号中灰密度滤色片，先进行微量的一次曝光，然后取下灰镜，插入需要复制的幻灯片，再进行二次曝光，这样会使原件反差减弱。

2）色彩的调整。在光源与复制器毛玻璃之间插入适当色彩的浅滤色片（即校色片），可以调整原件的色彩。把带有各种图案的彩色滤光片叠加在原片之前或是把校色片放在光源的前面，这样还可提高原片的艺术效果。

第三节　荧光屏摄影

从电视荧光屏、示波器的阴极射线管以及扫描电子显微镜的阴极射线管拍摄图像或波形的工作，统称为荧光屏摄影。荧光屏摄影可以捕捉到肉眼看不到或无法辨认的过程与现象，如振动的声波、航天器发回的月球照片及探测器发回的目标信息。荧光屏摄影在科研与生产中有着广泛的应用。

本节将从 4 个方面介绍荧光屏摄影的基本知识。

一、阴极射线管和电视显像管的工作原理

阴极射线管是将扫描电子束所产生的（经放大的）视频信号重现为可见图像的电子器件，电视显像管是阴极射线管的一种专用形式。

1. 阴极射线管

阴极射线管（见图 18-24）的外形像一个长颈宽底的大玻璃瓶，长颈部是一个电子枪与偏转线圈，可以发射电子束，电子束依据信号偏转。管底的内壁涂有一层荧光粉，构成荧光屏。当电子束轰击荧光粉时，在屏上就会映出一个亮点。电子束在荧光屏上迅速扫描，屏上的亮点也迅速移动，由于人眼的视觉暂留功能，便可看到荧光屏上的图像。示波器的图像一般呈现为发光的波形线条、绿色、高辉度。示波器阴极射线管上的图形有的是稳定的波形，有的是触发扫描，还有的是瞬息万变的。

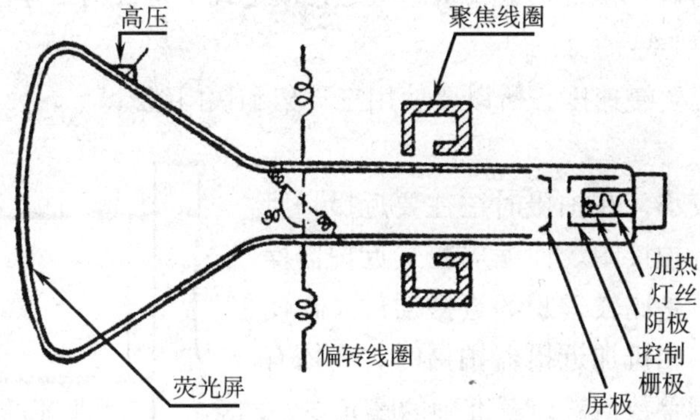

图　18-24

2. 电视显像管

电视显像管（见图 18-25）采用静电聚焦、磁偏转方式。它具有荧光余辉时间较短、屏幕尺寸较大等特点。

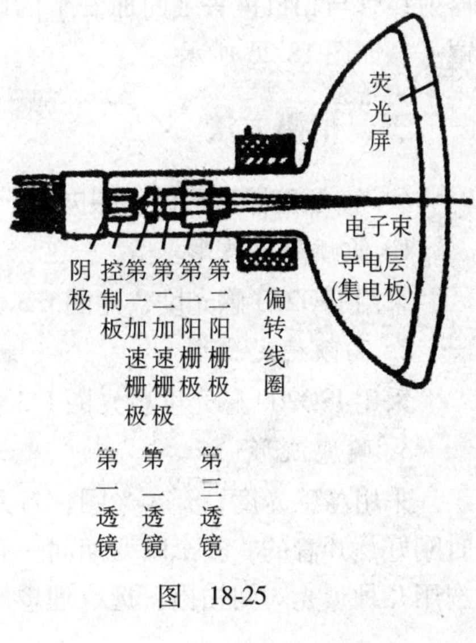

图　18-25

彩色电视机荧光屏上出现的彩色图像是按加色法原理构成的。简单说来，电视摄像机的镜头摄入影像后，利用折光镜将光线分成 3 路，由 3 个摄像管分别感受光线中红、绿、蓝 3 种原色光，然后将感受的光线转变为电信号。这些信号被彩色电视机收到后便控制彩色显像管里的 3 个电子束，每个电子束都在荧光屏上产生一种三原色之一的色光。显像管向外的一面含有 40 万组荧光点，每组有 3 个荧光点，它们受到电子束激发后就产生对应的红、

绿、蓝色光。在电子束与荧光屏之间。隔着一块遮板，板上有40万个小孔，每个小孔都对应一个荧光点，以确保通过每一孔的电子束只落在一个荧光点上。而不会影响其他的荧光点。红、绿、蓝3色以外的其他颜色均是通过加色法混合产生的，如红＋绿——黄色光，红＋蓝——品红色光，绿＋蓝——青色光，红＋绿＋蓝——白光，红、绿、蓝3色皆缺乏为黑光。我国的电视播放采用625线制，即用625条扫描线构成一幅电视画面，每幅画面由两个交替隔行扫描的半帧组成，供电频率为50周的电视机1/50s扫描半帧，即每1/25s扫描出一帧完整的625条轨迹，人眼的视觉暂留时间是1/10s，所以看到的扫描画面是连续的。

彩色电视机荧光屏图像的色温通常高于标准日光色温，达7000K左右。

二、荧光屏摄影需用的设备

1. 照相机

荧光屏摄影应采用单镜头反光相机，相机镜头相对口径要尽量大，不可小于f/3.5。快门以镜间叶片式为好，纵走式金属快门次之，横走式帘幕快门最差。

2. 三脚架和快门线

由于荧光屏摄影要慢速度，所以要使用三脚架和快门线。

3. 近摄装置

荧光屏的尺寸较小，在拍摄时往往要近摄，所以要备有近拍镜或近拍接圈。伸缩皮腔式近拍器操作灵活、使用方便，是比较理想的近摄器件。在使用没有内测光系统的相机加近摄器拍摄时，要依有关数据计算曝光，调整数值，以获准确的曝光。

4. 阴极射线管专用罩

为避免反光，在光线较强的环境下可以在示波器射线管与相机镜头之间加一个内侧涂无光黑漆的罩子，如图18-26所示。

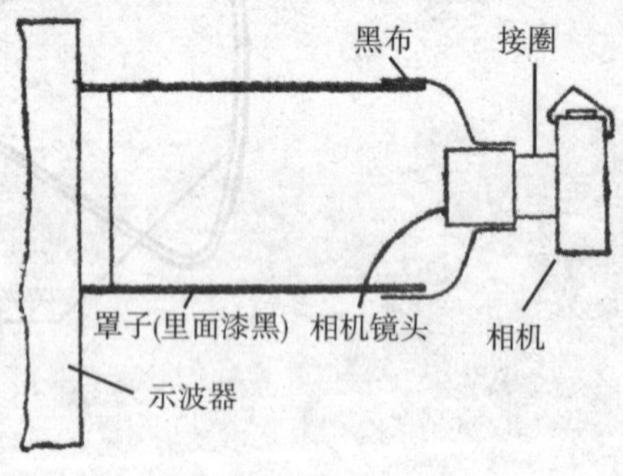

图　18-26

三、拍摄方法

（一）示波器波形的拍摄方法

1. 低频稳定波形

采用ISO200感光度，光圈f/3.5～f/4，曝光时间1/15～1/8s。

2. 高频稳定波形

采用ISO200感光度。光圈f/3.5～f/4，曝光时间1/8～1/2s。

3. 瞬变波形

采用高感光度，开大光圈，打开B门，由瞬变过程自身控制快门，即快门在轨迹出现时刚好是开着的，整个瞬变期间一直不关闭。对于重复的扫描轨迹，则要事先打开B门，选用几种曝光时间拍摄，选取理想的拍摄效果。

4. 坐标栅格的拍摄

示波器坐标栅格亮度往往不能与图形同时获得合适的曝光，使用二次曝光的方法先用一种曝光参数对坐标栅格进行正确曝光，然后对信号图像进行二次曝光。

5. 数据的整理

在大量的实验中，由于获得数量繁多的同样或近似的波形，就需要使用专门的示波器拍摄装置或者使用相机数字后背，以便编号、整理。

（二）电视机荧光屏画面拍摄方法

1. 调整电视机

在打开电视机前要用微湿毛巾轻轻擦去显像管表面的灰尘、指纹和油污。

打开电视机后要把画面调至最清晰状态，影像反差要适中，影调以偏软为好，亮度要适宜。彩色电视机应调整画面色彩。

把彩色电视画面的色彩调至偏红，可以获得一张自然色彩的照片而不至于出现电视机里彩色画面偏蓝的现象。

2. 排除杂散光线和灯光的干扰

在拍摄电视画面时，将相机放在电视屏幕正面，在打开电视机之前，应仔细观察是否有窗户影子、室内灯光的影子是否反射到电视屏幕上。若有此现象，就要挂上窗帘并关掉照明灯。另外，如果放置电视机的台面反光强烈，则需要在台面上铺上吸光的深色台布。

3. 相机和拍摄有关参数

拍摄电视画面也宜采用单镜头反光相机，并附加近摄装置、三角架和快门线。快门结构以叶片式为最佳，钢片纵走快门次之，横走帘幕式快门为最差。

快门速度要在 1/30s 以下，光圈 f/2.8（以 ISO100 感光度而定），但快门速度亦不可慢于 1s，以免造成彩色摄影的色彩平衡被破坏。

彩色电视画面色温高于标准日光色温，注意色温的调整。

拍摄的聚焦应选择从电视屏幕中心至边缘一段的中间点作为调焦标准，这样才能使弯曲的电视屏幕置于景深范围之内（对非直角平面电视而言）。

四、LED 和液晶显示的拍摄

1. 发光二极管（LED）的拍摄

LED 是微弱的发光体，在用 ISO100/21 胶片拍摄时曝光参数大约为 1/8s、f/4，拍摄时要把四周环境的亮度调节到与 LED 亮度近似。即按相机 TTL 的指针所示，把正常的感光值放大一档光圈，这样就可以使远、近物体亮度合适，LED 数字显示明显，可获良好效果。

2. 液晶显示数字的拍摄

由于液晶显示是靠反射光的作用才能看得见，故其亮度随周围环境明亮程度而异。在拍摄时依照 TTL 测光结果进行拍摄即可。

第四节 考古摄影

考古摄影主要有野外摄影和文物摄影两部分。利用前面讲述的摄影知识并结合考古专业的要求，才能获得有科学研究价值和艺术欣赏价值的照片。

一、野外摄影

野外摄影要求迅速准确。摄影者要在现场中可靠地摄取第一手资料，避免时过境迁而造成不可弥补的损失。野外摄影主要应注意以下几个方面：

（一）野外拍摄的基本过程

1）首先做好拍摄记录以便核对和存档，记录的主要内容有：①时间；②天气情况；③使用相机牌号和镜头焦距；④使用感光片的型号；⑤拍摄对象；⑥光圈；⑦速度；⑧是否加滤色镜；⑨拍摄方向；⑩编号等。

2）先拍下遗址或遗迹的地理环境、地理位置、地层关系、灰坑范围以及采取品的分布情况。

3）进行正式挖掘时，要随着工作进展不失时机地拍摄下来。拍摄的大体内容有发掘地点的地形、地貌，发掘现场的工作情况，挖掘方法，发掘过程，发现的城址、沟渠、柱穴，墓葬的坑位、结构、葬具、人骨、兽皮及随葬品等。

4）在发掘的最后阶段，现场已全部暴露，要拍一张近似平面图的全景照片。

（二）野外拍摄的设备及用光

1）由于野外拍摄不但需要拍大场面（如全景）也要拍小物体，所以最好配备一只带有微距拍摄功能的28～85mm变焦距镜头。若无此设备，则要准备1只广角镜头，1套近摄镜，其他设备如三角架、快门线、闪光灯、测光表等也要备齐。

2）光线的运用。野外拍摄主要依赖于自然光。

自然光的运用。物体在自然光照射下，由于有直射光和反射光不同角度的照射，再加上物体表面的凹凸不平，形成物体各部分的明暗差别与变化。在野外考古摄影中要合理利用各种自然光的特点表现不同内容。顺光光线均匀、侧光立体感表现好、逆光空间感强。如散射光适合拍摄遗址墓葬，如图18-27和图18-28所示。它能把土色和骨架的颜色区分开来，随葬的器物轮廓也清晰可辨。

图　18-27

辅助光的作用。在野外拍照时，由于客观条件限制，使拍摄场面或物体形成过大的光比，这就需要加辅助光。加辅助光的方法主要是加反光板或用闪光灯两种。

反光板适合于为拍摄小范围的场面或物体作辅助光源，它需要将锡纸折皱，以形成漫反射，回避不均匀的反射光斑。在彩色拍摄中，使用银色反光板。才可保证光源色温的一致性。

电子闪光灯作辅助光源主要有以下几种用途：①阳光下改变墓坑明暗反差过大的照明条件；②阴暗天增强景物反差，使轮廓、线条清晰；③用闪光灯打侧光可以表现物体表面的纹饰，如浮雕、碑刻等；④用闪光灯作光源可以在墓室内拍摄壁画、雕像和建筑结构等。

图 18-28

3）野外摄影画面的处理。

拍摄点的选择。远近、俯仰、方向等拍摄因素的选择要以表现内容为依据。逆光照射条件可以较好地表现明暗层次；俯角拍摄可以表现开阔、曲折变化的场景，长方形的墓坑多采用横拍；升高机位可以减小变形；利用较先进的能够调整后背角度的相机（如林哈夫相机）可以改变不良透视。如果有条件，航拍对表现大面积遗址和四周环境更具体、更有真实感。

另外，拍摄局部出土器件照片时，选择的拍摄点，最好使所拍的景物与遗址墓葬的边壁发生联系，以便看清所拍局部和器件的具体位置，如图 18-29 和图 18-30 所示。

图 18-29

图 18-30

野外拍摄构图注意事宜：① 合理利用有效画面，把不必要的画面舍去；② 画面要主次分明，井然有序，要选用最合理的画面和最有说服力的角度；③ 画面上的人物处理要自然。

二、文物摄影

拍摄文物首先要了解所拍文物的历史背景、工艺特点，正确处理好科学与艺术的辩证关系。

1. 运用好灯光是文物摄影的关键

文物摄影大多在灯光照明的条件下拍摄，所以首先要了解灯光照明的一些特点。

灯光照明主要有散光灯和聚光灯照明两种。散光灯的照射效果是光照广泛、均匀，光的强度由照明区到非照明区逐渐减弱，而聚光灯照明集中、强烈，光的强度由照明区到非照明区明显减弱。拍摄文物大多用散射光，因为它的光强性质接近于自然光，适合于人的视觉习惯。

2. 文物摄影的用光方法

1）一种基本的、常用的光线——前侧光，如图 18-31 所示。

图 18-31

前侧光是沿拍摄方向并成 45°角的光线，这时物体表面 2/3 受光、1/3 背光，形成明显的明暗对比，但此时暗部往往亮度不够，不能反映暗部的影纹及层次，所以应该加反光板或辅助光照明。在利用前侧光拍摄时要注意背景的颜色要与拍摄主体的颜色的区分，拍深色物体时，以用淡色背景为好。背景颜色的深浅可以采取换背景布和调整灯光的距离来实现，背景远离灯光则颜色深，背景离灯光近则颜色浅。

2）侧光——表现文物的花纹、质地的光线，如图 18-32 所示。

图 18-32

侧光是指与拍摄体成 45°～90°角方向照射来的光线。用这种光线照明可以突出表现粗糙和有凹凸花纹的器物，如陶器上的绳纹、铜器上的饕餮纹、甲骨上的刻字或器物上的附着物（布纹、席纹等）。

根据侧光角度大而阴影短，角度小而阴影长的特点，在拍摄凹凸起伏的器物时要采用高位置的侧光，反之要采用低位置的侧光。如果凹凸变化很小，侧光的位置就要很低，甚至采用接近 90°角的正侧光，才能把要表现的细部刻画出来。

另外，玉器、石器、骨器上的加工痕迹，古纸、丝织品的纤维组织，需要用聚光灯的侧光来照明。而凹凸起伏比较明显的器物，如陶器上的纹饰、铜器上的铭刻及铜镜、纸币、印章、封泥、瓦片、陶片、墓志、碑文、砖刻、画像石、石雕、玉雕和骨雕等，要用散光灯的侧光来照明。运用侧光照明要防止光比过大或光线不匀的现象，通常采用加辅助光的方法克服以上缺陷。

3）后侧光。后侧光属于逆光的一种，它能有效地增加器物的立体感和空间感，对于塑造物体的轮廓十分有效。

后侧光一般要高于器物，使器物至少有两个受光面（上面和侧面）这样有利于勾勒器物的大部分轮廓。

如果后侧光使器物的 1/4～1/6 处于高光下，3/4～5/6 处于暗面，这时就必须使用辅助光。辅助光不但可以增加暗部的亮度，充分体现暗部的花纹，尚可减淡后侧光形成的器物投影，使器物的投影在画面上浓淡相宜，恰如其分。

用后侧光拍摄文物时，曝光值以暗部为标准，兼顾亮部，使各部分的光比均不得超过底片的宽容度。布光时应同时考虑主体和背景，使之达到层次分明、对比适中的效果，如图 18-33 所示。

图 18-33

4）散射光。散射光的光线均匀柔和，明暗色调接近，投影平淡，在拍摄时容易产生光斑的器物（如瓷器、玉器、漆器、料器和金银器）常用这种光。在拍摄文件、图表、字画和小件器物时也常用散射光来照明。

散射光一般是自然光在薄云遮日时产生的，在灯光照射条件下可以在强光灯前加上一层硫酸纸或一块磨砂玻璃，使光线漫射或用白纸屏和反光伞将光反射到器物上去，达到散射光的效果，如图 18-34 和图 18-35 所示。

图 18-34

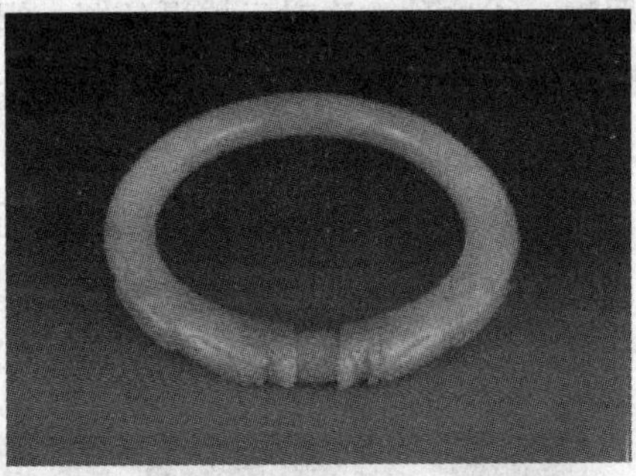

图 18-35

5）小件器物拍摄时的注意事项。文物摄影中小件器物的摄影较为多见。小件器物拍摄时除一般采用散射光照明外，还要注意以下几点：①器物的色调要尽量接近，避免深色、浅色器物色调差别过大而引起曝光偏差；②拍摄时大多采用俯拍角度；③衬底的颜色与器物颜色要搭配协调；④适当调整器物高低位置；⑤注意器物之间不要相互遮挡；⑥拍摄玉器时要使灯光照射方向与相机拍摄方向对称。这是因为玉器质地滑润，并且大多雕琢有精细的花纹。这种花纹只有在一定光线和角度下观察才比较显著，所以拍摄时要利用光线的入射角等于反射角的原理，采取特殊角度的拍摄方法。只有这样才能使玉器上的柔和反光连同花纹一起摄入镜头，如图 18-36 所示。

图 18-36

3. 文物摄影中投影的处理

文物摄影中投影的浓淡及文物在画面上所占的位置与比重，对衬托主题都是十分重要的，必须认真对待。

文物摄影光源距器物较近，并且通常需要有主光和辅助光照明，这就使器物的影子不但明显而且处理不妥还会杂乱，特别是鼎、鬲之类的三足器物，每足有 1 ~ 2 个投影，当光从两个角度打来时就会出现两个投影。所以，如果用光不当，投影过浓，势必出现喧宾夺主的现象；影子过多，互相交错，又有杂乱之感；如果没有影子，虽然主题突出了，但器物会有凌空的感觉，或形同剪纸，效果也不好。在文物摄影中，处理投影的方法大约有以下几种：

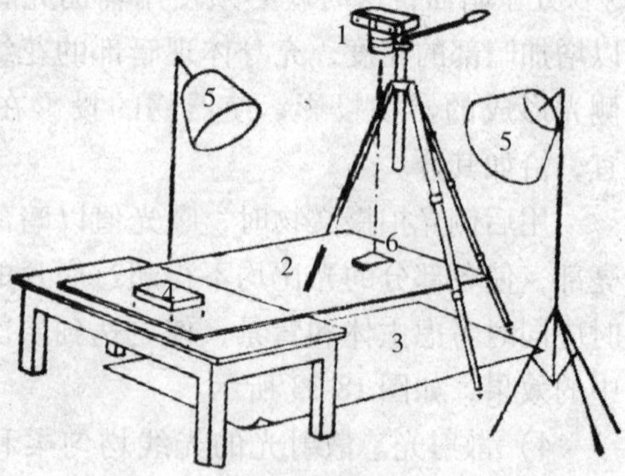

图 18-37

1—相机 2—透明玻璃 3—衬纸（或布） 4—配重物 5—灯具 6—被摄物

1）采用消除器物投影的拍摄方法，如图 18-37 所示。

这里还要注意：①玻璃距白纸（或白布）30 ~ 40cm 远；②玻璃下面的衬纸（或布）必须是白色的。若换成深色则会出现器物和相机的倒影；③这种方法不宜拍摄白色或淡色的器物；④这种方法对于拍摄丝绸、绢纱等质地薄或半透明的织物尤为有利，它不但可以表现丝绸的花纹与颜色，还能表现丝绸的组织与纤维。

2）浅色器物的拍摄。玉器、石器、骨器、蚌器或铜器等可以放在较深色的背景上拍摄，这样既能突出器物轮廓，也能衬托器物的色调和质感，投影处理在深色背底上也不明显，不会干扰所表现的器物。所以，文物摄影中，处理好投影会增加器物的立体感，起到填补空白、调整平衡、突出器物造型的作用，如图 18-38 和图 18-39 所示。

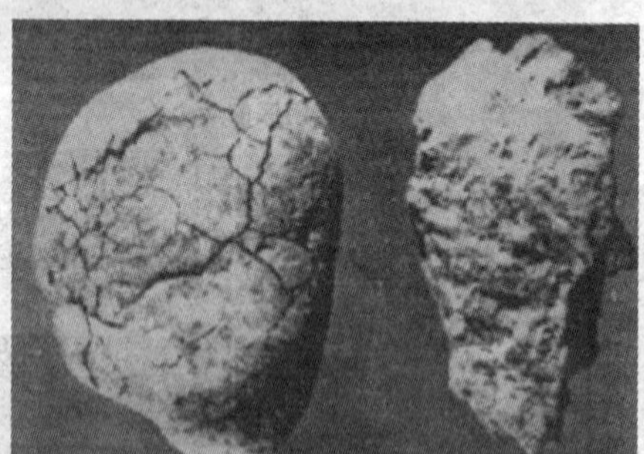

图 18-38

图 18-39

4. 文物摄影中背景的处理

文物摄影画面中，背景往往要占去 1/2 的面积，所以要充分利用背景，让其为主题和内容服务。

1）背景色调的选择。

在用全色片拍摄时，背景一般采用深灰至浅灰的中间色调。而深、浅色调的选择要以器物颜色为主。完全黑色的背景不利于表现空间感，画面也显得沉闷，而用一张白纸作背景也起不到衬托作用，所以一般均不采用。如图 18-40 所示即以灰色调为背景的效果。

图　18-40

用彩色片拍摄文物时一般用浅灰色、浅米色、浅咖啡色和淡黄绿色为宜。如需用深色背景，则以深棕色、深灰色或黑色为好。

在彩色拍摄中要特别注意背景衬布的色彩对文物色彩的影响，特别是表现表面光滑的器物，背景色的影响更为明显，所以拍摄文物时，为了保留文物原有的真实色彩，最好不用对比强烈的补色和颜色鲜艳的背景。如果拍摄的文物颜色偏深，宜采用浅灰色调的背景，如图 18-41所示。

2）背景材料的选用。光滑、细腻、透明的器物适合选择质地粗糙松软的背景材料（如毛毯、网格布等），如图 18-42 所示。

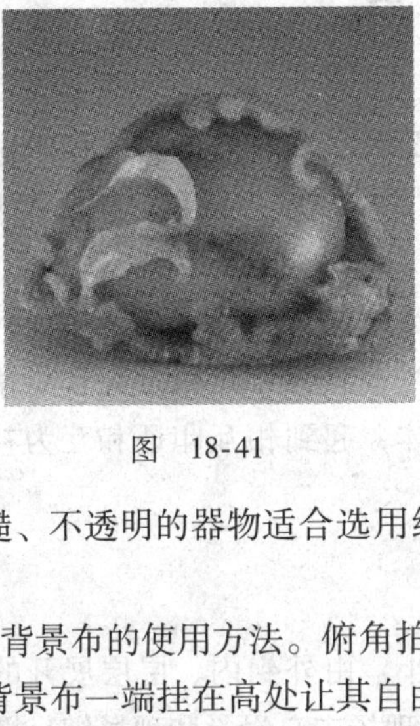

图　18-41

图　18-42

粗糙、不透明的器物适合选用细腻些的背景材料（如灰布、背景纸等），如图 18-43 所示。

3）背景布的使用方法。俯角拍摄时，背景布平铺在器物下面；平角拍摄时，一种方法是将背景布一端挂在高处让其自由下垂到器物台上，再圆滑地转向平台，使背景与台面无明显界线，如图 18-44 所示。另一种方法是把背景布和台面分开，使画面中间偏下处出现明显界限，如图 18-45 所示。

图　18-43

图　18-44

图 18-45

总之，考古摄影不仅需要具备考古方面的专业知识，还要掌握摄影艺术，只有这样才能拍摄出既有科学研究价值又有审美价值的考古摄影作品。

第五节 刑侦摄影

由于摄影方法能准确、迅速地记录客观情况，所以摄影在刑事侦查工作中也有着广泛、重要的意义。刑侦摄影是刑事侦查工作中的一种常用的技术手段，它在法律上具有证据作用。

刑侦摄影必须严格按照法律进行，必须依照比例摄影的规则，不准采用任何艺术加工手段。对于拍摄情况（时间、地点、技术参数等）均要作详细记录，并且要使摄影工作与笔录及现场绘图工作有机配合，使之构成一个整体，起到相互印证和互为补充的作用。

一、现场摄影

现场摄影要依据实际情况采用由远及近、由大到小、由外到内、层层展开的拍摄方法。现场摄影一般分为现场方位摄影、现场概览摄影、现场中心摄影和现场细目摄影。

1. 现场方位摄影

现场方位摄影是要把整个现场在周围环境中的相对位置反映出来，并要将其中的重要标志收入画面。

现场方位摄影取景时要将现场安排于画面的前景或中央，对有永久性标志的物体（道路、桥梁、路标等）要安排在画面的显著位置，拍摄时一般选远景和采用俯拍。为扩大景物范围可选用广角镜头或采用接拍的方法，对于较小的特殊标志（如门牌号码、单位名称等）可采用单拍一张特写照片，而后在编排现场照片时，从原位置引申出来作为辅助照片。

夜间进行现场方位摄影时，应该首先选择好拍摄点，用现场勘查灯、探照灯和闪光灯（一般要用闪光同步器将几只闪光灯合理分布在不同位置，联动闪光）作光源，用三角架固定好相机，拿两只手电筒从被拍摄场面的两侧照射镜头，用以确定拍摄范围和聚焦。选用合适的曝光组合，进行分层、分段的多层次曝光。此时应注意勿使重叠曝光区的曝光过度。

2. 现场概览摄影

现场概览摄影是反映现场本身的内部状态及内部景物相互之间关系的摄影形式。

现场概览摄影要把现场中心部位和勘验的主要对象置于显要位置（不能相互遮掩），以使人对现场发生的案件一目了然。

现场摄影有时采用广角镜头，但最常用的方法是从不同角度拍几张照片，对照分析。拍多张照片的方法大致如下：

1）相向拍摄法。相向拍摄法（见图 18-46）是以现场中心部位为主体，从两个相向方位拍摄两张照片，以此来反映现场的痕迹物品的位置、特点和相互关系。

拍摄时要注意使两个拍摄点的角度、高度以及距现场中心的距离相等，并尽可能采用侧光，曝光量要一致，以免造成拍成的两张照片色调差别悬殊。拍摄人体时切忌从头部和脚部两处选择拍摄点，以免影像变形。

2）交叉拍摄法。交叉拍摄法（见图 18-47）是从两个交叉方向拍摄，所得 4 张照片可以使现场中心部位与四周痕迹物证的相互关系得以充分的反映。所以拍摄时要使拍摄点与现场中心部位的距离相等，制出的照片尺寸、比例以及影调的控制要尽可能一致。

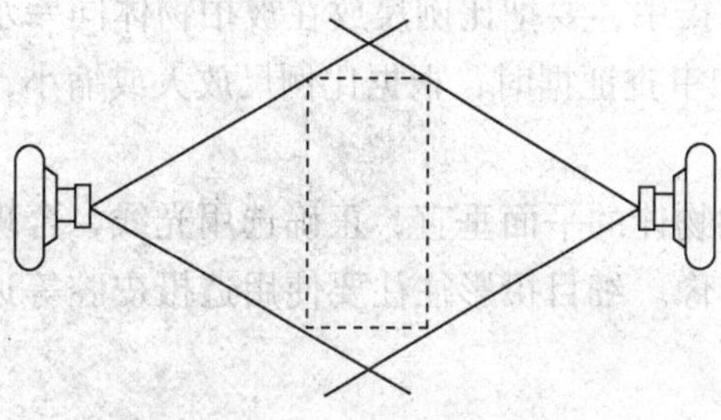

图 18-46

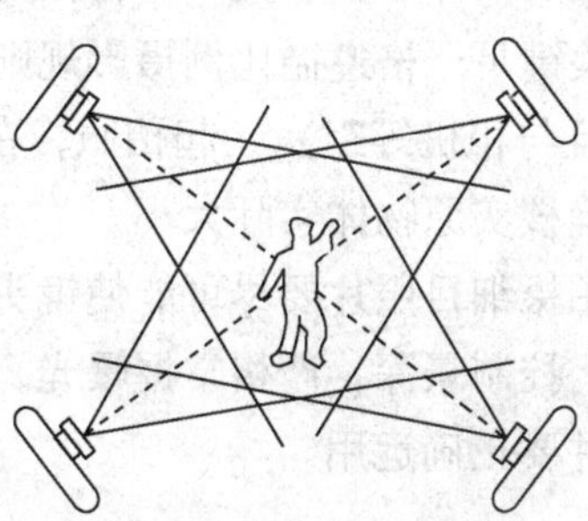

图 18-47

3）分段拍摄法。分段拍摄法用于现场地形狭长、窄小无法在一个拍摄点拍摄全貌的场合。分段拍摄法分为回转拍摄法和直线分段拍摄法。

分段拍摄法要使各张照片曝光一致，选用特征显著的物体线条作标志，并使画面之间略有重叠。

回转拍摄法是将照相机固定在一个拍摄点上。严格地讲，是要使相机以镜头的像方节点 H′为固定点转轴，改变拍摄角度，不改变拍摄点的位置，只改变其角度，分段拍摄，最后将若干张拍得的照片按衔接标志拼成一幅完整画面，如图 18-48 所示。

直线分段拍摄法是使相机沿着被摄物体的直线方向分段移动拍摄，相机和被摄物应保持平行、距离相等，各段拍摄点的高度也要一致，这种方法常用来拍摄成趟的脚印和连接的血迹等，如图 18-49 所示。

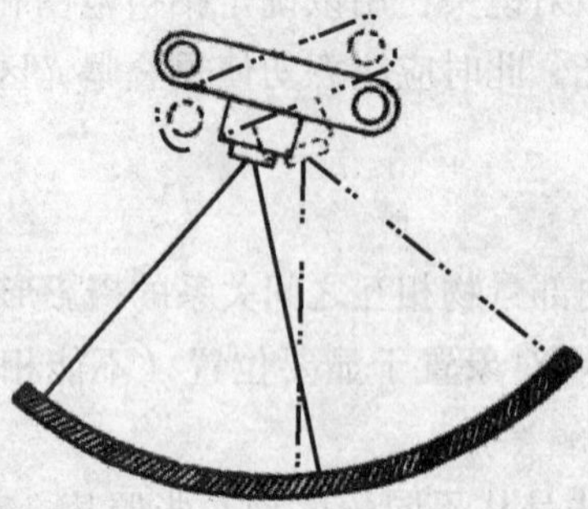

图 18-48

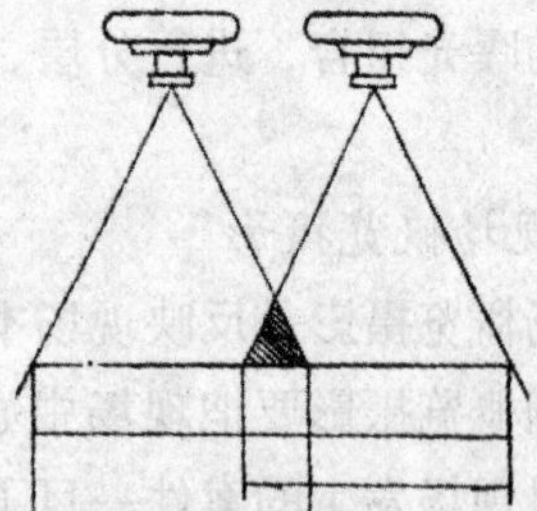

图 18-49

3. 现场中心摄影

记录犯罪现场中心部位和反映现场主要物体的特点，及其与临近物体、痕迹之间关系的摄影，称为现场中心摄影。

现场中心摄影要将对案件有重要意义的勘验对象（如尸体、凶器、血迹等）及罪犯的进出处、被其翻动的物品等安排在画面的主要位置。现场中心摄影要采用高角度俯拍的方法以保证物像不变形，同时还往往采用相向拍摄法和分段拍摄法。

4. 现场细目摄影

现场细目摄影是指记录现场中对案件有意义的单个痕迹、物品的摄影。由于细目摄影所拍摄的物体形状、大小等特征为刑侦科学技术鉴定提供了客观真实的依据，所以细目摄影的关键是严格遵循比例摄影规则进行。在拍摄中，要把比例尺放在被拍物体同一水平面上（且与相机等距）一起拍照，在技术鉴定和审查证据时，根据比例尺放大或缩小，就可以准确核实原物体实际大小。

拍摄细目照片要尽可能使镜头光轴与被拍物体的平面垂直，正确选用光线，合理调节光圈、控制景深，严格掌握曝光，以获清晰影像。细目摄影往往要使用近摄皮腔等近摄设备，并要正确运用。

二、检验摄影

在刑侦摄影中，检验用于检验痕迹、物证的各种专门摄影称为检验摄影。

常用的检验摄影有以下几种方法：

1. 加强反差摄影法

这种方法用于单色客体，其关键是选择光照的角度。

2. 分色摄影法

这种方法用于多色客体。当客体的颜色中有肉眼不易辨别的差别时，可以用滤色镜和相应感光片来调整。

进行分色摄影时，要依照被拍物体表面颜色和分色拍摄的具体要求，按照与滤色镜同色通过、异色阻止的原理，正确使用滤色镜。若要消除或削弱某种色彩，就要选用与其同色或相近色的滤色镜；反之，要使某种颜色加深，就要选用与其互为补色的滤色镜，在加用滤色镜时也同样要留意滤色镜的因数，并据此来调整曝光量。

3. 紫外线摄影

利用紫外线具有使某些物质产生激发光的特性，在刑侦技术检验工作中可以显现人眼不能察觉的物质痕迹，用来鉴别物质的异同，有效地扩大痕迹的利用范围。如利用油墨和染料在紫外线激发下所产生不同的荧光反应，可以鉴别货币、证券和票证的真伪，辨别文件纸张、墨水、糨糊、胶水等物质的异同，判明文件的真伪及伪造的方法；利用消字灵在紫外线照射下特有的荧光现象，可以发现消褪痕迹，并恢复消蚀文件的内容。利用紫外线照射还可以发现和查明密写内容，确定密写物质的种类属性，区别同色不同染料的棉、毛织品，发现衣物上的血迹、油渍、精斑以及毒物等。

紫外摄影中，由于很多物质对于紫外线的吸收、反射（或透射）往往与可见光有明显之差异，因此利用物质的这种特性，可以获得与白光照明完全不同的图像，了解更多的信息资料。

（1）紫外线摄影的材料

由于在波长短于120nm的紫外线区皆被空气吸收，也已经没有什么材料可以用于做透镜，而且即使在空气强吸收的舒曼紫外区（200～120nm）也要用荧石（如氟化钙）制作透镜，所以，从实际应用意义上讲，200nm以下只在真空中使用。在使用波长峰值为365nm的紫外光进行紫外摄影时，一般镜头尚能透过，可以用在常规相机镜头前加紫外滤光片的方法；在使用波长峰值为254nm的紫外光进行紫外摄影时要使用石英或氟化钙镜头。

紫外线摄影常用镜头有：德国蔡司（Contax）普莱那镜头，日本尼卡尔（Nikkor）镜头，瑞典哈塞苏娜镜头等。

（2）紫外线摄影的方法

1）直接紫外摄影。直接紫外摄影需要在暗室中进行，此时镜头前可不加任何滤色片。若周围有可见光干扰，则镜头前需加透紫外线吸收可见光的滤色片，如图18-50所示。

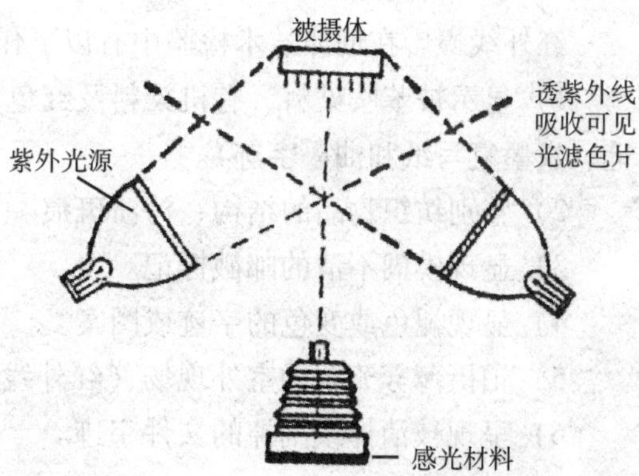

图18-50 暗室中的直接紫外摄影

直接紫外摄影，应用特制石英玻璃镜头，特别是在中紫外区200～300nm必须用紫外线镜头，记录365nm的近紫外光影像也可用普通光学镜头。

直接紫外摄影，应尽可能采用小光圈，因为紫外线波长短于可见光，所以紫外线焦点不与可见光焦点重合，用可见光调焦后，波长差会造成紫外线焦点不准。为消除因波长差造成的焦点模糊，就需要采用小光圈，以加大景深来解决。

直接紫外摄影使用的滤光片为透过紫外线的滤光片和吸收紫外线滤光片两类。按透过方式分类，又有切割滤光片和干涉滤光片两种。在拍摄中要了解它们的功能及使用方法。

如雷登18A、18B均为透紫外线滤光片，其中雷登18A在100~400nm波段有很好的透过性能；雷登18B在200~250nm波段有很好的透过性能。而雷登2A、雷登2B、雷登2E均为紫外线吸收滤光片，它们对可见光透光率均达90%以上。

2）紫外荧光摄影。有些物质在紫外线激发下能产生可见与不可见荧光，记录这种可见荧光属于常规摄影，但需在镜头前加吸收紫外线的滤光片以完全去掉光源发出的激发用紫外线成分。另外，一般可见荧光吸收强度比可见光弱很多，为防止紫外光源的可见光成分干扰，紫外光源上也需要加透紫外吸收可见的滤光片，这样既可拍得可见荧光照片，也可拍得不可见的紫外荧光照片，如图18-51所示。

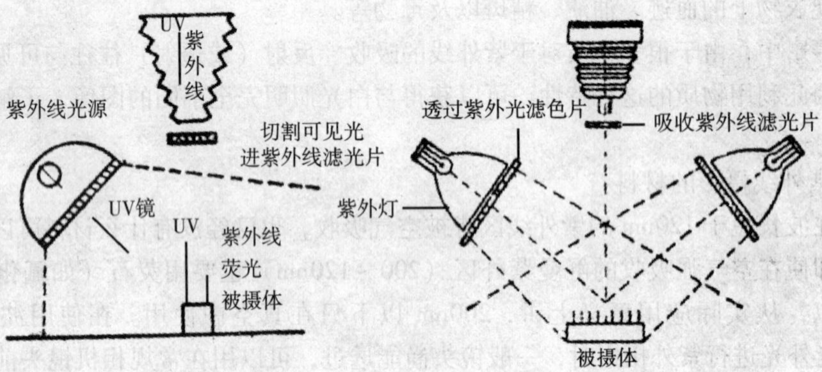

图18-51　不需暗室的直接紫外照相

不可见荧光摄影兼有直接紫外摄影与紫外荧光摄影两方面的特点，往往采用干涉滤光片（只透过被短紫外激发出的较长紫外），否则达不到预期效果。此外要周密考虑器材的使用。

4. 红外线摄影

红外线摄影在刑侦技术检验中有以下作用：

1）显示被苯胺染料、有机染料及红色污斑掩盖或浸染的各种字迹（如墨汁、石墨铅笔、炭墨复写纸和油墨字迹）。

2）鉴别纺织物品的结构、污渍斑痕。

3）显现模糊不清的邮戳标记。

4）显现褪色或变色的字迹或图案。

5）拍摄薄雾笼罩的室外现场（红外线能很好地穿透薄雾）。

6）呈现被消掉或刮掉的文件字迹。

5. X射线摄影

X射线具有频率高、光波短（波长0.01~10nm）、辐射能量大、穿透性强等特点。它对固体物质的穿透力受产生X射线的电压和被作用的物质原子量所制约，电压高则产生的X射线波长短，对物质的穿透力强；物质原子量大，则X射线的穿透能力相对来说就弱。利用X射线这种穿透不同密度的物质的能力，可以在X射线感光片上产生光化学反应而呈现不同密度的感光效应，可为判明物质内部结构及是否含有其他异物提供可靠依据。

X射线摄影必须有X光机和双面涂有感光乳剂膜的X射线感光片及增感板、遮光筒、滤光器、厚度测量尺、防护铅板等器材。

进行X射线摄影要首先了解X射线机的电压和电流使用表，测量投照部位的厚度，确定电压，并依据所选择的X射线量（电流毫安数）计算出曝光时间，然后使用相应的光圈和遮光筒，测定中心，摆正被摄物的位置，最后再进行曝光。

三、辨认摄影

辨认摄影包括人犯摄影和无名尸体辨认摄影。

1）人犯辨认摄影不容许任何艺术加工，必须客观、真实地反映所拍摄对象的面貌。并应遵守以下规则：①从正面和侧面分别拍摄对象的半身照片；②影像的大小定为人体的1/7；③拍照时要让犯人摘去帽子、头巾、眼镜，留长发的要让耳朵露出来；④拍正面半身像时要让犯人端坐，腰、背、头部自然挺直，头不低也不抬，两眼平视，从取景器中要能同时观看到其左、右两耳。为使拍照顺利进行，可让犯人坐在辨认照相座椅上拍照；⑤最好再拍一张犯人平时面貌的照片（如平时戴眼镜的，要让其戴着眼镜拍一张）以便对照；⑥拍右侧半身照片时，应令犯人向左转90°角，两眼向前平视，使侧面轮廓、右耳等特征清晰，使犯人影像正置于画面中央；⑦背景要使用灰色，色调要柔和，反差要适中，层次要丰富。用灯光拍摄时，应备用500W灯泡3只：一只放在头顶2m处，呈45°角投射，另两只分别放在拍照人左侧3m处及右侧2m处，均以45°角投射；⑧使物距等于焦距的8倍，最好用中型相机拍摄（底片尺寸为6.5cm×9cm）。用135相机拍摄时，可在人脑前同一水平放置一标尺，且实际长度为28cm，最后放大时，将标尺放大到4cm，则所得影像就可以为人体的1/7。

2）尸体辨认摄影。尸体辨认摄影除有“人犯辨认摄影”的要求外，还要注意以下几点：①尸体辨认摄影必须迅速、及时，以防尸体腐烂；②对面容有损伤的变形尸体，要在整容前、后分别拍摄；③要拍左侧面像；④对尸体有重要辨认意义的特别记号或标志要进行细目摄影。

四、指印摄影

指纹印迹对侦查案件有极为重要的证据意义，而用摄影记录指印是比较理想的方法。

侦破工作中的指印摄影除要求拍摄者具有一般的摄影知识和技能外，还应通晓化验指印的原理，这样才能拍出有侦破意义的指印照片。

侦破指印摄影的方法大致如下：

1. 摄影之前的显影处理

拍摄前要依不同种类指纹及其所在表面的不同性质，分别采用铝粉、灯烟灰、铅白等粉末，碘蒸气、硝酸银溶液等对指纹进行显影处理（此项工作可在专职人员配合下进行）。经过显影处理后可以把一些模糊不清的指纹印像拍摄得清晰易辨，如图18-52和图18-53所示。

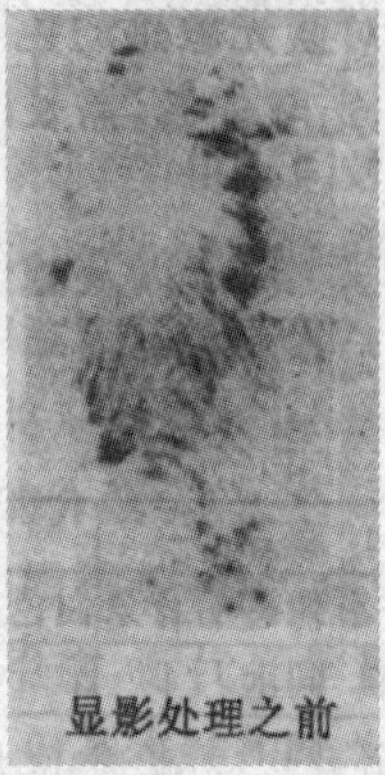

图 18-52

图 18-53

2. 使用的相机

拍摄指印使用的相机必须具有延长双倍焦距的近摄皮腔或接圈，也可采用倒接镜头接环。以用毛玻璃取景器为好。

3. 指印摄影用光

指印摄影最好不用闪光灯做光源，而用一个或几个灯泡（最好是小型聚光灯）并以侧光照射为好，如图 18-54 所示。

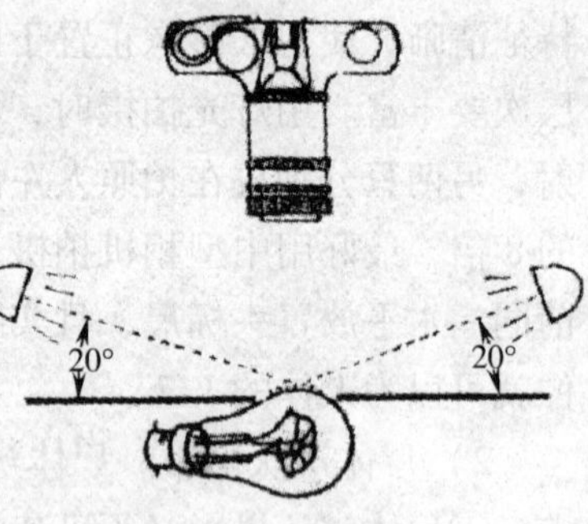

图 18-54

4. 使用背景和滤色镜

背景颜色及滤色镜的使用等也会对指印摄影产生不同影响。

1）指印的背景为深灰、深蓝色时，加用蓝滤色镜。

2）指印的背景为深灰、浅蓝、浅灰、非常浅淡的黄色或绿色时，不加用滤色镜。

3）指印的背景为红色、深黄色或墨绿色时，加黄滤色镜。

此外，指印摄影有时还采用紫外荧光摄影和印模片摄影等方法。

第十九章　数字化图像的输出与使用

第一节　非数字化图像的数字化

纸质照片、胶片和书刊杂志上的图像都是非数字化图像，使用扫描仪可以将这些图像扫入电脑，使它们数字化，从而实现对它们的处理、使用和输出。扫描仪和数字相机的作用差不多，都是数字化设备，都是将模拟图像转变为数字化图像的工具。

扫描仪的种类很多、性能指标各异，下面加以介绍：

一、扫描仪的种类

扫描仪大致分为手持扫描仪、平台式扫描仪、滚筒式扫描仪等三类。目前手持扫描仪基本被淘汰了，滚筒式扫描仪也被专业的平台式扫描仪（见图 19-1）所取代。

平台式扫描仪又分为家用扫描仪、商用扫描仪和专业扫描仪。

图 19-1　平台式扫描仪 中晶 ScanMaker i800

1. 家用扫描仪

家用扫描仪（见图 19-2）价格低廉，产品的种类很多，可以满足各种家庭用户的需求。家用扫描仪目前发展的特点是 1200DPI × 2400DPI 或更高的光学分辨率、色彩深度在 36 位以上，已成为主流产品、具有时尚的外观，并且使用更加方便快捷。

图 19-2　中晶 ScanMaker 4850II

USB接口成为家用扫描仪的主流配置，USB接口在传输速度、易用性和与计算机的兼容性方面都具有很大的优势。目前许多扫描仪都设置了“扫描、复印、电子邮件、文字识别、传真等”的快捷键，使产品更加人性化，也有效地提高了工作效率。

2. 商用扫描仪

商用扫描仪具有高分辨率、静音、高速扫描等特点。光学分辨率在1200DPI × 2400DPI，色彩深度在36位以上。一般商业用户使用扫描仪需要高速、高效。有的扫描仪采取独特的双CCD技术，一个2400DPI传感器和一个600DPI传感器合为一体。无论常规的600DPI扫描还是精确的2400DPI扫描，都可以获得高速度和最佳效果。有的扫描仪还带有软件，可以实现多台计算机共享扫描仪，这可以在一定程度上提高工作效率。有的扫描仪带有透扫器，可以扫描底片、胶片和幻灯片。

3. 专业扫描仪

一般广告公司和图像设计公司使用专业扫描仪，专业扫描仪的扫描速度、扫描质量都很高，可以得到较高质量的图像，并且具有图像、文字、表格混排录入的能力，还有某些特殊的专业功能。专业扫描仪的价格也很昂贵，从一万元到几万元不等。专业扫描仪又分为单平台专业扫描仪、双平台专业扫描仪、胶片扫描仪和大幅面扫描仪。

（1）单平台专业扫描仪

单平台扫描仪只有一个操作平台，扫描反射稿和透射稿共用一个平台，一般是A4幅面，具有较高的扫描质量。

（2）双平台专业扫描仪

双平台扫描仪（见图19-3）具有两个操作平台，扫描反射稿和透射稿分别在不同的操作平台。可以得到高质量、高精确色彩值的图像，可以满足印刷、打印输出的高水平要求。

（3）胶片扫描仪

胶片扫描仪（见图19-4）简称“透扫”，专门用来扫描底片、APS胶片、反转片等透射稿的扫描设备。高精度是胶片扫描仪的主要特点，胶片扫描仪产品的扫描精度从1900DPI到8000DPI。另外，胶片扫描仪都具有色彩校正功能，以校正胶片普遍存在的色相偏差。胶片扫描仪的动态密度一般较高，最低也要在3.6D，可以真正表现原稿的色彩。

图19-3 中晶 ScanMaker i900 专业扫描仪

图19-4 胶片扫描仪 尼康 Super Coolscan 5000

(4) 大幅面扫描仪

能扫描 A3 幅面以上的扫描仪都称为大幅面扫描仪（见图 19-5），达到 A1 和 A0 幅面的扫描仪属于超大幅面扫面仪，大幅面扫描仪主要用于广告和工程图纸的数字化。

图　19-5

二、扫描仪的性能

扫描仪的主要性能指标有：分辨率、色彩深度、密度范围、扫描幅面等。

1. *分辨率*

分辨率是扫描仪的重要指标之一，其数值的高低既能反映扫描仪记录图像信息的能力，又能反映扫描仪的档次和质量。分辨率是每英寸的点数，通常用 DPI（Dots Per Inch）表示。

扫描仪的分辨率分为硬件分辨率和软件分辨率。

硬件分辨率又称光学分辨率，是扫描仪的感光元件和感光元件通过机械部件运动所获得的分辨率。例如，A4 幅面的扫描仪可扫描的最大宽度是 8.5in，如果 CCD 含有 10200 个感光单元，其光学分辨率为 1200DPI。

软件分辨率是扫描仪的最大分辨率，是通过软件插值得到的分辨率，如一台光学分辨率为 600DPI 的扫描仪，通过插值算法其最大分辨率可达 9600DPI。软件分辨率只可以增加图像的尺寸，但对图像的品质没有提升。只是扫描仪性能的参考值。

2. *色彩深度*

色彩深度也叫色彩位数是扫描仪所能产生的颜色范围，一般用每个像素点上的颜色位数（Bit）表示。色彩位数越高，扫描的颜色范围越宽，得到的图像颜色之间过渡越平滑、色彩越艳丽，图像越真实。目前的中高档扫描仪已经达到 42 位、48 位的颜色深度。

3. *密度范围*

密度范围是指扫描仪从原稿中识别最亮和最暗部分细节的能力。通常扫描仪在高光处的密度识别度都不错，但在暗调处的识别能力差别很大。密度大的扫描仪分辨色彩的能力强，也就是分辨色彩较多。家用级平台扫描仪的密度范围在 0 ~ 2.3D，专业级在 0 ~ 3.2D 到 0 ~ 3.3D 之间，甚至有达到 0 ~ 4.8D 的扫描仪。

4. *扫描幅面*

扫描幅面又叫扫描面积是指扫描仪能够扫描最大原稿的尺寸，大多数平台扫描仪的扫描面积为 8.5in × 11in（215.9mm × 279.4mm），即 A4 幅面；还有加长 A4 幅面的扫描仪，即 8.5in × 14in（215.9 × 355.6mm），A3 扫描仪的幅面是 11.4in × 17in（289.6mm × 431.8mm）。另外工程扫描仪的扫描宽度最大可达 A0 纸张的面宽，而且，纵向可以无限延长。一般来说 A4 或 A4 加长扫描仪可以满足日常的应用，A3 或更大幅面的扫描仪在专业领域使用。

三、扫描仪使用的注意事项

使用扫描仪有以下10个注意事项：

1）通常扫描仪都设有专门的锁定/解锁机构，移动扫描仪前，应先锁住光学组件。再次使用扫描仪之前，一定要首先解除锁定！否则，很可能造成扫描仪传动机构的损坏！

2）不能使用有机溶剂来清洁扫描仪，以防损坏扫描仪的外壳以及光学元件。

3）不要让扫描仪工作在灰尘较多的环境之中。务必保持扫描仪玻璃的干净和不受损害，因为它直接关系到扫描仪的扫描精度和识别率；如果上面有灰尘，最好能用我们平常给照相机镜头除尘的皮老虎清除。

4）不要带电接插扫描仪。在安装扫描仪，特别是采用EPP并口的扫描仪时，为了防止烧毁主板，接插时必须先关闭计算机。

5）不要忽略扫描仪驱动程序的更新。许多用户平时只注重升级显卡等设备的驱动程序，却往往忽略了升级扫描仪的驱动程序，而驱动程序又直接影响扫描仪的性能，并涉及各种软、硬件系统的兼容性，为了让扫描仪更好地工作，应该经常到其生产厂商的网址下载更新的驱动程序。

6）不要使用太高的分辨率。使用扫描仪工作时，不少用户把扫描仪的分辨率设置得很高，希望能够提高识别率，但事实上，在扫描一般文稿时选择300DPI左右的分辨率就可以了，过高的分辨率反而可能降低识别率，这是因为过高的分辨率会更仔细地扫描印刷文字的细节，更容易识别出印刷文稿的瑕疵、缺陷，导致识别率下降。

7）不要关闭系统虚拟内存。如果在内存配置较低的计算机中，来扫描图像时，常常会出现系统内存不足的现象，此时可以使用硬盘上的剩余空间作虚拟内存来完成扫描工作，但是当虚拟内存被禁用时，扫描仪就不能继续工作了。

8）不要将压缩比设置太小。在用扫描仪完成图像扫描任务后，常常需要选择合适的图像保存格式来保存文件，有的用户在选用JPEG格式时，总认为压缩比设置得越小越方便保存和传输，但是如果设置太小将会严重丢失图像信息。

9）不要让扫描仪工作在震动的环境中。扫描仪如果摆放不平稳，那么扫描仪在工作的过程中需要消耗额外的功率来寻找理想的扫描切入点，即使这样也很难保证达到理想的扫描仪垂直分辨率。

10）不要频繁开关扫描仪。有的扫描仪要求比较高，在每次使用之前要先确保扫描仪在计算机打开之前接通电源，这样的话，频繁开关扫描仪的直接后果就是要频繁启动计算机，而且频繁地开关对扫描仪本身也是极为不利的。

四、扫描仪的使用

使用扫描仪之前要详细阅读说明书中介绍的使用方法。一般的使用方法如下：

（一）扫描仪硬件安装

1）扫描仪硬件安装请参考相应扫描仪的使用手册。需要注意的是有些扫描仪为了保护扫描运动机构，运输过程中设置了保护锁，在安装完成后务必按照扫描仪安装使用手册的方法打开保护锁，否则扫描仪可能无法工作或产生异常的声音。

2）放好扫描仪，插上电源和 USB 线，系统目前使用的扫描仪均为 USB 接口，支持 Windows 的即插即用功能。

3）扫描仪驱动程序的安装。在计算机连接扫描仪后，Windows 会自动发现扫描仪设备，插入附带安装光盘安装驱动程序。扫描仪驱动程序的安装请参考相应扫描仪的使用手册。

（二）扫描仪的使用

1）平时使用时，把要扫描的稿件放在扫描仪上，盖上盖子。检查一下电源线和 USB 线是否连接好。

2）启动应用软件，一般会首先扫描仪预热，然后自动预扫描，如果没有什么问题的话按“扫描”按钮就可以了。有些情况下需要进行相应的设置。

3）扫描仪参数设置。单击“设置维护/扫描仪参数设置”菜单项，系统会弹出参数设置对话框，如图 19-6 所示。

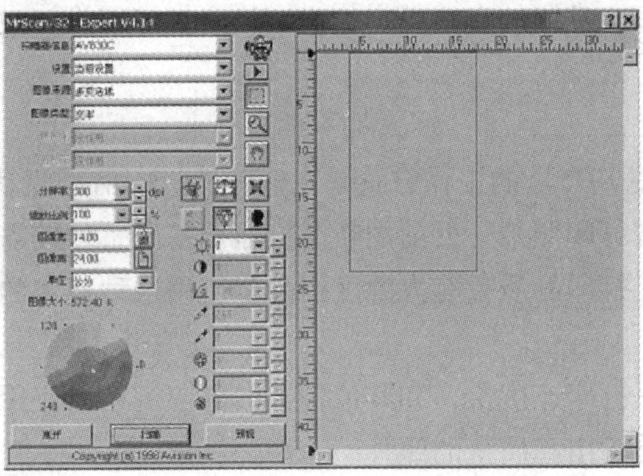

图 19-6　设置扫描仪参数

根据所使用的扫描仪的不同，其参数设置的窗口也不相同，设置时请参阅扫描仪的使用说明手册。扫描仪参数设置如下几项：扫描颜色、扫描方式、扫描分辨率，如 300DPI、扫描比例，如 100%、纸张设置等。

4）扫描完成后图像会自动进入软件，然后再相应的编辑一下，编辑完成后另存为图像文件。因为不同的扫描仪使用的软件有所不同，但基本步骤都差不多。

第二节　数字化图像的输出

数字化图像的输出有很多方式，如打印或扩印成纸质照片、印刷出版、制作成电子相册、刻录在光盘中保存或在网络上传输等。下面介绍其中的一些方式。

一、打印与扩印照片

对于是扩印照片还是打印照片，要看使用的要求、价格和设备情况，一般来讲喷墨打印机由于墨滴扩散的问题，其打印照片的在清晰度、色彩层次上都比不上扩印机扩印的照片。

热升华打印机具有照片级的打印质量，使用热升华打印机打印的照片图像还原度非常好。另外，热升华打印机还具有镀膜功能，在打印照片的同时在照片上镀上一层膜，使打印的照片具备防水、抗氧化的功能。

打印照片的价格要比扩印照片高，这是由于能够打印照片的打印机本身价格就比较贵，使用过程中还要有墨盒与打印纸等耗材的费用，热升华打印机一般都需要专用的照片纸和专用的色带。

扩印照片的优势是成本较低，而打印机可以放在电脑旁边，随时可以打印照片，使用起来比较方便，对于不在意价格的用户是一个方便快捷的数码照片的输出方式。

（一）打印照片

1. 打印机的种类

打印机的种类很多，常用的有喷墨打印机、热升华打印机、激光打印机和自动式数码打印机等。

（1）喷墨打印机

喷墨打印机（见图 19-7）的工作方式是在电脑的打印信号驱动下，装有墨水的喷头向打印纸喷射墨水来实现打印照片。目前的喷墨打印机基于一种按需供墨技术，就是只在需要的时候喷射出墨滴，打印的质量有大幅度提高。使用这种技术的打印机有两种形式，即气泡式和压电式。

喷墨打印机优点是打印速度快，和其他种类的打印机相比使用价格低廉。它的缺点是色彩还原不准确，不能输出高质量的照片。

（2）热升华打印机

热升华打印机（见图 19-8）的工作原理是在一个转鼓上有 4 种颜色（青、品红、黄和黑色）的固体颜料，由安装在转鼓上数以万计的半导体加热元件加热后，将固体颜料直接变为气态，然后喷射到打印纸上。

图 19-7　爱普生 STYLUS PHOTO 925

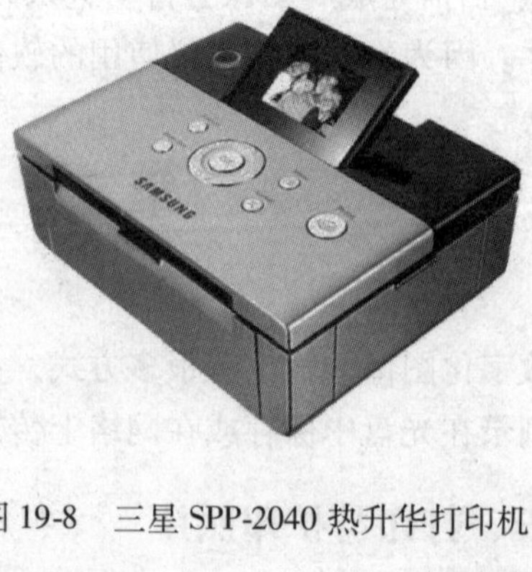

图 19-8　三星 SPP-2040 热升华打印机

有一些热升华打印机配有读卡器可以不通过电脑，直接从存储卡上读取图像数据，直接打印照片。

热升华打印机打印的照片清晰度、色彩效果非常好，照片的层次丰富、色调柔和，并且，打印出来的照片通过了镀膜处理，保存时间可以到几十年。它的缺点是打印速度慢、打印幅面较小、对耗材有特定的要求，所以打印成本比较高。

（3）彩色激光打印机

彩色激光打印机（见图19-9）的工作原理是打印机接受计算机的图像数据，随后打印机的微处理器将这些数据存于它的内存中，然后破译成点阵数据图样，激光发生器根据这些点阵图样数据把激光束投射到一个激光鼓上，最后经过打印引擎打印成最终图像。

图19-9　HP Color Laser Jet 2605dn

彩色激光打印机打印的照片接近印刷质量，并且打印速度很快，彩色图像打印速度一般是约3～4张/min，并且不需要专用纸张。其使用成本较低。它的缺点是由于技术的原因，其价格比一般的喷墨打印机高出许多。随着打印机技术的发展，价格会逐步降低，很快会达到普通摄影者可承受的价格范围。

（4）自动式数码打印机

自动式数码打印机（见图19-10）是一种和数字相机配套使用的自动打印机，其中有一些是便携打印机，有些产品还设有提手。手提式照片打印机具备机身小巧，方便随身携带的特点。除了可连接室内的交流电源使用，很多产品都设有可替换充电池，在户外也能操作。不需电脑也能使用，将相机存储卡插入打印机专门设计的存储卡读取插槽内，通过液晶显示的操作屏幕选择要打印的相片，再按打印键即可将相片打印出来，而且很多产品都内置有PictBridge接口乃至无线接口，可连接支持PictBridge标准的数码相机或摄像机，并直接将相机内的数字相片打印出来。

图19-10　HP Photosmart A716

2. 打印机的使用步骤

打印机的使用比较简单，不同品牌的打印机在使用上略有不同，主流品牌的打印机在连接上计算机后，Windows系统会自动识别打印机，无需安装驱动程序。下面介绍打印机的使用步骤：

打印机是高科技产品，结构精密，如果使用不当极易造成损坏。正确使用和操作打印机，是减少打印机的故障几率和延长使用寿命的关键。首次使用打印机可按如下步骤进行：

第一步，打印机的安放。首先应该把打印机安放在水平、稳定的桌面上。因为经常的振动会影响打印机的寿命或直接导致打印机的损坏。再有打印机周围应留有足够的空间，以便于操作和维护。打印机前面还要有足够的出纸空间。另外，打印机不应放在阳光和强光源直接照射到的地方，温度和湿度变化比较大的地方也不宜放置。

第二步，连接打印机电缆。首先确认计算机、打印机都处于关机状态，并切断电源。然后按随机附带的《打印机说明书》连接好与电脑或网络接口电缆的连线。注意检查打印机背面标签上的电压值，以确认打印机要求的电压与你插入插头的插座电压相匹配。最后再接通电源。

第三步，安装墨盒。如果使用喷墨打印机要先安装打印墨盒。首先打开打印机电源，然后再打开电脑。参照随机附带的《打印机使用说明书》，装上墨盒。安装墨盒时要注意：墨盒在安装时再拆去包装，拆去墨水盒的盖子和胶带后，应立刻安装墨水盒。千万要注意拿墨水盒，不可摸打印头，以免手上的污渍堵住打印喷头。注意不要将打印头倒置，也不可摇晃墨水盒，以免墨水溢出。当墨盒安装好以后，根据说明书，执行“打印头”清洗操作，将打印机调试到正常使用的状态。

第四步，打印机的软件设置。打印机包装内会随机附带驱动程序，Window 控制系统也有部分打印机的驱动程序。但最好是从厂家的网站中下载最新的驱动程序。安装完驱动程序后，打开电脑任务栏设置中的“打印机”，将目标打印机所对应的驱动程序设置为“默认打印机”。到此为止，打印机就可以正常使用了。

第五步，关机。关机时，要确认打印机处于正常的待机状态。打印机在执行打印或等待打印时，必须要等操作完成后才能关机。关机时，应以关掉打印机电源键的方式关机，切勿以直接切断电源的方式关机，否则将会产生严重后果。关机后，应用布将打印机盖住，以免灰尘侵入对打印机造成损害。

3. 打印照片的精度

数字图像要有一定的像素数才能够使打印的照片有足够分辨率和丰富的层次。数字图像的像素数是否足够可以参考 PPI 的数值，PPI 表示在打印输出时每英寸图像上能分配多少个像素点。打印的照片是否清晰还和观看距离有关，画面越小，观看距离越近，就需要较高的精度。例如，普通的 5 寸照片，需要 250PPI 的精度，A4 的照片需要 190PPI 的精度，而巨幅广告由于观看距离比较远，只需 30PPI 的精度就十分清楚了。由于打印机一般只有 300DPI 的精度，所以数字图像的精度超过 300PPI 就没有意义了。常见的打印幅面应具有的最低打印精度与所需数码照片的最低像素值见表 19-1。

表 19-1　打印精度与最低像素值对应表

	PPI 下限	数码照片的最低像素值数
明信片幅面（约 6×4in）	250	150 万像素
A4 幅面（约 11×8in）	180	300 万像素
A3 幅面（约 16×11in）	150	400 万像素
A2 幅面（约 22×16in）	120	500 万像素
A1 幅面（约 32×22in）	100	800 万像素

像素数只是影响数字照片打印精度的因素之一，其他因素还有影像的清晰度、影调层次、色彩等，除此之外，数字相机所使用的影像传感器的大小也影响数字照片的打印精度。低档数字相机的影像传感器的面积小，与相同像素值或者更低的高档单反数字相机相

比，拍摄的数字图像可能动态范围小，噪点也较多，其各项指标都不如单反数字相机，它拍摄的数字图像打印的照片效果就要差很多。

（二）扩印照片

数字化照片的另一个输出方式是扩印照片，可以去数码影像店或通过网上扩印店的扩印设备将数字化图像输出到相纸上。

1. 数字扩印设备

数字扩印设备主要由输入、处理、输出 3 部分组成。

1）输入部分是由一台高精度的扫描仪和一套图像输入系统组成。它可以输入传统胶片和数字图像，数字图像首先通过读卡器、光盘、软盘、MO、ZIP 或数字相机输入到计算机中，然后通过局域网将数据传送到扩印机中。

2）图像处理部分具有影像调整功能，可以对面部肤色、色彩渐变、颗粒度进行处理增强，并可以进行提高清晰度处理等项调整。

3）输出部分由一台激光打印机和冲纸机组成。

2. 扩印照片需要注意的问题

在将数码图像送到扩印店扩印照片之前，有一些需要注意的问题。例如，扩印质量、照片比例、存储卡保护等问题，如果处理不当会影响扩印照片的质量和效果。

（1）扩印尺寸

在扩印照片之前要检查数码图像是否与你要的扩印尺寸相符合，计算方法是：

输出尺寸 = 拍摄分辨率/300DPI

如果数码图像是 1500×2100（300 万像素），把 1500 和 2100 各除以 300，得出 5×7 寸（即 5R 尺寸）。因为这是 5R 尺寸照片要求的最低像素值，所以，300 万像素的数码图像可以扩印的最大照片尺寸是 5R。表 19-2 列出的数字图像分辨率与扩印尺寸的对照数值。

表 19-2　数字图像分辨率与扩印尺寸对照数值

规格（英寸）	分辨率（照片的长、宽）/像素	尺寸/cm
3.5×5（3R/4 寸）	1050×1500/300DPI	8.89×12.7
4×6（4R/6 寸）	1200×1900/300DPI	10.16×15.24
5×7（5R/7 寸）	1500×2100/300DPI	12.7×17.78
6×8（6R/8 寸）	1900×2400/300DPI	15.24×20.32
8×10（8R/10 寸）	2400×3000/300DPI	20.32×25.4
10×12（12 寸）	3000×3600/350DPI	25.4×30.48
12×16（16 寸）	3600×4800/350DPI	30.48×40.64

（2）照片比例

人部分数字相机拍摄的照片的长宽比是 4:3。扩印 3R（5 寸）照片的比例是 5:3.5，4R（6 寸）照片是 3:2（与传统胶片的比例相同），这样在扩印照片时，如果是 4:3 的图像，扩印 4R 的照片就会在上下两边裁掉一些图像，如果不想被裁掉，照片的两边就有白边。解决的办法是在计算机图像处理软件中，将图像剪裁成扩印照片需要的比例。还有一个需要注意的问题，冲印设备很难精确的定位图像的边缘，一般都是比图像稍小一圈，所以，在剪裁图像时，要在图像四周留一定的空间，扩印后才能得到合适的图像。

（3）其他注意的问题

还有一些要注意的问题，例如合理的压缩图像、保护好存储卡、到正规的数码扩印店扩印照片、选用合适的相纸和扩印人员沟通等。

二、电子相册的制作

可以把数字照片制作成电子相册，电子相册是在计算机中将数字化照片分门别类储存的一种形式。电子相册有利于长久保存、查找、管理和交流数码照片，另外，还可以把电子相册制作成 VCD 刻录在光盘中，便于在电视机上观看。

能够制作电子相册的软件有很多，如 PhotoFamily、Flip Album CD Maker、PowerPoint 和 Flash 等软件都可以制作电子相册。

1）数码大师 2007（见图 19-11）是多媒体数字制作软件，数码相册、视频相册、网络相册都可以制作。

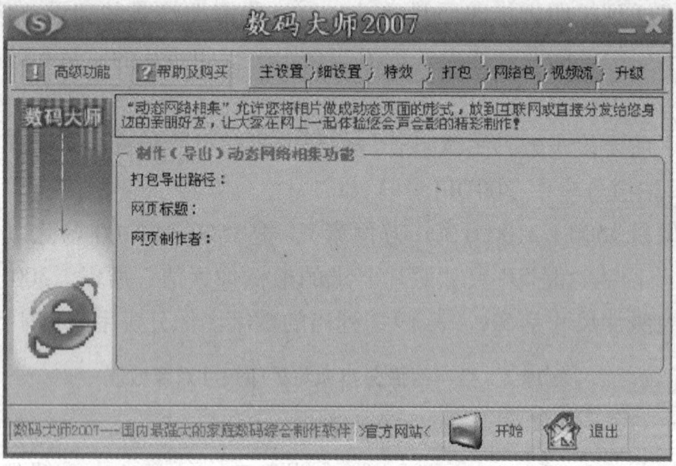

图 19-11

数码大师可以将照片进行数码变换处理，并配上音乐、图像特效、文字特效等，制造出一流专业效果的家庭数码相册。在制作好的家庭数码相册基础上，通过简单的设置，即可自动生成移动数码相册，可以作为自己收藏分类相片之用，也可以作为礼物分发出去，并支持将照片打包导出为动态网络数码相册，放到互联网或直接以网页形式分发。此外，数码大师还支持视频导出功能，能将相框内所有情景直接导出为 VCD/SVCD，甚至是 DVD 高清晰 MPG 视频。数码大师还有一大特色功能：能将软件转变成多媒体锁屏系统，在离开电脑时，实时锁定视窗，同时又兼具屏幕保护用途，也可方便的将其导出为自制的普通多媒体屏幕保护程序来使用。

2）MemoriesOnTV 3. 17（电子相册制作工具，见图 19-12）可以制作专业的电子相册，并刻录成 VCD/DVD 光盘。

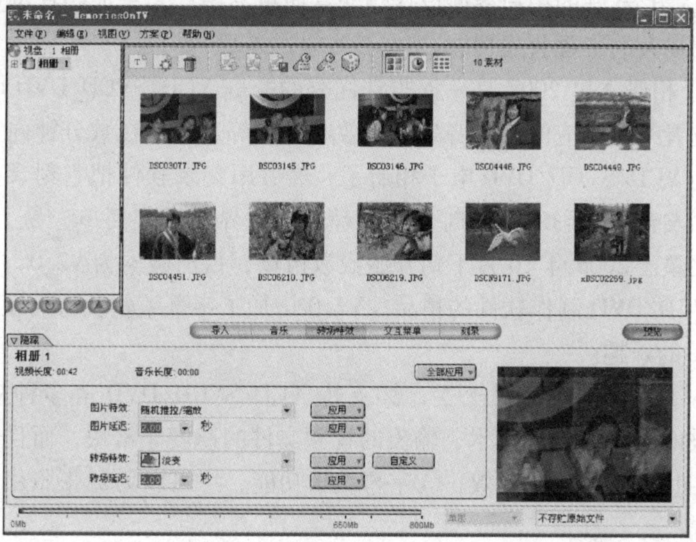

图　19-12

MemoriesOnTV 是一个功能非常强大的电子相册制作工具，它的前身就是 PictureToTV，该软件上手非常容易，制作的电子相册的过场特效非常专业，可以快速制作出非常漂亮的电子相册，支持背景音乐，内置众多图片显示特效，自带多种非常漂亮的菜单模板。此外，MemoriesOnTV 支持用户将多种不同类型的照片制作成多个数码相册。当完成相册制作之后，运用 MemoriesOnTV 内置的 VCD/DVD 刻录功能用它来刻录电子相册 VCD、SVCD，而且还可用它来刻录 DVD 。制作的光盘支持生成交互菜单，MemoriesOnTV 自带了许多很精致的交互菜单样式，可以对这些样式进行编辑。如果想更个性化的话，也可以导入自己制作的菜单背景和设置背景音乐，此外支持随机或自订的转场效果。MemoriesOnTV 支持预览功能，当感觉满意之后就可开始刻录了。且所刻视盘均可在普通 VCD、SVCD、DVD 播放机上播放。增强了剪辑演示模板库和转场特效演示库。

3）佳影 Photo2 Flash 电子相册制作软件 1.3 是目前最好的 Flash 相册制作软件。软件特点：①支持导入目前各种版本的 SWF 文件作为相册模板；②支持相册预演，预演时通过拖放相片调整相片位置；③支持任意替换 MP3 歌曲；④支持批量制作。

4）数码闪客是一款将照片、文字、音乐、趣味配音、相册模板、切换特效及照片特效合成转化为可交互 Flash 影片的工具软件。不懂 Flash 的用户通过使用该工具软件可以轻松地做出非常炫的 Flash 相册。

关键特性：①丰富的照片特效，让您原本静态的照片生动起来；②提供多达两百余种的切换特效，让您尽情张扬个性；③九大主题、二十多个相关相册模板，让相册像电影一样播放，其乐无穷；④强大的相册模板设计器，让您的相册更具个性化；⑤给照片添加趣味文字，带来无限趣味；⑥随心所欲给相册添加美妙背景音乐；⑦给相册配音，图声并茂，美不胜收；⑧强大的预览功能，丰富的发布模式；⑨对照片进行文字说明，准确表达您的本意；⑩ 强大的照片编辑功能，让照片美到极致；⑪人性化的故事板使用软件更直观，操作更简单；⑫友好的用户界面设计，非常简单易用；⑬集成照片浏览功能，浏览照片方便快捷；⑭强大的工程管理功能。

5）数码电子相册之星 2007 是一款非常优秀的家庭 VCD/SVCD/DVD 电子相册制作软件，只需简单设置一下相应的背景音乐、特效、文字等，之后在数分钟内它就可以帮您制作出绚丽多彩的 VCD/SVCD/DVD 电子相册了；然后用刻录软件把它刻录在光盘上，让您轻松和家人或朋友分享多彩的数码时代的乐趣！软件界面操作简单，易上手，使用方便。数码电子相册之星于2005 年10 月下旬开始投放市场，目前版本为 V2.0，力求打造电子相册家庭 VCD/SVCD/DVD 制作软件的精品。V2.0 增加了字幕编辑及特效设置等功能，可以让您享受到 DIY 的乐趣。

主要特性：①操作简单，易上手；②支持 VCD/SVCD/DVD 等多种视频文件格式输出；③采用先进的 MPEG 编码技术，输出的视频文件的速度非常快，而且图像清晰；④支持内置数百种相片或图片输出特效；⑤字幕编辑功能，您可以为每张照片加上个性的文字说明。

6）千变万化是一个专业的电子相册制作软件，它可以制作出与众不同的界面，使您的相册不再枯燥无味。软件本身内置几个漂亮的界面供用户选择，在不到一分钟的时间就可以制作出出色的相册程序。同时本软件内置图片浏览器，图片转换效果达 150 种，您可以慢慢细心观赏相片而无需安装其他看图软件。

当制作好相册后，可以刻录成光盘，在任何一台装有 Windows 的电脑上运行，并可制作成数据光盘，在 VCD、DVD 机（有图片浏览功能）上播放图片。

7）GalleryMaker 1.0 是一个界面非常简捷的电子相册制作工具。该工具甚至没有提供图形浏览功能，可以直接将需要制作相册的素材图片添加到制作列表中，然后设置生成方式和格式，即可快速制作出 HTML 格式的电子相册文件。同时程序在界面中提供了使用 Web 浏览器打开相册文件功能。

8）FlipViewer 2.1 是一个与 FlipAlbum 风格类似的工具，这两个工具由同一公司出品。只不过该工具没有提供图形的编辑功能，就电子相册制作功能而言，该工具与 FlipAlbum 完全相同，由于功能少了，下载文件的大小也减少了许多。

9）Album Express 是一个专门制作 HTML 格式电子相册的工具，该工具提供了 Wizard 向导操作方式，非常适合一般用户使用，而且程序提供了自定义页面描述信息、背景和文本颜色、使用背景图片、图形缩略图边框等。对于创建的文件，可以使用网络浏览器浏览或者使用程序提供的 FTP 功能上传。

10）MyAlbum 1.2 是一个非常小巧的以制作图形电子相册功能为主的图形管理工具，在程序制作的电子相册页面中，所有的文件都以缩略图方式显示，而只要双击图形的缩略图即可在全屏状态下显示当前图形。此外，程序也提供了输出电子相册文件为 HTML 文件、图形索引文件及提供电子相册图形的幻灯显示、提供电子相册文件编辑功能、提供快速查找文件、提供图形显示缩放、提供图形信息速查等功能。在操作方面，程序提供了 Wizard 方式的操作，使用起来极为方便。

11）PhotoPhilia 是一个界面风格类似 CompuPic 的图形管理工具，该工具提供图形浏览、缩略图方式显示、快速查找图形文件等。PhotoPhilia 的突出特点是提供多达 196 种之多的图形连续显示切换方式，当然提供电子相册制作也是它的功能之一了。

三、网络传输

在网络上，通过电子邮件、论坛、博客或 QQ 等途径都可以传送数字化照片。网络传输数字化照片需要注意的是，有许多论坛对上传照片都有大小的限制，比如只能上传 150KB 以下的照片，有些虚拟空间，也有流量的限制。所以在上传照片时，首先需要对照片优化，优化的办法是，首先在 Photoshop 软件中打开一个图像，然后在“存储为”命令下选择 JPEG 格式，在“JPEG 选项”的菜单中，将照片“品质”调为 10，这个数值只让照片存储量变小，而对品质影响不大。

一般上传到论坛的照片最好使边长定为 500 ~ 600 像素为宜。改动照片大小的方法是，在 Photoshop 软件中选择图像菜单中“图像大小”，在弹出的对话框中首先选中“约束比例”选项，然后将照片的“宽度”改为 500 像素，按“确定”钮，照片的边长就变成 500 像素了。

数字化照片通过网络传输的方法之一是将照片传送到网络相册中，收照片的人再从网络相册中下载。目前许多网站都提供免费的网络相册，在有网络的地方随时都可以传输照片。

例如，雅虎网站提供 10MB 或 30MB 的免费电子相册空间，通过注册一个 Yahoo！ID 就可以使用了。如果不够用，你可以多申请几个 ID。

较大的照片也可以使用压缩软件打包压缩后，再通过网络上传。

四、光盘刻录

经常使用数字相机拍摄照片的人会发现，电脑里储存了大量的数字照片，既占硬盘空间，又怕硬盘出现故障使照片丢失。这时可以使用刻录机将数码照片刻录在 DVD（Digital Versatile Disc）光盘上。

目前，DVD 刻录机已经成为电脑的主流配件，它的特点是功能强大、高速稳定、价格低廉和应用广泛。

DVD 光盘的种类很多，刻录照片经常使用的是 DVD + R 光盘，它的中文全称是“一次性写入数字多功能光盘”。是只能刻录一次的 DVD 光盘，一般的 DVD + R 光盘直径为 12cm，一张光盘的容量是 4.7GB，可刻录 400 万像素的 JPEG 格式照片约 3500 张。还有一种直径为 8cm 的 DVD + R 光盘，它体积小，便于携带。

刻录软件 Nero 是刻录 DVD 光盘的常用软件，它的刻录操作很简单，打开 Nero 软件后，单击制作数据 DVD 命令，在弹出的对话框中单击“建立性文件”按钮，然后在硬盘中找到需要刻录的文件，将它们拖到新文件区域，单击下一步按钮，在下一个界面中，单击刻录按钮，然后几分钟之内就可录成一张 DVD 光盘。

刻录 DVD 光盘需要注意以下几个问题：

1）硬盘中要有稍大于光盘容量的空间，以确保数据流的连续。

2）刻录过程中不要打开其他应用程序，以防光盘刻录中断。

3）光盘刻录不要太满，刻录速率不要过高。

4）选择优质 DVD 光盘。光盘表面要清洁，没有尘埃和划痕。

5）刻录机工作时间过长，会损坏刻录机。

第三节　数字化图像使用的要求

一、网站使用的要求

网站和报刊、通讯社一样，也是图文发布媒体，像雅虎、搜狐等都是大型综合性媒体，每天都有大量图片发布。网站只接受 RGB 模式，JPEG 文件格式的图像。

二、广告使用的要求

广告使用的照片一般照片的边长在 3000 以上，600 万像素以上的数字相机拍摄的照片才能满足要求。

三、报纸使用的要求

报纸上使用的图像一般在 300 万像素就可以了，但是报纸的照片要求新闻性、时效性，只要新闻价值高，质量差一点都没关系。

四、杂志使用的要求

杂志使用的照片对图像的质量要求很高，照片至少用 500 万像素以上的数字相机拍摄。照片的色彩、清晰度等指标都要很好。并且还要为照片配上背景文字说明。内容包括时间、地点、人物和事件等。这样，杂志采用的几率才高。

五、图片库使用的要求

图片库的数字化照片主要有两种用途，电子出版物和图片素材库使用。电子出版物的照片主要在电脑上观看，因此，照片不需要很大的文件。照片要求曝光准确，具有良好的视觉效果。图片素材库使用的照片，其使用对象是专业设计人员，照片的质量要好，分辨率要高。

附　录

曝光参数方程和 APEX 加法系统

用胶片照相首先要知道胶卷的感光度 S（Sensitivity Speed）和测定被摄物的亮度 B（Bright），知道此二者即可确定曝光值 EV（Exposure Value）。在知 EV 后，再根据景深的需要优先确定光圈系数 A（Aperture）；或拍摄动体的需要而优先确定快门时间 T（EV 确定后，A 和 T 组合关系亦确定）。

由于快门时间 T 是以 2^n 分级的（如 1，1/2，1/4，1/8，1/15，1/30，1/60，1/125，1/250，1/500…）；光圈系数 A 也是以 $2^{n/2}$ 分级的（如 1.4，2，2.8，4，5.6，8，11，16，22…）。它们四者间关系 $\frac{A^2}{T} \propto BS = B\frac{S}{K}$。

由于曝光表上都设有计算圆盘，且 B 和 S 都是以 2 为底的对数分度。将 S 值设定后，测得景物亮度 B 即确定了 EV 值，此确定值为 2^{EV}，就限定了 $\frac{A^2}{T}$，只有满足 $\frac{A^2}{T} = 2^{EV} = B\frac{S}{K}$（称曝光参数方程）才会获得正确曝光的底片。

为了计算方便，可将各量换算为：$A^2 = 2^{AV}$，$\frac{1}{T} = 2^{TV}$，$B = 2^{BV}$，$\frac{S}{K} = 2^{SV}$ 则曝光方程简化为 AT + TV = EV = BV + SV（易见 A = 1，T = 1 秒时，EV = 0）

通称上式为加法系统（APEX 系统 Additive System of Photographic Exposure），即将乘除运算简化为加法运算，计算极简便。

由于各国采用 S 的标度不同，相应的 K 值亦各异。美、俄、英采用绝对制（即底片感光度以绝对数字表示），德国和中国采用对数制。各国标度对应关系见下表：

美 ASA（ISO 采用）	12.5	25	50	100	200	400	800	1600
俄 ГОСТ（GOST）	11.3	22.5	45	90	180	360	720	1440
英 WESTON	10	20	40	80	160	320	640	1280
德 DIN	12°/10	15°/10	18°/10	21°/10	24°/10	27°/10	30°/10	33°/10
中国	12°	15°	18°	21°	24°	27°	30°	33°

若被摄物亮度 B 采用 nt（尼特），对于 ISO（ASA），$K_{ISO} = 3.1$；对于 ГОСТ（俄）$K_{ГОСТ} = 2.8$；对于 Weston（英），$K_{Weston} = 2.5$；对于 DIN（中、德）$\log_2\left(\frac{S}{K}\right)_{DIN} = \left(\frac{X_{DIN}}{3} - 2\right) = SV$。

以中速片 ISO100（21°定）为例

100/3.1 = 90/2.8 = 80/2.5 = 32。$\log_2 32 = 5$，和$\left(\frac{21}{3}-2\right)=5$ 一致。当被摄物亮度为 B = 1024nt 时，$BV = \log_2 1024 = 10$，则 BV + SV = 10 + 5 = 15。由下图可见 EV = 15 的曝光组合可以是 F22，$\frac{1}{60}$s；F16，$\frac{1}{125}$s；F11，$\frac{1}{250}$s；F8，$\frac{1}{500}$s；……

各种自控曝光相机都有内测光装置，实时测定 BV 值，只要 S 设定（或 DX 触点自识。即暗盒上有导电触点，相机内有触头自动识别）正确，则可得到正确的 EV 值。据 EV = AV + TV，知自控方式有三：

1）快门时间优选（选定 TV），自控光圈 AV；…（S）（Shutter）

2）光圈系数优选（选定 AV），自控快门 TV；…（A）

3）程序控制，两者综合控制，使 EV = AV + TV。…（P）

后图为程序控制相机四例：

（Ⅰ）Minolta XD（A1.4，T60 ~ 1/1000）

（Ⅱ）CANON A-1（A1.4，T60 ~ 1/1000）

（Ⅲ）Minolta Hi Matic SD（A2.8，T1/4 ~ 1/500）

（Ⅳ）CANON A_{35}（A2.8，T1/4 ~ 1/300）

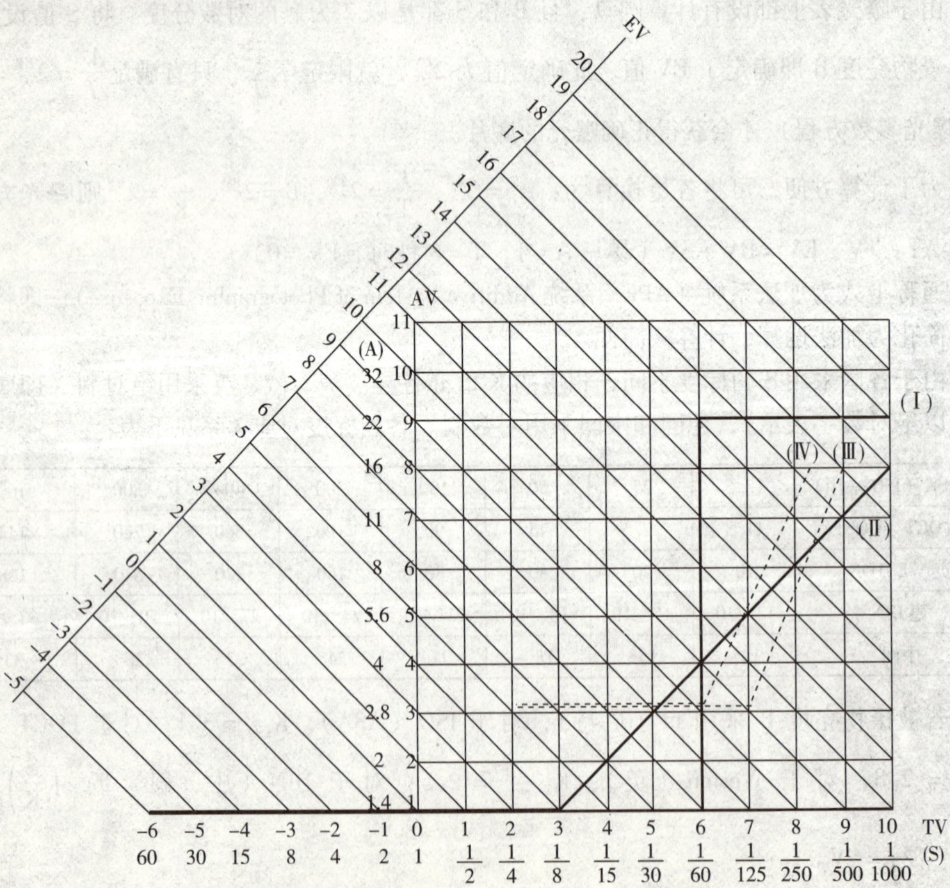

参考文献

［1］伊安·杰夫里．摄影简史［M］．北京：生活·读书·新知三联书店，2003.

［2］刘飞越．世界摄影艺术之旅［M］．西宁：宁夏人民出版社，2004.

［3］Scott Kelby. 数码摄影手册［M］．北京：人民邮电出版社，2007.

［4］何玲玲．数码摄影实用攻略［M］．杭州：浙江摄影出版社，2006.

［5］迟春梅．数码相机完全攻略［M］．北京：中国电力出版社，2005.

［6］包文灿．数码摄影指南［M］．北京：金盾出版社，2007.

［7］张发凌．家庭数码相机实用百宝箱［M］．北京：机械工业出版社，2006.

［8］郭诠水．数码相机及周边设备［M］．北京：中国摄影出版社，2005.

［9］约翰·海吉科．全新摄影手册［M］．北京：中国摄影出版社，2006.

［10］张淑艳．现代摄影教程［M］．大连：大连理工学院出版社，2006.

［11］潘锋．摄影技艺教程［M］．上海：上海人民美术出版社，2006.

［12］陈琳．大学摄影创新教程［M］．杭州：浙江摄影出版社，2003.

［13］徐和德．数码摄影教程［M］．上海：上海人民美术出版社，2005.

［14］曹春海．数码摄影及 Photoshop CS2 照片后期处理［M］．北京：清华大学出版社，2006.

［15］李继强．数码摄影方法 操作［M］．哈尔滨：黑龙江科学技术出版社，2006.

［16］李继强．数码摄影方法 表现［M］．哈尔滨：黑龙江科学技术出版社，2006.

［17］姚和兴．花卉摄影［M］．杭州：浙江摄影出版社，2001.

［18］冉玉杰．摄影基础教程［M］．成都：四川美术出版社，2006.

［19］盛希贵．新闻摄影教程［M］．北京：中国人民大学出版社，1999.

［20］田信之．摄影基础［M］．天津：南开大学出版社，2004.

校后记

本教材是供给综合大学本科生的公共课用的，为了适应更多系科的基础，涉及深度、广度及取材，均做了较深入的探讨。编者们认为这样的取材，对于教和学都给予了较广阔的空间。也适用于其他类型院校。对于一般摄影爱好者及专业人员亦可供参考。

由于本人曾有五十多年教学实践，编者们邀余审校全稿之盛情，实难推脱，故两度审阅全稿。根据近三十年来彩色摄影教学实践，充分体会到“色彩平衡”是一大难点，加之数码相机的“白平衡”技术中，对光源的认知需求，本人建议在本教材中添加色度学基础知识，以期给予学生更坚实的基础，“第四章”因之乃现。

综观多种摄影教材，审校者认为本教材深广咸宜，灵活普适，属较好的公用课教材。

南开大学物理学院　谭成章教授

于 77 岁生日